# 无线激光通信副载波调制理论及应用

陈　丹　王晨昊　王明军　王惠琴　著

国防工業出版社

·北京·

# 内容简介

无线激光通信有提供宽带接入的潜力，可有效解决“最后一公里”的瓶颈，实现卫星和地面站之间的高速数据交换，近年来受到国内外通信行业的极大关注。如何选择高效的调制方法和抑制大气湍流影响是无线激光通信亟待解决的两个关键问题。本书以可以有效抑制大气湍流影响的高效调制为研究对象，以提高无线激光通信性能为目标，开展了副载波调制理论的相关研究，并基于该调制系统评估了若干大气湍流影响抑制技术，包括同态滤波、空间分集、信道编码与信道均衡。

本书可作为通信、电子信息、信号处理等相关专业的高年级本科生、研究生的参考书，也可作为从事相关领域研究的工程技术人员的参考资料。

**图书在版编目（CIP）数据**

无线激光通信副载波调制理论及应用 / 陈丹等著 . —北京：国防工业出版社，2023. 8

ISBN 978-7-118-13050-8

Ⅰ. ①无… Ⅱ. ①陈… Ⅲ. ①无线电通信-激光通信-副载波-调制技术 Ⅳ. ①TN929. 1

中国国家版本馆 CIP 数据核字（2023）第 168858 号

※

国防工业出版社 出版发行

（北京市海淀区紫竹院南路 23 号　邮政编码 100048）

天津嘉恒印务有限公司印刷

新华书店经售

*

**开本** 710×1000　1/16　**插页** 10　**印张** 19¾　**字数** 354 千字

2023 年 8 月第 1 版第 1 次印刷　**印数** 1—1500 册　**定价** 149. 00 元

---



国防书店：（010） 88540777　　书店传真：（010） 88540776

发行业务：（010） 88540717　　发行传真：（010） 88540762

# 前　言

随着大数据、云计算、物联网等业务的快速发展，通信带宽和容量需求急剧增加。现有的通信网络也面临着信道阻塞、传输容量不足等诸多挑战。无线激光通信作为建设天地一体化信息网络的重要一环，和未来通信网络的无缝连接已成为必然趋势，用以支持具有各种流量模式的服务类型，满足对更高数据速率日益增长的需求。当激光信号通过大气信道传播时会受到复杂大气环境中各种因素的影响。大气湍流导致的光信号强度和相位随机起伏，严重影响了无线激光通信系统性能，因此，副载波调制及其大气湍流影响抑制相关技术显得尤为重要。

本书内容分为三大部分，共 8 章。第一部分包括 1~3 章，介绍了无线激光通信的概念、应用及系统框架，光通信中的眼部安全与标准，阐述了大气信道对激光信号传输的大气效应，分析了光束发散损耗、背景辐射噪声、对准误差或瞄准丢失对激光信号传输的影响及其表征形式，讨论了大气湍流引起的接收光功率（或辐照度）波动的概率密度函数统计模型，以及多因素影响下的大气复合信道统计模型。第二部分包括第 4~5 章，阐述了无线激光副载波调制原理与特性，介绍了多路副载波调制功率利用率改善技术，讨论了自适应副载波调制在 SISO 以及 MIMO 系统中的应用；还阐述了无线激光通信相位噪声产生机理及其特性，并讨论了光接收机电解调模块相位噪声对光通信系统性能的影响。第三部分包括第 6~8 章，介绍了最大似然信道估计方法，包括 EM 算法、牛顿迭代法和广义阶矩法，阐述了信道编码、空间分集与同态滤波的原理，并讨论了这些湍流影响抑制技术在无线激光副载波调制系统中的应用；还阐述了 LMS 均衡、子空间盲均衡以及 ANN 均衡原理、算法，并讨论了其在副载波调制系统中的应用。

本书第 1 章由西安理工大学陈丹副教授和兰州理工大学王惠琴教授编写；第 2~ 4 章、第 6~7 章由陈丹副教授编写；第 5 章由陕西职业技术学院的王晨昊编写；第 8 章由西安理工大学王明军教授编写。全书由陈丹副教授统稿。本书是西安理工大学光电工程技术研究中心集体研究的成果，硕士研究生张拓、梁静远、乔薇、雷雨、惠佳欣、刘塬、曹叶琴、鲁萌萌等参与了相应课题的研究工作，在此一并致谢。感谢西安理工大学柯熙政教授一直关心和支持作者的研究工作，对本书提出了许多宝贵意见。此外，本书还引用了众多参考文献，谨向这些文献的作者致以敬意。

本书的有关工作得到国家自然科学基金（62261033）、陕西省重点研发计划项目（2023-YBGY-039、2020GY-036）、陕西省自然科学基金（2012JQ8004）、陕西省教育厅一般专项科研计划项目（22JK0339、14JK1542）、西安市科技计划项目（GXYD14.21）以及西安市无线光通信与网络研究重点实验室等的资助，在此一并表示感谢。

本书是作者在无线激光通信领域多年相关研究工作的总结，限于作者的水平有限，书中难免存在不妥之处，欢迎读者不吝指正。

作　者

2023.5.15

# 目　录

# 第1章　无线激光通信概述

## 1.1　引言

随着科学技术的不断发展，在日常生活中人们对高速率、大带宽的通信需求也日益增高。2021年11月，工信部正式印发《“十四五”信息通信行业发展规划》，规划中明确指出，全面部署新一代通信网络基础设施，推动全光接入网进一步向用户终端延伸[1]。同年，陕西省通信管理局发布《陕西省“十四五”信息通信行业发展规划》，要求全面推进全省光纤网络建设，构建技术先进、安全可靠、机动灵活、天地一体的应急通信网络[2]。随着“十四五”国家战略规划的实施，以光纤为代表的有线网已经支撑起了当今信息社会的骨干通信网络。2021年12月，中国信息通信研究院发布《中国宽带发展白皮书(2021)》指出，我国通信光缆总里程数已达到5352万km，光纤接入端口总计达9.2亿个[3]。随着5G通信网络的建设和骨干网的进一步演化升级，城市乡村现有的通信管线资源日益饱和，需要花费大量的人力物力资源开挖、敷设新的管线。同时受新冠疫情的影响，寻找一种适用各种环境、架设灵活、施工便利且不占用现有频谱资源，传输带宽大的新通信技术已经成为重中之重。无线光通信技术就是一种满足上述要求的新型无线宽带接入技术。

## 1.2　无线激光通信技术概述

### 1.2.1　无线光通信技术发展简史

无线光通信（Optical Wireless Communication，OWC）是指在非制导传播介质中，利用光载波进行传输，即可见光，红外线（IR：Infrared）及紫外光（UV：Ultraviolet）波段[4]。通过烽火、烟雾、船旗和信号量电报传递信息，可以认为是OWC的历史形式[5]。从很早就开始，阳光被用于远距离传输信号，最早将阳光用于交流的是古希腊和古罗马人，他们在战斗中使用抛光的盾牌反射阳光来发送信号。1810年，卡尔·弗里德里希·高斯（Carl Friedrich

Gauss）发明了一种日光仪，它利用一对镜子将一束可控的阳光定向到一个遥远的国家。虽然最初的日光仪是为大地测量而设计的，但在19世纪末20世纪初，它被广泛用于军事。在1880年，亚历山大·格雷厄姆·贝尔发明了光线电话机，被称为世界上第一个无线电话系统。它是基于声音在发射器的镜子上引起的振动。这种振动被阳光反射和投射，并在接收端转化为声音。贝尔将光电话称为“他所做过的最伟大的发明，比电话还要伟大”。因为该光电话的传播媒介为大气，受气候的影响非常大，因此它从来没有作为商业产品出现过，但是，贝尔光电话的发明，证明了用光波作为载波进行通信的可行性，光电话的发明为后来的光通信奠定了基础[6]。而且，军事方面对于光电话的兴趣仍在持续。例如，在1935年，德国军队开发了一种光电话，其中使用了带有红外透射滤光片的钨丝灯作为光源。此外，美国和德国的军队实验室继续开发用于光通信的高压弧光灯，直到20世纪50年代。

在现代意义上，OWC使用激光或发光二极管（Light Emitting Diode，LED）作为发射机。1962年，麻省理工学院林肯实验室（MIT Lincoln Lab）利用发光的GaAs二极管建立了一个实验性的OWC链路，能够在30英里（1英里≈$1.6\times10^3$m）的距离内传输电视信号。在激光发明之后，OWC被设想为激光的主要发展领域，并且进行了许多试验。1960年7月，贝尔实验室的科学家们第一次公开宣布这种激光可以工作，仅在几个月后，他们就能用红宝石激光器在25英里外传输信号。在1960年—1970年期间，发现了使用不同类型的激光器和调制方案进行的OWC演示的综合列表。然而，由于激光束大范围分散以及无法处理大气效应，结果总体上令人失望。在20世纪70年代，随着低损耗光纤的发展，它成为远距离光传输的首选，并将焦点从OWC系统上转移开，从20世纪80年代开始，世界各国开始对无线激光通信技术进行系统化的理论与实验研究[7-8]。早在1980年，麻省理工学院的林肯实验室就开始涉足无线激光通信技术的理论研究与系统建立，该实验室与美国国家航天航空局（NASA）共同开发的通信卫星NASA-ACCS于1989年发射，该卫星通过光外差探测器对地面发射的光信号进行接收，验证了星地激光通信的可行性[4]。

在过去的几十年里，对OWC的兴趣仍主要局限于秘密军事应用和空间应用，其中包括卫星间和外太空链路。到目前为止，OWC的大众市场渗透率有限，但IrDA是一个例外，它成为一个非常成功的无线短程传输解决方案。近年来，随着越来越多的公司提供地面OWC链路，以及可见光通信（Visible Light Communication，VLC）产品的出现，市场开始显示出潜力无限的前景。为一系列传输链路开发新颖且高效的无线技术，对于构建未来的异构通信网络而言至关重要，以支持具有各种流量模式的各种服务类型，并满足更高数据速率不断增长的需求。从集成电路内部的光学互连到室外建筑物之间的连接，再到卫星通信，各种各样的通信应用都有可能采用 OWC 的变体。根据传输范围，OWC 可以分为五类进行研究，如图 1.1 所示[6]。

(1) 极短距离的 OWC，如在堆叠和紧密包装的多芯片包中的芯片间通信。

(2) 短距离 OWC，如无线体域网（WBAN）和无线个域网（WPAN）应用、水下通信。

(3) 中程 OWC，如用于无线局域网（WLAN）、车间、车对基础设施通信的室内 IR 和 VLC。

(4) 长距离的 OWC，如建筑物之间的连接。

(5) 极远距离的 OWC，如卫星间链路，深空链路。

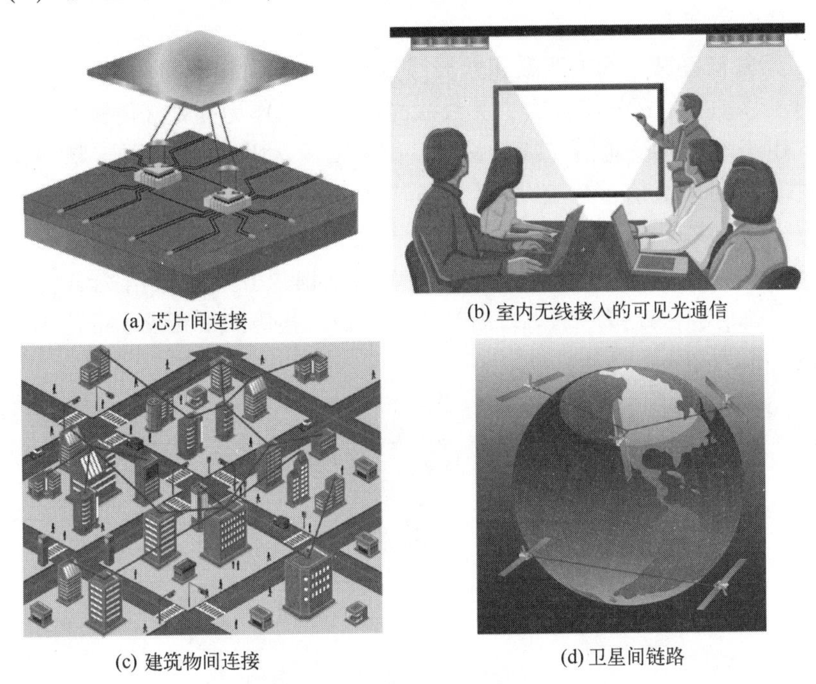

(a) 芯片间连接　(b) 室内无线接入的可见光通信

(c) 建筑物间连接　(d) 卫星间链路

图 1.1　依据传输范围分类的一些 OWC 应用（见彩图）

### 1.2.2　无线激光通信的应用

无线激光通信是在近红外波段运作的户外地面 OWC 链路，又被广泛称为自由空间光（Free Space Optical，FSO）通信，是一种使用激光作为载波，在自由空间中传输信息的通信技术。与射频（Radio Frequency，RF）通信相比，无线激光通信所使用的载波激光频率高、方向性强，具有广泛的免许可频谱。与光纤通信相比，无线激光通信具有造价低、施工简便、迅速的优点，可以在无法铺设光缆的环境下快速部署，将信息通过大气信道传输至接收端。

近些年无线激光通信由于这些优势得到了广泛的关注和发展。在战场环境中，无线激光通信可以在电磁干扰下迅速建立通信链路，组建海、陆、空一体化战场信息网络，保障战场信息传输时的安全性和保密性。在民用方面，由于无线激光通信具有组网灵活的优点，使其可在不具备接入条件的复杂地形下为用户提供高效的接入方案，同时无线光通信不占用现有通信频带，节约了频谱资源[4]。因此，无线激光通信技术的发展对国家信息网的建设和军队信息化有着非常重要的意义。无线激光通信技术解决了宽带网络“最后一公里”接入的难题，实现了光纤到桌面，完成了话音、数据、图像的高速传输，可以在以下场景中应用。

**1. 运营商基站之间的互联和数据回传**

对于移动通信运营商而言，无线激光通信可以作为其光纤传输系统的补充方案，用于不易铺设通信光缆的区域。4G/5G 移动网络中，用于基站和交换中心之间的回程通信，与宏/微蜂窝和基站之间传送 IS-95 CDMA 信号一样。中国电子科技集团公司第三十四研究所开发的无线激光通信传输设备 GIOC-GSM-900M（图 1.2），就是专门为 GSM 基站提供互连、通信测试、紧急抢通、线路备份和快速接入的无线激光传输设备，其传输距离最远可达 1km，最大传输速率为 2Gb/s[9]。

图 1.2　无线激光通信传输设备

**2. 提供高效的接入方案**

作为“最后一公里”接入，FSO 用于连接终端用户和光纤骨干网，解决存在于两部分之间的带宽瓶颈。通过激光通信实现平台间、节点间主干网络数据的传输，是解决海岛、偏远山区等地区实现无线通信网络覆盖问题的最佳途径。由飞艇、飞机、系留气球等移动平台搭载无线激光通信系统构建空间激光通信网络，如图 1.3 所示。

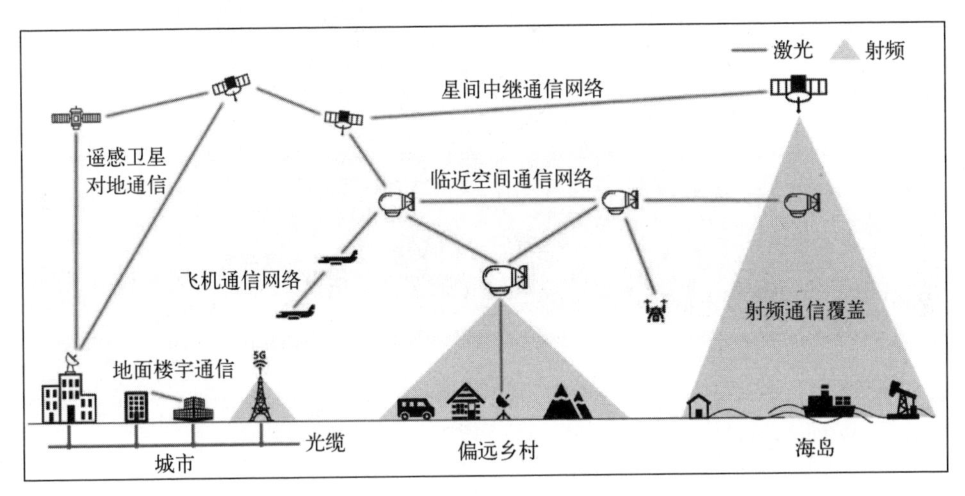


图 1.3　空间激光通信网络示意图

2020 年，长春理工大学使用全周式激光终端进行飞艇与飞艇以及飞艇与地面之间的空间激光通信试验[10]，通信波长采用 1550nm、1530nm 波段，在飞艇与飞艇链路距离 12.7km，飞艇与地面链路距离 13.6km 下，采用全周动态的伺服机制，实现了通信速率为 2.5Gb/s，终端重量为 16kg，功耗为 80W。2021 年 9 月，谷歌母公司 Alphabet 开启了 Taara 项目的研究，研制了大气激光通信系统，如图 1.4 所示。在布拉柴维尔（刚果共和国）和金沙萨两座城市之间，建立了通信速率 20Gb/s、通信距离 5km 的激光通信链路。通过此链路传输宽带互联网，在 20 天内传输了 700TB 的数据[11]。

**3. 应急备用链路**

无线激光通信系统可以作为应急备用链路，用于保障有线通信线路故障或紧急抢险时的数据传输。2005 年，LightPointe 公司发布了一套用于点对点通信的无线激光通信设备，该设备作为一种应急设备，可用于发生自然灾难后现有光纤网络受到破坏时快速恢复网络连接，提供高速有效的临时通信链路[12]。西安理工大学科研团队也成功研制出一种无线激光综合业务通信机，该通信机

图 1.4　Taara 项目大气激光通信系统

可在最远 5km 的距离上双向传输话音和图像数据，目前已应用到高速公路隧道内的应急监控系统中[4]。

**4. 深空通信**

无线激光通信的传输特性使其尤为适合深空通信，世界各国均在这一领域投入大量人力物力进行了全面深入研究，卫星激光通信示意图如图 1.5 所示。2014 年，欧洲航天局宣布通过星载激光通信链路，在两颗相距 4.8 万 km 的地球同步轨道卫星和低地球轨道卫星之间进行了多次激光通信链接实验，实验过程中两颗卫星间的通信速率最高可达 1.8Gb/s[13]。美国 SpaceX 公司在 2015 年

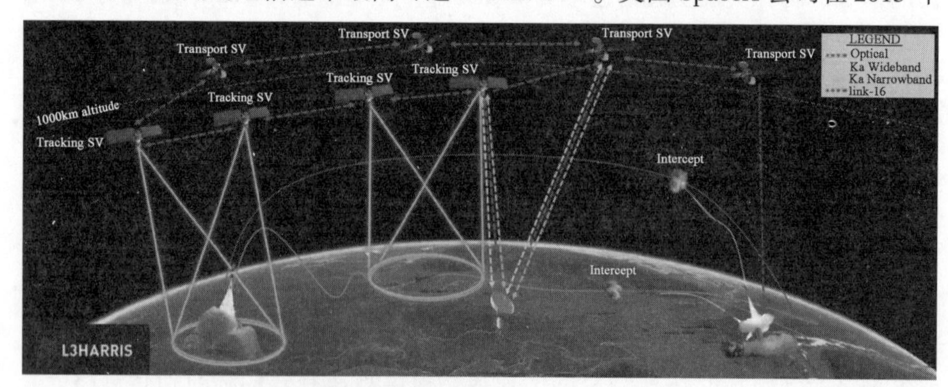


图 1.5　卫星激光通信示意图（见彩图）

提出“马斯克星链计划”，计划通过12000颗低轨卫星实现高速的网络通信[14]。星链不依赖地面的基站，通过卫星覆盖范围大的优势，能够为郊区、农区等区域提供宽带服务[15]。但受卫星间射频链路数据传输速度的影响，通信速率仅为300Mb/s[16]。2020年，SpaceX发射了载有空间激光通信系统的低轨卫星[17]，通过空间激光通信链路传输卫星间主干数据，将通信速率提高至1Gb/s。

我国深空激光通信虽然起步较晚，但发展迅速，已经完成了大量的理论和实验工作，目前已进入工程化应用阶段。2017年，在“实践十三号”高通量通信卫星上搭载激光通信终端构建了星地激光通信链路，成功实现了光束信号的快速锁定和稳定跟踪，通信距离40000km，最高通信速率可达5Gb/s[18]。2020年，中国空间技术研究院所研制的“实践二十号”，实现了10Gb/s的星地间通信，此外还可以实现快速ATP以及在轨自校准等，“实践二十号”研发过程中所达到的技术指标，在国际上已经达到先进水平[19]。

在FSO领域，国外各公司推出的部分地面自由空间光通信产品如表1.1所列[20]。国内在激光通信方面的研究比较晚，但发展迅速。国内最新激光通信研究成果如表1.2所示。

表1.1　世界各公司推出自由空间光通信产品

| 公　司 | 产　品 | 带宽/(Mb/s) | 距离/km | 波长/nm |
|---|---|---|---|---|
| Air Fiber | Optimeshnet work | 622 | 0.2~0.5 | 780 |
| Astro Terra | Terralink | 10~155 | 0.5~3.75 | 780和850 |
| Canon | DTSO | 25~622 | 2.0 | 780 |
| CBI GmbH | Laserlink | 2~155 | 2.0 | 780 |
| Isona | SDNAbeam | 155~622 | 4.0 | 1550 |
| Jolt | UWIN | 155 | 2.0 | 820 |
| Light Pointe | Lightstream | 20~622 | 4.0 | 820 |
| ISA Photonics | Supraconnect Magnlm | 155 | 3.01 | 820 |
| OrAccess | WD MonAir | 622 | 2.0 | 1310、1550 |
| PAV Data | SkySeries | 270 | 6.0 | 750~950 |
| Plaintree Systems | TTSeries | 100 | 2.5 | 780 |
| Silcom | Free-space Series | 10~155 | 0.3 | 780 |
| TeraBeam | Fiberless Optical Network | 1000 | 1.0 | 1550 |

表 1.2 国内激光通信研究成果

| 时间 | 名称/单位 | 链 路 类 型 | 调 制 方 式 | 速率/Gb/s |
|---|---|---|---|---|
| 2011 | 海洋二号<br>(哈尔滨工业大学) | LEO-GND<br>(低轨通信卫星到地面) | IM/DD<br>(强度调制/直接检测) | 0.504 |
| 2016 | 墨子号<br>(上海光机所) | LEO-GND<br>(低轨通信卫星到地面) | IM/DD<br>(强度调制/直接检测) | 5.12/0.02 |
| 2016 | 天宫二号<br>(武汉大学) | LEO-GND<br>(低轨通信卫星到地面) | IM/DD<br>(强度调制/直接检测) | 1.6 |
| 2017 | 实践 13 号<br>(哈尔滨工业大学) | GEO-GND<br>(地球同步轨道卫星到地面) | IM/DD<br>(强度调制/直接检测) | 2.5 |
| 2020 | 实践二十号 | GEO-GND<br>(地球同步轨道卫星到地面) | BPSK<br>(二进制相移键控) | 10 |

## 1.3 无线激光通信系统框架

无线激光通信系统一般由光学天线、激光发射/接收机、信号处理单元、自动捕获跟踪瞄准系统等部分组成，如图 1.6 所示。

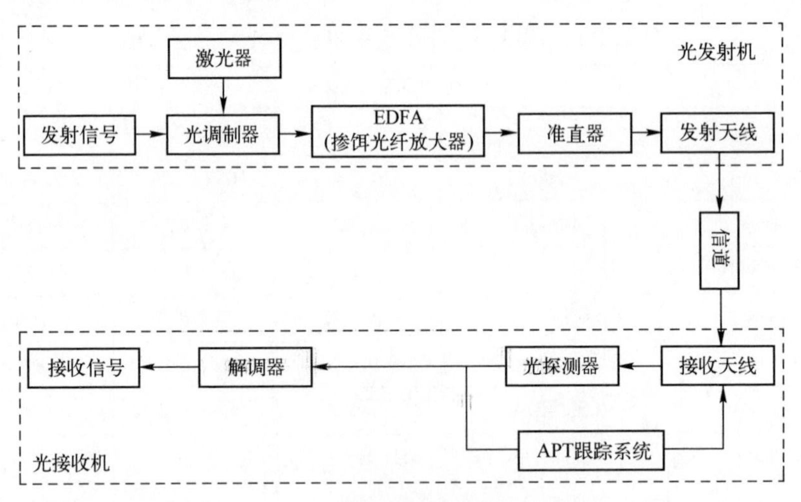


图 1.6 无线激光通信系统结构图

### 1.3.1 光发射机

光发射机主要由激光器、调制器及驱动电路组成，它的主要作用是将原始信息编码的电信号转换为适合在自由空间中传输的光信号。

**1. 激光器**

在无线光通信系统中，激光器主要作为光源，用于产生光束质量好的激光信号。光源输出激光信号质量的好坏，将直接影响无线光通信系统的工作性能。无线光通信系统中的常用激光器大致分为以下几类。

1）气体激光器

气体激光器是利用气体作为工作物质产生激光的器件，具有结构简单、工作稳定、造价低的特点。常见的气体激光器有氦氖激光器、二氧化碳激光器等，是品种最多、应用最广泛的一类激光器。

2）固体激光器

固体激光器是利用固体激光材料作为工作物质的激光器，具有体积小、使用方便、输出功率大的特点。固体激光器一般连续功率在 100W 以上，脉冲峰值功率可高达 109 W，但由于工作介质的制备较复杂，因此价格较贵。

3）半导体激光器

半导体激光器是用砷化镓（GaAs）、硫化镉（CdS）等半导体材料作为工作物质的激光器，具有体积小、寿命长等特点，还可采用简单注入电流的方式来泵浦，并且可以用高达 GHz 的频率直接进行电流调制，以获得高速调制的激光输出，在激光通信、光存储、光陀螺、激光打印、测距和雷达等方面得到了广泛的应用。

**2. 调制**

目前无线光通信系统调制技术可分为内调制和外调制两种。其中，内调制是直接调制光源的输出光强，也称为直接调制；外调制是通过外调制器对光源发出的光载波进行调制，如相位、波长等。前者实现起来简单方便、系统体积小，但是调制带宽有限，传输质量易受背景光噪声影响；后者调制带宽大、输出稳定，但系统体积大，实现起来相对复杂。

1）直接调制（内调制）

直接调制通过控制驱动激光器的电流对光源光强进行调制，依据载波类型的不同，可分为数字调制和连续波调制两大类，其中数字调制主要有开关键控调制和脉冲调制两种，而连续波调制主要有副载波强度调制。图 1.7 为直接调制系统示意图。

（1）开关键控。在无线光通信系统中，开关键控（On Off Keying，OOK）调制是一种常用的强度调制技术。当发射端需要发送信息“1”时，打开光源开关发送光波。当发射端需要发送信息“0”时，关闭光源开关不发送光波。假设 OOK 系统传输信道中采用均值为 0、方差为 $\sigma_{\mathrm{n}}^2$ 的加性高斯白噪声，接收端接收信号的峰值功率为 $S_{\mathrm{t}}$，设判决门限为 $b$，则接收端将发送的信息“0”

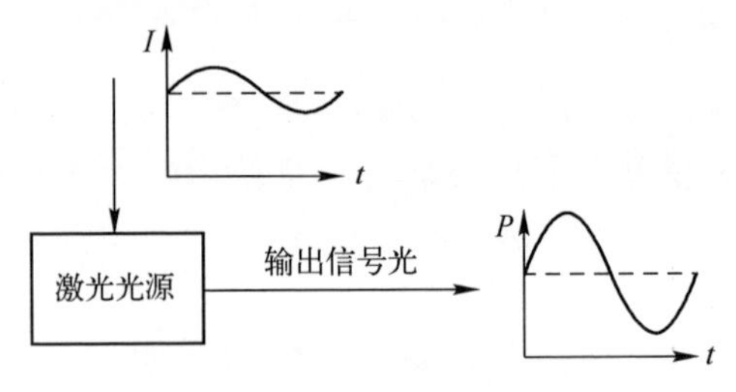


图 1.7　直接调制系统示意图

判为“1”的概率为[21]

$$P_{01}=\frac{1}{2}\{1+\mathrm{erf}[(b-\sqrt{S_t})/\sqrt{2\sigma_n^2}]\} \tag{1.1}$$

接收端将发送的信息“1”判为“0”的概率为[21]

$$P_{10}=\frac{1}{2}[1-\mathrm{erf}(b/\sqrt{2\sigma_n^2})] \tag{1.2}$$

(2) 脉冲调制。脉冲调制主要包括以下几种情况。

① 脉冲位置调制。脉冲位置调制（Pulse Position Modulation，PPM）只改变载波中每个脉冲产生的时间，不改变脉冲的形状或幅度。假设一个 PPM 符号对应 $M$ 位二进制信息，$M$ 表示调制阶数。其符号长度为 $L=2^M$，表示在该 PPM 符号中包含 $2^M$ 个时隙，PPM 调制将一个 PPM 符号映射为其符号长度内唯一单脉冲信号所在的时隙。

② 差分脉冲位置调制。将 PPM 符号中代表信息“1”的时隙后代表信息“0”的时隙删去，可以得到一个差分脉冲位置调制（DPPM）符号。1 个 DPPM 符号的长度为 $L_{\mathrm{DPPM}}=(2^M+1)/2$ 个时隙，平均时隙宽度 $T_s=2M/R_b(2^M+1)$。

③ 数字脉冲间隔调制。在数字脉冲间隔调制（Digital Pulse Interval Modulation，DPIM）技术中，一个 DPIM 符号包含的时隙个数不定，且 DPIM 调制一般会加入一个保护时隙以减少码间串扰对系统的影响。有保护时隙的一个 DPIM 符号长度为 $L_{\mathrm{DPIM}}=(2^M+3)/2$ 个时隙，平均时隙宽度 $T_s=2M/R_b(2^M+3)$。

(3) 副载波强度调制。副载波强度调制作为光调制技术的一种可选方案，可以有效抑制大气湍流的影响。射频电载波对基带信号进行预调制后生成副载波电信号，再对其加载一个直流偏置使副载波信号的输出大于 0 后，对激光器进行光强度调制。接收端在接收到光信号后，经 PIN 光电探测器完成光电转换得到包含调制信息的电信号，解调后恢复出基带信号，其系统原理框图如图 1.8 所示。

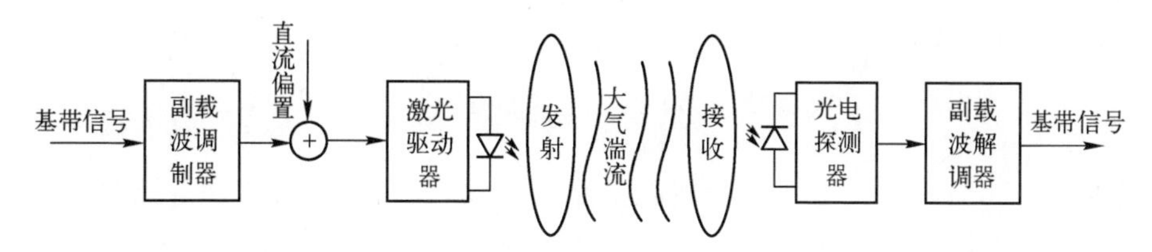


图 1.8　副载波强度调制系统框图

相移键控（PSK）常用于副载波强度调制系统中对基带信号进行预调制，对于多进制相移键控（MPSK）相位调制信号，其载波中一个码元的初始相位 $\theta$ 不固定。所以，MPSK 信号的一个码元表示为[22]

$$e_k(t)=A\cos(\omega_c t+\theta_k),\quad k=1,2,\cdots,M \tag{1.3}$$

式中：$A$ 为常数；$\omega_c$ 表示载波信号的频率；$\theta_k$ 为一组间隔相等的受调制相位，表示为[22]

$$\theta_k=\frac{2\pi}{M}(k-1),\quad k=1,2,\cdots,M \tag{1.4}$$

通常情况下 $M=2^k$，$k\in\mathbf{N}^+$。

令 $A=1$，则 MPSK 信号的一个码元可以表示为[22]

$$e_k(t)=\cos(\omega_c t+\theta_k)=a_k\cos\omega_c t-b_k\sin\omega_c t \tag{1.5}$$

式中：$a_k=\cos\theta_k$，$b_k=\sin\theta_k$。上式表明，MPSK 信号码元 $e_k(t)$ 是由振幅分别为 $a_k$ 和 $b_k(a_k^2+b_k^2=1)$ 的两个相互正交的分量合成的信号。

2）外调制

外调制是在光源外对光源发出的光载波进行调制，即利用晶体的电光、磁光和声光效应等性质对光波进行调制，如图 1.9 所示。

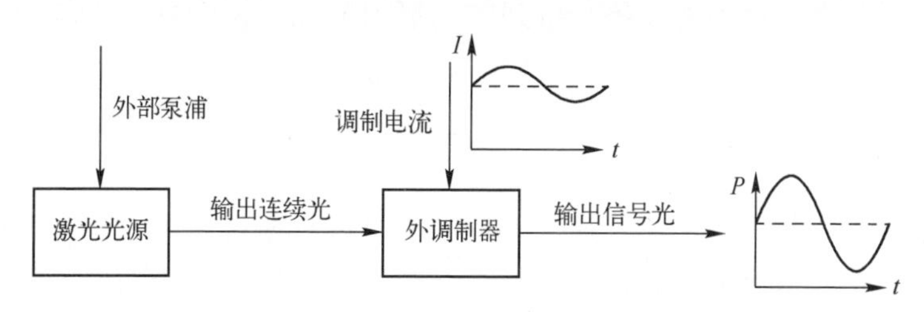


图 1.9　外调制系统示意图

（1）电光调制器。电光调制器的主要组成部分是电光晶体，目前常用的电光晶体有 KDP、BBO、LiNbO3、有机聚合物等[23]。在外加电场情况下，电光晶体的折射率会发生相应的变化，称为电光效应，这种变化与电场强度有关，

可以表示为

$$\Delta\left(\frac{1}{n^2}\right)=aE+bE^2 \tag{1.6}$$

式中：$a$、$b$ 为光电系数，由材料的晶格结构决定；$aE$ 为线性电光效应；$bE^2$ 为二次电光效应。根据电光效应，电光调制器可通过对电光晶体施加外部电压，改变其光强透过率，实现对激光的相位和强度（振幅）调制。

（2）磁光调制器。磁光调制是法拉第效应的重要应用。该概念自提出以来就广泛应用于光信息处理等各个方面。磁光调制就是将磁场的大小设为可调(改变电流/电压)，通过调整磁场的大小使光束偏振面的旋转角度连续变化，从而使输出的偏振光在空间传递时成为调制信号光[24]，如图 1.10 所示。

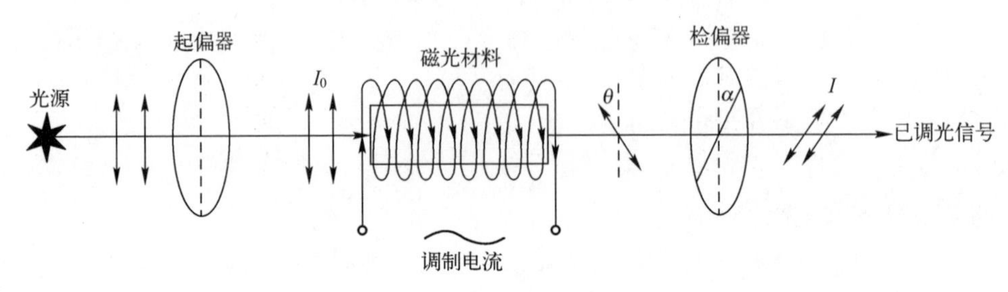


图 1.10　磁光调制器示意图

3）声光调制器

声光调制器主要由吸声层、声光介质、电-声换能器、驱动电源构成。调制信息控制驱动电源产生相应的电场，在电-声换能器中通过机械振动产生超声波，使得电功率转化为声功率，光束通过声光介质与其中的超声场发生声光互作用，发生布拉格衍射现象，得到的一级衍射光会携带着发送的调制信息，实现对光信号的调制。

### 1.3.2　光接收机

光接收就是把从发射端传输来的被调制光信号通过光学天线汇聚接收后，通过光电探测器进行光电转换，再对电信号进行整形放大和解调的过程。根据调制方式的不同，接收方式可分为直接检测和相干检测两种。

**1. 直接检测**

图 1.11 为直接检测系统示意图，光信号被光电探测器直接检测，从而转变为信号光生电流，再经前置放大、基带处理后，进行抽样判决，恢复出光发射机发送来的数据信号。

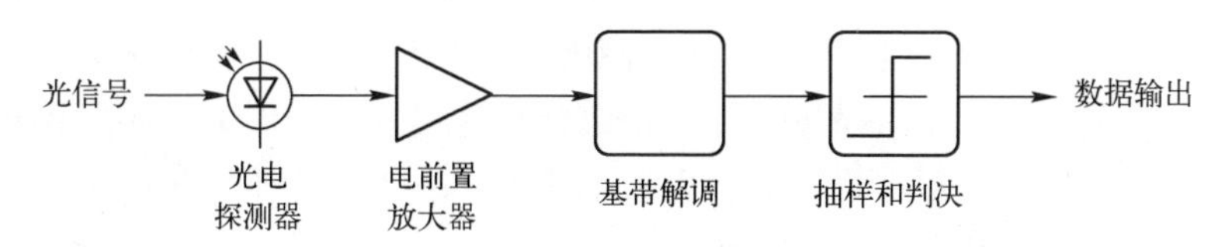


图 1.11　直接检测系统示意图

**2. 相干检测**

图 1.12 为相干检测系统示意图，信号光经大气信道传输后与本振光通过混频器进行相干混频，最后平衡探测器对混频后的中频信号进行探测并通过解调器解调出电信号。根据接收端本振光与信号光两者角频率的相对大小，相干光通信系统有外差和零差两种检测方式。当本振光与信号光的角频率不相等时，检测方式为外差检测，反之则为零差检测。在外差检测中，平衡探测器输出的是中频信号，解调器需要对中频信号再次解调才能得到基带信号；而在零差检测中，解调器直接得到基带信号。虽然零差检测方式简单，但其实现的前提是必须保持本振光和信号光之间的相位差不变，且信号光和本振光有相同角频率。

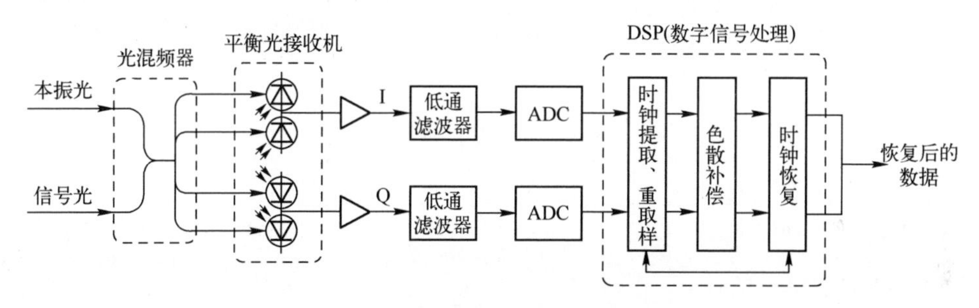


图 1.12　相干检测系统示意图

## 1.4　眼部安全与标准

### 1.4.1　激光辐射对生物组织的影响

全世界各个国家对激光产品安全都有一定的规范标准，其根据激光的输出能量和引起损伤的阈值进行分类。由于眼部的特殊构造，使得眼睛能聚焦和集中光能量，因此激光辐射对眼睛的伤害尤其严重。0.4～1.4μm 波长的激光会被眼睛聚焦到视网膜上，其他波长的光在聚焦前会被眼睛前端的眼角膜吸收。700～1000nm 波长的光源和检测器价格相对较低，但对眼部的安全规则要求更为严格。然而，1500nm 作为光纤骨干网的第三传输窗口，眼睛安全规则就没那么严格，但是器件相对昂贵。因此，设计光通信系统时，必须努力确保光辐射是安全的，不会对与之相接触的人带来伤害。表 1.3 为不同种类激光器工作时，激光对人眼造成伤害的能量阈值[25]。

表 1.3　激光对人眼的伤害阈值

| 激　光　器 | 工 作 模 式 | 波长/μm | 辐 照 时 间 | 激光能量阈值 |
| --- | --- | --- | --- | --- |
| 红宝石 | 单脉冲 | 0.6943 | 1ns~18μs | $5\times10^{-7}$J/cm$^2$ |
| 红宝石 | 10Hz | 0.6943 | 1ns~18μs | $1.6\times10^{-7}$J/cm$^2$ |
| Nd：YAG | 单脉冲 | 1.06 | 1ns~100μs | $5\times10^{-6}$J/cm$^2$ |
| Nd：YAG | 20Hz | 1.06 | 1ns~100μs | $1.6\times10^{-5}$J/cm$^2$ |
| Nd：YAG | 连续 | 1.06 | 100s~8h | 0.5mW/cm$^2$ |
| $CO_2$ | 连续 | 10.6 | 10s~8h | 0.1mW/cm$^2$ |
| 铒 | 单脉冲 | 1.54 | 1ns~1μs | 1J/cm$^2$ |
| 钛 | 单脉冲 | 2.01 | 1ns~100μs | 10J/cm$^2$ |

我国施行的国家标准 GB 7247.1-2001《激光产品的安全 第 1 部分：设备分类、要求和用户指南》，也对不同波长的激光对人眼和皮肤的损伤部位进行了分类，如表 1.4 所列[26]。

表 1.4　不同波长的激光对人眼和皮肤的危害

<table>
<tr><th>CIE 光谱范围</th><th>眼　　睛</th><th>皮　　肤</th></tr>
<tr><td>紫外辐射 C（180~280nm）</td><td rowspan="2">光致角膜炎</td><td rowspan="2">红斑<br>加速皮肤老化<br>色素沉着</td></tr>
<tr><td>紫外辐射 B（280~315nm）</td></tr>
<tr><td>紫外辐射 A（315~400nm）</td><td>光化学白内障</td><td rowspan="2">色素加深<br>光敏感作用<br>皮肤灼伤</td></tr>
<tr><td>可见光（400~780nm）</td><td>光化学和热效应所致的视网膜损伤</td></tr>
<tr><td>红外辐射 A（780~1400nm）</td><td>白内障、视网膜灼伤</td><td rowspan="3">皮肤灼伤</td></tr>
<tr><td>红外辐射 B（1.4~3.0μm）</td><td>白内障、水分蒸发、角膜灼伤</td></tr>
<tr><td>红外辐射 C（3.0μm~1mm）</td><td>仅为角膜灼伤</td></tr>
</table>

注：CIE（Commission Internationale de L’Eclairage）：国际照明委员会。

### 1.4.2　激光器的分类

对激光器进行分类是为了帮助用户评估激光器的危害，确定必需的用户控制措施。在同一个类别中，不同激光器的危害区可能差别很大。通过附加的用户防护措施，包括防护罩等工程控制措施，可能会大大减少潜在的危害。有很多国际标准组织和团体提出了光束安全的准则，其中主要有：

（1）设备仪器与放射健康中心（CDRH），美国食物和药品管理处（Food and Drug Administration，FDA）的下设机构，制定了美国激光和激光设备的强制性规则标准（21 CFR 1040）。

（2）国际电子技术委员会（International Electrotechnical Ommission，IEC），发布与电子设备相关的国际标准，涉及激光和激光设备（IEC60825—1）。这些标准不自动具有法律强制性，接受和实行 IEC 标准的决定由各个国家确定。

（3）美国国家标准学会（ANSI），发布激光使用标准（ANSIZ136.1）。ANSI 标准没有法律强制性，但是美国职业安全和健康管理法律标准的基础，如同不同州管制机构所采用的法律标准。

（4）欧洲电工标准化委员会（European Committee for Electr otechnical Standardiz，CENELEC），由 19 个欧盟国家建立的欧洲电工标准化组织。CENELEC 标准也没有直接的法律强制性，但是和 IEC 标准一样，常被各国列入法律规定中。

（5）美国激光学会（LIA），是促进激光安全使用的组织，提供激光安全信息，主办激光安全会议、专题讨论会，发行出版物和进行课程培训。

每个组织都有激光分类的方法，不同组织的具体标准区别很小，本节将结合当前国际、国内标准，对激光器分类进行介绍。

**1. 国际标准**

国际电子技术委员会和美国食品药品管理局分别根据激光输出值的大小，对激光器进行了分类。

1）IEC 标准

IEC 标准将激光设备分为四个等级，分别称为 Class1，Class2，Class3，Class4，如图 1.13 所示。例如，Class1 级的激光机器设备，在“可预料的作业情况下”是一种安全防护设备；而 Class4 级的激光机器设备，则是很有可能转化成有危害的漫反射的机器设备，会影响肌肤的烧灼甚至火灾事故，应用中应特别当心。

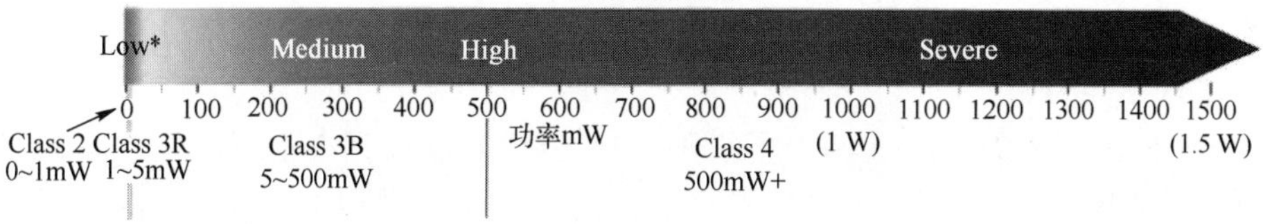

图 1.13　国际电子技术委员会（IEC）激光器等级划分示意图（见彩图）

2）FDA 标准

FDA 标准则将激光机器设备分成五个级别，即第Ⅰ类至第Ⅳ类。

第Ⅰ类激光产品没有潜在性伤害。一切很有可能收看的光线全是被屏蔽的，且在激光暴露时激光系统软件是自锁互锁的。

第Ⅱ类激光产品输出功率 1mW。不容易烧灼肌肤，不容易引发火灾事故。因为双眼反射能够避免一些眼周危害，因此这类激光器不被视作风险的光学仪器。

第Ⅲa 类激光产品输出功率 1~5mW。不容易烧灼肌肤。在某类情况下，这类激光能够对双眼导致失明及其别的损害。

第Ⅲb 类激光产品输出功率 5~500mW。在输出功率较高时，这类激光产品可以烧糊肌肤。这类激光产品确立界定为对双眼有伤害，尤其是在输出功率较高时，将导致双眼损害。

第Ⅳ类激光产品输出功率超过 500mW。这类激光产品一定要导致双眼损害。如同烧灼肌肤和引燃衣服一样，也可以点燃别的原材料。

**2. 国内标准**

中华人民共和国国家标准 GB7247.1-2012《激光产品的安全 第 1 部分：设备分类、要求》[26]基于 IEC 标准进行了技术更新和内容的调整，对各类激光的危害有了更详细的解释，标准将将激光产品分为了以下 7 个等级：1、1M、2、2M、3R、3B、4。其中 1M、2M 两个等级代表产品的安全等级分别和 1、2 级一致，但在使用如望远镜等光学设备直接观察时，可能将危害程度放大，从而超越 1、2 级的危害。3 级也分为 3R 和 3B 两个子级别。

1）1 类

1 类激光器是指在使用过程中，包括长时间直接光束内视，甚至在使用光学观察仪器（眼用小型放大镜或双筒望远镜）时受到激光照射仍然是安全的激光器。1 类激光器的波长范围局限于光学仪器的玻璃光学材料的透光性特别好的光谱区，即 300~400nm。

2）2 类

激光产品发射的波长范围为 400~700nm 的可见辐射，其瞬时照射是安全的，但是有意注视激光束可能是有危害的。

3）3 类

3 类也分为 3R 和 3B 两个子级别。3R 类激光器仅宜在不可能发生直接光束内视的场合使用。3B 类的激光直射，包括镜面反射和少于 0.25s 的短时照射都是有危险的，功率较高的 3B 类产品还会引起轻微的皮肤烧伤，甚至有点燃易燃材料的危险，并且部分 3B 激光长时间的漫反射也对眼睛造成伤害。

4）4 类

这类激光产品，光束内视和皮肤照射都是危险的；观看漫反射可能是危险的。这类激光器也经常会引起火灾。

### 1.4.3 激光器的最大允许照射量

中华人民共和国国家标准 GB 7247.1—2012《激光产品的安全 第 1 部分：设备分类、要求》对激光直接照射条件下角膜和皮肤的最大允许照射量（Maximum Permissible Exposure，MPE）做出了明确要求[26]。表 1.5 给出了激光辐射直接照射条件下人体角膜和皮肤的最大允许照射量，相对于眼部而言，皮肤的 MPE 值要低得多，这是由于皮肤对激光辐射较不敏感导致的。同时短暴露时间下的 MPE 值要高于长暴露时间的值。1500~1800nm 波长下的眼睛 MPE 值高于 500~700nm 下的 MPE 值，这与眼睛各部分吸收激光辐射的水平有关。

表 1.5 激光辐射直接照射条件下角膜和皮肤的最大允许照射量

| 波长 | 1ms~10s | | 10~100s | |
|---|---|---|---|---|
| | 角膜 | 皮肤 | 角膜 | 皮肤 |
| 400~450nm | $18t^{0.75}$ J·m$^{-2}$ | $1.1\times10^4t^{0.25}$ J·m$^{-2}$ | 100J·m$^{-2}$ | 2000W·m$^{-2}$ |
| 450~500nm | | | $100C_3$ J·m$^{-2}$ | |
| 500~700nm | | | 10W·m$^{-2}$ | |
| 700~1050nm | $18t^{0.75}C_4$ J·m$^{-2}$ | $1.1\times10^4C_4t^{0.25}$ J·m$^{-2}$ | $10C_4C_7$ W·m$^{-2}$ | $2000C_4$ W·m$^{-2}$ |
| 1050~1400nm | $90t^{0.75}C_4$ J·m$^{-2}$ | | | |
| 1400~1500nm | $5600t^{0.25}C_4$ J·m$^{-2}$ | $5600t^{0.25}$ J·m$^{-2}$ | 1000W·m$^{-2}$ | 1000W·m$^{-2}$ |
| 1500~1800nm | $10^4$ J·m$^{-2}$ | $10^4$ J·m$^{-2}$ | | |

## 1.5 无线激光通信技术面临的挑战

从发射机发射的光功率经过大气信道传输，在到达接收机之前会受到各种因素的影响。这些因素包括系统损耗、几何损耗、失调损耗、大气损耗以及大气湍流引起的衰落和环境噪声。系统损耗在很大程度上取决于设计参数，通常由制造商指定。下面针对大气信道对 FSO 链路影响以及安全问题给出无线激光通信技术面临的主要技术问题（表 1.6）。

表 1.6　无线激光通信技术面临的技术问题

| 问题 | 原　因 | 影　响 | 解决方案 |
| --- | --- | --- | --- |
| 安全 | 激光辐射 | 对眼睛和皮肤有伤害 | 高功率效率调制：副载波调制、PPM、DPIM 等调制技术 |
| 波长 | 800~900nm 光源 | 对眼睛有伤害 | 使用 1550nm 波长 |
| 噪声 | 暗电流噪声<br>散弹噪声<br>背景光噪声<br>相位噪声<br>放大器<br>自发辐射噪声 | 限制通信系统性能误码率恶化 | 使用光、电滤波器<br>使用前置放大器<br>使用光滤波器 |
| 湍流 | 随机折射率变化 | 强度起伏（闪烁）<br>光斑抖动<br>相位起伏<br>光束扩展 | 编码：如 LDPC、Turbo<br>分集接收<br>自适应光学 |
| 雾 | 损耗为 0.22~272dB/km | 米氏（Gustav Mie）散射<br>原子吸收 | 增加发射功率<br>分集接收<br>混合 FSO/RF |
| 雨和雪 | 大雨（15cm/h）→损耗 20~30dB/km<br>小雪→损耗 3dB/km<br>暴风雪→损耗 60dB/km | 原子吸收 | 增加发射光功率 |
| 几何失调 | 波束漂移<br>建筑物摇摆 | 信号丢失<br>多径失真<br>低功率（由于光束分集和扩展）<br>短期信号丢失 | 空间分集<br>分集路由<br>环形拓扑<br>固定跟踪（低层建筑）<br>主动跟踪（高层建筑） |
| 大气衰减 | 气溶胶和烟 | 米氏散射<br>瑞利散射<br>原子吸收 | 增加发射功率<br>分集技术<br>混合 FSO-RF |

## 1.6　本章小结

本章首先阐述了无线激光通信技术的发展史，针对无线激光通信与射频 RF 以及光纤通信的区别，介绍了目前无线激光通信的应用；其次，给出了无线激光通信系统的架构，并对发射机、接收机以及调制技术进行了阐述；最后论述了激光通信中的眼部安全与标准，并对 FSO 技术面临的挑战进行了阐述。

## 参考文献

[1] 工信部．工业和信息化部关于印发“十四五”信息通信行业发展规划的通知［EB/OL］．［2021-11-16］．https://wap.miit.gov.cn/jgsj/txs/wjfb/art/2021/art_f570d85e2565443abec9d5642f46694a.html.

[2] 陕西省通信管理局．陕西省“十四五”信息通信业发展规划［EB/OL］．［2021-11-24］．https://shxca.miit.gov.cn/xwzx/tzgg/art/2021/art_bdc9b4adc955459e81395db70a4db132.htm.

[3] 中国信息通信研究院．中国宽带发展白皮书（2021）［EB/OL］．［2021-09］．http://www.caict.ac.cn/kxyj/qwfb/bps/202109/t20210928_390590.htm.

[4] 王晨昊．无线光副载波调制相位噪声特性及补偿技术研究［D］．西安：西安理工大学，2019.

[5] 雷雨．无线光自适应副载波调制系统特性研究［D］．西安：西安理工大学，2018.

[6] 史晓锋，张有光，林国钧．通信技术基础［M］．2 版．北京：机械工业出版社，2010.

[7] Ho K P. Error probability of DPSK signals with cross-phase modulation induced nonlinear phase noise［J］. IEEE Journal of selected topics in Quantum Electronics, 2004, 10（2）: 421-427.

[8] Khalighi M A , Uysal M. Survey on Free Space Optical Communication: A Communication Theory Perspective［J］. Communications Surveys & Tutorials IEEE, 2014, 16（4）: 2231-2258.

[9] 中国电科集团第三十四研究所产品展示：无线光传输系统［EB/OL］．［2021-12-30］．http://www.gioc.com.cn/detail?kid=610.

[10] Yu X, Zhang L, Zhang Y, et al. 2. 5Gbps free-space optical transmission between two 5G airshipfloating base stations at a distance of 12km［J］. Optics Letters, 2021, 46（9）: 2156-2159.

[11] Alphabet's Project Taara laser tech beamed 700TB of data across nearly 5km［EB/OL］．［2021-9-16］. https://www.theverge.com/2021/9/16/22677015/project-taara-fsoc-wireless-internet-kinshasa-congo-fiber.

[12] LEITGEB E, MUHAMMAD S S, CHLESTIL C, et al. Reliability of FSO links in next generation optical networks［C］. 2005 Proceedings of 7th International Conference Transparent Optical Networks. Barcelona, Catalonia, Spain: IEEE, 2005: 394-401.

[13] HEINE F, MÜHLNIKEL G, ZECH H, et al. LCT for the European data relay system: in orbit commissioning of the Alphasat and Sentinel 1A LCTs［C］. Free-Space Laser Communication and Atmospheric Propagation XXVII. San Francisco, California, USA: 2015: 93540G.

[14] 王勇，龙定央，骆盛，等．“星链”系统星座覆盖及应用分析［J］．中国航天．2021（08）：43-47.

[15] 余南平，严佳杰．国际和国家安全视角下的美国“星链”计划及其影响［J］．国际安全研究．2021，39（05）：67-91.

[16] CHAUDHRY A，YANIKOMEROGLU H. Laser Inter-Satellite Links in a Starlink Constellation：AClassification and Analysis［J］. IEEE Vehicular Technology Magazine. 2021，16（02）：48-56.

[17] WANG W，BAI Z，XIE X，et al. Field experiment and analysis for free-space laser transmissioncharacteristic in turbulent path based on MWIR and NIR［J］. Modern Physics Letters B. 2020，34（14）：2050148.

[18] 王旭．实践十三号卫星成功发射 开启中国通信卫星高通量时代［J］．中国航天．2017（05）：13.

[19] 崔岳，唐勇．实践二十号卫星在轨核心试验全部完成［J］．国际太空 2020，（7）：4.

[20] 王佳，俞信．自由空间光通信技术的研究现状和发展方向综述［J］．光学技术，2005，31（2）：259-262.

[21] 王辉．光纤通信［M］．3 版．北京：电子工业出版社，2014.

[22] 樊昌信，曹丽娜．通信原理［M］．北京：国防工业出版社，2014.

[23] 李仙丽，王冬冬，李向龙等．基于电光聚合物缺陷光子晶体的脉冲电场测量技术［J］．电子学报，2021，49（9）：1691-1700.

[24] 李春艳．玻璃内应力高精度检测技术的研究［D］．西安：中国科学院研究生院（西安光学精密机械研究所），2014.

[25] 吴仲，孙飞阳，袁丰，等．近红外单光子激光雷达人眼安全分析［J］．激光与红外，2019，49（01）：20-25.

[26] 中华人民共和国质量监督检验检疫总局．激光产品的安全 第 1 部分：设备分类、要求：GB 7247.1-2012［S］．北京：中国标准出版社，2013：15.

# 第 2 章　无线激光通信的信道影响

## 2.1　引言

FSO 技术利用大气信道作为传播介质，信道特性是时空的随机函数，这使得 FSO 成为一种依赖于天气和地理位置的随机现象。云、雪、雾、雨、霾等各种不可预测的环境因素会导致光信号大幅衰减并限制链路通信距离。从发射机发射的光功率在到达接收机之前，会受到各种因素的影响。这些因素包括系统损耗、几何失调、大气损耗以及大气湍流引起的衰落和背景环境噪声[1]。

大气信道是一种有记忆的时变信道，当激光信号经过大气信道传播时，大气分子、气溶胶以及各种液态和固态微粒都会对激光信号的传输产生影响，主要包括吸收、散射及湍流效应。大气效应对无线激光通信的各种影响形式如图 2.1 所示[2]。大气吸收效应导致接收光功率降低；大气对激光信号的多次散射使激光传输产生多径效应，导致在空间和时间上激光脉冲信号展宽，在接收机中表现为码间串扰；大气湍流引起的光学折射率随机起伏使激光信号在传

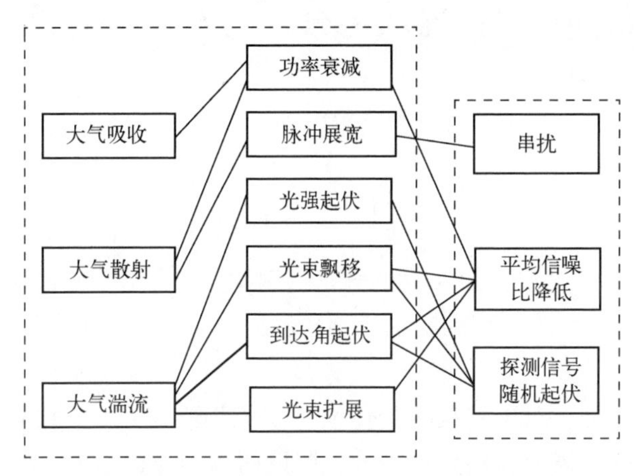


图 2.1　大气效应对无线激光通信的影响

输过程中产生光强起伏、光束漂移、光束扩展及到达角起伏等现象，使得接收光信号受到严重干扰，通信误码率增加，甚至出现短时间通信中断，严重影响了大气光通信的稳定性和可靠性。

## 2.2 大气吸收

激光在大气中传输，大气吸收效应使光能量随距离的增长而减小。大气吸收是与波长有关的现象。表 2.1 给出了晴朗天气条件下典型波长下的分子吸收情况，用于选择 FSO 通信系统的波长范围以具有最小的吸收，这些波长窗口被称为“大气传输窗口”。在该窗口中，由分子或气溶胶吸收引起的衰减小于 0.2dB/km。在 700~1600nm 范围内有几个透射窗口。大多数 FSO 系统设计用于在 780~850nm 和 1520~1600nm 的窗口中操作，选择这些波长是因为在这些波长下容易获得发射器和探测器组件。

表 2.1　典型波长下的分子吸收[3]

| 序　号 | 波长 λ/nm | 分子吸收/(dB/km) |
| --- | --- | --- |
| 1 | 550 | 0.13 |
| 2 | 690 | 0.01 |
| 3 | 850 | 0.41 |
| 4 | 1550 | 0.01 |

大气吸收和散射的共同影响表现为激光传输的大气衰减，用“大气透射率”来度量衰减程度。单色波的大气透射率 $T_{\mathrm{atm}}(\lambda)$ 可表示为[4]

水平均匀路径传输

$$T_{\mathrm{atm}}(\lambda)=\exp[-k_{\mathrm{e}}(\lambda)L] \tag{2.1}$$

斜程路径传输

$$T_{\mathrm{atm}}(\lambda)=\exp\left[-\sec\varphi\int_0^Z k_{\mathrm{e}}(\lambda,r)\,\mathrm{d}r\right] \tag{2.2}$$

式中：$T_{\mathrm{atm}}(\lambda)$ 为波长为 $\lambda$ 时的大气透射率；$L$ 为水平传输距离；$Z$ 为斜程路径的垂直高度；$\varphi$ 为斜程路径的天顶角；$k_{\mathrm{e}}(\lambda)$ 为大气消光系数，且 $k_{\mathrm{e}}(\lambda)=k_{\mathrm{s}}+k_{\mathrm{a}}$。

需要注意的是，对于斜程路径传输，大气消光系数 $k_{\mathrm{e}}(\lambda)$ 随高度而变化，因此计算透射率时需要对路径求积分。假设初始光通量为 $I_0$，传输距离 $L$ 后的光通量 $I(L)$ 为

$$I(L)=I_0T_{\text{atm}}(\lambda) \tag{2.3}$$

定义 $\tau$ 为大气光传输信道的光学厚度，可用来表征信道的衰减特性：

$$\tau=\tau_a+\tau_s \tag{2.4}$$

式中：$\tau_a$ 为散射光学厚度；$\tau_s$ 为吸收光学厚度。

大气消光系数 $k_e(\lambda)$ 由于大气的不确定性在不同天气下的变化范围很大。在近地面大气层中分子散射的影响小，光能量衰减主要由大尺度粒子的米氏散射引起。在设计大气无线光通信链路时，一般选择大气窗口内的波长，因此大气吸收对光能量衰减的影响相对较小，大气衰减主要受大气散射影响。由于大气中各种散射粒子的数量和尺度分布比较复杂，不易于直接计算大气散射和吸收系数。因此，可通过"能见度"计算近地面激光大气传输所受到的大气衰减。

典型天气条件下导致的自由空间光通信系统吸收和散射：

1）雾

大气衰减的主要原因是雾，因为其会导致吸收和散射。浓雾天气下，当能见度甚至小于 50m 时，衰减可能会超过 350dB/km[5]，这清楚地表明，雾会限制 FSO 链路的可用性。在这种情况下，具有特定缓解技术的超高功率激光器将有助于提高链路的可用性。一般来说，在出现严重衰减时，1550nm 激光器因其发射功率高会成为首选。雾可以垂直延伸到地表 400m 以上的高度。目前研究人员已对不同工作波长下雾气衰减特性进行了对比研究。利用米氏散射理论可以预测雾衰减，但其计算过程复杂，而且还需要雾的详细参数信息。另一种方法是在能见度的范围内，使用通用经验模型预测雾衰减，通常将 550nm 的波长作为可见度范围内的参考波长。

式（2.5）定义了由米氏散射的共同经验模型给出的雾的特定衰减[6]：

$$k_e(\lambda,R_v)=\frac{3.912}{R_v}\left(\frac{550}{\lambda}\right)^q \tag{2.5}$$

$$q=\begin{cases}1.6 & R_v>50\text{km}\\ 13 & 6\text{km}<R_v<50\text{km}\\ 0.585R_v^{1/3} & R_v\leqslant 6\text{km}\end{cases} \tag{2.6}$$

式中：$R_v$ 为大气能见度（km）；$\lambda$ 为激光波长（nm）；$k_e(\lambda,R_v)$ 为消光系数（$\text{km}^{-1}$）。

能见度是度量大气对可见光衰减作用的主要指标，在白天观测者以水平天空为背景下人眼能看见的最远距离，在夜晚是指能看见中等强度未聚焦光源的距离。气象学一般按气象状态把能见度分为十个等级，如表 2.2 所示。

表 2.2 国际能见度等级[7]

| 等级 | 天气状态 | 能见度/km | 散射系数 | 等级 | 天气状态 | 能见度/km | 散射系数 |
|---|---|---|---|---|---|---|---|
| 0 | 极浓雾 | <0.05 | >78.2 | 5 | 霾 | 2~4 | 1.960~0.954 |
| 1 | 厚雾 | 0.05~0.2 | 78.2~19.6 | 6 | 轻霾 | 4~10 | 0.954~0.391 |
| 2 | 中雾 | 0.2~0.5 | 19.6~7.82 | 7 | 晴朗 | 10~20 | 0.391~0.196 |
| 3 | 轻雾 | 0.5~1 | 7.82~3.91 | 8 | 很晴朗 | 20~50 | 0.196~0.078 |
| 4 | 薄雾 | 1~2 | 3.91~1.96 | 9 | 极晴朗 | >50 | 0.0141 |

2）雨

雨水的影响并不像雾那么明显，因为雨滴的大小比 FSO 中使用的波长大得多（可达 100~10000μm）。对于 850nm 和 1500nm 左右的波长而言，小雨（2.5mm/h）到大雨（25mm/h）的衰减损失范围为 1~10dB/km 因此，选择混合 RF/FSO 系统可以有效提高链路的可用性，尤其是在以 10GHz 或更高频率运行的系统。

FSO 链路的特定衰减 $\alpha_{\text{rain}}$（dB/km）为[8]

$$\alpha_{\text{rain}}=k_1R^{k_2} \tag{2.7}$$

式中：$R$ 是以 mm/hr 为单位的降雨率；$k_1$ 和 $k_2$ 是模型参数，其值取决于雨滴大小和降雨温度。

3）雪

雪粒子的大小介于雾粒子和雨粒子之间，因此，雪造成的衰减大于雨但小于雾。大雪期间，随着雪花在传播路径中密度的增加或其在窗玻璃上形成冰，激光束的路径会被阻挡。在这种情况下，其衰减与 30~350dB/km 之间的雾衰减不相上下，这会大大降低 FSO 系统的链路可用性。降雪引起的衰减可分为干降雪衰减和湿降雪衰减。

特定衰减 $\alpha_{\text{snow}}$（dB/km）和雪率 $S$（mm/h）的关系给出如下公式[9]：

$$\alpha_{\text{rain}}=aS^b \tag{2.8}$$

干雪和湿雪中参数 $a$ 和 $b$ 的值按下式取：

$$\begin{cases}\text{干雪：}a=5.42\times10^{-5}+5.49, & b=1.38\\ \text{湿雪：}a=1.20\times10^{-4}+3.78, & b=0.72\end{cases} \tag{2.9}$$

## 2.3 大气散射

在光学性质均匀的介质中或者在折射率不同的两种均匀介质分界面上，无论是光的折射还是光的反射，光线都局限在一些给定的方向上传播，而在其余的方向上光强等于 0，也就是看不到光的。但是当光波通过光学性质不均匀的介质时，在其传播方向的侧向可以看到光，这种现象就是光的散射。激光信号在大气中进行传输，大气散射对其影响主要为：光斑光强度分布受到改变，使光斑内部有明暗之分；减小激光信号在传播方向上的光功率。

大气微粒对激光传输的影响称为大气散射效应。大气微粒的尺寸分布很宽，从$10^{-10}\mu m$ 到数十微米，对激光传输影响最大的是直径为 0.1～10μm 的粒子，可以采用单粒子散射理论[10]来近似分析大气散射，因为当气体分子间距大于分子直径的 10 倍以上时，大气中气溶胶微粒或悬浮微粒的间距也远大于粒子直径，从而满足单粒子散射的条件（粒子间距大于粒于直径 3 倍时，各粒子的散射近似互不影响）。所以，虽然大气中存在多种微粒，对光传播问题而言，单粒子散射理论总是适用的。而且，单粒子散射的近似数学处理简单，适合于工程计算。

设大气散射产生的激光能量衰减系数为 $\beta$，由两部分构成：

$$\beta=\beta_m+\beta_p \tag{2.10}$$

式中：$\beta_p$ 为粒子散射系数；$\beta_m$ 为分子散射系数，$\beta_m=\sigma_m \cdot n$，其中 $\sigma_m$ 为分子散射截面，反比于波长 $\lambda$；$n$ 是空气分子密度。

### 2.3.1　瑞利散射

当光的波长远大于散射粒子尺寸时，就产生了瑞利散射，瑞利散射又称“分子散射”。瑞利散射主要发生在紫外光波段或悬浮粒子很少的高空，该散射与被散射光波长的四次幂成反比。瑞利散射系数的经验公示为[10]

$$\sigma_m=0.827\times N\times A^3/\lambda^4 \tag{2.11}$$

式中：$A$ 为散射元横截面积（$cm^2$）；$N$ 为单位体积内的粒子数（$cm^{-3}$），即散射元密度；$\lambda$ 为激光波长。

由式（2.10）和式（2.11）可知，分子散射系数与分子半径和分子密度成正比，与光波波长的四次方成反比。散射随着散射分子半径的增大而增强，随着波长的增大而减弱。由此可知，可见光比红外光散射强，而蓝光又比红外光散射强。在晴朗的天空，当尺寸较大的微粒较少时，分子散射起主要作用，而大气对太阳光中的蓝光散射系数大，蓝光散射最强烈，因此晴朗的天空呈现出蓝色。散射系数和波长的四次方长成反比，也就是说，波长越小则散射越强。

瑞利散射的体积散射系数为[10]

$$\alpha_m(\lambda)=\frac{8\pi^2}{3}\cdot\frac{(n^2-1)^2}{N^2\lambda^4} \tag{2.12}$$

式中：$n$ 是媒质的折射率。

在干燥清新的空气中，瑞利散射系数[10]

$$\alpha_m(\lambda)=1.09\times10^{-3}\lambda^{-4.05}\text{km}^{-1} \tag{2.13}$$

一般来说，对于半径 $r<0.03\mu m$ 的粒子，光波波长在 $1\mu m$ 左右，瑞利散射系数的误差<1%；当粒子半径 $r>0.03\mu m$ 时，需要采用米氏散射理论。

### 2.3.2 米氏散射

当粒子的尺寸和激光波长比较接近时，产生米氏散射。米氏散射的主要特征为：散射光强度随散射角度的分布变得十分复杂，该分布随着粒子相对波长的尺寸越大而越复杂；随着粒子尺寸的增大，散射光集中的角度也越来越窄。气溶胶粒子的直径一般为几十 μm，因此，米氏散射理论实际上可以看成是对气溶胶粒子散射的一种很好的近似。米氏散射主要与粒子的尺寸、密度分布以及折射率特性有关，其大小与被散射光的一次幂大致成反比，米氏散射系数公式为[10]

$$\sigma_n=N(r)\pi r^2Q_s(X_r,m) \tag{2.14}$$

式中：$r$ 为粒子半径（cm）；$N(r)$ 为单位体积内的粒子数（$cm^{-3}$）；散射效率 $Q_s$ 定义为粒子散射的能量与入射粒子几何截面上的能量之比，是粒子的相对尺寸 $X_r=2\pi r/\lambda$ 和复数折射率 $m=n+iK_a$ 的函数，其中，$n$ 和 $K_a$ 分别为粒子复数折射率的实部和虚部；$\lambda$ 为激光波长。

## 2.4 大气湍流

大气湍流运动是由于太阳辐射和各种气象因素所产生的大气温度微小随机变化及大气风速随机变化而形成的。大气温度的随机变化影响大气密度的随机变化，从而导致大气折射率也随机变化，这种变化的累积效应致使大气折射率明显不均匀。大气湍流运动引起大气折射率起伏的性质，表现为激光光波参量（如振幅和相位）产生随机起伏，最终造成光束的闪烁、分裂、弯曲、扩展及空间相干性降低，是限制无线光通信系统充分发挥其效能的重要因素。

### 2.4.1 大气湍流的统计特性

Kolomogorov 提出的大 Reynolds 数湍流的局地结构理论是现代湍流理论的基础[11]。Kolomogorov 理论指出，湍流平均速度的变化使湍流获得能量。大气折射率的随机起伏 $n(r)$ 主要由温度空间分布随机微观结构引起。这种微观结构变化是由于地球表面不同区域被太阳不同加热而引起的极大尺度的温度非均匀性。这种大尺度的温度非均匀性进而又引起大尺度的折射率非均匀性，通常这些大气折射率的非均匀性称为湍流的“漩涡”。湍流可以用两个尺度来表征，在大气边界层内，可观测分析到涡旋最大尺度（也称湍流外尺度）用 $L_0$ 表示，$L_0$ 通常在数十米到数百米的范围之内；而最小尺度（也称湍流内尺度）用 $l_0$ 表示，而 $l_0$ 只有几个毫米[12]，如图 2.2 所示。当光束穿过这些不同尺度的涡旋传播时，大尺度湍流涡旋主要对光束产生折射效应，而小尺度涡旋主要对光束产生衍射效应。

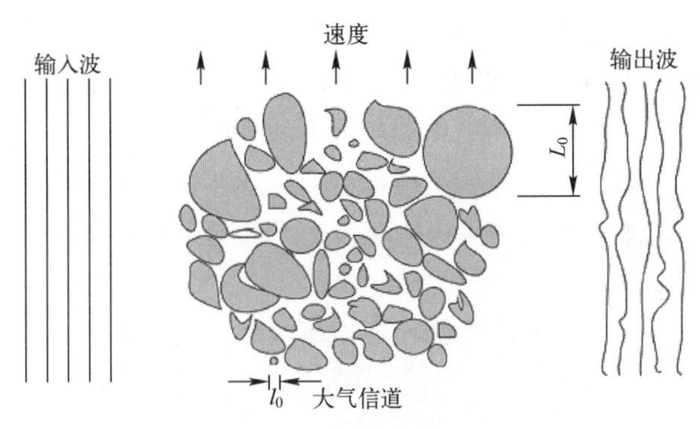


图 2.2　大气信道湍流涡旋

温度、大气折射率、气溶胶质粒的分布等与大气湍流形成有关的因素都会发生湍流掺杂作用。光波在大气湍流中传播时的折射率只与空间两点的位置相关，可用下面的式子来表示：

$$n(r,t)=n_0+n_1(r,t) \tag{2.15}$$

式中：折射率 $n(r,t)$ 与时间和位置参数相关；$n_0$ 表示自由空间（无湍流时）折射率；$n_1(r,t)$ 表示围绕平均值 $n_0$ 随机起伏的折射率，该起伏由大气湍流引起。折射率的随机起伏在湍流场中的统计特性对研究激光在大气湍流中的传输至关重要。大气折射率结构函数的特性与温度起伏有着密切的关系。

**1. 折射率起伏功率谱**

目前，折射率起伏功率谱 $\Phi_n$ 主要是以 Kolmogorov 湍流理论为基础展开研究的，典型的功率谱模型有 Kolmogorov 谱、Von Karman 谱[13]（又称 Tatarskii 谱）、Hill 谱[14]和修正 Hill 谱[15]。

关于非 Kolmogorov 谱的研究成果近年来也有相关报道[16]。大气湍流导致大气光学折射率随机起伏，大气折射率 $n$ 与空气温度和压强的变化是相关的，因而它是压强 $P$ 和温度 $T$ 的函数，表达式为

$$n=1+77.6(1+7.52\times10^{-3}\lambda^{-2})P/T\times10^{-6} \tag{2.16}$$

式中：$\lambda$ 为波长（μm）；$P$ 为压强（100Pa）；$T$ 为热力学温度（K）。

按照 Kolmogorov 理论，对于局部均匀和各向同性湍流，折射率变化可以用折射率结构函数 $D_n(r)$ 表征，它与标量距离 $r$ 的 2/3 次方成正比[17]，即

$$D_n(r)=\langle[n(r+r_1)-n(r)]^2\rangle=C_n^2r^{2/3},\quad l_0<r<L_0 \tag{2.17}$$

式中：$D_n(r)$ 为两个观测点之间折射率增量的系统平均；$n(r)$ 表示折射率；$C_n^2$ 为大气折射率结构常数，用于度量光学湍流强度的物理量，是折射率结构函数 $D_n(r)$ 的一个常量系数，单位为 $m^{-2/3}$。

在惯性子区间，由 Kolmogorov 湍流理论可以得到描述大气湍流造成的折射率起伏功率谱 $\Phi_n$，最基本的 Kolmogorov 谱可写为

$$\Phi_n(k)=0.033C_n^2k^{-11/3} \tag{2.18}$$

式中：$k=2\pi/l$ 为空间波数，满足 $2\pi/L_0<k<2\pi/l_0$；$l$ 为湍流涡旋的尺度。使用 Kolmogorov 谱计算激光大气湍流传输时，通常假设湍流外尺度为无穷大，并忽略湍流内尺度。

对于耗散区，Tatarskii 谱用如下模型概括 $\Phi_n(k)$ 的快速下降现象

$$\Phi_n(k)=0.033C_n^2k^{-11/3}\exp\left(-\frac{k^2}{k_m^2}\right) \tag{2.19}$$

式中：若取 $k_m=5.92/l_0$，则式（2.19）在 $k>k_0$ 时成立。

在 Kolmogorov 谱（2.18）式和 Tatarskii 谱（2.19）式中，当 $k\to0$ 时 $\Phi_n\to\infty$。为了克服这一缺陷，常采用 Von Karman 谱，近似为

$$\Phi_n(k)=0.033C_n^2\ (k^2+k_0^2)^{-11/6}\exp\left(-\frac{k^2}{k_m^2}\right) \tag{2.20}$$

式中：$k_0=2\pi/L_0$，式（2.20）在 $0\leqslant k<\infty$ 范围内成立。

用式（2.20）描述输入区的湍流谱只能是近似值，因为该区域的湍流一般是各向异性的，与能量引入方式有关。Von Karman 谱并没有考虑高波数区中的 Bump 现象，为了考虑光波大气湍流传输高波数区突变因素的影响，Hill 提出了一个精确的数值模型：

$$\Phi_n(k)=0.033C_n^2k^{-11/3}\{\exp(-1.2k^2l_0^2)+1.45\exp[-0.97\ (\ln kl_0-0.452)^2]\} \tag{2.21}$$

该模型以实验结果为基础，不易于分析研究。因此 Andrews 提出了修正 Hill 谱：

$$\Phi_n(k)=0.033C_n^2\ (k^2+k_0^2)^{-11/6}\exp\left(-\frac{k^2}{k_l^2}\right)\left[1+a_1\left(\frac{k}{k_l}\right)-a_2\left(\frac{k}{k_l}\right)^{7/6}\right] \tag{2.22}$$

式中：$a_1=1.802$；$a_2=0.254$；$k_l=3.3/l_0$。

从式（2.22）可以看出，令 $a_1=a_2=0$ 和作 $k_l=k_m$ 代换后，修正 Hill 谱简化为 Von Karman 谱；当 $k_0=l_0=0$ 时，式（2.22）又成为 Kolmogorov 谱。忽略外尺度效应（取 $k_0=0$），并以 Kolmogorov 谱模型对其他功率谱模型进行归一化处理，可得到不同功率谱模型的分布曲线，如图 2.3 所示。

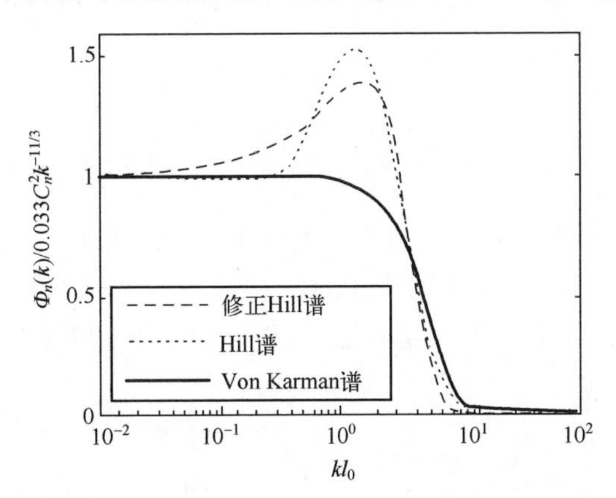


图 2.3　不同折射率起伏功率谱模型分布曲线[18]

从图 2.3 可以看出，当 Von Karman 谱在惯性子区（$kl_0<5.0$）时，与 Kolmogorov 谱基本相同。随着波数的增大，Von Karman 谱急剧单调下降，很好地解释了实验观察到的 $k<(k_m=5.92/l_0)$ 时，耗散区的快速下降现象。Hill 谱和修正 Hill 谱在惯性子区的高波数区（$4<kl_0<0.1$）内与 Kolmogorov 谱有显著不同，体现了高波数区突变对光传输的影响。在耗散区，Hill 谱和修正 Hill 谱的下降速度比 Von Karman 谱更快，三种谱模型都在 $kl_0>11$ 时趋于零。Hill 谱和修正 Hill 谱在 $kl_0=1.1$ 附近取得最大值。为了简化计算与方便分析，本节主要采用 Kolmogorov 谱。

**2. 折射率结构常数**

大气湍流的折射率随机变化造成了大气激光传输中的湍流效应，折射率的起伏用折射率结构常数 $C_n^2$ 表示，它是大气光学的一个基本参数。大气温度的变化引起大气折射率发生变化，空气温度每变化 1℃，折射率变化约为 $1\times10^{-6}$。可以用温度场结构函数 $D_T(r)$ 来表征温度的变化：

$$D_T(r)=\langle[T(r+r_1)-T(r)]^2\rangle=C_T^2r^{2/3} \tag{2.23}$$

式中：$C_T^2$ 为大气温度结构常数。$C_n^2$ 与 $C_T^2$ 之间的关系为

$$C_n^2=\left[\frac{10^{-6}}{T}\left(\frac{77.6p}{T}\right)+\frac{0.584p}{T\lambda^2}\right]^2C_T^2 \tag{2.24}$$

式中：$T$ 为大气温度；$p$ 为大气压强；$\lambda$ 为光波长。

对于从地面向上到 100m 的高度范围内，折射率结构常数 $C_n^2$ 取值通常在 $10^{-15}\sim10^{-13}\mathrm{m}^{-2/3}$之间。地面附近的 $C_n^2$ 受天气、地理位置等因素影响，因大气本身的状况随时间不断变化，故 $C_n^2$ 也是一个随时间变化的量，同时也依赖于海拔高度。目前，国内外常见的大气折射率结构常数随高度的变化模型有多种[19-20]。

1）Hufnagel 模型

$$C_n^2(h)=2.72\times10^{-16}\left[3\langle v\rangle^2\left(\frac{h}{10}\right)^2\exp(-h)+\exp\left(-\frac{h}{1.5}\right)\right]\tag{2.25}$$

式中：$\langle v\rangle$为平均风速（m/s）；$h$ 是离地面的高度（km）。该模型适用于预测夜晚、红外波段条件下，平均海拔 3km 以上区域的大气折射率结构常数。

Hughes 研究实验室在实验观测的基础上，给出了风速与海拔高度的变化关系：

$$v(h)=3+17\exp\left[-\frac{(h-12.5)^2}{16}\right]\tag{2.26}$$

式中：$v(h)$ 是风速（m/s）；$h$ 是离地面的高度（km）。该模型适合于高度 20km 以下的区域。

2）Hufnagel-Valley 模型

$$\begin{aligned}C_n^2=&0.00594\left(\frac{v}{27}\right)^2(10^{-5}h)^{10}\exp\left(-\frac{h}{1000}\right)+\\&2.7\times10^{-16}\exp\left(-\frac{h}{1500}\right)+\hat{A}\exp\left(-\frac{h}{100}\right)\end{aligned}\tag{2.27}$$

式中：$v$ 为垂直路径风速（m/s）；$h$ 为海拔高度（m）；$\hat{A}$ 值取决于地面值 $C_n^2(0)$。Hufnagel-Valley 模型适用于预测内陆地区白天的大气折射率结构常数。$C_n^2$ 取值范围从强湍流$10^{-12}\mathrm{m}^{-2/3}$到弱湍流$10^{-17}\mathrm{m}^{-2/3}$变化，典型平均值为 $10^{-15}\mathrm{m}^{-2/3}$。

3）HV21 模型

$$\begin{aligned}C_n^2(h)=&5.94\times10^{-53}\left(\frac{21}{27}\right)^2h^{10}\exp\left(-\frac{h}{1000}\right)+\\&2.7\times10^{-16}\exp\left(-\frac{h}{1500}\right)+1.7\times10^{-14}\exp\left(-\frac{h}{100}\right)\end{aligned}\tag{2.28}$$

式中：$h$ 为离地面的高度（m）。该模型实际是在 Hufnagel-Valley 模型基础上取 $v=21\mathrm{m/s}$，$\hat{A}=1.7\times10^{-14}\mathrm{m}^{-2/3}$得到的。

4）修正的 HV 模型

$$C_n^2(h)=8.16\times10^{-54}h^{10}\exp\left(-\frac{h}{1000}\right)+3.02\times10^{-17}\exp\left(-\frac{h}{1500}\right)+1.9\times10^{-15}\exp\left(-\frac{h}{100}\right) \tag{2.29}$$

式中：$h$ 是离地面的高度（m）。该模型适用于预测夜间的大气折射率结构常数。

### 2.4.2　大气湍流对光传输的影响

大气湍流对光束传播的影响，与光束直径 $d_B$ 和湍流涡旋的尺度 $l$ 之比密切相关。当 $d_B/l\ll1$，即光束直径比湍流涡旋的尺度小得多时，湍流涡旋的作用主要是使光束作为一个整体而作随机偏折，在远处接收平面上，光束中心的投射点（即光斑位置）以某个统计平均位置为中心，发生快速的随机性跳动，此种现象称为光束漂移。当 $d_B/l\approx1$，即光束直径和湍流涡旋的尺度相当时，湍流涡旋使光束波前发生随机偏折，在接收平面上形成到达角起伏，致使在接收焦平面上产生像点抖动。当 $d_B/l\gg1$，即光束直径比湍流涡旋的尺度大得多时，光束截面内包含多个湍流涡旋，每个涡旋各自对经过其中的那部分光束进行独立地散射和衍射，从而造成光束强度在时间和空间上随机起伏，光强忽大忽小，即所谓的光强闪烁。

1）光强度起伏

在弱湍流和传输距离较近时，光强起伏的对数强度方差表示为[21]

$$\sigma_l^2=C_0k^{7/6}L^{11/6}C_n^2 \tag{2.30}$$

式中：$L$ 是激光的传输距离；$C_0$ 为常数；$k=2\pi/\lambda$ 为波数。

激光束在近地面水平传输时，经过一定距离后，$\sigma_l^2$ 的值可达到 1 以上。实验表明，当 $\sigma_l^2$ 值达到 1~2 后就不再随湍流强度或传输距离的增大而增大，反而有可能减小，这种现象被称为闪烁饱和效应。当可见光波段激光向上或向下传输穿过大气层时，$\sigma_l^2\approx0.02$。这种强度起伏不会对激光传输有明显影响。

2）光束漂移

一般情况下，激光束直径比湍流外尺度小，比光束直径大的涡旋会引起光束横截面质心产生随机漂移，严重时还会造成激光束脱离接收机视场。光束漂移主要由湍流中的大尺度涡旋引起。当湍流涡旋尺寸远远大于入射激光直径时，光束传播一段距离后，光束会在垂直于其传输面内的方向作随机抖动。通常情况下以漂移方差来衡量光束漂移的程度，如果忽略湍流外尺度的影响，依

据 Kolmogorov 功率谱和 Markov 近似法可将漂移方差表示为[22]

$$\sigma_p^2 = 1.92 C_n^2 z^3 D^{-1/3} \tag{2.31}$$

式中：$C_n^2$ 为折射率结构常数；$z$ 为传输距离；$D$ 为发射光束的直径。

当湍流影响很大时，由于激光波前失去相干性，光束就会出现破碎，此时光束漂移的概念就无太大意义了。

3）光束扩展

比光束直径小的涡旋会导致光束发生扩展，使得光束在大气湍流中传播时比在真空中发散得更快。因此，对于相同的通信距离，为了保证接收信噪比，在湍流大气中所要求的激光发射功率比真空中大。对于高斯光束大气湍流传播，在弱湍流区，接收平面上的光束直径为

$$D_T = D_0 (1+1.33\sigma_l^2 \Lambda^{5/6})^{1/2} \tag{2.32}$$

在强湍流区，接收平面上的光束直径为

$$D_T = D_0 (1+1.63\sigma_l^2 \Lambda^{5/6})^{1/2} \tag{2.33}$$

式中：$D_0$ 为在真空中传播时接收平面上的光束直径；$\sigma_l^2$ 为 Rytov 方差；$\Lambda$ 为高斯光束参数[23]。

4）相位起伏

大气湍流的随机特性在引起激光光强起伏的同时也导致了在时间和空间上激光相位的起伏。激光相位起伏会降低光学接收望远镜对光束的聚焦性能，使得在接收机焦平面上的光斑面积增加。例如，对于衍射极限光斑，激光相位起伏会导致焦平面上的接收光斑面积增大$(D/r_0)^2$倍，其中 $D$ 为接收望远镜口径尺寸，$r_0$ 为 Fried 参数。光电探测器的输出信噪比通常与数据速率和探测面积近似地成比例，为了消除相位起伏的影响，就必须增加探测面积的设计值，可是这样会造成光通信链路的性能降低约 $D/r_0$ 倍。如果光通信系统采用波分复用技术来提高吞吐量，则在接收机焦平面处需要把光信号耦合到光纤中，以便利用光纤通信中的现有技术进行不同的波长解复用，此时相位起伏引起的焦平面光斑面积增加会严重影响光与光纤的耦合效率。

## 2.5 光束发散损耗

随着光束在大气中扩散，接收孔径附近的衍射会导致光束发散。发射光束的一部分不会被接收器采集到，这将导致光束发散损耗/几何损耗。除非增大接收器采集孔径或采用接收分集技术，否则这种损耗会随着链路长度的增加而增加。通常情况下，光束发散较窄的光源为最佳选择。但如果收发器之间存在轻微的未对准，则窄带光束发散会导致链路失败。因此，必须选择合适的光束

发散角，以消除对有源跟踪和指向系统的迫切需求，同时降低光束发散角损失。光束发散是空间光通信地星上行链路中一个非常关键的设计参数，在保证发射功率要求范围的同时必须使它尽量宽，以确保其能较大概率地达到卫星。下行链路光束发散决定通信链路的整体吞吐量。

## 2.6　背景辐射噪声

背景辐射噪声主要来源于大气的扩散式扩充背景噪声、太阳以及接收器收集的散射光。背景辐射（背景光）有两种类型：局部点光源（如阳光）和扩展光源（如天空），来自其他天体（如星星）的辐射或对背景的反射对于地面 FSO 链路来说太弱不用考虑，但是它们对于深空 FSO 链路却有很大影响。扩展光源和局部点光源的辐照度（单位面积上的功率）表达式为[24]

$$I_{\mathrm{sky}}=N(\lambda)\frac{\pi\Delta\lambda\Omega^2}{4} \tag{2.34}$$

$$I_{\mathrm{sun}}=W(\lambda)\Delta\lambda \tag{2.35}$$

式中：$N(\lambda)$和 $W(\lambda)$分别是天空和太阳的光谱照度，文献［24］给出了不同观测条件下 $N(\lambda)$和 $W(\lambda)$的经验值；$\Delta\lambda$ 是检测器前光带通滤波器（Optical Band Pass Filter，OBPF）的带宽；$\Omega$ 是检测器的视场角。

在光电探测之前，一般可以通过限制接收器的光带宽来控制背景噪声，带宽非常窄的单个光学滤波器可用于控制背景噪声量。$\Delta\lambda=0.05\mathrm{nm}$ 的 OBPF 可用来控制背景噪声量。在实际应用时选择何种窄带光学滤波器，需要考虑的设计因素是信号的入射角、激光的多普勒频移线宽和各种时间模式。

背景辐射噪声属于散弹噪声，其方差[24]为

$$\sigma_{\mathrm{bg}}^2=2qBR(I_{\mathrm{sky}}+I_{\mathrm{sun}}) \tag{2.36}$$

式中：$B$ 为接收机带宽；$R$ 为光电探测器响应度；$q$ 为电子电荷。

背景辐射噪声可以通过泊松随机过程进行统计建模[25]。当背景辐射水平较高时，接收到的相应光子的平均数目足够大，可以用高斯分布逼近泊松分布。由于背景噪声的均值被交流耦合接收电路所抑制，因此背景噪声的均值为0。此外，在 FSO 系统中，其他噪声源主要是探测器本身的暗电流、信号散粒噪声及热噪声，总噪声贡献是背景噪声和其他来源噪声的总和。在大多数实际系统中，接收端的信噪比受到背景散弹噪声的限制，因此散弹噪声比量子噪声和/或电路噪声的热噪声要大很多。

## 2.7 对准误差或瞄准丢失

由于光束发散非常窄，FSO 通信中使用的光束具有高度定向性。同样，FSO 链路中使用的接收器视场角（Field of View，FOV）有限。因此，为了使 FSO 链路完全可用，在发送器和接收器之间保持恒定的 LOS 链接非常重要，轻微的未对准可能导致 FSO 链接通信失败。在整个链路通信过程中保持瞄准和获取非常重要，有很多原因都可能会导致瞄准丢失，如平台抖动、电子或机械设备中任何类型的应力以及大气湍流引起的光束漂移效应也可能产生瞄准误差，该效应可能会使光束偏离其发射路径。在任何情况下，瞄准错误都会增加链路出现故障的可能性，或者会显著降低接收器的接收功率，从而导致出错的可能性很高。为了实现亚微弧度指向精度，必须采取适当措施使组件无振动，并保持足够的带宽控制和动态范围，以补偿残余抖动。指向误差的统计建模以及湍流和指向误差共同影响下的复合信道建模将在后续章节中进行详细描述。

## 2.8 本章小结

本章阐述了大气信道对激光信号传输的大气效应：大气吸收、大气散射和大气湍流。大气分子对光波的吸收依赖于波长；大气散射按照散射粒子的尺度可分为大气分子的散射和大气微粒的散射；大气吸收和大气散射效应造成到达光接收机的激光功率密度降低，形成了所谓的大气消光，即大气衰减。大气多次散射除了降低激光功率密度外，还会造成同一激光脉冲的光子经历不同路径到达接收端，从而使得激光脉冲时间展宽。同时分析了光束发散损耗、背景辐射噪声以及对准误差或瞄准丢失对激光信号传输的影响及表征形式。

## 参考文献

[1] KAUSHAL H , KADDOUM G. Optical Communication in Space：Challenges and Mitigation Techniques [J]. IEEE COMMUNICATIONS SURVEYS & TUTORIALS，2017，19 (1)：57-95.

[2] 陈纯毅. 无线光通信中的大气影响机理及抑制技术研究 [D]. 长春：长春理工大学，2009.

[3] ROUISSAT M，BORSALI A R，CHIAK-BLED M E. Free space optical channel characterization and modeling with focus on Algeria weather conditions [J]. Int. J. Comput. Netw. Inf. Security，2012，3 (4)：17-23.

[4] 邓代竹. 大气随机信道对无线激光通信的影响 [D]. 成都：西南交通大学，2004.

[5] NADEEM F, JAVORNIK T, ELEITGEB, et al. Continental fog attenuation empirical relationship from measured visibility data [J]. J. Radioeng, 2010, 19 (4): 596-600.

[6] KRUSE P W. Elements of infrared technology: Generation, transmission and detection [M]. NewYork: John Wiley & Sons. Inc, 1962.

[7] DORATHY A STEWART, OSKAR M ESSENWANGER. A Survey of fog and related optical propagation characteristics [J]. Reviews of Geophysics and space physics, 1982, 20 (3): 481-495.

[8] GHASEMI A, ABEDI A, GHASEMI F. Propagation Engineering in Wireless Communications [M]. New York: Springer, 2012.

[9] CRANE R K, ROBINSON P C. ACTS propagation experiment: Rainrate distribution observation-s and prediction model comparisons [C]. Proc. IEEE, 1997, 85 (6): 946-958.

[10] GREGORY J. POTTIE. Trellis Codes for the Optical Direct-Detection Channel [J]. IEEE Transactions on Communications, 1991, 39 (8): 1182-1183.

[11] Moffatt H K. G. K. Batchelor and the homogenization of turbulence [J]. Annu. Rev. Fluid Mech. 2002. 34: 19-35.

[12] ZHU X, KAHN J M. Free-space optical communication through atmospheric turbulence channels [J]. IEEE Transactions on Communications, 2002, 50 (8): 1293-1300.

[13] TATARSKII V I. Wave propagation in a random medium [M]. New York: McGraw-Hill Book Company, 1961.

[14] HILL R J , CLIFFORD S F. Modified spectrum of atmospheric temperature fluctuations and its application to optical propagation [J]. Journal of Optical Society of America, 1978, 68 (7): 892-899.

[15] ANDREWS L C. Analytical model for the refractive index power spectrum and its application to optical scintillations in the atmosphere [J]. Journal of Modern Optics, 1992, 39: 1849-1850.

[16] STRIBLING B E. Laser beam propagation in non-Kolmogotov atmospheric turbulence [D]. Master's thesis of Air Force Inst. of Tech Wright-PATTERSON AFB OH School of Engineering, 1998.

[17] KOLMOGOROV A N. A refinementof previous hypotheses concerning local structure of turbulence in viscous incompressible fluid at high Reynolds number [J]. Journal of Fluid Mechanics, 1962, 13 (1): 82-85.

[18] ANDREWS L C, PHILIPS R L, HOPEN C Y, et al. Theory of optical scillation [J]. J. Opt. Soc. Am. A, 1999, 16 (6): 1417-1429.

[19] LUKIN V P, FORTES B V. Estimation of turbulent degradation and required spatial resolution of adaptive system [J]. Proceedings of SPIE, 3494: 192, 1998.

[20] FRIED D L. Limiting resolution looking down through the atmosphere [J]. Journal of the Optical Society of America, 1966, 56 (10): 1382.
[21] ZHU X, KAHN J. Performance bound for coded free-space optical communication through turbulence channel [C]. IEEE Transactions on Communication, 2003, 51 (8): 1233-1239.
[22] 付强，姜会林，王晓曼等. 激光在大气中传输特性的仿真研究 [J]. 空军工程大学学报（自然科学版），2011，12（2）：58-61.
[23] LARRY C ANDREWS, RONALD L PHILLIPS. Laser beam propagation through random media [M]. 2nd Ed. Bellingham, WA: SPIE Press, 2005.
[24] KOPEIKA N S , BORDOGNA J. Background noise in optical communication systems [C]. Proceedings of the IEEE, 1970 (58): 1571-1577.
[25] KHALIGHI M , XU F , JAAFAR Y , et al. Double-laser differential signaling for reducing the effect of background radiation in free-space optical systems [J]. IEEE/OSA Journal of Optical Communications and Networking, 2011, 3 (2): 145-154.

# 第3章　无线激光通信信道模型

## 3.1　引言

地球表面吸收的太阳辐射导致地球表面周围的空气比海拔更高的空气温度高一些，这层较暖的空气密度降低并上升与周围较冷的空气湍流混合，导致空气温度随机波动[1]。湍流引起的不均匀性可被视为离散单元或不同温度的涡流，就像不同尺寸和折射率的折射棱镜。激光束和湍流介质之间的相互作用导致信息承载光束的随机相位和振幅变化（闪烁），最终导致 FSO 链路的性能退化。在第 2 章中介绍的所有大气湍流影响中，本章将仅讨论大气湍流引起的接收光功率（或辐照度）波动的建模，因为在所考虑的副载波强度调制、直接探测 FSO 系统中，只有接收功率/辐照度才是重要的。大气湍流通常根据折射率变化和不均匀性的大小分为不同的类型。这些状态是光学辐射穿过大气层的距离的函数，分为弱、中、强和饱和。

发射光功率在到达接收机之前，除了会受到大气湍流影响外，还会受到其他多种信道因素的影响。这些因素包括几何和失调损耗，大气损耗，大气湍流引起的衰落和环境噪声。本章将描述辐照度波动的概率密度函数（Probability Density Function，PDF）统计模型，给出常见的几种大气湍流信道模型，引起几何和失调损耗的指向误差模型，以及考虑多种影响因素下的大气复合信道模型。

## 3.2　大气湍流信道

大气温度及压力不均匀所引起的大气湍流效应导致接收面上的光强随时间和空间发生随机起伏，即所谓的“强度闪烁效应”。接收端光强的随机起伏是大气湍流效应的一个重要表现，也是影响强度调制/直接检测光通信系统性能的一个主要因素。能够准确反映大气湍流特性的光强起伏概率密度函数在预测及评估通信系统性能时是必不可少的，如定量评估系统误码率、衰逝概率以及信道容量等性能参量。

在大气湍流信道研究中，泰勒提出，在满足某些条件的情况下，当湍流流经传感器时，可以认为湍流是被冻结的[2]。其含义是，在空间上一固定点对湍流的观测结果统计上等同于同时段沿平均风方向空间各点的观测，也称为“定型湍流”假设。这个假设意味着，在光束时空变化的统计特性是由当地风垂直于光束的传播方向的分量引起的。此外，大气湍流的相干时间 $t_0$ 是在毫秒级，这个值与一个典型的数据符号时间相比相差是非常大的，因此，大气湍流信道可以作为一个“慢衰落信道”，静态的描述数据符号持续时间[3]。

### 3.2.1 Log-normal 分布湍流模型

大气湍流的随机分布会对本来稳定传播的光波产生一个微扰动，因此光波在大气湍流中传输一定距离后，光波的振幅和相位会产生一个随机起伏。对这些起伏的研究主要是围绕 Kolmogrov 湍流理论以及 Tatarski 的湍流大气中波的传播理论进行的。由于光波在介质中的传播是以麦克斯韦为理论基础的，所以研究光波在湍流大气中的传播必须和麦克斯韦理论相结合。

光在介质中传播的麦克斯韦方程为

$$\nabla^2 \boldsymbol{E}+k^2 n^2 \boldsymbol{E}=0 \tag{3.1}$$

式中：$k$ 为空间波数；$n$ 表示空间某点位置 $r$ 处的折射率；$\boldsymbol{E}$ 为空间某点位置 $r$ 处的电场矢量。和常规波动方程的不同之处在于，该方程式（3.1）中的 $n(r)$ 是位置 $r$ 的函数，而精确求解该大气光传输方程具有很大的难度。对于大气湍流而言，折射率函数 $n(r)$ 的起伏在时间上是一个随机过程，因此需要用统计理论描述。目前已有多种求解大气湍流中光波传输方程的方法，本节主要介绍 Rytov 近似方法[4]。

因为电场矢量的三个分量都服从同样的波动方程，所以可以用标量方程代替式（3.1）所示的矢量方程，得

$$\nabla^2 \tilde{u}+k^2 n(r)^2 \tilde{u}=0 \tag{3.2}$$

式中：$\tilde{u}$ 表示任何一个场分量 $E_x$、$E_y$ 或 $E_z$。对上式中的 $\tilde{u}$ 作 Rytov 变换：

$$\psi=\ln[\tilde{u}] \tag{3.3}$$

则式（3.3）变换为 Riccati 方程：

$$\nabla^2 \psi(r)+[\nabla \psi(r)]^2+k^2 n^2(r)=0 \tag{3.4}$$

对于地球大气，有 $n(r)=1+n_1(r)$，故上式可化为

$$\nabla^2 \psi+[\nabla \psi]^2+k^2[1+n_1(r)]^2=0 \tag{3.5}$$

令 $\psi=\psi_0+\psi_1+\psi_2+\cdots$，且 $\psi_0$ 满足

$$\nabla^2\psi_0+[\nabla\psi_0]^2+k^2=0 \tag{3.6}$$

忽略所有高于 $\psi_1$ 的项，令 $\psi=\psi_0+\psi_1$，考虑到式（3.6）可得

$$\nabla^2\psi_1+\nabla\psi_1(2\nabla\psi_0+\nabla\psi_1)^2+2k^2n_1(r)+k^2n_1{}^2(r)=0 \tag{3.7}$$

对于大气湍流，有 $n_1(r)\ll 1$，假设 $|\nabla\psi_1|\ll|\nabla\psi_0|$，则上式中的二阶小量 $(\nabla\psi_1)^2$ 和 $k^2n_1{}^2(r)$ 可以忽略，最后得到方程[4]

$$\nabla^2\psi_1+2\nabla\psi_1\nabla\psi_0+2k^2n_1(r)=0 \tag{3.8}$$

由于 $|\nabla\psi_0|$ 量级为 $k=2\pi/\lambda$，上面假设 $|\nabla\psi_1|\ll|\nabla\psi_0|$ 可以写为

$$\lambda\nabla\psi_1\ll 2\pi \tag{3.9}$$

式（3.9）表示在量级为波长 $\lambda$ 的距离上 $\psi_1$ 的变化是一个小量。由式（3.4）可得[4]

$$\tilde{u}=\exp(\psi_0+\psi_1) \tag{3.10}$$

$$\tilde{u}_0=\exp(\psi_0) \tag{3.11}$$

由中心极限定理可知，$\tilde{u}$ 的解服从高斯分布，因此

$$\frac{\tilde{u}}{\tilde{u}_0}=1+\frac{\tilde{u}_1}{\tilde{u}_0}=\exp(\psi_1) \tag{3.12}$$

和

$$\psi_1=\ln\left(1+\frac{\tilde{u}_1}{\tilde{u}_0}\right)\approx\frac{\tilde{u}_1}{\tilde{u}_0} \tag{3.13}$$

由于 $|\tilde{u}_1|\ll|\tilde{u}_0|$，因此上式近似成立。故 $\psi_1=\exp(-\psi_0)\tilde{u}_1$，式（3.8）变为

$$\nabla^2\tilde{u}_1+k^2\tilde{u}_1+2k^2n_1(r)\exp(\psi_0)=0 \tag{3.14}$$

根据标量散射理论，上式的解为[4]

$$\tilde{u}_1=\frac{k^2}{2\pi}\iiint_V n_1(r')\tilde{u}_0(r')\frac{\exp(\mathrm{i}k|r-r'|)}{|r-r'|}\mathrm{d}V' \tag{3.15}$$

式中：$V$ 为散射体积。由于 $\psi_1\approx\tilde{u}_1/\tilde{u}_0$，可得到

$$\psi_1(r)=\frac{k^2}{2\pi\tilde{u}_0(r')}\iiint_V n_1(r')\tilde{u}_0(r')\frac{\exp(\mathrm{i}k|r-r'|)}{|r-r'|}\mathrm{d}V' \tag{3.16}$$

令 $\tilde{u}$ 的振幅和相位分别为 $A$ 和 $S$，真空解（未受扰动）$\tilde{u}_0$ 的振幅和相位为 $A_0$ 和 $S_0$，则

$$\tilde{u}=A\exp(\mathrm{i}S) \tag{3.17}$$

$$\tilde{u}_0=A_0\exp(\mathrm{i}S_0) \tag{3.18}$$

从而得到

$$\psi_1(r)=\psi(r)-\psi_0(r)=\ln\left(\frac{A}{A_0}\right)+\mathrm{i}(S-S_0) \tag{3.19}$$

记 $\psi_1(r)$ 的实部和虚部分别为[4]

$$\chi=\ln\left(\frac{A}{A_0}\right) \tag{3.20}$$

$$\delta=S-S_0 \tag{3.21}$$

式中：$\chi$ 表示服从高斯分布的光波对数振幅起伏；$\delta$ 表示服从高斯分布的光波相位起伏。

对数振幅 $\chi$ 的概率密度函数可表示为

$$P(\chi)=\frac{1}{\sqrt{2\pi}\sigma_x}\exp\left\{-\frac{[\chi-E(\chi)]^2}{2\sigma_x^2}\right\} \tag{3.22}$$

式中：$E(\chi)$ 为 $\chi$ 的均值；$\sigma_x^2$ 为对数振幅起伏方差。

采用 Kolmogorov 折射率起伏功率谱，可求出在大气湍流中传播平面波时的对数振幅起伏方差 $\sigma_x^2$。

① 水平均匀路径时，

$$\sigma_x^2=0.307k^{7/6}L^{11/6}C_n^2 \tag{3.23}$$

式中：$k$ 为波数，且 $k=2\pi/\lambda$；$L$ 为系统传输距离；$C_n^2$ 是大气折射率结构常数，其值与信号传输高度和大气风速相关，一般采用 Hufnagel-Valley 模型表示：

$$\begin{aligned}C_n^2=&0.00594\left(\frac{v}{27}\right)^2(10^{-5}h)^{10}\exp\left(-\frac{h}{1000}\right)+\\&2.7\times10^{-16}\exp\left(-\frac{h}{1500}\right)+\hat{A}\exp\left(-\frac{h}{100}\right)\end{aligned} \tag{3.24}$$

式中：$v$ 为风速（m/s）；$h$ 为系统信号传输高度（m）；$\hat{A}$ 取值决定于地面值 $C_n^2(0)$。$C_n^2$ 值范围从强湍流 $10^{-12}\mathrm{m}^{-2/3}$ 到弱湍流 $10^{-17}\mathrm{m}^{-2/3}$ 变化，典型平均值为 $10^{-15}\mathrm{m}^{-2/3}$。

② 斜程传输路径时，

$$\sigma_x^2=0.56k^{7/6}(\sec\varphi)^{11/6}\int_0^L C_n^2(x)(L-x)^{5/6}\mathrm{d}x \tag{3.25}$$

式中：$\varphi$ 为天顶角（$\varphi<60°$）；$\sec\varphi$ 是对斜程路径的修正因子。

同样，使用 Kolmogorov 折射率起伏功率谱，可求出传播球面波时的对数振幅起伏方差。

水平均匀路径时，

$$\sigma_x^2=0.124k^{7/6}L^{11/6}C_n^2 \tag{3.26}$$

斜程传输路径时，

$$\sigma_{x}^{2}=0.56k^{7/6}(\sec\varphi)^{11/6}\int_{0}^{L}C_{n}^{2}(x)\left(\frac{x}{L}\right)^{5/6}(L-x)^{5/6}\mathrm{d}x \tag{3.27}$$

已知大气湍流中光波的振幅为 $A$，则光波的光强可写为 $I=A^{2}$。定义对数光强起伏方差 $\sigma_{l}^{2}$ 为

$$\sigma_{l}^{2}=<(\ln I-<\ln I>)^{2}> \tag{3.28}$$

对于平面波水平均匀路径传输，对数光强起伏方差可写为

$$\sigma_{l}^{2}=1.23k^{7/6}L^{11/6}C_{n}^{2} \tag{3.29}$$

上式也称为“Rytov 方差”。

自由空间（无湍流）中的光强 $I_{0}=A_{0}^{2}$，则对数光强为

$$l=\ln\left(\frac{A}{A_{0}}\right)^{2}=2\chi \tag{3.30}$$

因此

$$I=I_{0}\exp(l) \tag{3.31}$$

为了得到光波强度的概率密度函数，采用变量代换

$$P(I)=p(\chi)\left|\frac{\mathrm{d}\chi}{\mathrm{d}I}\right| \tag{3.32}$$

由式（3.22）和式（3.32），得到

$$P(I)=\frac{1}{\sqrt{2\pi}\sigma_{l}I}\exp\left\{-\frac{[\ln(I/I_{0})-E[l]]^{2}}{2\sigma_{l}^{2}}\right\}\quad I\geqslant 0 \tag{3.33}$$

式中：$\sigma_{l}^{2}=4\sigma_{x}^{2}$；$E[l]=2E[\chi]$。

一般采用闪烁指数 $\sigma_{I}^{2}$ 表征大气湍流引起的光强起伏的强弱，闪烁指数定义为

$$\sigma_{I}^{2}=\frac{<(I-<I>)^{2}>}{<I>^{2}} \tag{3.34}$$

式中：$I$ 为光强。在 Rytov 近似下，有 $\sigma_{I}^{2}=\exp(\sigma_{l}^{2})-1$。

在不同对数光强起伏方差 $\sigma_{l}^{2}$ 下，接收光强起伏的对数正态分布概率密度函数曲线如图 3.1 所示，其中平均光强 $E[I]=1$。由图 3.1 可以看出，随着 $\sigma_{l}^{2}$ 的增大，光强起伏对数正态分布曲线越偏离光强均值，具有更长的拖尾，与对数正态分布的近似效果越差，模拟数据与实验表明[5]，起伏分布的尾端偏离对数正态统计值，因此对数正态分布统计模型已不适用于描述中到强湍流环境下的光强起伏行为。

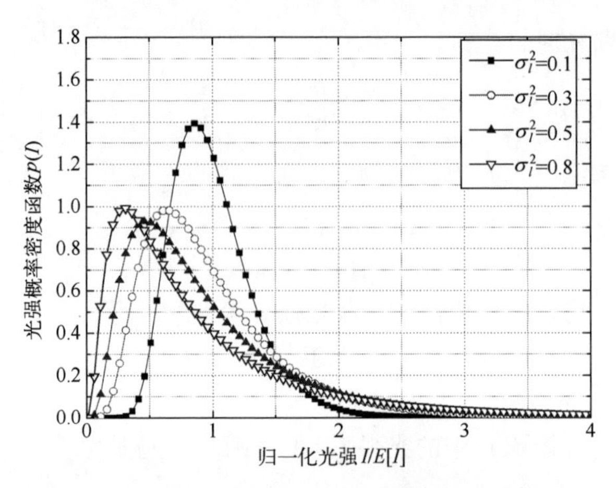


图 3.1 对数正态分布光强起伏概率密度函数曲线

### 3.2.2 Gamma-Gamma 分布湍流模型

Andrews 等[6]基于接收到的光强起伏是由小尺度湍流起伏（衍射效应）受大尺度湍流起伏（折射效应）再调制过程的假设，提出了双伽马（Gamma-Gamma）光强起伏概率分布模型。与对数正态分布模型不同的是，Gamma-Gamma 光强起伏概率分布是一个双参数模型，其参数与大气湍流物理特性紧密相关。由于该模型获得了实验和数值模拟结果的支持，而且该模型易于进行数学处理，能较准确地预测由弱至强湍流条件下光强的起伏特征，现已得到了广泛的应用。

在近几年散射理论研究中[6-7]，通常用一个乘积表征接收光强，即 $I=xy$，式中 $x$ 表示大尺度散射系数，$y$ 表示小尺度散射系数。假设 $x$ 和 $y$ 均为独立随机过程，则接收光强的二阶矩为

$$\langle I^2\rangle=\langle x^2\rangle\langle y^2\rangle=(1+\sigma_x^2)(1+\sigma_y^2) \tag{3.35}$$

式中：$\sigma_x^2$，$\sigma_y^2$ 分别为 $x$ 和 $y$ 的方差。为了方便计算，Gamma-Gamma 分布取光强均值$\langle I\rangle=1$。由式（3.35）可得闪烁指数为

$$\sigma_I^2=(1+\sigma_x^2)(1+\sigma_y^2)-1=\sigma_x^2+\sigma_y^2+\sigma_x^2\sigma_y^2 \tag{3.36}$$

$x$ 和 $y$ 分别服从 Gamma 分布：

$$p_x(x)=\frac{\alpha(\alpha x)^{\alpha-1}}{\Gamma(\alpha)}\exp(-\alpha x),\quad x>0,\alpha>0 \tag{3.37}$$

$$p_y(y)=\frac{\beta(\alpha y)^{\beta-1}}{\Gamma(\beta)}\exp(-\beta y),\quad y>0,\beta>0 \tag{3.38}$$

首先确定 $x$，作 $y=I/x$，可以得出条件分布函数为

$$p_{I|x}(I|x)=\frac{\beta(\beta I/x)^{\beta-1}}{x\Gamma(\beta)}\exp(-\beta I/x),\quad I>0 \tag{3.39}$$

根据全概率公式

$$p(I)=\int_0^{+\infty}p_y(I|x)p_x(x)\,\mathrm{d}x=\frac{2(\alpha\beta)^{\frac{(\alpha+\beta)}{2}}}{\Gamma(\alpha)\Gamma(\beta)}I^{\frac{(\alpha+\beta)}{2}-1}K_{\alpha\_\beta}[2(\alpha\beta I)^{1/2}],\quad I>0 \tag{3.40}$$

上式即为 Gamma-Gamma 概率分布函数，又称为双 Gamma 分布。式中：$\alpha$、$\beta$ 参数分别表示大尺度散射系数和小尺度散射系数；$K_n(\cdot)$ 为阶数为 $n$ 的第二类修正 Bessel 函数；$\Gamma(\cdot)$ 为 Gamma 函数。

从双 Gamma 概率分布函数中，可以得出 $\langle I^2\rangle=(1+1/\alpha)(1+1/\beta)$，通过式（3.40）来定义大尺度散射和小尺度散射的参数：

$$\alpha=\frac{1}{\sigma_x^2},\quad \beta\frac{1}{\sigma_y^2} \tag{3.41}$$

由于 $\langle I\rangle=1$，且

$$\sigma_I^2=\langle I^2\rangle-\langle I\rangle^2 \tag{3.42}$$

则散射指数和上述参数的关系可以由式（3.42）给出

$$\sigma_I^2=\frac{1}{\alpha}+\frac{1}{\beta}+\frac{1}{\alpha\beta} \tag{3.43}$$

式中：$\alpha$ 和 $\beta$ 与波束模型有关，对于平面波而言，有

$$\alpha=\left\{\exp\left[\frac{0.49\sigma_l^2}{(1+0.65d^2+1.11\sigma_l^{12/5})^{7/6}}\right]-1\right\}^{-1} \tag{3.44}$$

$$\beta=\left\{\exp\left[\frac{0.51\sigma_l^2(1+0.69\sigma_l^{12/5})^{-5/6}}{(1+0.9d^2+0.62d^2\sigma_l^{12/5})^{5/6}}\right]-1\right\}^{-1} \tag{3.45}$$

式中：$\sigma_l^2=1.23C_n^2k^{7/6}L^{11/6}$，即 Rytov 方差；$d=\sqrt{\frac{kD^2}{4L}}$；$k=2\pi/\lambda$ 为光波数；$\lambda$ 为波长；$D$ 为接收机孔径直径；$L$ 为激光束传输距离；$C_n^2$ 是大气折射率结构常数。

Gamma-Gamma 分布模型光强闪烁指数 $\sigma_I^2$ 为

$$\sigma_I^2=\exp\left[\frac{0.49\sigma_l^2}{(1+0.65d^2+1.11\sigma_l^{12/5})^{7/6}}+\frac{0.51\sigma_l^2(1+0.69\sigma_l^{12/5})^{-5/6}}{(1+0.9d^2+0.62d^2\sigma_l^{12/5})^{5/6}}\right]-1 \tag{3.46}$$

与对数正态分布模型相比，Gamma-Gamma 光强起伏概率分布适用范围更广，能较为准确地描述弱、中及强起伏区的光强起伏统计特征，而且在概率分

布的尾端部分与数值模拟及实验结果更为吻合。Gamma-Gamma 分布概率密度函数如图 3.2 所示，图中湍流强度分别取弱、中和强湍流情况。

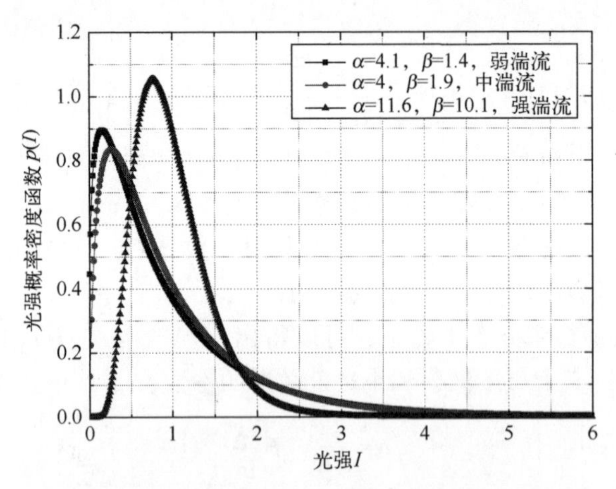


图 3.2　光强 Gamma-Gamma 分布概率密度函数曲线

图 3.3 是根据式（3.46）得到的 Gamma-Gamma 分布模型光强闪烁指数 $\sigma_I^2$ 随 Rytov 方差的变化曲线，由图可以看出，随着 Rytov 方差的增大，光强闪烁指数也逐渐增大到大于 1 的最大值，当因湍流导致的信道衰落达到饱和时，闪烁指数不再随 Rytov 方差的增加而增大。随着湍流强度的进一步增加，对数振幅扰动达到饱和，此时由相位扰动引起的湍流扰动又变成主要部分，闪烁指数几乎不再随 Rytov 方差发生变化，这与经典的大气光波闪烁理论的结果相吻合。

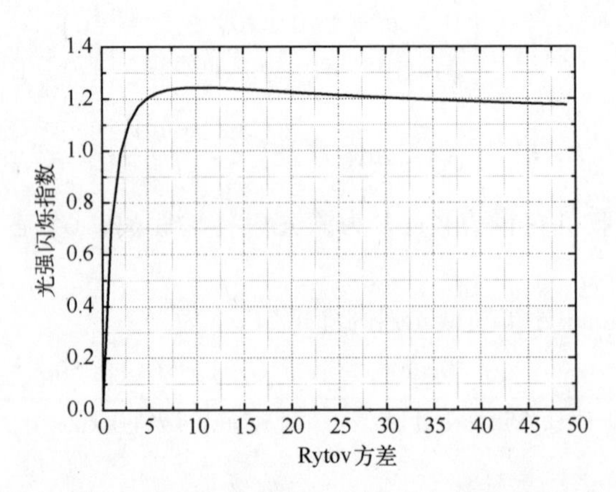


图 3.3　光强闪烁指数随 Rytov 方差变化的曲线

根据式（3.40）和式（3.41），$\alpha$ 和 $\beta$ 值在不同湍流强度下仿真如图 3.4 所示。仿真中光接收机直径 $d=0$，为点接收器。从图 3.4 可以看出，在湍流非常微弱的情况下，$\alpha \gg 1$，$\beta \gg 1$，说明了大、小尺度散射元的有效数目都很多，当对数光强起伏方差逐渐增大（>0.2）时，$\alpha$ 和 $\beta$ 值迅速下降，当湍流强度超过中至强湍流区，到达湍流强度饱和区时，$\beta \to 1$，说明小尺度散射元的有效数目最终值是由横向的空间相干性半径决定的，而大尺度散射元的有效数目再次增加。

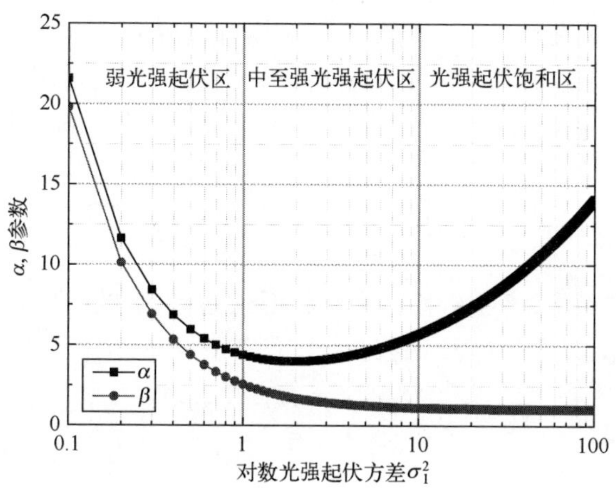


图 3.4　在不同湍流强度下的 $\alpha$ 和 $\beta$ 值

如图 3.5 所示为平面波传播，当 Rytov 方差分别为 0.2、3.5 及 30 时，光强起伏概率分布曲线，同时给出对数正态分布与 Gamma-Gamma 分布结果。

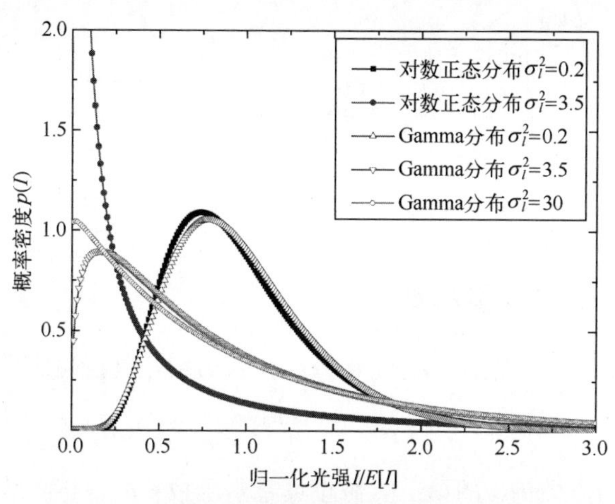


图 3.5　光强分布概率密度函数曲线（见彩图）

由图3.5可知，在弱湍流区（$\sigma_I^2=0.2$），Gamma-Gamma分布和对数正态分布比较接近；在强湍流区（$\sigma_I^2=30$），Gamma-Gamma分布逐渐趋近于负指数分布，而对数正态分布却存在严重的偏差。因此，Gamma-Gamma分布适用于较宽的湍流强度范围，而对数正态分布只适用于弱湍流情况。

### 3.2.3 负指数分布湍流模型

随着湍流强度的增加，光强起伏对数正态分布模型与实验测量数据具有很大的偏差。在强湍流情况下，光波的辐射场可近似为具有零均值的高斯分布，因此光强分布近似于负指数分布。负指数分布被认为是光强分布的极限分布，只适合于饱和区。文献［3，8］通过实验证明了，在强湍流情况下，光强起伏概率分布服从负指数分布：

$$p(I)=\frac{1}{I_0}\exp\left(-\frac{I}{I_0}\right),\quad I>0 \tag{3.47}$$

式中：$I_0$为平均光强，$I_0=E[I]$。在光强起伏达到饱和状态时，光强闪烁指数趋近于1，光强起伏概率密度函数曲线如图3.6所示。

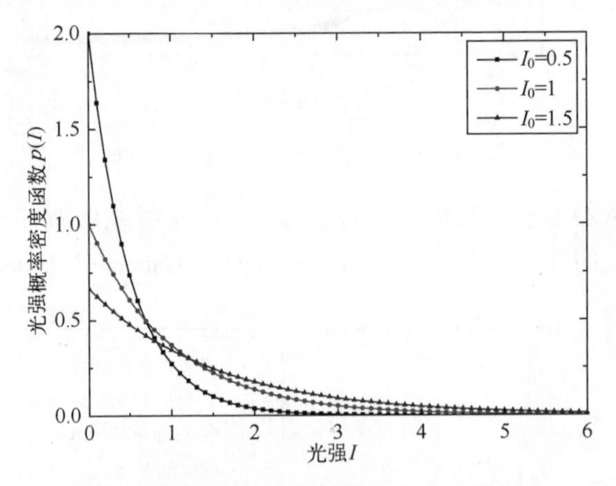


图3.6 负指数分布光强起伏概率密度函数曲线

### 3.2.4 K分布湍流模型

在强湍流情况下，光强$I$服从K分布，其概率密度函数为[9]

$$f(I)=\frac{2}{\Gamma(\alpha)}\alpha^{(\alpha+1)/2}I^{(\alpha-1)/2}\mathrm{K}_{\alpha-1}(2\sqrt{\alpha I}) \tag{3.48}$$

式中：$\mathrm{K}_v(\cdot)$为阶数为$v$的第二类修正贝塞尔函数；$\alpha$是与离散散射体数量相关的参数；$\Gamma(\cdot)$为Gamma函数。

K 分布的光强闪烁指数为[10]

$$\sigma_I^2=\frac{E(I^2)-E^2(I)}{E^2(I)}=1+\frac{2}{\alpha} \tag{3.49}$$

由上式可以看出，光强闪烁指数 $\sigma_I^2$ 仅与信道参数 $\alpha$ 有关。在强湍流范围内，湍流强度的大小随着 $\alpha$ 的增大而减小。图 3.7 是 K 分布的概率密度函数在强湍流条件下的曲线图，K 分布可以看成是 Gamma-Gamma 分布的一个特例，在强湍流环境下，即 $\beta=1$ 时，Gamma-Gamma 函数模型可化简为 K 分布模型。

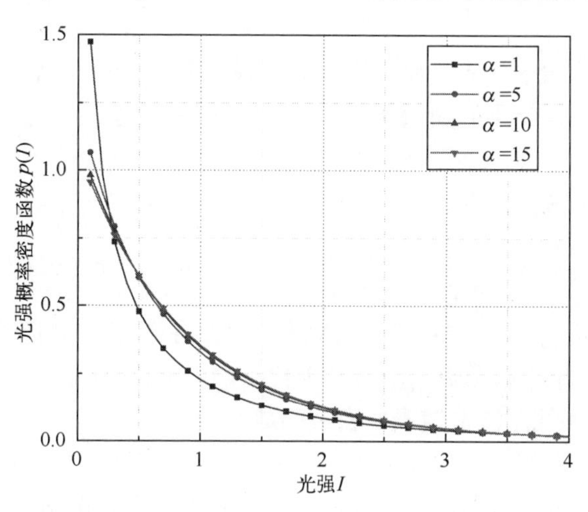


图 3.7　K 分布概率密度函数曲线

### 3.2.5　Malaga 分布湍流模型

在常用的大气湍流信道模型中，Lognormal 分布由一阶 Rytov 近似推导得来，一般用于描述弱湍流信道的光强分布，且实验结果表明 Lognormal 分布不适用于描述中强到强湍流信道中的光强分布[11]。光信号在通过湍流信道时，它的光强起伏主要由不同尺度的涡旋引起，在双 Gamma 分布中，设置其分布中的尺度因子可以描述弱到强湍流信道中的光强分布。K 分布主要适用于强湍流信道。近几年，A Juradonavas 和 M Garridobalsells 等人归纳总结出一种新的湍流分布模型，即 Malaga 湍流分布。它可以将目前常用的几种模型统一表示，通过变换其中的参数，可以表示多种不同的湍流信道模型。

**1. Born 扰动理论**

激光在湍流介质中传播时具有两个特征：一是由于传播介质的随机性，导致我们需要使用一些数学上的统计方法来描述它的分布特征；另一个则是大气折射率的微弱波动，需要使用扰动理论。Born 扰动理论是最常见的扰动理论，

一般应用于光强起伏的研究。假设标量随机 Helmholtz 方程表示为[12]

$$\nabla^2 U+k^2 n^2(\gamma)U=0 \tag{3.50}$$

式中：$U$ 表示湍流介质中光信号的总能量；折射率项的平方 $n^2(\gamma)$ 可以表示为[13]

$$n^2(\gamma)=[n_0+n_1(\gamma)]^2\cong 1+2n_1(\gamma),\ |n_1(\gamma)|\ll 1 \tag{3.51}$$

Born 扰动法的特点在于给无扰动场中增加扰动场。Born 扰动理论表明，湍流介质中光信号总能量可由如下分量组成，表示为[14]

$$U=U_0+U_1+U_2+\cdots+U_N \tag{3.52}$$

式中：$U_0$ 表示在没有湍流的情况下光信号总能量中未受干扰（未散射）部分，其余项表示由湍流介质的随机不均匀性引起的一阶散射、二阶散射等。通常 $|U_2|\ll|U_1|\ll|U_0|$。

对于弱湍流场，忽略 $U_2$ 和其他高阶项，一阶 Born 近似表示为[15]

$$U_1(\gamma)=\frac{1}{4\pi}\iiint_V \frac{\exp(\mathrm{i}k|\gamma-\gamma'|)}{|\gamma-\gamma'|}2k^2 n_1(\gamma')U_0(\gamma')\mathrm{d}\gamma' \tag{3.53}$$

式中：扰动场 $U_1(\gamma)$ 是在整个散射体积 $V$ 中的各个点 $\gamma'$ 处产生的球面波的总和；$k$ 是波数；折射率扰动 $n_1(\gamma')$ 和未扰动场项 $U_0(\gamma')$ 都位于点 $\gamma'$。

**2. Malaga 大气湍流信道概率密度函数**

我们知道，光波是电磁波，因为电磁波在大气湍流中传播时，其折射率是随机变化的，通过大气湍流后，波的部分能量被散射，散射类型由辐照度概率分布形式所决定。根据 Born 扰动理论，光信号在通过 Malaga 湍流信道传输后，接收端接收到的光能量主要由三部分组成，如图 3.8 所示[15]。

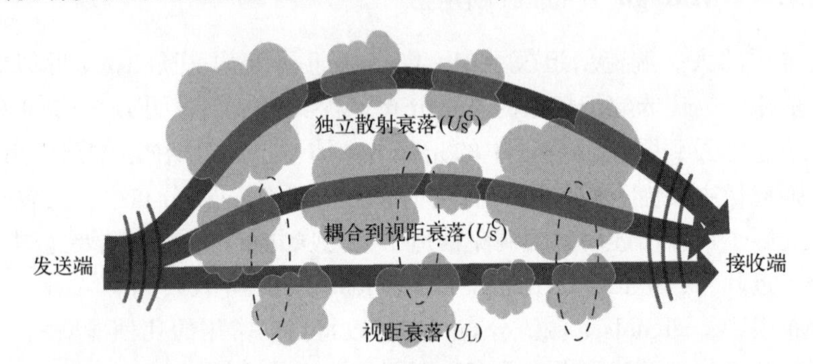


图 3.8　光信号通过 Malaga 大气湍流信道后接收端光能量分布示意图

接收端接收到的光能量可分为三部分：第一部分为视距（LOS）衰落分量 $U_L$；第二部分为在传播轴上被涡旋散射的准正向分量，即耦合至视距衰落分量 $U_S^C$；第三部分为独立散射衰落分量 $U_S^G$，该分量主要由离轴涡旋将电磁波的能量散射至接收端引起，它在统计学上的贡献独立于前两部分。根据式（3.51）可以将接收端接收到的光能量 $U$ 写为[15]

$$U=(U_{\mathrm{L}}+U_{\mathrm{S}}^{\mathrm{C}}+U_{\mathrm{S}}^{\mathrm{G}})\exp(\chi+\mathrm{j}S) \tag{3.54}$$

其中

$$U_{\mathrm{L}}=\sqrt{G}\sqrt{\Omega}\exp(\mathrm{j}\phi_A) \tag{3.55}$$

$$U_{\mathrm{S}}^{\mathrm{C}}=\sqrt{\rho}\sqrt{G}\sqrt{2b_0}\exp(\mathrm{j}\phi_B) \tag{3.56}$$

$$U_{\mathrm{S}}^{\mathrm{G}}=\sqrt{(1-\rho)}\,U'_{\mathrm{S}} \tag{3.57}$$

在式（3.54）中，$U_{\mathrm{S}}^{\mathrm{C}}$ 和 $U_{\mathrm{S}}^{\mathrm{G}}$ 是统计独立的平稳随机过程；$U_{\mathrm{L}}$ 与 $U_{\mathrm{S}}^{\mathrm{G}}$ 也是相互独立的随机过程。式（3.55）中，参数 $G$ 是一个服从 Gamma 分布的实数变量，且 $E[G]=1$，代表着视距衰落分量上光强的缓慢起伏；参数 $\Omega=E[|U_{\mathrm{L}}|^2]$ 表示视距衰落分量的平均功率；总散射分量的平均功率表示为 $2b_0=E[|U_{\mathrm{S}}^{\mathrm{C}}|^2+|U_{\mathrm{S}}^{\mathrm{G}}|^2]$；$\phi_A$ 与 $\phi_B$ 分别为 $U_{\mathrm{L}}$ 和 $U_{\mathrm{S}}^{\mathrm{C}}$ 的相位；另外，$0\leqslant\rho\leqslant1$ 表示耦合至视距衰落分量的散射功率量因子；最后，$U'_{\mathrm{S}}$ 为循环对称高斯复随机变量；$\Upsilon$ 和 $S$ 都是实数随机变量，分别代表由大气湍流引起的场的对数振幅和相位扰动。接收端接收到的光强可以表示为

$$I=|U_{\mathrm{L}}+U_{\mathrm{S}}^{\mathrm{C}}+U_{\mathrm{S}}^{\mathrm{G}}|^2\exp(2\Upsilon)=YX \tag{3.58}$$

$$Y=|U_{\mathrm{L}}+U_{\mathrm{S}}^{\mathrm{C}}+U_{\mathrm{S}}^{\mathrm{G}}|^2 \tag{3.59}$$

$$X=\exp(2\Upsilon) \tag{3.60}$$

式中：$Y$ 表示受湍流影响的光强小尺度起伏，它的概率密度函数表示为[15]

$$f_Y(y)=f_Y(I|I_x)=\frac{1}{\gamma}\left(\frac{\gamma\beta}{\gamma\beta+\Omega'}\right)^{\beta}\exp\left(-\frac{y}{\gamma}\right){}_1F_1\left(\beta;1;\frac{1}{\gamma}\frac{\Omega'}{(\gamma\beta+\Omega')}y\right) \tag{3.61}$$

式中：$\beta\sim(E[G])^2/\mathrm{Var}[G]$，表示衰落参数量；$\mathrm{Var}(\cdot)$ 表示方差运算符；$\gamma=2b_0(1-\rho)$ 且 $\Omega'=\Omega+2b_0\rho+2\sqrt{2b_0\Omega\rho}\cos(\phi_A-\phi_B)$；${}_1F_1(a;c;x)$ 表示第一类合流超几何函数；$X$ 表示受湍流影响的光强大尺度起伏，其概率分布近似于 Gamma 分布，表示为

$$f_X(x)=f_X(I_x)=\frac{\alpha^{\alpha}}{\Gamma(\alpha)}x^{\alpha-1}\exp(-\alpha x) \tag{3.62}$$

式中：$\alpha$ 是与散射过程中大尺度湍流涡旋的有效数量相关的正参数。

综上所述，光在传播过程中的光强 $I$ 可以表示为：$I=YX$；且 $I\sim M(\alpha,\beta,\gamma,\rho,\Omega')$；其中 $\alpha,\beta,\gamma,\rho,\Omega'$ 皆为正实参数。它的概率密度函数表示为[15]

① $\beta$ 的取值为非自然数时

$$f_I(I)=A^{(G)}\sum_{k=1}^{\infty}a_k^{(G)}I^{\frac{\alpha+k}{2}-1}\mathrm{K}_{\alpha-k}\left(2\sqrt{\frac{\alpha I}{\gamma}}\right) \tag{3.63}$$

$$\begin{cases} A^{(G)} = \dfrac{2\alpha^{\frac{\alpha}{2}}}{\gamma^{1+\frac{\alpha}{2}}\Gamma(\alpha)}\left(\dfrac{\gamma\beta}{\gamma\beta+\Omega'}\right)^{\beta} \\ a_k^{(G)} = \dfrac{(\beta)_{k-1}(\alpha\gamma)^{\frac{k}{2}}}{[(k-1)!]^2\gamma^{k-1}(\Omega'+\gamma\beta)^{k-1}} \end{cases}$$

式中：$K_v(\cdot)$表示第二类 $n$ 阶修正贝塞尔函数；$\Gamma(\cdot)$表示 Gamma 函数。

② $\beta$ 的取值为自然数时

$$f_I(I) = A\sum_{k=1}^{\beta} a_k I^{\frac{\alpha+k}{2}-1} K_{\alpha-k}\left(2\sqrt{\frac{\alpha\beta I}{\gamma\beta + \Omega'}}\right) \tag{3.64}$$

$$\begin{cases} A = A^{(G)}\left(\dfrac{\gamma\beta}{\gamma\beta+\Omega'}\right)^{\frac{\alpha}{2}} = \dfrac{2\alpha^{\frac{\alpha}{2}}}{\gamma^{1+\frac{\alpha}{2}}\Gamma(\alpha)}\left(\dfrac{\gamma\beta}{\gamma\beta+\Omega'}\right)^{\beta+\frac{\alpha}{2}} \\ a_k = \dbinom{\beta-1}{k-1}\dfrac{1}{[(k-1)!]^2}\left(\dfrac{\Omega'}{\gamma}\right)^{k-1}\left(\dfrac{\alpha}{\beta}\right)^{\frac{k}{2}}(\gamma\beta+\Omega')^{1-\frac{k}{2}} \end{cases}$$

式中：$A^{(G)}$见式（3.63），$\dbinom{\beta-1}{k-1}$为二项式系数[16]。在后面的研究中我们考虑 Malaga 湍流概率密度函数为第二种情况。

我们采用 MeijerG 函数推导其概率分布函数。$k_v(.)$的 MeijerG 函数可以写为 $k_v(x)=\dfrac{1}{2}G_{0,2}^{2,0}\left(\dfrac{x^2}{4}\middle|\begin{matrix} \\ \dfrac{v}{2},-\dfrac{v}{2}\end{matrix}\right)$，式中的 $G_{p,q}^{m,n}(.)$为 MeijerG 函数。根据 MeijerG 函数积分运算性质，经过推导可以得到 Malaga 分布函数 $F_I(I_{\text{th}}) = \int_0^{I_{\text{th}}} f_I(I)\,\mathrm{d}I$ 的 MeijerG 函数表达式为

$$F_I(I_{\text{th}}) = \frac{A}{2}\sum_{k=1}^{\beta} a_k I_{\text{th}}^{\frac{\alpha+k}{2}} G_{1,3}^{2,1}\left(\frac{\alpha\beta}{\gamma\beta + \Omega'}I_{\text{th}}\middle|\begin{matrix} 1-\dfrac{\alpha+k}{2} \\ \dfrac{\alpha-k}{2},\dfrac{k-\alpha}{2},-\dfrac{\alpha+k}{2}\end{matrix}\right) \tag{3.65}$$

**3. 表征 Lognormal 分布湍流信道模型**

对于弱湍流场，假设 $\rho=0$，$\mathrm{Var}[|U_L|]=0$，视距衰落分量的平均功率 $\Omega=1$。由式（3.54）可知，此时 $U_{\mathrm{L}}$ 是一个常数随机变量，且 $E[|U_{\mathrm{L}}|^2]=\Omega(E|G|=1)$。光场对数振幅 $Y$ 是一个实数随机变量，若方差 $\mathrm{Var}[Y]=\mathrm{Var}[S]=0$，则式（3.54）变为

$$I=\left|\sqrt{G}\sqrt{\Omega}\exp(j\phi_A)+U_S'\right|^2 \tag{3.66}$$

式（3.66）中独立衰落分量 $U_S'$ 可由一阶 Born 近似表示为式（3.53）。如果进一步假设 $U_S'$ 的实部和虚部是不相关的并且具有相等的方差，则 $U_S'=A_S'\exp(\mathrm{j}S_S')$，且 $E[|U_S'|^2]=2b_0=\gamma(\rho=0)$。此时 $U_S'$ 为循环高斯复随机变量。令 $A_0=\sqrt{G}\sqrt{\Omega}$，则视距衰落分量 $U_L=A_0\exp(\mathrm{j}\phi_A)$。此时式（3.66）可以表示为[13]

$$I=|U_L+U_S'|^2=A_0^2+A_S'^2+2A_0A_S'\cos(S_S'-\phi_A) \tag{3.67}$$

综上，接收端场 $U$ 沿光轴的光强 $I$ 服从 Rice-Nakagami 分布，表示为

$$f_I(I)=\frac{1}{\gamma}\exp\left[-\frac{(A_0^2+I)}{\gamma}\right]K_0\left(\frac{2A_0^2}{\gamma}\sqrt{I}\right),\quad I>0 \tag{3.68}$$

由 Rytov 近似和中心极限定理，$\gamma\to0$ 时 Rice-Nakagami 分布可推导为对数正态 Lognormal 分布[17]。

**4. 表征 K 分布湍流信道模型**

通过计算式（3.50）中定义的随机过程 $X$ 和 $Y$ 的矩生成函数，我们可以将 Malaga 信道过渡为 K 分布信道。对于函数$f_Z(Z)$，它的 $M_Z(s)$ 表示为 $M_Z(s)=L[f_Z(Z);-s]$，$L[\cdot]$为拉普拉斯变换，则[17]

$$M_Y(s)=L[f_Y(y);-s]=\left(\frac{\gamma\beta}{\gamma\beta+\Omega'}\right)^{\beta}\frac{(1-\gamma s)^{\beta-1}}{\left(1-\dfrac{\Omega'}{\gamma\beta+\Omega'}-\gamma s\right)^{\beta}} \tag{3.69}$$

$$M_X(s)=L[f_X(x);-s]=\frac{1}{\left(1-\dfrac{s}{\alpha}\right)^{\alpha}} \tag{3.70}$$

式中：$f_Y(y)$ 与 $f_X(x)$ 见式（3.61）、式（3.63）。为了描述强湍流分布，可令 $\Omega=0$ 即 LOS 功率为 0；$\rho=0$（$\Omega'=0$），即耦合至 LOS 衰落分量功率为 0。则式（3.69）、式（3.61）表示为

$$M_Y(s)=(1-\gamma s)^{-1} \tag{3.71}$$

$$f_Y(y)=\frac{1}{\gamma}\exp\left(-\frac{y}{\gamma}\right) \tag{3.72}$$

由式（3.63）知

$$f_X(x)=\frac{\alpha^{\alpha}}{\Gamma(\alpha)}x^{\alpha-1}\exp(-\alpha x)=\frac{\alpha\,(\alpha x)^{\alpha-1}}{\Gamma(\alpha)}\exp(-\alpha x) \tag{3.73}$$

通过计算式（3.72）和式（3.73）的乘积在$[0,\infty)$上的积分，可得 K 分布光强 $I$ 的概率密度函数为

$$f_I(I)=\int_0^{\infty}f_Y(I|I_x)f_X(I_x)\,\mathrm{d}\gamma=\int_0^{\infty}f_Y(y)f_X(x)\,\mathrm{d}\gamma$$
$$=\frac{2\alpha}{\Gamma(\alpha)}(\alpha I)^{\frac{\alpha-1}{2}}K_{\alpha-1}(2\sqrt{\alpha I}),\quad I>0,\alpha>0 \tag{3.74}$$

**5. 表征 Gamma-Gamma 分布湍流信道模型**

令 $\rho=1$，$\gamma=0$，$\Omega'=1$，此时 Malaga 传播模型中接收端衰落分量仅有视距衰落分量 $U_L$、耦合至视距衰落分量 $U_S^C$，则式（3.69）转换为

$$M_Y(s)=\lim_{\substack{\gamma\to 0\\ \Omega'=1}}\left[\left(\frac{\gamma\beta}{\gamma\beta+\Omega'}\right)^{\beta}\frac{(1-\gamma s)^{\beta-1}}{\left(1-\frac{\Omega'}{\gamma\beta+\Omega'}-\gamma s\right)^{\beta}}\right]=(\Omega')^{-\beta}\left(\frac{1}{\Omega'}-\frac{s}{\beta}\right)^{-\beta}=\left(\frac{\beta}{\beta-s}\right)^{\beta} \tag{3.75}$$

这里，$Y$ 用于描述湍流影响下光强的小尺度起伏，它的概率密度函数为其矩生成函数的逆拉普拉斯变换，服从伽马分布，其表达式为

$$f_Y(y)=f_Y(I|I_x)=L^{-1}[M_Y(s)]=\frac{\beta(\beta y)^{\beta-1}}{\Gamma(\beta)}\exp(-\beta y) \tag{3.76}$$

$X$ 用于描述湍流影响下光强的大尺度起伏，其概率密度函数见式（3.62）。因此，双 Gamma 分布以光强 $I$ 表示的概率密度函数为[18]

$$f_I(I)=\int_0^{\infty}f_Y(I|I_X)f_X(I_x)\,\mathrm{d}I_x=\frac{2(\alpha\beta)^{\frac{(\alpha+\beta)}{2}}}{\Gamma(\alpha)\Gamma(\beta)}I^{\frac{(\alpha+\beta)}{2}-1}K_{\alpha-\beta}(2\sqrt{\alpha\beta I}),\quad I>0 \tag{3.77}$$

表 3.1 给出了 Malaga 湍流概率密度函数表征其他信道模型时，对其概率密度函数所进行的参数设置。

表 3.1　Malaga 湍流概率密度函数表征其他信道模型时的参数设置[19]

| 可表征的光强分布 | 参数条件 | $\alpha$、$\beta$ 值及光强闪烁指数 |
|---|---|---|
| Rice-Nakagami | $\rho=0,\mathrm{Var}[\,\lvert U_L\rvert\,]=0$ | $\alpha=11,\beta=12,\sigma_I^2=0.17$ |
| Lognormal | $\rho=0,\Omega=1$<br>$b_0\to 0,\gamma\to 0$<br>$\mathrm{Var}[\,\lvert U_L\rvert\,]=0$ | $\alpha=11,\beta=10,\sigma_I^2=0.2$ |
| Gamma-Gamma | $\rho=1,\Omega=0.5$<br>$b_0\to 0.25,\gamma=0$ | $\alpha=5,\beta=2,\sigma_I^2=0.8$<br>$\alpha=8,\beta=3,\sigma_I^2=0.5$<br>$\alpha=8,\beta=8,\sigma_I^2=0.26$ |
| K | $\rho=1,\Omega=0,b_0=0.5$ | $\alpha=2,\beta=2,\sigma_I^2=2$ |

根据表 3.1 中的参数设置，图 3.9 给出了采用 Lognormal 分布、双 Gamma 分布和 K 分布光强的概率密度函数曲线与通过 Malaga 分布概率密度函数表征的这三种分布曲线之间的比较，其中平均光强 $E[I]=1$。由表 3.1 可知，用 Malaga 概率密度函数表征 Lognormal 分布湍流信道时，总散射分量的平均功率 $b_0 \to 0$。且 $\gamma \to 0$，因此 Malaga 湍流信道表征的 Lognormal 分布与 Lognormal 分布概率密度函数曲线在图 3.9 中红圈处存在逼近误差，这是因为由式（3.64）可知，$\gamma$ 在 Malaga 湍流信道概率密度函数的分母上，故在进行数值计算时 $\gamma$ 不能取 0，只能趋近于 0。此外，Malaga 分布概率密度函数所表征的 K 分布和双 Gamma 分布曲线与这两种分布本身概率密度函数曲线的逼近效果良好。因此，从图 3.9 可看出，用 Malaga 大气湍流信道概率密度函数表征其他湍流信道模型是可行的。

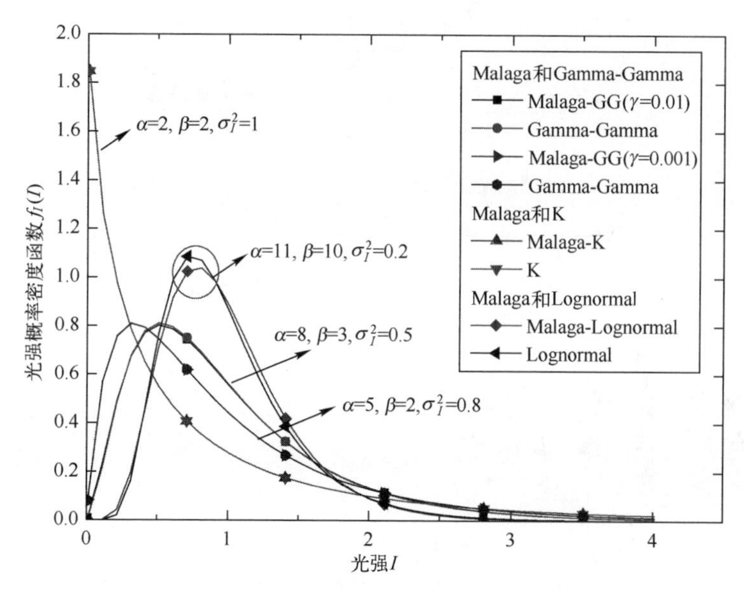


图 3.9　Malaga 大气湍流信道与其他湍流信道下光强 $I$ 概率密度函数曲线对比（见彩图）

由表 3.1 参数设置，以式（3.24）表征 K 分布和双 Gamma 分布大气湍流信道，仿真中参数设置为 $\Omega=0$，$b_0=0.5$，$\phi_A-\phi_B=\pi/2$，$\rho$ 表示耦合至视距衰落分量的散射功率量因子。当 $\rho=0$ 时接收端能量场 $U$ 中仅包含独立散射分量 $U_S^G$，$\rho=1$ 时接收端能量场 $U$ 中只有耦合至 LOS 分量 $U_S^C$，强湍流情况下 Malaga 大气湍流信道从 K 分布（$\rho=0$）过渡到双 Gamma 分布（$\rho=1$）光强概率密度函数的变化曲线如图 3.10 所示。由图 3.10 可知，椭圆框中的曲线表示随着 $\rho$ 值的增大，光强概率密度函数从 K 分布过渡到双 Gamma 分布的过程。在

图 3.10（a）表示的强湍流情况下，与双 Gamma 分布相比，K 分布概率密度函数曲线的下降趋势更为缓慢，曲线拖尾更长。在图 3.10（b）表示的弱湍流情况下，随着 $\rho$ 值的升高，光强概率密度函数曲线逐渐右移且峰值更高，拖尾更短。

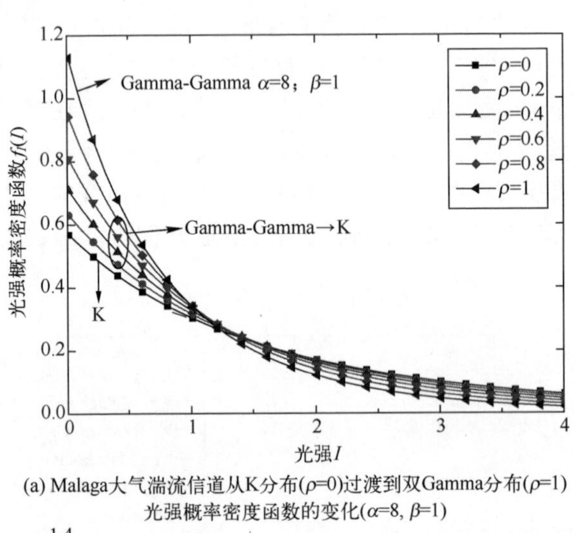


(a) Malaga大气湍流信道从K分布($\rho$=0)过渡到双Gamma分布($\rho$=1)光强概率密度函数的变化($\alpha$=8, $\beta$=1)

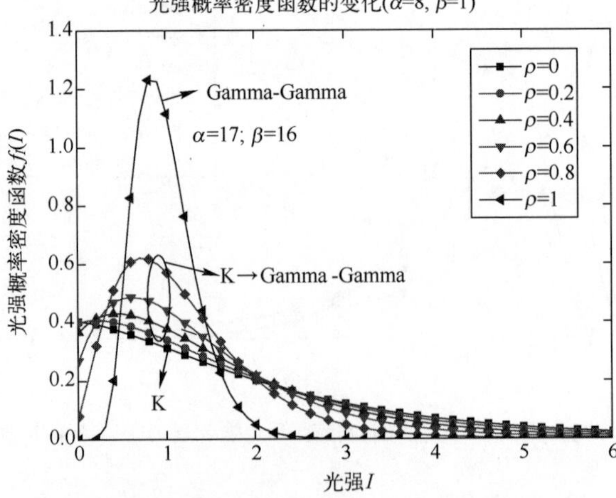


(b) Malaga大气湍流信道从K分布($\rho$=0)过渡到双Gamma分布($\rho$=1)光强概率密度函数的变化($\alpha$=17, $\beta$=16)

图 3.10　不同湍流强度下 Malaga 大气湍流信道从 K 分布（$\rho=0$）过渡到双 Gamma 分布（$\rho=1$）光强概率密度函数的变化

### 3.2.6　威布尔湍流模型

具有威布尔分布的随机变量光强 $I$ 的概率密度函数（PDF）和累积分布函

数（CDF）由下式定义：

$$f_{\mathrm{EW}}(I;\beta,\eta)=\frac{\beta}{\eta}\left(\frac{I}{\eta}\right)^{\beta-1}\exp\left[-\left(\frac{I}{\eta}\right)^{\beta}\right] \tag{3.78}$$

和

$$F_{\mathrm{EW}}(I;\beta,\eta)=1-\exp\left[-\left(\frac{I}{\eta}\right)^{\beta}\right] \tag{3.79}$$

式中：$\beta>0$ 是与闪烁指数相关的形状参数；$\eta>0$ 是尺度参数，与辐照度平均值相关，且取决于形状参数 $\beta$；对于 $\beta=2$ 和 $\beta=1$ 时的特殊情况，式（3.78）可分别简化为众所周知的瑞利和负指数概率密度函数。

很容易证明，威布尔概率密度函数的第 $n$ 个辐照度矩由下式给出：

$$\langle I^{n}\rangle=\eta^{n}\Gamma\left(1+\frac{n}{\beta}\right) \tag{3.80}$$

式中：$\langle\cdot\rangle$ 表示期望；$\Gamma(\cdot)$ 表示 Gamma 函数。

闪烁指数 $\sigma_I^2$ 与形状参数 $\beta$ 之间的关系为

$$\sigma_I^2=\frac{\Gamma(1+2/\beta)}{\Gamma(1+1/\beta)^2}-1\approx\beta^{-11/6} \tag{3.81}$$

对于尺度参数 $\eta$ 的推导，在不失一般性的情况下，假设 $\langle I\rangle=1$，并在式（3.80）中设置 $n=1$，因此

$$\eta=\frac{1}{\Gamma(1+1/\beta)} \tag{3.82}$$

### 3.2.7　双威布尔湍流模型

双威布尔（Double Weibull，DW）分布是两个威布尔变量的乘积，两个威布尔变量本质上是随机的。双威布尔分布为中等强度和强大气湍流通道建模。威布尔分布从统计学上定义了与闪烁指数和 Rytov 方差有关的小规模和大型衰落。双重威布尔分布的概率密度函数为[9]

$$f_I(I)=\frac{\beta_2 k\,(kl)^{1/2}}{(2\pi)^{\frac{l+k}{2}-1}}I^{-1}\times G_{k+l,0}^{0,k+l}\left[\left(\frac{\Omega_2}{I^{\beta_2}}\right)^{k}k^{k}l^{l}\Omega_1^{l}\,\middle|\,\begin{matrix}\Delta(l;0),\Delta(k;0)\\ -\end{matrix}\right] \tag{3.83}$$

式中：$\Delta(j;x)=x/j,\cdots,(x+j-1)/j$；$k$ 和 $l$ 是满足条件的正整数 $l/k=\beta_2/\beta_1$，$\beta_2$ 和 $\beta_1$ 是辐照度波动强度的分布参数；$\Omega$ 是平均功率，在对数辐照度较低的情况下，考虑到 $\beta_2=1.318$，$\beta_1=1.522$，$\Omega_1=1.171$ 和 $\Omega_2=1.114$，从威布尔分布可以更好地拟合中等湍流条件下的实验数据。

### 3.2.8 指数威布尔湍流模型

Mudholkar 和 Srivatsava 通过在威布尔分布中添加额外的参数，提出了指数威布尔（Exponentiated Weibull，EW）分布。EW 分布针对光接收功率分布进行建模，其概率密度函数给出为[9]

$$f_{\mathrm{EW}}(I;\beta,\eta,\alpha)=\frac{\alpha\beta}{\eta}\left(\frac{I}{\eta}\right)^{\beta-1}\exp\left[-\left(\frac{I}{\eta}\right)^{\beta}\right]\left\{1-\exp\left[-\left(\frac{I}{\eta}\right)^{\beta}\right]\right\}^{\alpha-1} \tag{3.84}$$

式中：$\beta>0$ 是与闪烁指数相关的形状参数；$\eta>0$ 是尺度参数，与辐照度平均值相关，且取决于形状参数 $\beta$；$\alpha>0$ 是一个额外的形状参数，依赖于接收器孔径大小，当 $\alpha=1$ 时，指数威布尔分布变为威布尔分布。

EW 分布的累积分布函数为[20-21]

$$F_{\mathrm{EW}}(I;\beta,\eta,\alpha)=\left\{1-\exp\left[-\left(\frac{I}{\eta}\right)^{\beta}\right]\right\}^{\alpha} \tag{3.85}$$

针对任何 $\alpha$（包括实数和整数），文献［21］推导出了指数 Weibull 概率密度函数的第 $n$ 个辐照度矩，其形式为

$$\langle I^n\rangle=\alpha\eta^n\Gamma\left(1+\frac{n}{\beta}\right)\sum_{i=0}^{\infty}\frac{(-1)^i(i+1)^{\frac{-(n+\beta)}{\beta}}\Gamma(\alpha)}{i!\Gamma(\alpha-i)} \tag{3.86}$$

从式（3.86）中很容易看出，EW 参数的分析推导是一项相当复杂的过程。因此，基于仿真数据的启发式方法被用于获得 EW 参数的近似值。因此，形状参数 $\alpha$ 的表达式近似为 $\alpha\cong3.931(D/\rho_0)^{-0.519}$。其中，$D$ 为接收孔径，$\rho_0=(1.46C_n^2k^2L)^{-3/5}$是大气相干半径，$k=2\pi/\lambda$ 是波数，$\lambda$ 是光学波长，$L$ 是发射器和接收器平面之间的距离。

式（3.84）中的形状参数 $\beta$ 与闪烁指数相关为 $\beta=(\alpha\sigma_I^2)^{-6/11}$，其中 $\sigma_I^2$ 是闪烁指数。尺度参数 $\eta=\left[\alpha\Gamma\left(1+\frac{1}{\beta}\right)g(\alpha,\beta)\right]^{-1}$，其中 $g(\alpha,\beta)$ 被引入以简化符号，并定义为

$$g(\alpha,\beta)=\sum_{i=0}^{\infty}\frac{(-1)^i(i+1)^{-\frac{1+\beta}{\beta}}\Gamma(\alpha)}{i!\Gamma(\alpha-i)} \tag{3.87}$$

对上式很容易进行数值计算，因为级数收敛很快，通常多达十项或更少的项就足以使级数收敛。

很容易验证，对于固定的形状参数 $\beta$ 和尺度参数 $\eta$，当数据以对数算数尺度可视化时，形状参数 $\alpha$ 可以控制概率密度函数曲线较低的尾部陡度。这是 EW 分布的一个显著特性。

仿真中 $D$ 接收口径取值为 $D=45.22\rho_0$。$\rho_0$ 是大气相干半径，取值为

18.89mm。在弱湍流和中强湍流情况下，接收光强起伏的指数威布尔分布曲线如图 3.11 和图 3.12 所示，弱湍流情况下取闪烁指数 $\sigma_I^2$ 分别为 0.028、0.048、0.078、0.098 时的指数威布尔分布曲线。

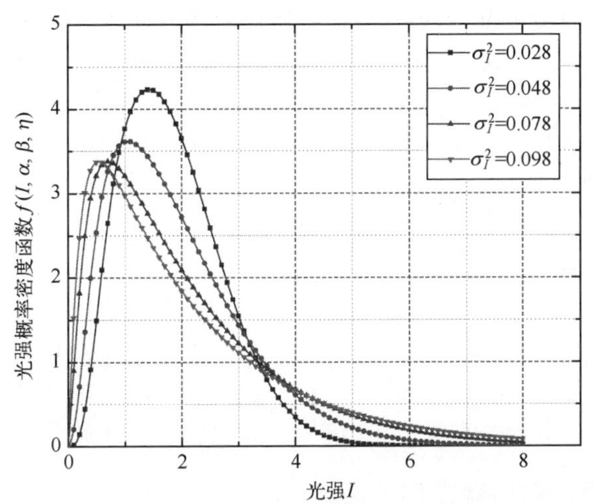


图 3.11　指数威布尔分布弱湍流光强起伏概率密度函数

可以看出，当闪烁指数较小时，光强起伏威布尔分布曲线越偏离光强均值，随着闪烁指数的增大，光强起伏威布尔分布曲线越接近光强均值，但是会有更长的拖尾。图 3.12 中，弱湍流时，取闪烁指数 $\sigma_I^2$ 分别为 0.05、0.14；中等湍流时，闪烁指数 $\sigma_I^2$ 分别为 0.84、1.50；强湍流时，闪烁指数 $\sigma_I^2$ 分别为 2.24、4.57，可以看出，随着湍流强度的增强，曲线的拖尾会更长。

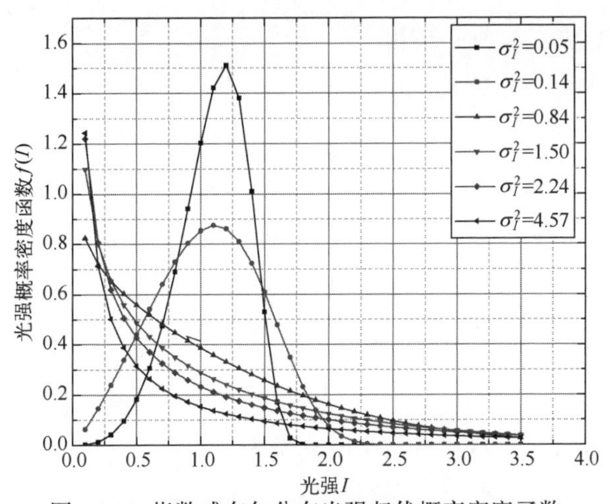


图 3.12　指数威布尔分布光强起伏概率密度函数

### 3.2.9 大气弱湍流信道特性分析

**1. 湍流信道中断概率**

系统中断概率和误码率一样都是衡量通信系统好坏的指标。在无线光通信中，由于信道时变，因此信道容量也时变，当信道容量小于信息速率时，会导致“通信中断”。中断概率是系统误码率大于预置误码率阈值的概率（$P_e > P_{th}$），也可表示为接收机瞬时信噪比低于某一信噪比阈值的概率（$\gamma<\gamma_{th}$）。中断概率可由下式计算：

$$P_{out}=P(P_e>P_{th})=P(\gamma<\gamma_{th}) \tag{3.88}$$

定义接收机瞬时电信噪比为 $\gamma=(\eta I)^2/N_0$，$\bar{\gamma}=(\eta E[I])^2/N_0$ 为不受大气湍流影响的接收机平均电信噪比[22]。

弱湍流情况下，光强起伏服从对数正态分布，其概率密度函数为

$$P(I)=\frac{1}{\sqrt{2\pi}\sigma_l I}\exp\left\{-\frac{[\ln(I/I_0)-E(l)]^2}{2\sigma_l{}^2}\right\} I\geqslant 0 \tag{3.89}$$

由式（3.89）知瞬时信噪比 PDF 的表达式为

$$p\left(\sqrt{\frac{\gamma}{\bar{\gamma}}}\right)=\frac{1}{\sqrt{2\pi}\sigma_l\sqrt{\frac{\gamma}{\bar{\gamma}}}}\exp\left(-\frac{\left(\ln\sqrt{\frac{\gamma}{\bar{\gamma}}}+\sigma_l^2/2\right)^2}{2\sigma_l^2}\right) \tag{3.90}$$

则中断概率为

$$P_{out}=P(\gamma<\gamma_{th})=P\left(\frac{\gamma}{\bar{\gamma}}<\frac{\gamma_{th}}{\bar{\gamma}}\right) \tag{3.91}$$

由式（3.90）和式（3.91）可得

$$P_{out}=1-\frac{1}{2}\mathrm{erfc}\left[\frac{-0.5\ln\left(\frac{\bar{\gamma}}{\gamma_{th}}\right)+\frac{\sigma_l^2}{2}}{\sqrt{2\sigma_l^2}}\right] \tag{3.92}$$

中、强湍流情况下，光强起伏服从 Gamma-Gamma 分布，其概率分布函数为

$$p(I)=\int_0^{+\infty}p_y(I|x)p_x(x)\,\mathrm{d}x=\frac{2(\alpha\beta)^{\frac{(\alpha+\beta)}{2}}}{\Gamma(\alpha)\Gamma(\beta)}I^{\frac{(\alpha+\beta)}{2}-1}K_{\alpha\_\beta}[2(\alpha\beta I)^{1/2}],\quad I>0 \tag{3.93}$$

由式（3.88）和式（3.93）可得中断概率为

$$P_{out}=\int_0^{\sqrt{\frac{\gamma_{th}}{\bar{\gamma}}}}\frac{2(\alpha\beta)^{\frac{(\alpha+\beta)}{2}}}{\Gamma(\alpha)\Gamma(\beta)}(I)^{\left(\frac{\alpha+\beta}{2}\right)-1}K_{\alpha-\beta}(2\sqrt{\alpha\beta I})\,\mathrm{d}I \tag{3.94}$$

式中：定义归一化阈值信噪比 $SNR=\gamma_{th}/\overline{\gamma}$[22]。

本节在不同湍流强度条件下进行了信道中断概率与传输距离的仿真研究[23]。仿真中激光波长 $\lambda=1.55\mu m$；大气折射率结构常数 $C_n^2=5.02\times10^{-15}m^{-2/3}$（弱湍流）、$8.04\times10^{-14}m^{-2/3}$（中湍流）、$1.26\times10^{-12}m^{-2/3}$（强湍流）；传输距离分别取 $L=500m$、1000m、1500m 及 2000m 四种情况。其中，信道中断概率计算在弱湍流情况下采用对数正态分布信道，中、强湍流情况下采用 Gamma-Gamma 分布信道。不同湍流强度下以及不同传输距离下中断概率仿真结果如图 3.13 所示。

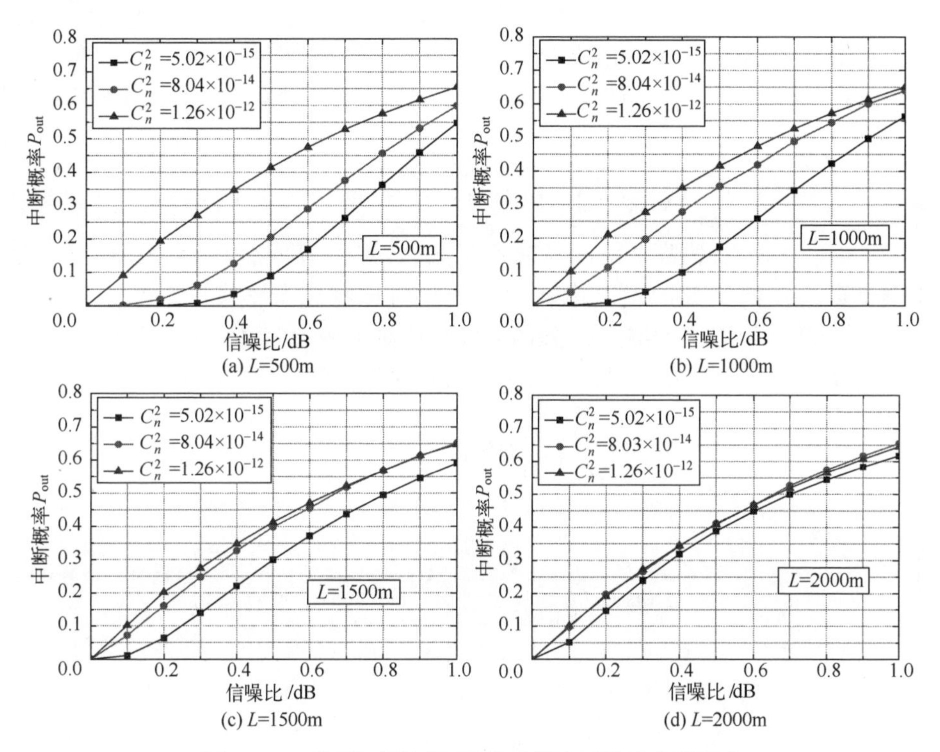


图 3.13 不同湍流强度下及传输距离下信道中断概率

由图 3.13 可以看出，随着归一化阈值信噪比 $SNR=\gamma_{th}/\overline{\gamma}$的增大，两种信道模型的中断概率都有所增大，说明光通信的可靠性降低。当系统传输距离 $L=500m$和 1000m 时，中断概率在同一归一化阈值信噪比下随着湍流强度的增加明显增大，而当传输距离达到 1500m 和 2000m 时，中、强湍流下中断概率趋于相近。当 $SNR=0.5dB$ 且 $L=500m$ 时，由弱到强湍流的信道中断概率依次为 0.09、0.21 及 0.41，而当 $SNR=0.5dB$ 且 $L=2000m$ 时，中断概率依次为

0.39、0.41 和 0.41。仿真结果表明，当通信距离较近时，无线光通信系统的可靠性变化受大气折射率结构常数的影响较大，而当增大通信距离时，中断概率受 $C_n^2$ 变化的影响减小，通信距离对进行可靠光通信的影响同样重要。

**2. 平均信道容量**

当激光束在无线光通信大气信道中传输时，会受到大气分子的吸收及大气气溶胶的散射引起的大气衰减和大气湍流效应，衰减和湍流的变化是无法精确预知的，大气扰动对光无线通信系统的影响是实时变化的，因此大气信道可视为不稳定随机时变系统。

定义接收机瞬时电信噪比为 $\gamma = s^2/N_0 = (\eta I)^2/N_0$，其中 $\eta$ 为光电转换效率，$I$ 为归一化光强，$N_0$ 为高斯分布的方差，即噪声的平均功率。在接收端和发射端理想信道状态信息的各态历经平均信道容量，记为 $\langle C\rangle$，可用下式进行估算[24]：

$$\langle C\rangle = \int_0^\infty C_{\text{AWGN}}(s,N_0)p(I)\,\mathrm{d}I = \int_0^\infty B\log_2(1+\overline{\gamma})p(\gamma)\,\mathrm{d}\gamma \tag{3.95}$$

式中：$C_{\text{AWGN}}(s,N_0)$ 为高斯信道容量，$C_{\text{AWGN}}(s,N_0)=B\log_2[1+(s^2/N_0)]$；$B$ 为信道带宽；$p(\gamma)$ 为接收端光电转换后的瞬时信噪比概率密度函数。利用式（3.95）可估计因大气湍流所导致的光强起伏对于平均信道容量的影响。

由文献［25］可知，对数正态分布，接收机电信噪比的概率密度函数为

$$p(\gamma)=\frac{1}{2\gamma\sigma_l\sqrt{2\pi}}\exp\left\{-\frac{[\ln(\gamma/\overline{\gamma})+\sigma_l^2]^2}{8\sigma_l^2}\right\} \tag{3.96}$$

对于 Gamma-Gamma 分布

$$p(\gamma)=\frac{(\alpha\beta)^{\frac{(\alpha+\beta)}{2}}}{\Gamma(\alpha)\Gamma(\beta)}\cdot\frac{\gamma^{\frac{(\alpha+\beta)}{4}-1}}{\overline{\gamma}^{\frac{(\alpha+\beta)}{4}}}\cdot K_{(\alpha-\beta)}\left(2\sqrt{\alpha\beta\sqrt{\frac{\gamma}{\overline{\gamma}}}}\right) \tag{3.97}$$

将式（3.97）、式（3.96）代入式（3.95），采用高斯-拉盖尔数值积分法可得到两种不同信道模型下的平均信道容量。仿真结果如图 3.14 所示，其中，弱湍流下对数正态分布模型光强起伏取 $\sigma_l^2=0.1$、0.2 和 0.3。Gamma-Gamma 分布模型分别对弱、中及强湍流情况进行仿真，其中参数 $\alpha=11.6$，$\beta=10.1$（弱湍流 $\sigma_l^2=0.2$）；$\alpha=4$，$\beta=1.9$（中湍流 $\sigma_l^2=1.6$）；$\alpha=4.2$，$\beta=1.4$（强湍流 $\sigma_l^2=3.5$）。

图 3.14（a）和图 3.14（b）是在不同湍流强度下对数正态分布和 Gamma-Gamma 分布的平均信道容量 $\langle C\rangle/B$ 仿真，其中横轴表示接收机平均电信噪比 $\text{SNR}=(\eta E[I])^2/N_0$，纵轴为 $\langle C\rangle/B$。从图 3.14（a）和图 3.14（b）可以看出，湍流信道容量明显小于高斯信道容量（无湍流），弱湍流下湍流信道容量逼近于高斯信道容量；湍流链路平均信道容量随着接收机平均电信噪比的增大

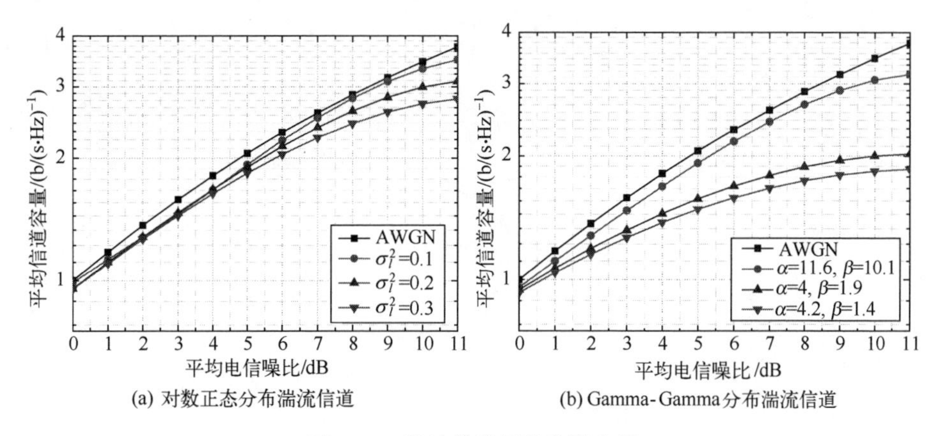

(a) 对数正态分布湍流信道　　(b) Gamma-Gamma分布湍流信道

图 3.14　湍流信道平均信道容量

而增大，弱湍流下的信道容量明显大于强湍流。在图 3.14 中，当 $\sigma_l^2=0.1$ 且 SNR=10dB 时，$\langle C\rangle/B=3.3245$，相对于高斯信道 $\langle C\rangle/B=3.7644$ 降低了 43%。强湍流下 $\alpha=4.2$，$\beta=1.4$（相当于 $\sigma_l^2=3.5$）且 SNR=10dB 时，$\langle C\rangle/B=1.8367$。从仿真图得出中、强湍流下的信道容量与弱湍流情况相比，随着 SNR 增大信道容量递增速度较慢，在较小的平均电信噪比下趋于饱和，说明湍流强度很大时，信道容量不再随 SNR 增加而增大，而是趋于某一最大值。

## 3.3　大气复合信道

### 3.3.1　指向误差

在视线 FSO 通信链路中，指向精度是决定链路性能和可靠性的重要问题。然而，风载和热膨胀会导致建筑物随机摇晃，进而导致指向误差和接收机处的信号衰减。在本节中，我们介绍了一种新的统计模型，该模型考虑了探测器孔径大小、波束宽度和抖动方差，用于计算错位引起的指向误差损失。

假设径向指向误差角采用瑞利分布建模，随机变量 $I_p$ 包括几何扩散和指向误差两部分，其中指向精度对系统性能具有重要影响。由于建筑物的摇摆、风载和热膨胀，接收机处的信号会出现衰退。其几何模型如图 3.15 所示[26]。

对于高斯光束，距离发射器 $z$ 处发射光强度的归一化空间分布为[26]

$$I_{\text{beam}}(\boldsymbol{\rho};z)=\frac{2}{\pi w_z^2}\exp\left(-\frac{2\|\boldsymbol{\rho}\|^2}{w_z^2}\right)\tag{3.98}$$

式中：$\boldsymbol{\rho}$ 为距离光束中心的径向矢量；$w_z$ 是在距离 $z$ 处的光束束腰（光振幅在

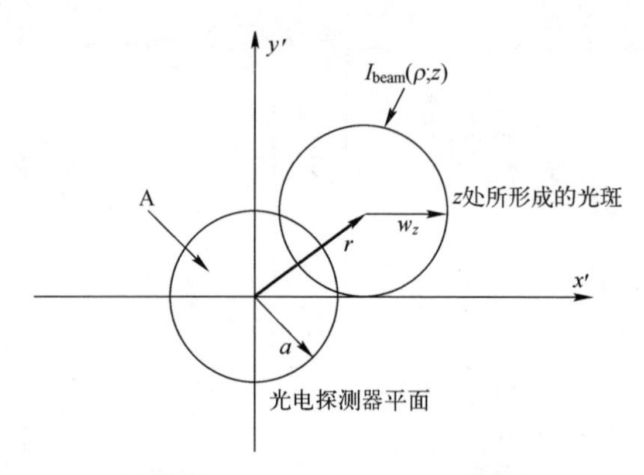


图 3.15　指向误差几何模型图

$e^{-2}$处计算的半径)，在大气湍流中传播的高斯光束束腰$w_z$可以近似为

$$w_z \approx w_0\left[1+\varepsilon\left(\frac{\lambda z}{\pi w_0^2}\right)^2\right]^{\frac{1}{2}} \tag{3.99}$$

式中：$w_0$ 是 $z=0$ 处的光束束腰；$\lambda$ 为波长；$\varepsilon=1+2w_0^2/\rho_0^2(z)$，其中 $\rho_0(z)$ 为相干长度且 $\rho_0(z)=(0.55C_n^2k^2z)^{-3/5}$。

考虑半径为 $a$ 的圆形检测孔径，在接收器接收的为高斯光束轮廓 $I_{\text{beam}}$，如图 3.15 所示。由于几何扩展和指向误差 $r$ 引起的衰减表示为

$$I_{\text{p}}(r;z)=\int_A I_{\text{beam}}(\rho-r;z)\,\mathrm{d}\rho \tag{3.100}$$

式中：$I_{\text{p}}(\cdot)$表示探测器采集到的功率比例；$A$ 为探测器面积；当指向误差为 $r$ 时，$I_{\text{p}}$ 是关于径向位移和角度的函数。由于波束形状和探测器面积的对称性，合成的 $I_{\text{p}}(\boldsymbol{r};z)$ 只与径向位移 $r=\|\boldsymbol{r}\|$ 相关。因此，在不丧失一般性的情况下，我们可以假设径向距离位于 $x'$轴上。在入射波横向平面中半径为 $a$ 的接收器处收集的功率分数可以表示为

$$I_{\text{p}}(\boldsymbol{r};z)=\int_{-a}^{a}\int_{-\zeta}^{\zeta}\frac{2}{\pi w_z^2}\exp\left[-2\,\frac{(x'-r)^2+y'^2}{w_z^2}\right]\mathrm{d}y'\mathrm{d}x' \tag{3.101}$$

式中：$\zeta=\sqrt{a^2-x'^2}$。

考虑通过与探测器面积相等的平方（边长为$\sqrt{\pi a}$）上的积分来近似式(3.101）中的积分，因此，式（3.101）可以近似为

$$I_{\text{p}}(\boldsymbol{r};z)=\int_{-\frac{\sqrt{\pi}}{2}a}^{\frac{\sqrt{\pi}}{2}a}\frac{\sqrt{2}E}{\sqrt{\pi w_z^2}}\exp\left[-2\,\frac{(x'-r)^2}{w_z^2}\right]\mathrm{d}x' \tag{3.102}$$

式中：$E=\mathrm{erf}(\sqrt{\pi a}/\sqrt{2w_z})$，$\mathrm{erf}(x)=(2/\sqrt{\pi})\int_0^x e^{-u^2}\mathrm{d}u$ 为误差函数。将指数项

扩展为其泰勒级数，对结果进行积分和简化：

$$I_{\mathrm{p}}(r)\approx\frac{\sqrt{2}aE}{w_z}+\frac{2E}{\sqrt{\pi}}\sum_{\substack{m=3\\ \text{odd}}}^{\infty}\sum_{\substack{\ell=0\\ \text{even}}}^{m}\frac{(-1)^{\frac{(m-1)}{2}}}{(m)\left(\frac{m-1}{2}\right)!}\binom{m}{\ell}\left(\sqrt{2}\frac{r}{w_z}\right)^{\ell}\left(\frac{\sqrt{\pi}a}{\sqrt{2}w_z}\right)^{m-\ell} \tag{3.103}$$

此外，将上述表达式可以简写为关于 $\ell$ 的表达式

$$I_{\mathrm{p}}(r)\approx\sum_{\substack{\ell=0\\ \text{even}}}^{\infty}A_{\ell}\left(\frac{\sqrt{2}r}{w_z}\right)^{\ell} \tag{3.104}$$

式中：$A_\ell$ 为

$$A_{\ell}=\frac{2E}{\sqrt{\pi}}\sum_{\substack{m=\ell+1\\ \text{odd}}}^{\infty}\frac{(-1)^{(m-1)/2}}{(m)\left(\frac{m-1}{2}\right)!}\binom{m}{\ell}\left(\frac{\sqrt{\pi}a}{\sqrt{2}w_z}\right)^{m-\ell} \tag{3.105}$$

定义 $v=(\sqrt{\pi}a)/(\sqrt{2}w_z)$，简化 $A_0=[\mathrm{erf}(v)]^2$，$A_2=\frac{-2}{\sqrt{\pi}}\mathrm{erf}(v)[v\exp(-v^2)]$。将高斯脉冲的泰勒级数展开的前两项等同于式（3.104）中的相同项，得到

$$I_{\mathrm{p}}(r;z)\approx A_0\exp\left(-\frac{2r^2}{w_{z\mathrm{eq}}^2}\right) \tag{3.106}$$

式中：$w_{z\mathrm{eq}}$ 为等效光束宽度，且 $w_{z\mathrm{eq}}^2=w_z^2\sqrt{\pi}\,\mathrm{erf}(v)/2v\exp(-v^2)$；$A_0$ 为 $r=0$ 处的部分接收功率。

假设 $w_z\gg a$，将 $I_{\mathrm{p}}$ 的极限表达式视为 $w_z/a\to\infty$，因此

$$\lim_{w_z/a\to\infty}I_{\mathrm{p}}(r;z)=\pi a^2 I_{\mathrm{beam}}(\boldsymbol{r};z) \tag{3.107}$$

考虑仰角和水平位移（摇摆）为独立相同高斯分布，则接收机径向位移 $\boldsymbol{r}$ 服从瑞利分布，即

$$f_r(r)=\frac{r}{\sigma_{\mathrm{s}}^2}\exp\left(-\frac{r^2}{2\sigma_{\mathrm{s}}^2}\right),\quad r>0 \tag{3.108}$$

式中：$\sigma_{\mathrm{s}}^2$ 为接收机抖动方差。则 $h_{\mathrm{p}}$ 的概率密度函数[26]可表示为

$$f_{I_{\mathrm{p}}}(I_{\mathrm{p}})=\frac{g^2}{A_0^{g^2}}I_{\mathrm{p}}^{g^2-1},\quad 0\leqslant I_{\mathrm{p}}\leqslant A_0 \tag{3.109}$$

式中：$g=w_{z\mathrm{eq}}/2\sigma_{\mathrm{s}}$ 是接收机等效波束半径 $w_{z\mathrm{eq}}$ 与接收机处的指向误差位移标准差（或抖动标准差）$\sigma_{\mathrm{s}}$ 的比值。

### 3.3.2　大气损耗

$I_l$ 表示路径损耗，这种损耗由 Beer-Lambert 定律描述，可表示为[27]

$$I_l=\exp(-\alpha L) \tag{3.110}$$

式中：$\alpha$ 为衰减系数；$L$ 为路径长度。当链路长度 $L=1\text{km}$，波长 $\lambda=1550\text{nm}$ 时 $\alpha$ 的不同取值可表示不同天气，晴朗天气的 $\alpha$ 为 0.0647，霾天的 $\alpha$ 为 0.7360，雾天的 $\alpha$ 为 4.2850[27]。

### 3.3.3 复合大气信道模型

FSO 通信系统在指向误差和路径损耗的情况下，激光束经过大气湍流信道沿水平路径传播。受大气湍流、指向误差、路径损耗和附加噪声的影响，接收光功率 $P_{\mathrm{R}}(t)$ 为[28]

$$P_{\mathrm{R}}(t)=IP_{\mathrm{T}}(t)+N(t) \tag{3.111}$$

式中：$P_{\mathrm{T}}(t)$ 是发射光功率；$N(t)$ 是加性高斯白噪声；$I$ 表示归一化信道衰落系数。由于大气湍流、未对准和路径损耗的组合作用，系统模型由三部分构成，可表示为 $I=I_aI_pI_l$，其中 $I_a$ 表征大气湍流的随机分量；$I_p$ 表征几何扩展和指向误差的随机分量；$I_l$ 表征路径损耗的随机分量。

复合信道模型下 $I$ 的概率密度函数可表示为[29]

$$f_I(I)=\int f_{I|I_a}(I\mid I_a)f_{I_a}(I_a)\,\mathrm{d}I_a \tag{3.112}$$

$$f_{I|I_a}(I\mid I_a)=\frac{1}{I_aI_l}f_{I_p}\left(\frac{I}{I_aI_l}\right)=\frac{g^2}{A_0^{g^2}I_aI_l}\left(\frac{I}{I_aI_l}\right)^{g^2-1},\quad 0\leqslant I\leqslant A_0I_aI_l \tag{3.113}$$

式（3.113）是给定湍流状态 $I_a$ 下的条件概率，当传输距离一定时，损耗 $I_l$ 可以看作为一个尺度因子，则

$$f_{I|I_a}(I\mid I_a)=f_{I|I_aI_l}(I\mid I_aI_l)=\frac{\mathrm{d}F_{I_p}(I\mid I_aI_l)}{\mathrm{d}I}=\frac{1}{I_aI_l}f_{I_p}\left(\frac{I}{I_aI_l}\right),\quad 0\leqslant I\leqslant A_0I_aI_l \tag{3.114}$$

将式（3.109）代入式（3.114），可得

$$f_{I|I_a}(I\mid I_a)=\frac{1}{I_aI_l}f_{I_p}\left(\frac{I}{I_aI_l}\right)=\frac{g^2}{A_0^{g^2}I_aI_l}\left(\frac{I}{I_aI_l}\right)^{g^2-1},\quad 0\leqslant I\leqslant A_0I_aI_l \tag{3.115}$$

将式（3.115）代入式（3.112），联合信道模型概率密度函数 $f_I(I)$ 为

$$f_I(I)=\frac{g^2AI^{g^2-1}}{(A_0I_l)^{g^2}}\sum_{k=1}^{\beta}a_k\int_{\frac{I}{I_lA_0}}^{\infty}I_a^{\frac{\alpha+k}{2}-1-g^2}K_{\alpha-k}\left(2\sqrt{\frac{\alpha\beta I_a}{\gamma\beta+\Omega'}}\right)\mathrm{d}I_a \tag{3.116}$$

采用 MeijerG 函数的运算性质[30]，式（3.116）可以简化为

$$f_I(I)=\frac{g^2AI^{-1}}{2}\sum_{k=1}^{\beta}\left[a_k\left(\frac{1}{B}\right)^{-\frac{\alpha+k}{2}}G_{1,3}^{3,0}\left(\frac{I}{BA_0I_l}\,\middle|\,{}^{1+g^2}_{g^2,\alpha,k}\right)\right] \tag{3.117}$$

$$B=\frac{\gamma\beta+\Omega'}{\alpha\beta} \tag{3.118}$$

### 3.3.4　大气复合信道特性分析

在本节中，我们分别在 Malaga 大气湍流概率密度函数描述的 Gamma-Gamma 分布信道（$\sigma_I^2=0.5$）、Lognormal 分布信道（$\sigma_I^2=0.2$）和 K 分布信道（$\sigma_I^2=2$）下[31]，给出了复合信道的平均信道容量和中断概率的数值结果[32]。

图 3.16 描述了 Malaga 湍流信道分别特征为 Gamma-Gamma 分布、Lognormal 分布和 K 分布下的平均信道容量。仿真中，接收机半径 $a=0.1\text{m}$，波束腰半径与接收机半径之比 $w_z/a=10$，以及抖动标准差与接收机半径之比 $\sigma_s/a=1.5$。从图 3.16 可以看出，在晴天，随着平均信噪比 $\gamma_0$ 的增加，三种湍流分布下的平均信道容量都有所提高。晴天时，当 $\gamma_0=60\text{dB}$ 时，Lognormal（$\sigma_I^2=0.2$）分布的平均信道容量可以达到 35b/s，Gamma-Gamma（$\sigma_I^2=0.5$）分布的平均信道容量为 20.32b/s，K 分布（$\sigma_I^2=2$）的平均信道容量为 0.94b/s。结果表明，在晴天，当 $w_z/a$ 和 $\sigma_s/a$ 一定时，闪烁指数越小，平均信道容量越大。此外，随着 $\gamma_0$ 的增加，弱湍流下的平均信道容量明显大于强湍流下的平均信道容量。

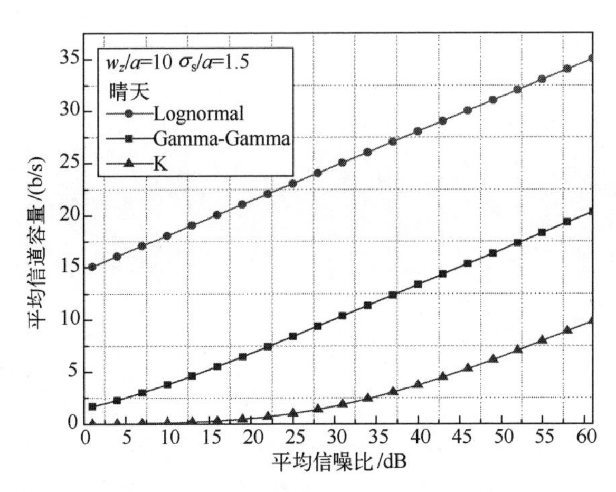


图 3.16　不同湍流分布的平均信道容量

图 3.17 和图 3.18 是当 $\sigma_s/a=1.5$，$w_z/a$ 从 5 增加到 20 时不同天气损耗的平均信道容量。图 3.17 是 Gamma-Gamma 分布（$\sigma_I^2=0.5$），图 3.18 是 K 分布（$\sigma_I^2=2$）。从数值结果可以看出，在相同的天气条件和 $\sigma_s/a$ 下，$w_z/a$ 值越小，平均信道容量越大。这是因为光束束腰半径随着 $w_z/a$ 增大而增大，当光束束

腰半径大于接收机半径时，光束会落在接收机外。同时，晴天的平均信道容量最大，其次是雾天和霾天。对于 Gamma-Gamma 分布，晴天和霾天的平均信道容量几乎成线性增长，增长速度较快，而当 $\gamma_0<30\text{dB}$ 时，雾天的平均信道容量增长较慢。对于 K 分布，平均信道容量快速增长所需的 $\gamma_0$ 大于 Gamma-Gamma 信道。

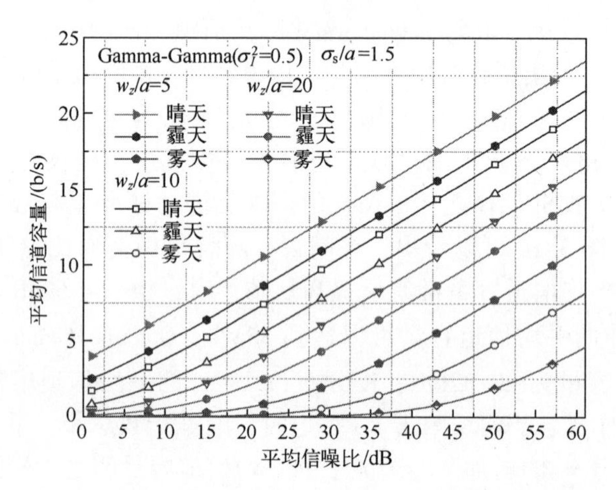


图 3.17　不同天气和$w_z/a$ 时 Gamma-Gamma 分布下的平均信道容量（见彩图）

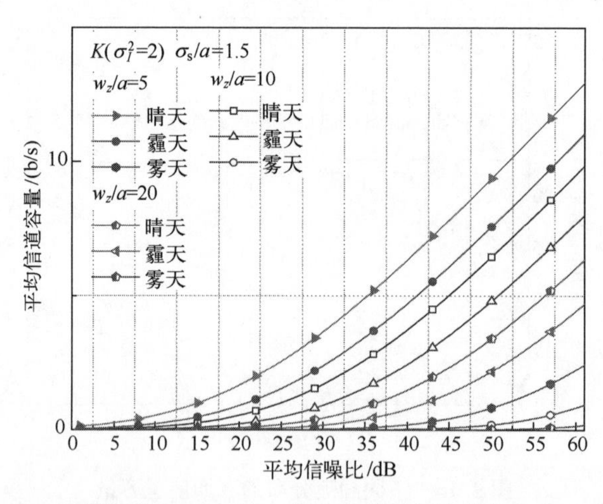


图 3.18　不同天气和$w_z/a$ 时 K 分布下的平均信道容量（见彩图）

结果表明，在中强湍流条件下，$\gamma_0$ 较小时平均信道容量增长缓慢，波动方差越大，对雾天的影响越大。这是由于雾天能见度低，空气中杂质因素多，平均信道容量最小，系统性能最差。此外，雾天时$w_z/a=5$ 的平均信道容量小于晴天时$w_z/a=10$的平均信道容量，说明雾天对平均信道容量的影响大于束腰半径。而在霾天$w_z/a=5$下平均信道容量大于晴朗天气下$w_z/a=10$平均信道容量，说明在其他天气条件下，平均信道容量更容易受到束腰半径的影响。

图 3.19 是在 Lognormal（$\sigma_I^2=0.2$）湍流分布信道下，$\sigma_s/a=1.5$，$w_z/a$从 5 到 20 时，不同天气条件的平均信道容量。可以观察到，在不同的天气条件下，即使在恶劣的天气（如大雾）下，平均信道容量也会随着$\gamma_0$的增加近似线性增加。此外，在弱湍流条件下，雾天对平均信道容量的影响仍大于束腰半径，但明显小于强湍流。

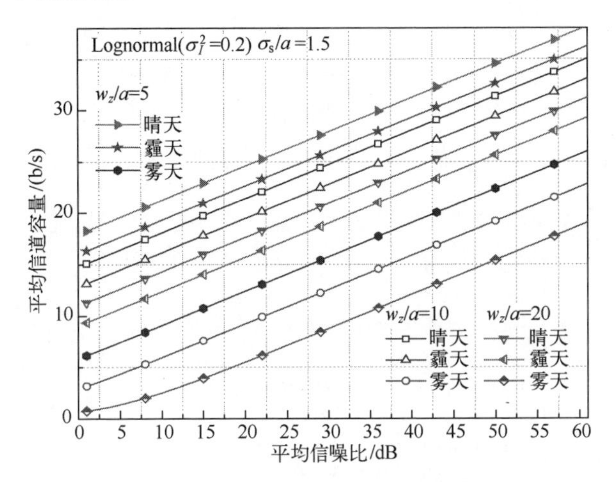


图 3.19　不同天气和$w_z/a$时 Lognormal 分布下的平均信道容量

图 3.20 是在 Gamma-Gamma（$\sigma_I^2=0.5$）湍流分布信道下，$w_z/a=5$，$\sigma_s/a$为 1.5 和 2 时，不同天气条件的平均信道容量。当天气条件一定时，$\sigma_s/a=1.5$平均信道容量大于$\sigma_s/a=2$。抖动标准差$\sigma_s$主要影响接收光功率。随着$\sigma_s$的增加，光斑偏移量越来越大。大部分波束落在接收机外，无法有效接收，因此平均信道容量降低。也可以看出，天气对平均信道容量的影响大于抖动标准差对平均信道容量的影响。

图 3.21 显示了在 K 分布下，天气晴朗时，链路距离为 1km、10km、20km 的平均信道容量。当$w_z/a$和$\sigma_s/a$为定值，链路距离变长时，平均信道容量明显减小，这是由于大气损耗的增加。此外，$w_z/a=5$，$\sigma_s/a=2$，$L=1$km 的平均信道容量大于$w_z/a=5$，$\sigma_s/a=1.5$，$L=10$km 时的平均信道容量，与此同时，$w_z/a=5$，$\sigma_s/a=1.5$，$L=10$km 的平均信道容量大于$w_z/a=10$，$\sigma_s/a=1.5$，$L=1$km 时的平均信道容量。这表明，平均信道容量受$w_z/a$影响最大，其次是链路长度，受$\sigma_s/a$影响最小。

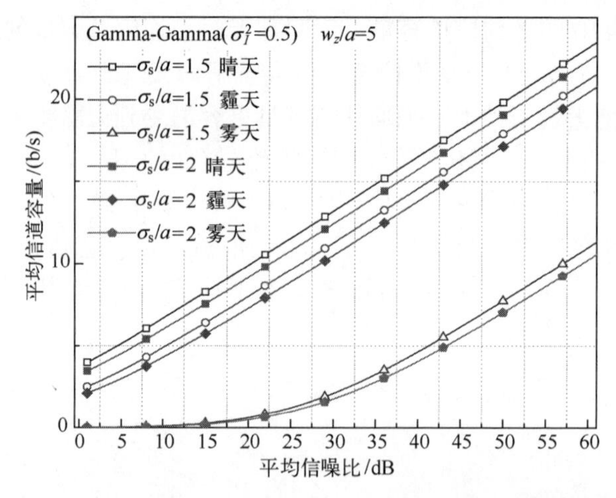


图 3.20 Gamma-Gamma 分布下天气条件和 $\sigma_s/a$ 对平均信道容量的影响（见彩图）

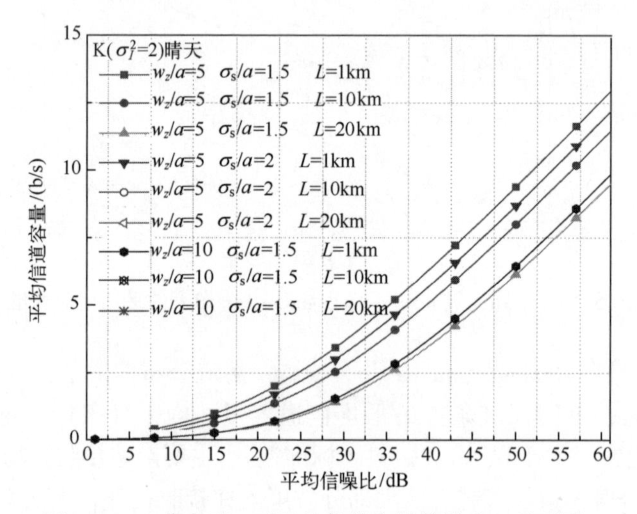


图 3.21 K 分布下 $L$ 对平均信道容量的影响（见彩图）

图 3.22 显示了不同条件下的中断概率。随着归一化信噪比 $\gamma_n$ 的增大，中断概率减小。天气晴朗时，Lognorma 分布（$\sigma_I^2=0.2$）的中断概率下降最快。湍流强度越大，中断概率下降速度越慢。在晴天，当 $\gamma_n=50\text{dB}$ 时，K 分布信道的中断概率为 $2.8\times10^{-1}$，Gamma-Gamma 分布为 $1.1\times10^{-1}$，Lognormal 分布为 $1.8\times10^{-2}$。在 Lognormal 分布下，晴天中断概率最小，雾天中断概率最大。因此，雾天通信质量最差，雾天对中断概率的影响远大于湍流强度。

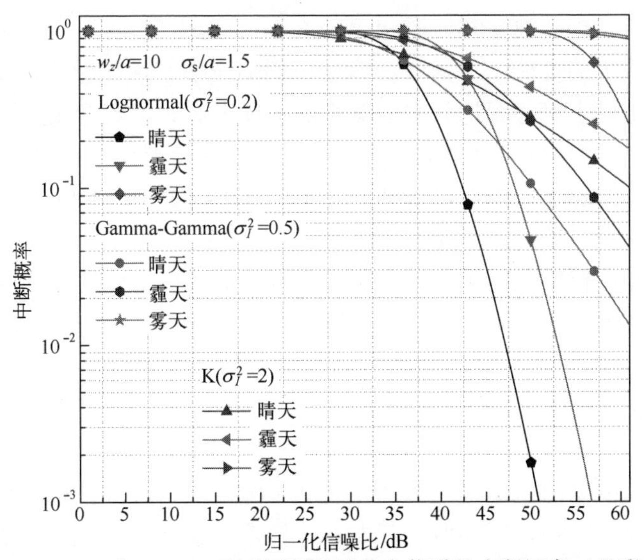


图 3.22　$w_z/a$ 和 $\sigma_s/a$ 一定时不同湍流分布信道的中断概率（见彩图）

图 3.23 显示了 $\sigma_s/a$，$w_z/a$ 和 $L$ 对中断概率的影响。可以看出，当 $\sigma_s/a$ 为 1.5，相同 $\gamma_n$，$w_z/a=5$ 时，$P_{out}$ 的值小于 $w_z/a=10$ 时的值。同时，当 $\gamma_n=45$dB 时，$L=20$ 的 $P_{out}$ 明显高于 $L=1$。随着路径距离的增加，大气损耗变得越来越严重。为了使中断概率值达到 $10^{-2}$，当 $w_z/a$ 一定，$\sigma_s/a$ 从 1.5 增加到 2 时，$\gamma_n$ 的增益是 7dB，当 $\sigma_s/a$ 为定值，$w_z/a$ 从 5 增加到 10 时，$\gamma_n$ 的增益是 9.5dB。结果表明，束腰半径对中断概率的影响大于抖动标准差对中断概率的影响。

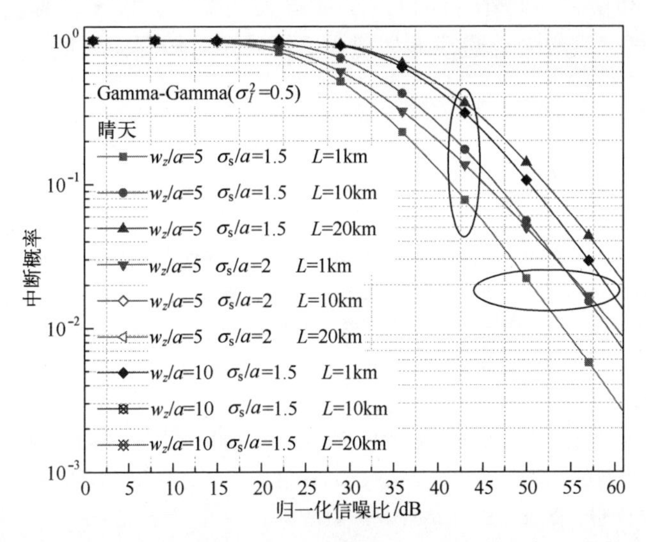


图 3.23　Gamma-Gamma 分布和晴朗天气下的中断概率（见彩图）

本节分析了副载波 BPSK 调制系统在 Malaga 大气湍流、指向误差和大气路径损耗影响下的性能。根据联合信道模型的概率密度函数，利用 MeijerG 函数性质分别推导了信道容量和中断概率的渐近表达式。随着光强波动方差的增大，平均信道容量减小，中断概率增大。通过调整光束束腰半径和抖动标准差，FSO 系统的通信性能可以达到一个相对最优的水平。大气的路径损耗对系统性能有很大的影响。晴天通信性能最好，雾天通信性能很差。在相同条件下，雾天的中断概率远高于晴天和霾天，雾天的通信效率最低。因此，雾天对系统性能的影响大于光束束腰半径和抖动标准差的影响。

## 3.4 本章小结

地球表面吸收的太阳辐射使地球表面周围的空气比高海拔地区的空气更热。这层较热的空气密度降低，并上升，与周围较冷的空气湍流混合，导致空气温度随机波动。湍流造成的不均匀性可以看成是离散的细胞或不同温度的漩涡，就像不同尺寸和折射率的折射棱镜。激光束和湍流介质之间的相互作用导致信息承载光束的随机相位和振幅变化（闪烁），最终导致 FSO 链路的性能下降。因为在所考虑的强度调制直接探测 FSO 系统中，只有接收光功率/辐照度才重要。本章讨论了大气湍流引起的接收光功率（或辐照度）波动的建模，描述了辐照度波动的概率密度函数统计的模型，包括对数正态分布、Gamma-Gamma 分布、负指数分布、K 分布、双威尔分布、指数威布尔分布以及通用的 Malaga 分布模型。此外，还讨论了考虑大气湍流、大气衰减以及指向误差联合影响下的大气复合信道模型的建立。最后还对弱湍流信道、大气复合信道的特性进行了分析。

## 参考文献

[1] PERSONICK S D . Receiver Design for Digital Fiber Optic Communication Systems [J]. I. BellSystem Technical Journal, 2013, 52 (6): 843-874.

[2] 盛裴轩，毛节泰，李建国. 大气物理学 [M]. 北京：北京大学出版社，2003.

[3] OSCHE G R. Optical Detection Theory for Laser Applications [M]. New Jersey: Wiley, 2002.

[4] 张逸新，迟泽英. 光波在大气中的传输与成像 [M]. 北京：国防工业出版社，1997.

[5] 吴晗玲，李新阳，严海星. Gamma-Gamma 湍流信道中大气光通信系统误码特性分析 [J]. 光学学报，2008，12 (28)：99-104.

[6] ANDREWS L C, PHILIPS R L, HOPEN C Y. Laser beam scintillation with applications

[C]. Bellingham: SPIE, 2001.

[7] AL-HABASH, M A. Mathematical model for the irradiance probability density function of a laser beam propagating through turbulent media [J]. Optical Engineering, 2001, 40 (8): 1554-1562.

[8] WILSON S G, BRANDT-PEARCE M, CAO Q, et al. Free-space optical MIMO transmission with Q-ary PPM [J]. IEEE Transactions on Communications, 2005, 53 (8): 1402-1412.

[9] ANBARASI K, HEMANTH C, SANGEETHA R G. A review on channel models in free space optical communication systems [J]. Optics Laser Technology, 2017, 97: 161-171.

[10] JAKEMAN E, PUSEY P N. Significance of K-distributions in scattering experiments [J]. Physical Review Letters, 1978, 40 (9): 546-550.

[11] SAXENA P, MATHUR A, BHATNAGAR M R. BER Performance of an Optically Pre-amplified FSO System Under Turbulence and Pointing Errors With ASE Noise [J]. Journal of Optical Communications and Networking, 2017, 9 (6): 498-510.

[12] JURADONAVAS A, GARRIDOBALSELLS M, PARIS JF, et al. Numerical Simulations of Physical and Engineering Processes [M] // A Unifying Statistical Model for Atmospheric Optical Scintillation. InTech, 2011: 181-206.

[13] ANDREWS L C, PHILLIPS R L . Laser Beam Propagation through Random Media [M]. 2nd Ed. Bellingham, WA, USA: SPIE Press, 2005.

[14] WANG H X, LIU M, HU H, et al. A new probability distribution model of turbulent irradiance based on Born perturbation theory [J]. Science in China Series G (Physics, Mechanics and Astronomy), 2010, 53 (10): 1811-1818.

[15] JURADO-NAVAS A, GARRIDO-BALSELLS J M, PARIS J F, et al. Further insights on Málaga distribution for atmospheric optical communications [C]. 2012 International Workshop on Optical Wireless Communications (IWOW) . IEEE, Pisa, Italy, 2012: 1-3.

[16] INGEMAR N. Inequalities for modified Bessel functions [J]. Mathematics of Computation, 1974, 28 (125): 253-256.

[17] STROHBEHN J W. Modern theories in the propagation of optical waves in a turbulent medium [J]. Topics in Applied Physics, 1978, 25: 45-106.

[18] ALHABASH A, ANDREWS L C, PHILLIPS R L . Mathematical model for the irradiance probability density function of a laser beam propagating through turbulent media [J]. Optical Engineering, 2001, 40 (8): 1554-1562.

[19] 王晨昊. 无线光副载波调制相位噪声特性及补偿技术研究 [D]. 西安: 西安理工大学, 2019.

[20] CHATZIDIAMANTIS N D, SANDALIDIS H G, KARAGIANNIDIS G K, et al. New results on turbulence modeling for free-space optical systems [C]. 17th International Conference on Telecommunications, Doha, Qatar, 2010: 487-492.

[21] NADARAJAH S, GUPTA A K. On the moments of the exponentiated Weibull distribution

[J]. Communications in Statistics, 2005, 34 (2): 253-256.

[22] ZHU X, KAHN J M. Free-space optical communication through atmospheric turbulence channels [J]. IEEE Trans Commun, 2002, 50 (8): 1293-1300.

[23] CHEN DAN, KEXIZHENG. Outage Probability and Average Capacity Research on Wireless Optical Communication over Turbulence Channel [C]. IEEE 2011 10th International Conference on Electronic Measurement & Instruments, Chengdu, 2011, pp. 19-23.

[24] ADAMCHIK V S, MARICHEV O I. The algorithm for calculating integrals of hypergeometric type function and its realization in reduce system [C]. In Proceedings of the international symposium on Symbolic and algebraic computation (ISSAC ' 90). Association for Computing Machinery, New York, NY, USA, 212-224.

[25] GREGORY J, POTTIE. Trellis Codes for the Optical Direct-Detection Channel [J]. IEEE Transactions on Communications, 1991, 39 (8): 1182-1183.

[26] FARID A A, HRANILOVIC S. Outage capacity optimization for free-space optical links with pointing errors [J]. Journal of Lightwave technology, 2007, 25 (7): 1702-1710.

[27] WANG P, WANG R, GUO L, et al. On the performances of relay-aided FSO system over *N* distribution with pointing errors in presence of various weather conditions [J]. Optics Communications, 2016, 367: 59-67.

[28] ANSARI I S, ALOUINI M, CHENG J. Ergodic Capacity Analysis of Free-Space Optical Links With Nonzero Boresight Pointing Errors [J]. IEEE Transactions on Wireless Communications, 2015, 14 (8): 4248-4264.

[29] ALHEADARY WAEL G, PARK KI-HONG. Mohamad-Slim Alouini. Performance analysis of multihop heterodyne free-space optical communication over general Malaga turbulence channels with pointing error [J]. Optik, 2017, 151: 34-47.

[30] Wolfram Research. The mathematical functions site [EB/OL]. [2020-06-01] https://functions. wolfram. com/HypergeometricFunctions/MeijerG/.

[31] CHEN D, HUANG G Q, LIU G H, et al. Performance of adaptive subcarrier modulated MIMO wireless optical communications in Malaga turbulence [J]. Optics Communications, 2019, 435: 265-270.

[32] CHEN D, LIU Y, WANG M J. Channel capacity and outage probability analysis for free space optical communication over composite channel [J]. Optical Review, 2021, 28 (4): 368-375.

# 第4章　无线激光通信调制技术

## 4.1　引言

目前，适用于无线激光通信系统的调制技术主要有两类：一类是强度调制/直接检测（Intensity Modulation with Direct Detection，IM/DD）技术，另一类就是相干调制/外差检测技术。其中，直接检测系统具有结构简单、体积小、重量轻、成本低及易实现等优点，但是其频带利用率和接收灵敏度较低。而光外差检测系统与直接检测系统相比，虽然具有较高的接收灵敏度，但工程实现复杂，不易保证光信号在大气信道传播后的相干性，因此，现有的无线激光通信系统较多设计为强度调制/直接检测系统。

适用于强度调制/直接检测大气无线激光通信系统的调制方式主要有三种：开关键控调制（On-Off Keying，OOK）、脉冲调制（Pulse Modulation，PM）和副载波强度调制（Subcarrier Intensity Modulation，SIM），无线激光通信强度调制技术的分类如图4.1所示[1]。

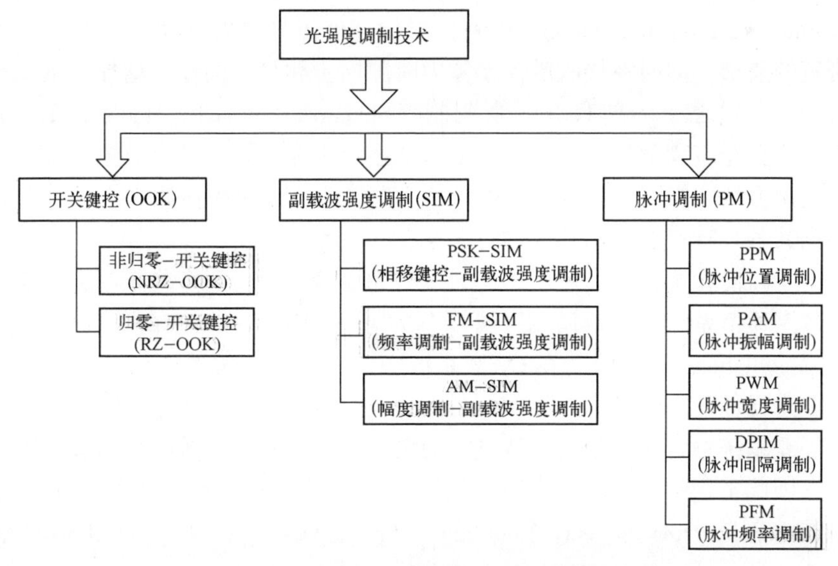


图4.1　无线激光通信强度调制技术的分类

## 4.2 调制技术的选择

在无线激光通信系统中，光信号调制方式的选择一般应遵循如下准则：

（1）发射的平均光功率：受人眼安全准则的限制和尽可能降低功率损耗的要求，大气激光通信系统中对发射端的激光功率提出了非常严格的要求。因此，在以给定的数据率获得要求的误时隙率的前提条件下，根据所需求的平均光功率的大小，可以直观地判断调制技术的优劣，需要的平均光功率越小，这种调制技术就越有效。

（2）带宽利用率：应用在大气激光通信中的接收机，一般都是大面积的光电探测器，这就限制了接收机的带宽。由于大气沿传输路径使光波产生多径散射，这对接收机的带宽效率又提出了更高的要求，因此，我们需要寻求的调制技术，要求有较高的带宽效率。

（3）抗多径散射效应：严重的多径散射会引起码间串扰，符号速率越高，码间串扰越严重。严格地说，任何的激光脉冲调制技术都会产生码间串扰，但是，我们可以通过均衡、格型编码、最优检测等方法来消除码间串扰。

目前，无线激光通信系统中采用的主要调制方式之一是开关键控（On-Off Keying，OOK），该调制方式成本低、实现简单，但功率效率较低，而且其固定信号检测阈值受大气闪烁影响较大，调制性能要达到最佳就需要其检测阈值随大气光强闪烁和信道噪声的变化而自适应地改变。方式之二的脉冲位置调制（Pulse Position Modulation，PPM）虽然降低了平均发射功率，但增加了系统带宽的要求，同时在接收端需要考虑时隙同步和符号同步，增加了系统实现的难度。方式之三的副载波强度调制（Subcarrier Intensity Modulation，SIM）则不需要自适应阈值检测，也不需要增加系统带宽，是一种有效地克服大气湍流的调制方法[2-3]，但是 SIM 方式功率效率较低。因此最佳调制方式的选择需要依据其各自特点及应用背景进行。

由于目前光源技术发展水平，无线激光通信系统一般多是采用直接光强调制的数字通信系统。光强调制又可以分为脉冲调制和连续波调制（Continuous Wave Modulation，CWM）。在 CWM 系统中，光源连续发射而信息是通过调制的载波进行传输。CWM 方式通常包括直接检测时对光源进行的副载波调制以及在外差系统中直接对激光载波进行的调制。由于外差系统在具体实现中存在困难，因此工程中可以考虑应用副载波强度调制。副载波强度调制无线光通信系统（Subcarrier Intensity Modulation-Free Space Optical，SIM-FSO）框图如图 4.2 所示[1]。

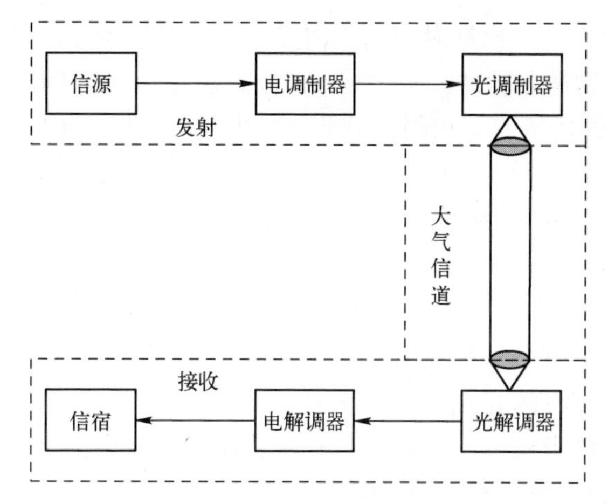


图 4.2　副载波调制无线光通信系统（SIM-FSO）框图

无线光通信副载波强度调制技术借鉴于目前成功应用在数码电视、局域网（Local Area Network，LAN）、非对称数字用户线（Asymmetric Digital Subscriber Line，ADSL）、4G 通信系统以及光纤通信网络中的多载波射频（Radio Frequency，RF）技术[4-5]。以光纤通信网络为例，副载波调制技术已广泛应用于有线电视信号传输，并配合波分复用[6]技术。无线光通信系统要无缝链接到现有和未来的通信网络，副载波调制（或多载波）信号的研究是势在必行，研究副载波调制无线光通信系统还因为：

（1）副载波调制技术得益于已经成熟发展的射频通信器件和技术，如高稳定晶体振荡器和窄带滤波器等[7]。

（2）副载波调制技术和 OOK 调制技术相比，不需要自适应最佳阈值判断。

（3）副载波调制技术可以通过将不同用户数据分配到不同的载波以增加系统通信容量。

（4）副载波调制技术与 PPM 调制技术相比，需要小的带宽需求。

## 4.3　开关键控 OOK 调制

为了更深入地讨论副载波强度调制技术的原理及其特性，下面采用常见的数字调制 OOK 为例与其进行对比分析。

开关键控 OOK 调制方式具有非归零（Not Return Zero，NRZ）码与归零（Return Zero，RZ）码两种编码格式。其中，NRZ 码是在“0”比特时间间隔内不发送光脉冲；“1”比特时间间隔内发送光脉冲；而RZ码则是在“0”比特时间间隔内不发送光脉冲，在“1”比特的前半个时间间隔内发送光脉冲。NRZ码与RZ码的比特速率相同，但是RZ码的激光器调制速率高，且较NRZ码节省一半的功率。

对于光强度调制/直接检测（IM/DD）通信系统，接收机接收到的光强$P(t)$可以表示为

$$P(t)=A(t)P_s(t)+n(t) \tag{4.1}$$

式中：$A(t)$是一个由大气湍流引起的平稳随机过程[8-9]；$P_s(t)$是没有大气湍流情况下接收机接收的光强；$n(t)$为加性高斯白噪声。其中，弱湍流情况下$A(t)$概率密度函数服从一个对数正态分布，而中、强湍流下$A(t)$概率密度函数一般考虑服从Gamma-Gamma分布。

**1. Log-normal湍流信道下的OOK差错率**

发射机所发射的基带电信号为

$$x(t)=\sum_{i=-\infty}^{\infty}a_i g(t-iT_s) \tag{4.2}$$

式中：$a_i$表示第$n$个信息符号所对应的电平值，$a_i\in\{-1,1\}$；$T_s$为码元的间隔。组成基带信号的单个码元波形为矩形$g(t)$：

$$g(t-iT_s)=\begin{cases} g_1(t-iT_s), & \text{出现符号“0”时} \\ g_2(t-iT_s), & \text{出现符号“1”时} \end{cases} \tag{4.3}$$

在OOK光强调制系统中，光发射机发出的光强为

$$s(t)=1+\sum_{i=-\infty}^{\infty}a_i g(t-iT_s) \tag{4.4}$$

则接收机接收到的光强为

$$P(t)=\frac{P_{max}}{2}A(t)+\sum_{i=-\infty}^{\infty}\frac{P_{max}}{2}A(t)a_i g(t-iT_s) \tag{4.5}$$

式中：$P_{max}$为无湍流情况下接收机所接收到的最大光强。经过光电探测器后，输出的电信号为

$$I(t)=RA(t)+\sum_{i=-\infty}^{\infty}A(t)a_i g(t-iT_s)+n(t) \tag{4.6}$$

式中：$R$为光电探测器转换常数；$n(t)$为加性高斯白噪声[10]，且$n(t)\sim N(0,\sigma_g^2)$。假设光电转换中无能量损耗，则上式可简化为

$$I(t)=A(t)+\sum_{i=-\infty}^{\infty}A(t)a_i g(t-iT_s)+n(t) \tag{4.7}$$

假设大气信道为高斯信道，$A(t)=1$，则此时OOK调制误码率$P_e$为

$$
\begin{aligned}
P_e &= P(0)\int_T^{\infty} p(r/0)\,\mathrm{d}i + P(1)\int_0^T p(r/1)\,\mathrm{d}i \\
&= P(0)P_{e1} + P(1)P_{e2}
\end{aligned}
\tag{4.8}
$$

式中：$T$ 为 OOK 判决电路门限值；$P(0)$ 为发送“0”码的概率；$P(1)$ 为发送“1”码的概率，$P(1)=1-P(0)$；$P_{e1}$ 为将“0”错判为“1”的概率；$P_{e2}$ 为将“1”错判为“0”的概率。接收“0”码的概率密度函数 $p(r/0)$ 和接收“1”码的概率密度函数 $p(r/1)$ 为

$$
p(r/0)=\frac{1}{\sqrt{2\pi\sigma_g^2}}\exp(-r^2/2\sigma_g^2) \tag{4.9}
$$

$$
p(r/1)=\frac{1}{\sqrt{2\pi\sigma_g^2}}\exp\left(\frac{-(r-A)^2}{2\sigma_g^2}\right) \tag{4.10}
$$

若发送“0”码和“1”码的概率相等，则 $P(0)=P(1)=0.5$，在最佳门限电平 $T=0.5$ 时，OOK 系统误码率为

$$
P_e=Q\left(\sqrt{\frac{E_b}{\sigma_g^2}}\right) \tag{4.11}
$$

式中：$E_b=a_i^2=1$；$Q(x)=0.5\mathrm{erfc}(x/\sqrt{2})$。

当考虑信道中大气弱湍流影响时，$A(t)$ 服从对数正态分布：

$$
p(A)=\frac{1}{\sqrt{2\pi}\sigma_l A}\mathrm{e}^{-\frac{(\ln A+\sigma_l^2/2)^2}{2\sigma_l^2}} \tag{4.12}
$$

OOK 系统的最佳阈值检测门限不再是某一固定值，而是在“0”和“1”之间取值。此时，接收“1”码的概率密度函数 $p(r/1)$ 为

$$
p(r/1)=\int_0^{\infty} p(r/1)p(A)\,\mathrm{d}A \tag{4.13}
$$

将式（4.1）代入式（4.13）可得

$$
p(r/1)=\frac{\mathrm{e}^{-\frac{\sigma_l^2}{2}}}{2\pi\sigma_l\sigma_g}\int_0^{\infty}\frac{1}{A^2}\mathrm{e}^{-\left[\frac{\ln^2 A}{2\sigma_l^2}+\frac{(r-2A)^2}{2\sigma_g^2}\right]}\,\mathrm{d}A \tag{4.14}
$$

因此，在弱湍流信道下 OOK 系统的误码率为

$$
P_e=P(0)p(r>T/0)+P(1)p(r<T/1),\quad T>0 \tag{4.15}
$$

将式（4.9）和式（4.13）代入式（4.15），可得

$$
P_e=P(0)Q(T/\sigma_g)+\frac{\mathrm{e}^{-\frac{\sigma_l^2}{2}}(1-P(0))}{\sqrt{2\pi}\sigma_l}\int_0^{\infty}\frac{1}{A^2}\mathrm{e}^{-\frac{\ln^2 A}{2\sigma_l^2}}Q\left(\frac{2A-T}{\sigma_g}\right)\mathrm{d}A \tag{4.16}
$$

式中：高斯 $Q$ 函数表示为 $Q(x)=\int_x^{\infty}\frac{1}{\sqrt{2\pi}}\mathrm{e}^{-\frac{t^2}{2}}\mathrm{d}t$。

光通信系统采用固定门限 OOK 强度调制不能克服大气湍流，这可以从频域得到解释。由式（4.7）可以得到接收电信号的功率谱密度函数为

$$R(f)=A(f)+A(f)*Z(f)+N(f) \tag{4.17}$$

式中：$A(f)$为湍流$A(t)$的功率谱密度函数；$Z(f)$为传输信号$Z(t)$的功率谱密度函数；符号$*$为卷积；$N(f)$为噪声功率谱密度函数。式（4.7）中，$A(t)$是独立于传输基带信号$Z(t)$的基带随机过程，$A(f)*Z(f)$和$A(f)$都在基带，接收机很难分辨这两个随机过程，在式（4.7）或式（4.17）中第一部分会对解调产生干扰，因此闪烁过程$A(t)$严重影响解调性能。

当信噪比 SNR 即$\nu$值很大且趋于无穷大时，系统误码率主要受信道衰落的影响，则

$$\lim_{\nu\to\infty}p(r/1)=\lim_{\sigma_g\to 0}\int_{-\infty}^{t_{th}}f_s(x)*f_g(x)\,dx \tag{4.18}$$

$$\lim_{\nu\to\infty}p(r/0)=\lim_{\sigma_g\to 0}\int_{t_{th}}^{\infty}f_g(x)\,dx \tag{4.19}$$

式中：$f_s(x)$是衰落信道概率密度函数；$f_g(x)$是高斯信道概率密度函数；$*$表示卷积。因为

$$\lim_{\sigma_g\to 0}\frac{1}{\sqrt{2\pi\sigma_g^2}}\exp(-x^2/2\sigma_g^2)=\delta(x) \tag{4.20}$$

当$x\neq 0$时，$\delta(x)=0$，$\int_{-\infty}^{\infty}\delta(x)\,dx=1$，将式（4.20）分别代入式（4.18）与式（4.19），可得

$$\lim_{\nu\to\infty}p(r/1)=\int_{-\infty}^{t_{th}}f_s(x)*\delta(x)\,dx=\int_{0}^{t_{th}}f_s(x)\,dx \tag{4.21}$$

$$\lim_{\nu\to\infty}p(r/0)=\int_{t_{th}}^{\infty}\delta(x)\,dx=0 \tag{4.22}$$

假设信道没有高斯白噪声，则无线光通信系统在一定的光强对数振幅方差下，所能达到的理想误码率为

$$\lim_{\nu\to\infty}P_e(T)=[1-P(0)]Q\left(\frac{\ln 2-\ln T}{\sigma_l}-\sigma_l\right) \tag{4.23}$$

上式表明，当高斯白噪声趋于 0 时，OOK 调制的固定阈值直接检测系统误码率不可能无限小，而是达到由$\sigma_l$和$T$所决定的某一下限。因此，BER 极限是闪烁水平$\sigma_l$和门限$T$的方程，低的门限可能导致在 SNR 低时 BER 性能很低，在 SNR 高的时候性能好。

假设阈值检测门限[3] $T=E[A]=e^{-\sigma_l^2/2}$，则在不同对数光强起伏方差$\sigma_l^2$下，OOK 系统的误码率理论下限见表 4.1 所列。

表 4.1　不同 $\sigma_l$ 下 OOK 系统的理论误码率下限

| $\sigma_l$ | 0.1 | 0.15 | 0.2 | 0.3 |
|---|---|---|---|---|
| 下限（Bound） | $1.4809\times10^{-12}$ | $1.3670\times10^{-6}$ | $1.9085\times10^{-4}$ | $7.6837\times10^{-3}$ |

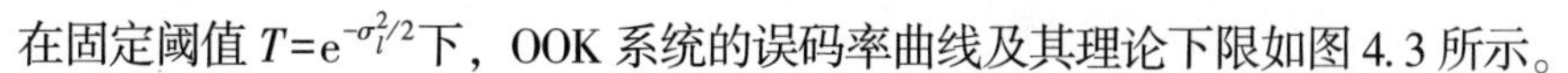
在固定阈值 $T=\mathrm{e}^{-\sigma_l^2/2}$下，OOK 系统的误码率曲线及其理论下限如图 4.3 所示。

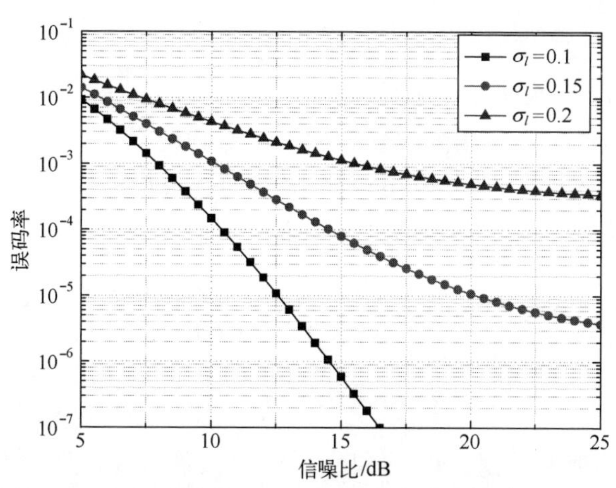


图 4.3　固定检测阈值下 OOK 系统误码率（Log-normal）

由图 4.3 可以看出，在对数正态分布信道，即弱湍流情况下，固定阈值取 $T=\mathrm{e}^{-\sigma_l^2/2}$时，随着光强闪烁增大，系统误码率增大；当对数光强方差较大取 $\sigma_l=0.2$时，随着信噪比增大，大约 SNR = 20dB，系统误码率不再减小，而是趋于某一极值 $1.91\times10^{-4}$，因此，采用 OOK 固定门限直接解调的系统通过大气湍流信道，即使 SNR 非常高，BER 也不能无限小。

假设系统等概率发送“0”码和“1”码，采用逐符号最大似然检测法，则似然函数 $\Lambda(r)$为

$$\Lambda(r)=\frac{p(r/1)}{p(r/0)} \tag{4.24}$$

式中：$p(r/1)$为接收“1”码的概率密度函数；$p(r/0)$为接收“0”码的概率密度函数。将式（4.9）和式（4.13）代入式（4.24）中，当 $\Lambda(r)=1$ 时，可以估计出最佳检测阈值。

**2. Gamma-Gamma 湍流信道下的 OOK 差错率**

当信道湍流强度增强时，接收光强起伏不再服从对数正态分布，而是服从 Gamma-Gamma 分布：

$$p(A)=\frac{2(\alpha\beta)^{\frac{(\alpha+\beta)}{2}}}{\Gamma(\alpha)\Gamma(\beta)}A^{\frac{(\alpha+\beta)}{2}-1}K_{\alpha-\beta}\left[2\sqrt{\alpha\beta A}\right],\quad A>0 \tag{4.25}$$

此时，接收“0”码和“1”码的概率密度函数分别为

$$p(r/0)=\frac{1}{\sqrt{2\pi}\sigma_g}\exp\left(-\frac{r^2}{2\sigma_g^2}\right) \tag{4.26}$$

$$\begin{aligned}p(r/1) &= \int_0^{\infty} p(r/1)p(A)\,\mathrm{d}A \\ &= \frac{1}{\sqrt{2\pi}\sigma_g}\frac{2(\alpha\beta)^{\frac{(\alpha+\beta)}{2}}}{\Gamma(\alpha)\Gamma(\beta)}\int_0^{\infty} A^{\frac{\alpha+\beta}{2}-1}K_{\alpha-\beta}(2\sqrt{\alpha\beta A})\exp\left[-\frac{(r-2A)^2}{2\sigma_g^2}\right]\end{aligned} \tag{4.27}$$

因此，在 Gamma-Gamma 湍流信道下 OOK 系统误码率为

$$P_e=P(0)p(r>T/0)+[1-P(0)]p(r<T/1) \quad T>0 \tag{4.28}$$

将式（4.26）和式（4.27）代入式（4.28），得

$$\begin{aligned}P_e = \frac{1}{2}P(0)Q(T/\sigma_g) + \frac{2[1-P(0)](\alpha\beta)^{\frac{(\alpha+\beta)}{2}}}{\Gamma(\alpha)\Gamma(\beta)}\int_0^{\infty} A^{\frac{(\alpha+\beta)}{2}-1}K_{\alpha-\beta} \\ (2\sqrt{\alpha\beta A})Q\left(\frac{2A-T}{\sigma_g}\right)\mathrm{d}A\end{aligned} \tag{4.29}$$

假设系统等概率发送“0”码和“1”码，采用逐符号最大似然检测法，则 Gamma-Gamma 湍流信道下似然函数 $\Lambda(r)$ 为[11]

$$\Lambda(r)=\frac{p(r/1)}{p(r/0)}=\frac{2(\alpha\beta)^{\frac{(\alpha+\beta)}{2}}}{\Gamma(\alpha)\Gamma(\beta)}\int_0^{\infty} A^{\frac{(\alpha+\beta)}{2}-1}K_{\alpha-\beta}(2\sqrt{\alpha\beta A})\exp\left[-\frac{4A(A-r)}{2\sigma_g^2}\right]\mathrm{d}A \tag{4.30}$$

由式（4.29）可得到当阈值取固定值 $T=0.5$ 时，OOK 调制误码率曲线如图 4.4 所示。

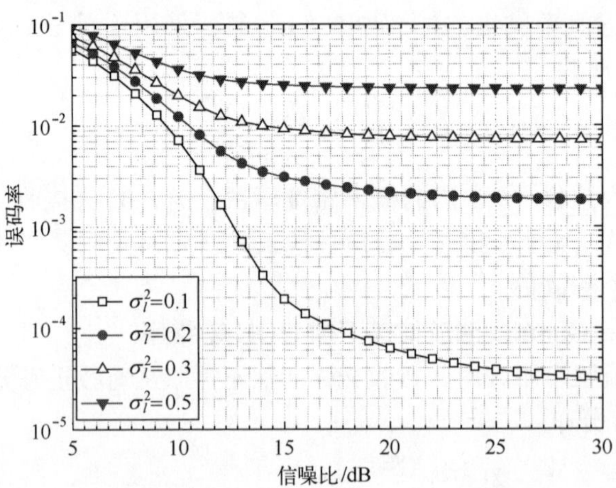


图 4.4 固定检测阈值下 OOK 系统误码率（Gamma-Gamma）

由图 4.4 可以看出，在 Gamma-Gamma 分布信道，随着光强闪烁增大，系统误码率也增大，且无论是湍流强度如何改变，信噪比增加到一定程度时，误码率均趋于某一极限，约 15dB 时误码率就不再下降。不同光强起伏 $\sigma_l^2$ 条件下，误码率极限明显大于对数正态分布信道的 OOK 误码率理论极限。

## 4.4　副载波强度调制

在无线激光通信系统中，副载波调制是一种光强连续波调制方式。这种调制方式先将二进制比特信息调制到某一高频载波上，再利用这个已调副载波对光载波进行强度调制，使光载波光强随着调制信号的变化而变化，其系统原理框图如图 4.5 所示[1]。

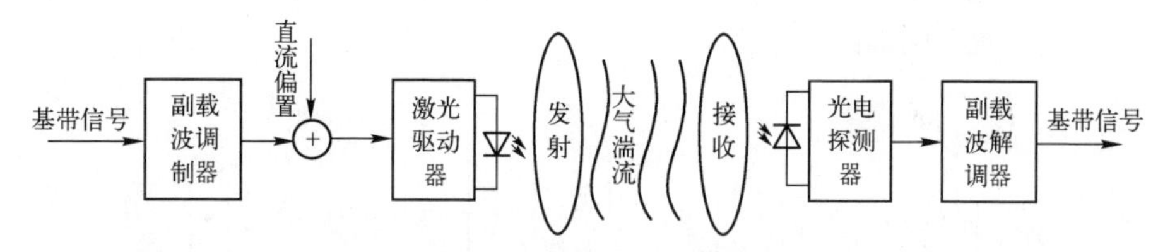


图 4.5　单路副载波调制无线激光通信系统

当接收机采用直接检测时，光强度信号经光电转换为电流信号 $I(t)$：

$$I(t)=RA(t)[1+\xi m(t)]+n(t) \tag{4.31}$$

式中：$R$ 为光电转换常数；光调制指数 $\xi=|m(t)/(i_B-i_{th})|$。

副载波激光模拟调制特性曲线如图 4.6 所示。

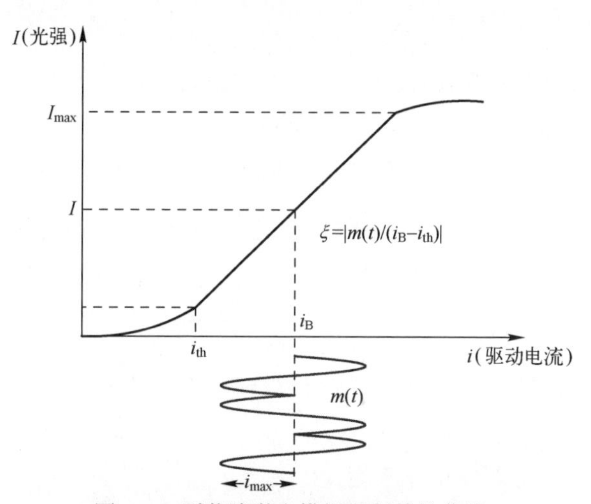


图 4.6　副载波激光模拟调制特性曲线

### 4.4.1 二进制相移键控副载波调制

由上节对 OOK 调制讨论可知，湍流 $A(t)$ 和传输信号 $Z(t)$ 是独立的基带随机过程，$A(f)*Z(f)$ 和 $A(f)$ 都在基带，接收机很难分辨这两个随机过程，因此，$A(t)$ 会对解调产生干扰，因此闪烁过程 $A(t)$ 严重影响解调性能。实际中，强度调制技术因为简单、成本低而被工程所采用。为了有效抑制 $A(t)$ 的影响，在频域可以通过移动式（4.17）中 $A(f)*Z(f)$ 的频域成分，使其远离 $A(f)$，副载波调制技术可以完成该功能。在电调制器，数据序列采用 PSK 调制，PSK 信号上变频到中频 $f_c$。由于闪烁信号 $A(t)$ 的带宽只有几千赫兹，可以选择足够高的 $f_c$ 来确保式（4.17）中第一和第二部分在频域不重叠。

基于二进制相移键控（Binary Phase Shift Keying，BPSK）副载波调制的无线光通信系统框图如图 4.7 所示。

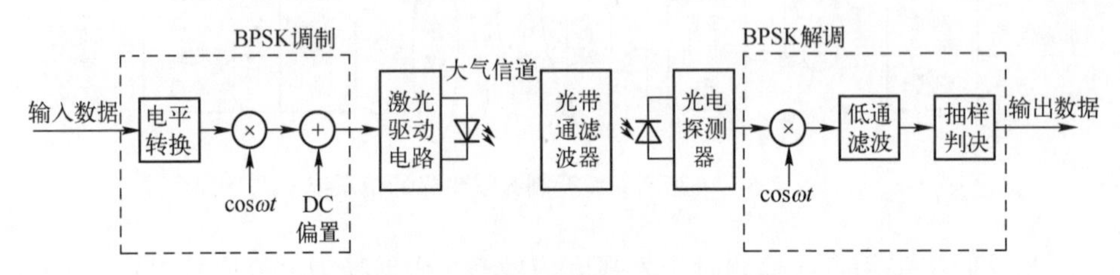


图 4.7 BPSK 副载波调制无线光通信系统

对于光强度调制/直接检测（IM/DD）通信系统，接收机接收到的光强 $P(t)$ 可以表示为

$$P(t)=A(t)P_s(t)+n(t) \tag{4.32}$$

对于副载波 BPSK 调制系统，光发射机发出的光强为

$$s(t)=1+\xi[s_i(t)\cos\omega_c t-s_q(t)\sin\omega_c t] \tag{4.33}$$

式中：$s_i(t)=\sum_j g(t-jT_s)\cos\Phi_j$ 为同相信号，$\Phi_j$ 为第 $j$ 位相位；$s_q(t)=\sum_j g(t-jT_s)\sin\Phi_j$ 为正交信号；$\xi$ 为调制指数；且 $0<m\leqslant 1$；$g(t)$ 为门脉冲，$T_s$ 为符号时间。

接收机接收到的光强为

$$P(t)=\frac{P_{\max}}{2}A(t)\{1+\xi[s_i(t)\cos\omega_c t-s_q(t)\sin\omega_c t]\} \tag{4.34}$$

经过光电探测器后，输出的电信号为

$$I(t)=\frac{P_{\max}R}{2}A(t)\{1+\xi[s_{\mathrm{i}}(t)\cos\omega_{\mathrm{c}}t-s_{\mathrm{q}}(t)\sin\omega_{\mathrm{c}}t]\}+n_{\mathrm{i}}(t)\cos\omega_{\mathrm{c}}t-n_{\mathrm{q}}(t)\sin\omega_{\mathrm{c}}t \tag{4.35}$$

式中：$R$ 为光电转换常数；$n_{\mathrm{i}}(t)$ 与 $n_{\mathrm{q}}(t)$ 是方差为 $\sigma_{\mathrm{g}}^2$ 的高斯白噪声。

在副载波调制系统中，我们要求和上节讨论的 OOK 系统传输相同的光功率，则接收机接收信号的功率谱密度为

$$I(f)=A(f)+\frac{B(f-f_{\mathrm{c}})+B(f+f_{\mathrm{c}})}{2}+\frac{N(f-f_{\mathrm{c}})+N(f+f_{\mathrm{c}})}{2} \tag{4.36}$$

式中：$B(f)=A(f)*Z(f)$；信道慢衰落依赖于直流分量 $A(f)$；若载频 $f_{\mathrm{c}}$ 足够高，假定 $f_{\mathrm{c}}>B_{\mathrm{A}}+B_{\mathrm{B}}$，$f_{\mathrm{c}}$ 是中频（Intermediate Frequency，IF）；$B_{\mathrm{A}}$ 为 $A(f)$ 单边带带宽；$B_{\mathrm{B}}$ 为 $B(f)$ 单边带带宽。

式（4.35）中的第一项可以通过接收机带通滤波器滤除，将滤波后的信号通过相干解调恢复载波相位，再经过低通滤波器滤除高频分量后，得到输出信号的同相信号为

$$r_{\mathrm{i}}(t)=\frac{P_{\max}R}{2}\xi A(t)s_{\mathrm{i}}(t)+n_{\mathrm{i}}(t) \tag{4.37}$$

和正交信号

$$r_{\mathrm{q}}(t)=\frac{P_{\max}R}{2}\xi A(t)s_{\mathrm{q}}(t)+n_{\mathrm{q}}(t) \tag{4.38}$$

当所采用副载波调制方式为二进制相移键控，不考虑大气衰落效应，信道为高斯分布时，系统误码率可表示为

$$P_{\mathrm{e}}=Q(\sqrt{2\mathrm{SNR}}) \tag{4.39}$$

式中：$\mathrm{SNR}=\dfrac{(P_{\max}/2)^2(R)^2\xi^2}{2\sigma_{\mathrm{g}}^2}$。

考虑大气衰落效应，其解调信号为

$$r(t)=\frac{P_{\max}R}{2}\cdot\frac{\xi A(t)s(t)+n(t)}{2} \tag{4.40}$$

设等概率发送“0”码和“1”码，即 $p(1)=p(0)=0.5$，则 BPSK 无线光通信系统误码率为

$$P_{\mathrm{e}}=p(1)p(r\mid 1)+p(0)p(r\mid 0) \tag{4.41}$$

（1）在弱湍流情况下，光强起伏 $A(t)$ 服从对数正态 Log-normal 分布，对于 BPSK 副载波调制，接收信号的条件概率密度函数 $p(r\mid x)$ 为

$$p(r \mid x)=\begin{cases}\dfrac{\exp(-\sigma_l^2/2)}{2\pi\sigma_l\sigma_g}\displaystyle\int_0^{\infty}\frac{1}{t^2}\exp\left\{-\left[\frac{\ln^2 x}{2\sigma_l^2}+\frac{(\xi r-t)^2}{2\sigma_g^2}\right]\right\}\mathrm{d}t, & x=1\\ \dfrac{\exp(-\sigma_l^2/2)}{2\pi\sigma_l\sigma_g}\displaystyle\int_{-\infty}^{0}\frac{1}{t^2}\exp\left\{-\left[\frac{\ln^2 x}{2\sigma_l^2}+\frac{(\xi r+t)^2}{2\sigma_g^2}\right]\right\}\mathrm{d}t, & x=0\end{cases}$$

（4.42）

对于 BPSK 调制，判决门限值为 0，将式（4.42）代入式（4.41）可得

$$P_e=\frac{\exp(-\sigma_l^2/2)}{\sqrt{2\pi}\sigma_l}\int_0^{\infty}\frac{1}{x^2}\exp\left(-\frac{\ln^2 x}{2\sigma_l^2}\right)Q\left(\frac{x}{\sigma_g}\right)\mathrm{d}x \tag{4.43}$$

（2）当光强起伏 $A(t)$ 服从 Gamma-Gamma 分布，对于 BPSK 副载波调制，接收信号的条件概率密度函数 $p(r \mid x)$ 为[12]

$$p(r \mid x)=\begin{cases}\dfrac{2}{\sqrt{2\pi}\sigma_g\Gamma(\alpha)\Gamma(\beta)}\left(\dfrac{\alpha\beta}{\xi}\right)\displaystyle\int_0^{\infty}t^{\frac{\alpha+\beta}{2}}K_{\alpha-\beta}\left(2\sqrt{\frac{\alpha\beta t}{\xi}}\right)\exp\left\{-\left[\frac{(r-t)^2}{2\sigma_g^2}\right]\right\}\mathrm{d}t, x=1\\ \dfrac{2}{\sqrt{2\pi}\sigma_g\Gamma(\alpha)\Gamma(\beta)}\left(\dfrac{\alpha\beta}{\xi}\right)\displaystyle\int_0^{\infty}t^{\frac{\alpha+\beta}{2}}K_{\alpha-\beta}\left(2\sqrt{\frac{\alpha\beta t}{\xi}}\right)\exp\left\{-\left[\frac{(r+t)^2}{2\sigma_g^2}\right]\right\}\mathrm{d}t, x=0\end{cases}$$

（4.44）

将式（4.44）代入式（4.41）可得

$$P_e=\frac{(\alpha\beta)^{\frac{\alpha+\beta}{2}}}{\Gamma(\alpha)\Gamma(\beta)}\int_0^{\infty}x^{\frac{\alpha+\beta}{2}-1}K_{\alpha-\beta}(2\sqrt{\alpha\beta x})\operatorname{erfc}\left(\frac{\xi x}{\sqrt{2}\sigma_g}\right)\mathrm{d}x \tag{4.45}$$

## 4.4.2 频移键控副载波调制

由于采用多元载波频移键控（Frequency-Shift Keying，FSK）强度调制光通信系统比较复杂，这里主要讨论二元载波 FSK 强度调制光通信系统的性能。

二进制 FSK 的时域表达式为[13]

$$e_{2FSK}(t)=b(t)\cos(\omega_1 t+\varphi_1)+\overline{b(t)}\cos(\omega_2 t+\varphi_2) \tag{4.46}$$

式中：$b(t)$ 为基带信号，表达式为

$$b(t)=\sum_{n=-\infty}^{\infty}a_n g(t-nT_s) \quad a_n=\begin{cases}0, & 概率\ P\\ 1, & 概率\ 1-P\end{cases} \tag{4.47}$$

发射激光的强度为

$$s(t)=1+\sum_{n=-\infty}^{\infty}a_n g(t-nT_s)\cos(\omega_1 t+\varphi_1)+\sum_{n=-\infty}^{\infty}\overline{a_n}g(t-nT_s)\cos(\omega_2 t+\varphi_2)$$

（4.48）

为了简化上式，令 $\varphi_1=0$，$\varphi_2=0$，则

$$s(t) = 1 + \sum_{n=-\infty}^{\infty} a_n g(t - nT_s)\cos(\omega_1 t) + \sum_{n=-\infty}^{\infty} \overline{a_n} g(t - nT_s)\cos(\omega_2 t) \tag{4.49}$$

接收信号表示为

$$r(t) = A(t) + \sum_{n=-\infty}^{\infty} a_n g(t - nT_s)A(u,\ t)\cos(\omega_1 t) + \sum_{n=-\infty}^{\infty} \overline{a_n} g(t - nT_s)A(u,\ t)\cos(\omega_2 t) + n(t) \tag{4.50}$$

式（4.50）的第一部分可以通过一个带通滤波器滤掉，得到的接收信号为

$$r(t) = \sum_{n=-\infty}^{\infty} a_n g(t - nT_s)A(u,\ t)\cos(\omega_1 t) + \sum_{n=-\infty}^{\infty} \overline{a_n} g(t - nT_s)A(u,\ t)\cos(\omega_2 t) + n(t) \tag{4.51}$$

采用同步检测法，假定在$(0,T_s)$时间所发送的码元为“1”，则这时送入抽样判决器进行比较的两路信号的波形分别为

$$\begin{cases} x_1(t) = A(t) + n_1(t) \\ x_2(t) = n_2(t) \end{cases} \tag{4.52}$$

式中：$n_1(t)$、$n_2(t)$是方差为$\sigma_g^2$的正态随机变量；抽样值$x_1(t)=A(t)+n_1(t)$是均值为$A(t)$、方差为$\sigma_g^2$的正态随机变量；而抽样值$x_2(t)=n_2(t)$也是均值为0、方差为$\sigma_g^2$的正态随机变量。由于此时$x_1<x_2$将造成将“1”码错误判决“0”码，故这时的错误概率$P_{e1}$为（这里$A(t)$用$a$代替）

$$P_{e1} = p(x_1<x_2) = p[(a+n_1)<n_2] = p(a+n_1-n_2<0) \tag{4.53}$$

令$z=a+n_1+n_2$，则$z$也是正态随机变量，且均值为$a$，方差为$\sigma_z^2$，$\sigma_z^2=2\sigma_g^2$，因此$z$的概率密度函数$p(z)$为

$$p(z) = \frac{1}{\sqrt{2\pi}}\exp\left[-\frac{(z-a)^2}{2\sigma_z^2}\right] = \frac{1}{2\sqrt{\pi}\sigma_g}\exp\left[-\frac{(z-a)^2}{4\sigma_g^2}\right] \tag{4.54}$$

又由前面可知，$A(t)$的概率密度函数为

$$p(A) = \frac{1}{\sqrt{2\pi}\sigma_l A}\mathrm{e}^{-\frac{(\ln A+\sigma_l^2/2)^2}{2\sigma_l^2}} \tag{4.55}$$

由式（4.54）和式（4.55）可知，联合概率密度函数为

$$p(r \mid s_1) = \frac{\exp(-\sigma_l^2/2)}{4\pi\sigma_l\sigma_g}\int_0^{\infty}\frac{1}{x^2}\exp\left\{-\left[\frac{\ln^2 x}{2\sigma_l^2} + \frac{(r-x)^2}{4\sigma_g^2}\right]\right\}\mathrm{d}x \tag{4.56}$$

由于发送“0”被判为“1”和发送“1”被判为“0”的概率相等，因此两种情况下的误码率相同，令$P(0)=0.5$可以得到总的误码率为

$$p_e = \frac{1}{\sqrt{2\pi}\sigma_l}\exp\left(-\frac{\sigma_l^2}{2}\right)\int_0^{\infty}\frac{1}{x^2}\exp\left(-\frac{\ln^2 x}{2\sigma_l^2}\right)Q\left(\frac{x}{\sqrt{2}\sigma_g}\right)dx \tag{4.57}$$

### 4.4.3 MPSK 与 MQAM 副载波调制

对于 QPSK 副载波调制系统，不考虑大气衰落效应，当信道为高斯分布时，系统误码率可表示为[2]

$$P_e = Q(\sqrt{\mathrm{SNR}}) \tag{4.58}$$

式中：$\mathrm{SNR} = \frac{(P_{max}/2)^2 R^2 \xi^2}{2\sigma_g^2}$。

若考虑大气衰落效应，则其解调信号为

$$r_i(t) = \left[\frac{P_{max}R}{2}\xi A(t)s_i(t) + n_i(t)\right]/2 \tag{4.59}$$

$$r_q(t) = \left[\frac{P_{max}R}{2}\xi A(t)s_q(t) + n_q(t)\right]/2 \tag{4.60}$$

基于 Log-normal 信道的 QPSK 系统误码率为[15]

$$P_e = \frac{\exp(-\sigma_l^2/2)}{2\sqrt{\pi}\sigma_l}\int_0^{\infty}\frac{1}{x^2}\exp\left(-\frac{\ln^2 x}{2\sigma_l^2}\right)Q\left(\frac{x}{\sigma_g}\right)dx \tag{4.61}$$

对于 M-PSK 副载波调制，不考虑大气衰落效应，当信道为高斯分布时，系统误码率可表示为

$$P_e = \frac{2}{\log_2^M}Q(\sqrt{\log_2^M \mathrm{SNR}}\sin(\pi/M)),\quad M \geqslant 4 \tag{4.62}$$

基于 Log-normal 大气信道的 M-PSK 系统误码率为[14]

$$\begin{aligned} P_e = 1 - \int_{-\pi/M}^{\pi/M}\frac{1}{2\pi\sigma_l}\int_0^{\infty}\exp\left\{-\frac{r^2}{2\sigma_l^2} - \frac{(\ln r + \sigma_l^2)^2}{2\sigma_l^2}\right\} \\ \left\{\frac{1}{\sqrt{2\pi}} + \frac{r\cos\theta}{\sigma_g}\left[1 - Q\left(\frac{r\cos\theta}{\sigma_g}\right)\right] \times \exp\left[\frac{r^2\cos^2\theta}{2\sigma_g^2}\right]\right\} dr d\theta \end{aligned} \tag{4.63}$$

对于方形 M-QAM($M \geqslant 8$)副载波调制，不考虑大气衰落效应，采用相干解调的系统误码率为

$$\mathrm{BER} = k_1 f(\sqrt{k_2\gamma}) \tag{4.64}$$

式中：$k_1 = 2(1 - 1/\sqrt{M})$；$k_2 = 3/(M-1)$。

考虑弱湍流信道的影响，则 M-QAM($M \geqslant 8$)调制光通信系统的误码率为

$$\mathrm{BER} = \frac{k_1}{\sqrt{\pi}}\int_{-\infty}^{\infty} f[\sqrt{k_2\gamma/4}\exp(\sqrt{2}\sigma_l x - \sigma_l^2/2)]\exp(-x^2)dx \tag{4.65}$$

### 4.4.4　副载波调制差错率仿真与性能分析

根据式（4.16）和式（4.62），在对数光强起伏方差 $\sigma_l^2=0.01$、0.04、0.09时，分别对采用OOK调制和BPSK调制的FSO系统进行了误码率性能仿真，结果如图4.8所示。其中OOK检测为固定阈值检测，取阈值 $T=\mathrm{e}^{-\sigma_l^2/2}$。

由图4.8可以看出，随着光强起伏水平增强，在确定信噪比下，两种调制技术的系统误码率都有所升高。在 $\sigma_l^2=0.01$，SNR=10dB时，采用OOK调制系统误码率为 $1.5\times10^{-4}$，而BPSK副载波调制系统误码率达到 $1.9\times10^{-5}$。在 $\sigma_l^2=0.04$，SNR=10dB时，OOK调制误码率约为 $4\times10^{-3}$，而BPSK调制约达到 $2.1\times10^{-4}$。在 $\sigma_l^2=0.09$ 时，SNR=20dB，BPSK调制系统误码率达到 $9.9\times10^{-9}$，但对于OOK调制，BER=$1.2\times10^{-2}$，且随着信噪比的不断增大，系统误码率的减小速度很缓慢。因此，在大气湍流引起的闪烁比较严重时，采用OOK强度调制会严重影响系统的误码性能。从图4.8中可以得到，在相同的起伏方差 $\sigma_l^2$ 条件下，BPSK调制系统的误码率曲线都在采用OOK强度调制系统的误码率曲线下方，所以采用BPSK调制可以更有效地克服大气湍流引起的光强闪烁效应。

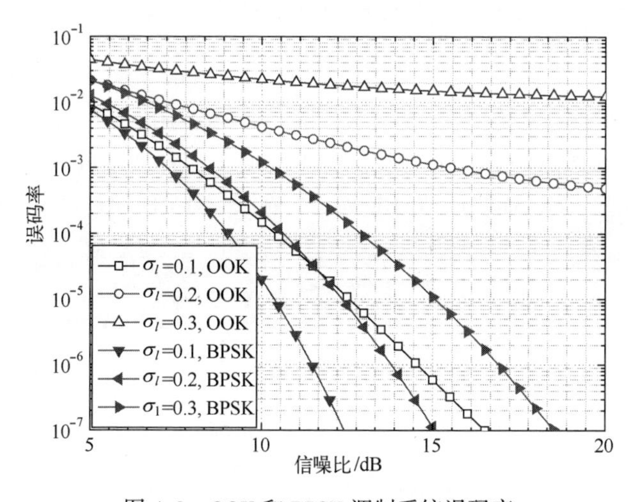


图4.8　OOK和BPSK调制系统误码率

图4.9给出了副载波BPSK与2FSK调制无线光通信系统通过大气湍流信道的误码率性能仿真。其中，光强起伏方差 $\sigma_l^2=0.01$、0.04、0.09。由图4.9可以看出，在 $\sigma_l^2=0.01$，SNR=10dB时，2FSK调制系统误码率为 $1.3\times10^{-3}$，而BPSK副载波调制系统误码率达到 $1.9\times10^{-5}$。在 $\sigma_l^2=0.04$，SNR=10dB时，

2FSK 调制系统误码率约为 $3.4\times10^{-3}$，而 BPSK 调制误码率达到 $2.1\times10^{-4}$。在 $\sigma_l^2=0.09$，SNR = 20dB 时，2FSK 调制系统误码率为 $8.9\times10^{-7}$，BPSK 调制误码率达到 $9.9\times10^{-9}$。仿真结果表明，系统采用 BPSK 强度调制比 2FSK 强度调制能更有效地克服大气湍流引起的光强闪烁效应。

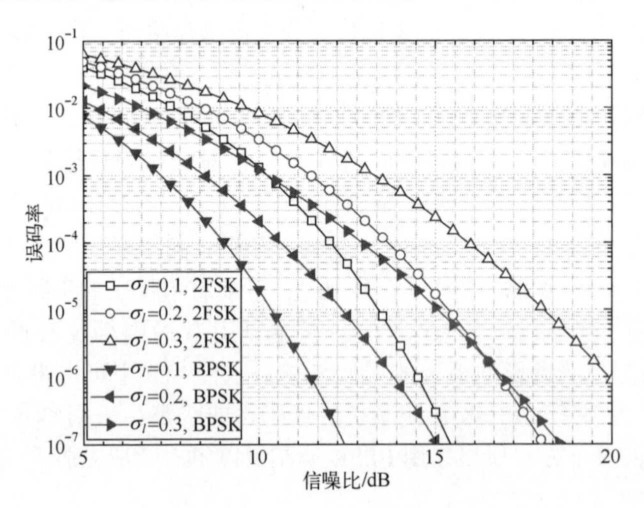


图 4.9　2FSK 和 BPSK 调制系统误码率

图 4.10 给出了基于不同数字副载波调制方式的无线光通信系统通过大气湍流信道的误码率性能仿真。图 4.10（a）和图 4.10（b）分别为不同光强起伏方差下误码率性能仿真，随着起伏方差的增大，各种副载波调制差错性能均劣化，其中光强起伏方差 $\sigma_l^2=0.01$、0.2。在 $\sigma_l^2=0.01$，BER = $10^{-3}$时，BPSK 相

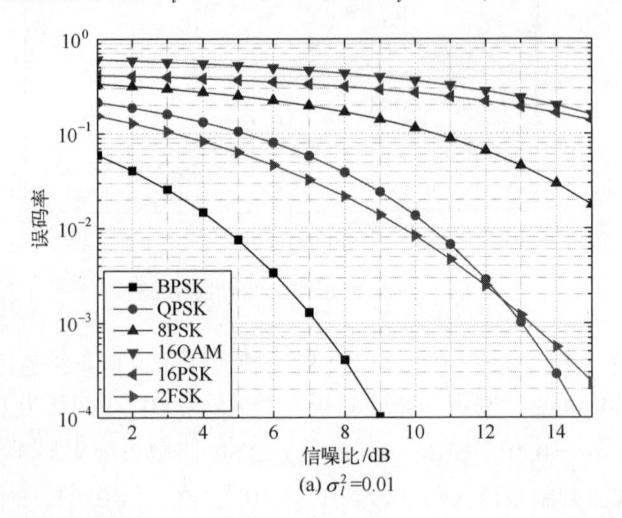


(a) $\sigma_l^2=0.01$

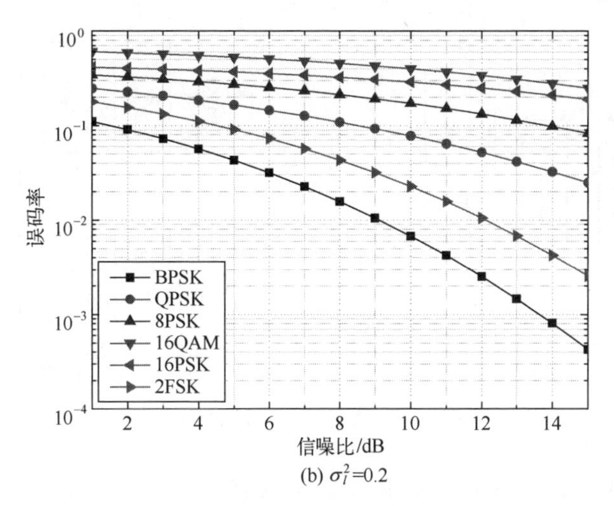

(b) $\sigma_l^2$=0.2

图 4.10　采用不同副载波调制方式的系统误码率

对于 QPSK、8PSK 具有约 6dB 和 13dB 的信噪比盈余。在 $\sigma_l^2=0.2$，SNR = 10dB 时，BPSK 误码率约为 $6.7\times10^{-3}$，QPSK、8PSK、16PSK 以及 16QAM 误码率依次约为 $7.7\times10^{-2}$、$1.7\times10^{-1}$、$2.8\times10^{-1}$以及 $4\times10^{-1}$，因此，在几种副载波调制系统中，BPSK 差错性能最好，其次为 2FSK、QPSK、8PSK、16PSK，差错性能最差的调制方式为 16QAM。

## 4.5　16PSK 副载波调制实现与特性

多进制相移键控（Multiple Phase Shift Keying，MPSK）调制是利用载波的 *M* 种不同相位来表征输入的数字信息。16PSK 调制把二进制数字序列中每四个比特分成一组，共有 16 种组合，即载波的 16 种不同相位，每种相位对应 4bit 信息，为一个码字。16PSK 解调可采用相干解调方法，对调制信号用两路正交的相干载波解调分离出两路正交信号后，再经过并串转换成为串行数据输出。16PSK 调制/解调系统的原理框图如图 4.11 所示[15]。

### 4.5.1　16PSK 调制

16PSK（十六进制相移键控）调制是利用正弦载波的多种不同相位来表征输入的数字信息。对于 16PSK 调制，为了能和四进制的载波相位配合起来，则需要把二进制数据变换为四进制数据，把二进制数字序列中数据每四个比特分成一组，共有 16 种码元组合。每一个码元对应唯一的一对相位信息。同理，

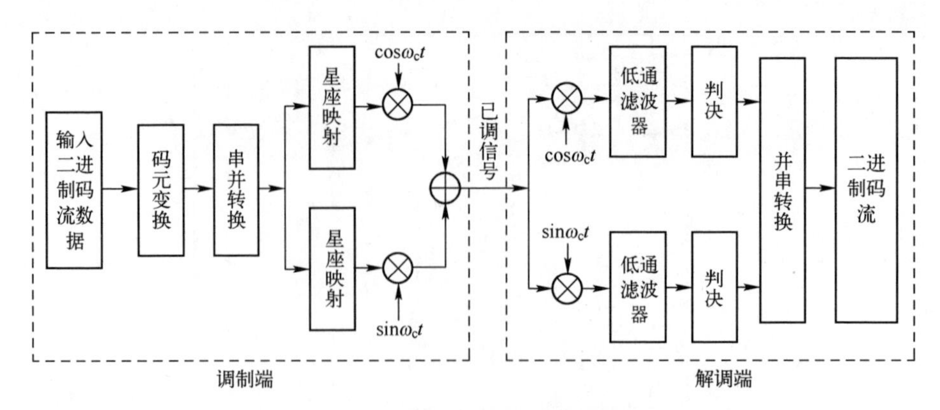


图 4.11　16PSK 调制/解调系统框图

16PSK 是利用载波的 16 种不同相位表示数字信息，每种相位对应 4bit 信息。16PSK 信号的星座图如图 4.12 所示，表示 16PSK 中不同码元对应不同相位映射。

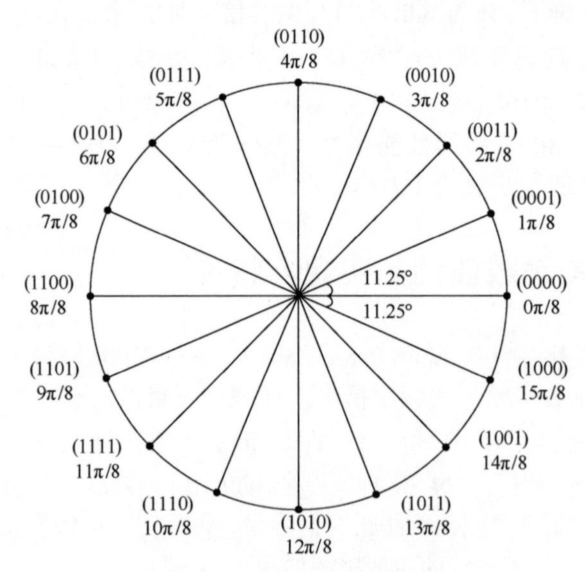


图 4.12　16PSK 信号的星座图

16PSK 相位调制信号可以表示为

$$s_{16\mathrm{PSK}}(t)=\sqrt{\frac{2E_{\mathrm{S}}}{T_{\mathrm{S}}}}\left[\cos\left[\frac{2\pi}{M}(m-1)\right]\cos 2\pi f_{\mathrm{c}}t-\sin\left[\frac{2\pi}{M}(m-1)\right]\sin 2\pi f_{\mathrm{c}}t\right] \tag{4.66}$$

式中：$T_{\mathrm{S}}$ 为相邻码元时间间隔；$f_{\mathrm{c}}$ 为载波周期。

由图 4.12 看出，16PSK 调制信号由 16 组码元分别对应不同的载波相位映射。对二进制码流以每四位信息进行格雷码转换，转换后的四位信息再对应相应的载波相位。格雷码编码是一种循环码，格雷码在传输过程中引起的误差较小。表 4.2 为 16PSK 信号载波相位与四比特码元的关系，表示二进制比特信息经过格雷码变化后的四位比特信息与相位之间的对应关系。

表 4.2　16PSK 信号载波相位与四比特码元的关系

| 码　元 | 相　位 |
| --- | --- |
| 0, 0, 0, 0 | 0π |
| 0, 0, 0, 1 | 1π/8 |
| 0, 0, 1, 1 | 2π/8 |
| 0, 1, 0, 1 | 3π/8 |
| 0, 1, 1, 0 | 4π/8 |
| 0, 1, 1, 1 | 5π/8 |
| 0, 1, 0, 1 | 6π/8 |
| 0, 1, 0, 0 | 7π/8 |
| 1, 1, 0, 0 | 8π/8 |
| 1, 1, 0, 1 | 9π/8 |
| 1, 1, 1, 1 | 10π/8 |
| 1, 1, 1, 0 | 11π/8 |
| 1, 0, 1, 0 | 12π/8 |
| 1, 0, 1, 1 | 13π/8 |
| 1, 0, 0, 1 | 14π/8 |
| 1, 0, 0, 0 | 15π/8 |

16PSK 调制信号的调制有两种方法：一种是用相乘电路（调相法），另一种是选择法（相位选择法）。

**1. 调相法**

调相法原理：二进制数字码流进入串并转换模块，将二进制码流按每四个二进制比特信息分为一组构成一个码元，经过串并转换电路变成两支路码元 a 和 b，a 代表正交之路，b 代表同向数据。对两路数据信息分别进行映射，算出映射的值与两路正交载波相乘，最后把两路信息在相加电路中相加得到 16PSK 调制信号。图 4.13 为 16PSK 调相法结果原理框图[16]。

**2. 相位选择法**

相位选择法原理：16 相载波发生器产生 16PSK 信号所需的 16 种不同相位

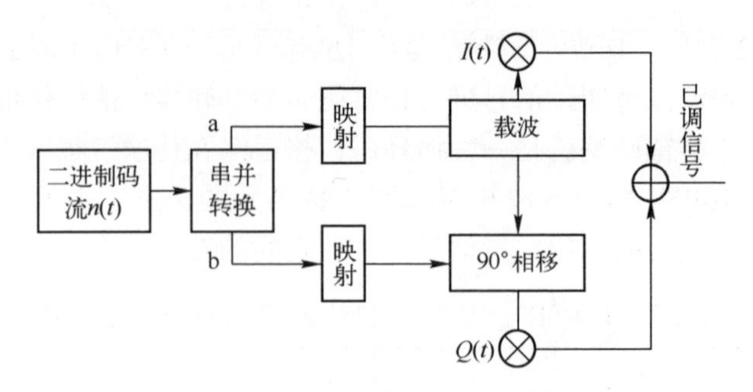


图 4.13　16PSK 调相法原理框图

的载波。输入的二进制数字码流经串并转换模块输出多个四比特码元，按照输入码元的不同，再由逻辑选相电路选择相位的载波。如四比特码元是 0000，逻辑选相电路选择与之对应的相位是 0，四比特码元为 0001，选择输出相位为 π/8 的载波等[17]。16PSK 相位选择法原理框图如图 4.14 所示。

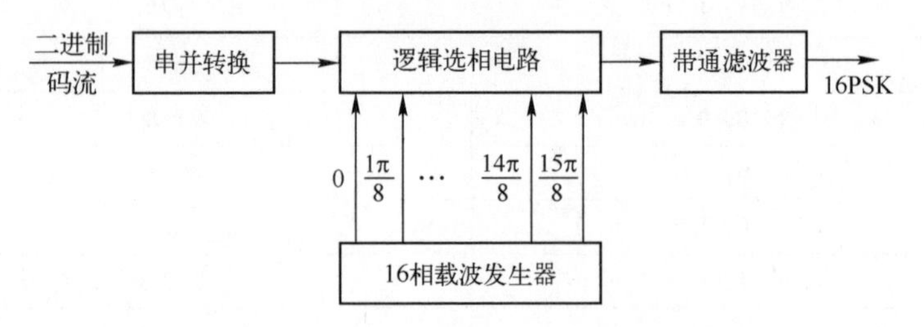


图 4.14　16PSK 相位选择法原理框图

16PSK 调制基于现场可编程门阵列（FPGA）实现。在 FPGA 中，首先产生固定循环的二进制序列码流，然后进行码元转换，把连续的 4 个比特转换为 1 个码元，再对每个码元进行码元映射，其中每一组码元转换为正交支路 Q 和同相支路 I，根据 Q 路数据和 I 路数据映射到相应的 16 个相位 $\varphi_n$，可计算出 Q 路输出值和 I 路输出值。发射端模块采用 ADI 公司的 AD9788 EVB 实现调制信号的数/模（Digital to Analog，D/A）转换。AD9788 具有 I、Q 调制功能，数字振荡器（Numerically Controlled Oscillator，NCO）可以提供两路正交载波，这两路正交载波与外部输入数据（I 路、Q 路数据）分别相乘后经过求和输出模拟调制信号，最后再经过低通滤波驱动激光器发光。

## 4.5.2　16PSK 信号解调

一般采用相干解调法对 16PSK 信号进行解调。基本原理是：将 16PSK 调制信号分别与相互正交的正弦、余弦载波相乘，得到同相之路数据 $I(t)$ 和正

交之路数据 $Q(t)$，在低通滤波模块对同相支路数据、正交支路数据进行滤波，滤掉其高频分量。判决模块对滤波后的两路数据进行判决，恢复出两路码元信息，最后经过串并转换模块将二进制码流输出。16PSK 相干解调原理框图如图 4.15 所示。

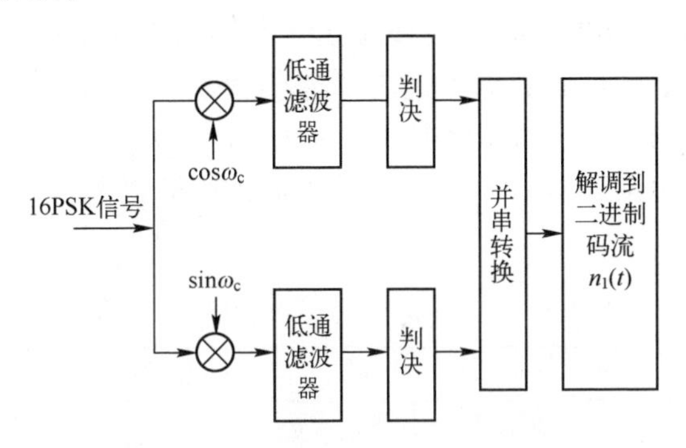


图 4.15　16PSK 相干解调原理框图

## 4.5.3　16PSK 副载波调制实验与结果

16PSK 副载波调制实验系统含发射和接收两部分[18]。发射端主要包括 FPGA（型号：Altera Cyclone EP4CE）模块、数模转换模块（型号：AD9788 EVB）、滤波模块、模拟激光器（型号：LQA850）、信标激光器及发射望远镜。接收端主要包括一段耦合光纤、光电探测器、接收望远镜及计算机。在系统发射端，对需要传输的二进制码流预先进行 16PSK 调制，调制后的电信号经过 D/A 转换后再驱动激光器，使激光器输出光波，通过发射天线将光信号发射出去。在接收端，通过接收望远镜将光信号耦合到光纤中，再通过光电探测器转化为电信号，计算机中数据采集卡采集数据进行处理。系统实验原理图如图 4.16 所示。

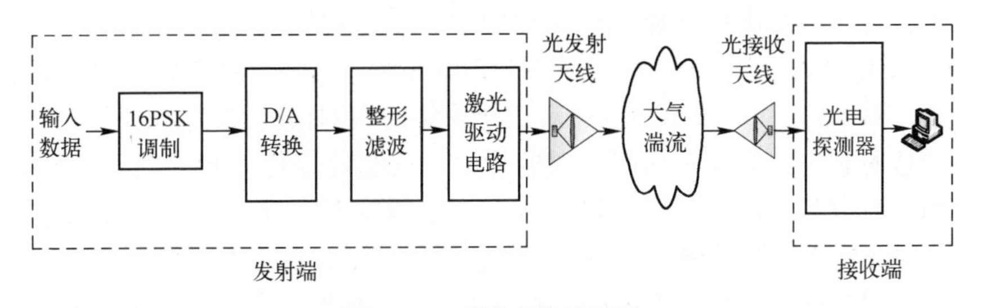


图 4.16　系统实验原理图

外场试验中系统发射端、接收端分别位于西安理工大学金花校区教五楼621和教六楼820之间，通信链路长度大约为70m，链路之间无明显遮蔽物。其中，16PSK调制信号载波频率为1.5625MHz，码元传输速率为0.3906MHz，接收端系统采样频率40MHz，每次采集118800个样本点。

采用所搭建的16PSK副载波调制无线光通信系统进行了长期外场试验，从大量不同天气下的试验数据中选出四种典型天气下的数据，对接收端误码率、星座图、眼图及信号功率谱进行了对比分析。表4.3为实验数据测试时间与天气情况，给出试验结果分析中所采用的试验数据测试日期、时间和天气情况。

表4.3　实验数据测试时间与天气情况

| 日期 | 时间 | 降水/雪量/mm | 天　气 |
| --- | --- | --- | --- |
| 2013-8-26 | 5:40pm | 0 | 阴天 |
| 2013-7-28 | 8:30am | 8.2 | 小雨 |
| 2013-7-22 | 2:30pm | 24.7 | 中雨 |
| 2014-1-16 | 1:20pm | 2.2 | 小雪 |

**1. 星座图特性**

在数字调制中，不同调制类型的星座图可以用来观察信号相位变化、噪声干扰、矢量点之间的相位转移轨迹等。采用已搭建的16PSK副载波调制无线光通信系统进行实验，获得了大量不同典型天气下的实验数据。通过对大量数据进行分析，得出不同天气条件对无线通信系统性能的影响差异。

在进行无线大气激光通信实验之前，首先通过配置软件对发射端AD9788、AD9516进行参数配置。本实验所测的所有参数都是设定载波频率$f_c$为1.5625MHz，载波频率$f_c$四倍于码元输入速率$f_1$，即$f_1=f_c/4$。设置完成之后，首先使用通信系统进行室内短距离通信链路实验，再由数据采集卡对其进行数据采集，对此信号进行分析，画出接收信号的星座图。

图4.17（a）、图4.17（b）分别为室内短距探测时16PSK信号的波形图和星座图。图4.17（a）表示用双踪示波器采集的调制信号波形。由图4.17（a）可以清楚看到正弦载波在每四个周期发生一次相位变化（相邻码元不相同），这证明了载波频率四倍于码元输入速率，这与软件中设定的参数关系是一致的。图4.17（b）为调制信号的星座图，可以看出，在室内短距离条件下，接收信号的星座图完全可以表示信号的相位信息和幅度信息，但是各个相位点有轻微的弥散。

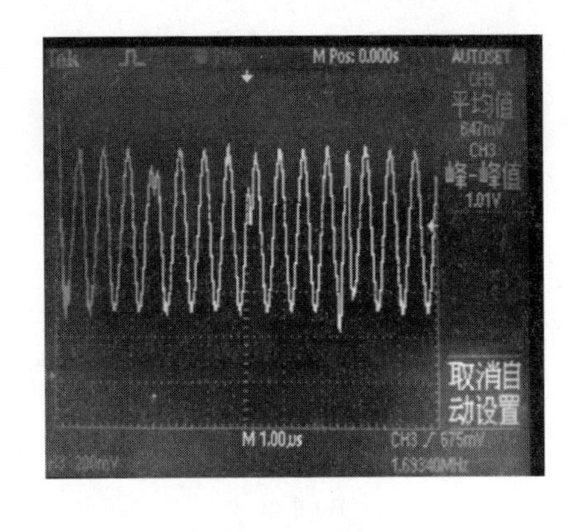


(a) 16PSK时域波形

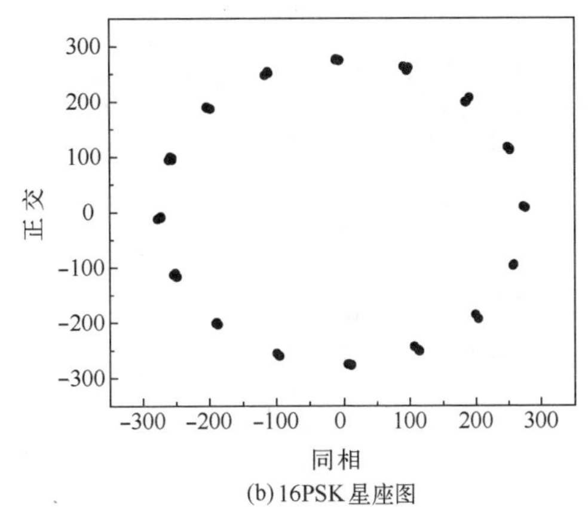


(b) 16PSK 星座图

图 4.17　室内短距离采集的 16PSK 波形和星座图（见彩图）

大气信道是一种有记忆的时变信道，大气散射和大气湍流对调制信号星座图形状的影响较大，所造成的相位模糊、偏移以及多普勒频移给星座图检测带来了巨大困难，尤其是不同天气对光信号传输的影响也不一样，在接收端信号的星座图中表现为矢量点弥散、旋转及变形等。

图 4.18 为在不同天气条件下接收端 16PSK 信号星座图。信号在不同天气条件下所受到的衰减程度不同，阴天对传输质量的影响最小，小雨、中雨和小雪对传输质量的影响依次变大。阴天时大气信道较稳定，光信号主要受大气中悬浮颗粒的散射、分子的吸收和大气湍流的作用，而受大气衰减的影响较小，大部分矢量点分布比较集中，如图 4.18（a）所示。雨天空气中雾滴、雨滴密度较大，闪烁对光信号的影响几乎没有，光信号主要受大气散射衰减的影响，雨滴、雾滴阻挡了光束的传播，使一部分光能量向四面八方散开，形成了散射效应[19]。大气的散射作用与微粒的数目和大小有关，微粒越多，散射越严重，衰耗也就越大，所以小雨对光信号幅度、相位信息的衰减影响小于中雨，如图 4.18（b）、图 4.18（c）所示。图 4.18（d）为小雪时星座图，星座图上各矢量点分布弥散，星座图出现明显的两个环状，不能分辨出相位信息，因此雪天对光信号的衰减影响比阴天和雨天更大。

**2. 功率谱密度特性**

对实验数据采用 Welch 法进行功率谱估计分析。Welch 法采用信号分段重叠、加窗函数和 FFT 等算法计算一个信号序列的自功率谱估计[20]：

$$P(f) = \frac{1}{ML} \sum_{i=1}^{L} \left| \sum_{n=0}^{M-1} x_i(n) d(n) \mathrm{e}^{-\mathrm{j}2\pi f n} \right|^2 \tag{4.67}$$

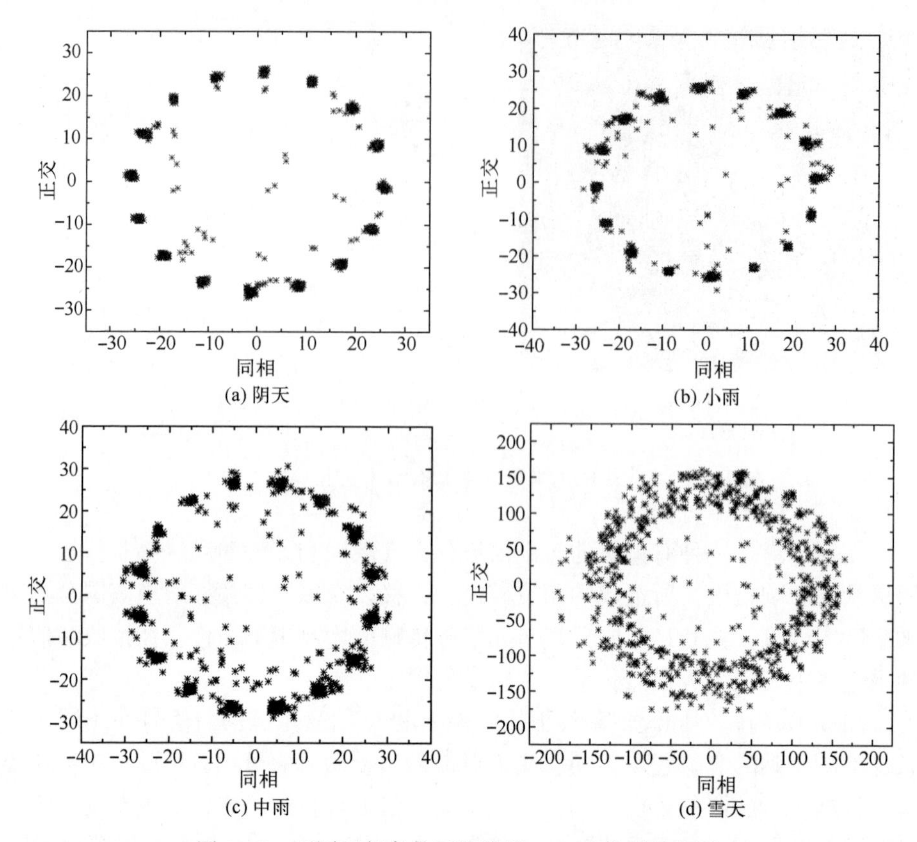


图 4.18　不同天气条件下接收端 16PSK 信号星座图

把实验数据 $x(n)$ 分为 $L$ 段数据，在程序中，从分段长度的一半再进行分段重叠，这样就可以将 $x(n)$ 总共划分为 $(2L-1)$ 段数据，然后对每段数据在时域上乘以窗函数，做 FFT，最后对每段数据的频谱幅值平方加和平均便得到实验数据 $x(n)$ 的功率谱密度估计。用改进的平均周期图法每次选取 8192 个点进行 FFT，且使用海明窗 1000 点，分段混叠点数为 500 点对数据进行谱估计。图 4.19（a）~（d）所示为不同天气下接收端 16PSK 信号的功率谱密度估计图。

从图 4.19 可以看出，在阴天、小雨条件下时，信号功率谱比较平稳，当在中雨和下雪时，由于信号光会受到较强的衰减影响，到达探测器接收面上的光强变化起伏较大，因此功率会发生较强的抖动，而且雪天时对信号的功率影响比中雨时大。阴天、雨天、下雪时的功率谱最高分量都是在载波频率 1.5625MHz 附近，这也表征了光能量的分布。雪天时信号功率谱较于阴天、雨天时信号功率谱的主峰值处发生了展宽现象，而且由于多普勒效应影响，雪

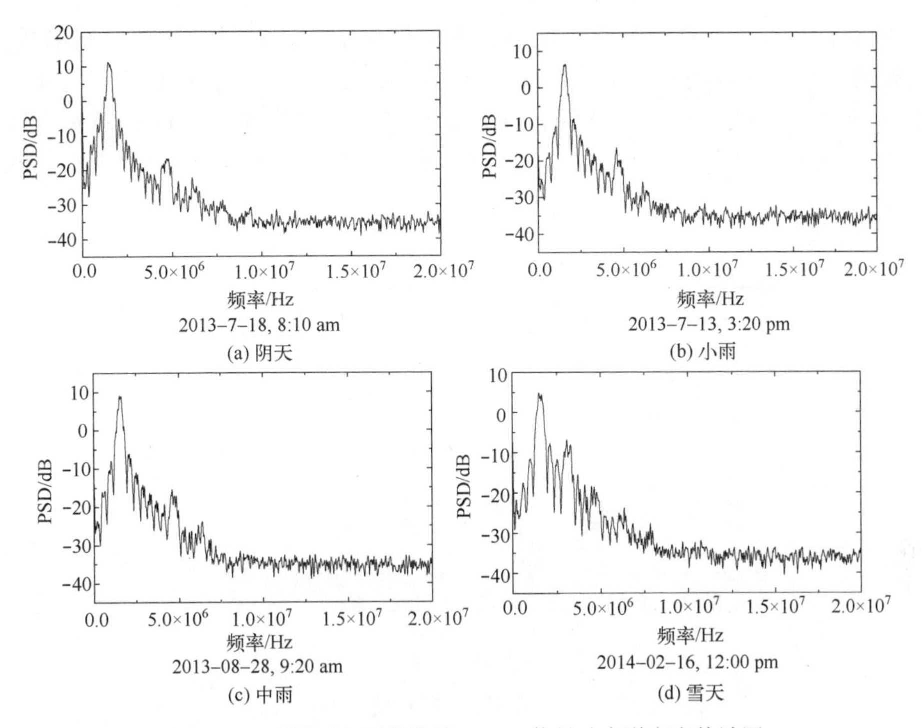


图 4.19　不同天气下接收端 16PSK 信号功率谱密度估计图

天时频谱最高点向右移动了 20kHz。光电探测器在光电转换时，会受到散粒噪声、电路噪声的干扰，而且在调制端系统也存在电磁干扰，所以在接收端采集到的调制信号不可避免地混杂了各种噪声信号，这些噪声信号是与器件、调制信号密切相关的。

**3. 眼图特性**

眼图是一系列数字信号在示波器上累积而显示的图形，从眼图上可以观察出码间串扰和噪声的影响，体现了数字信号整体的特征，可估计系统优劣程度。眼图分析是高速互连系统信号完整性分析的核心，另外也可以用此图形对接收滤波器的特性进行调整，以减小码间串扰，改善系统的传输性能。当接收信号同时受到码间串扰和噪声的影响时，系统性能的定量分析较为困难，一般可以利用示波器，通过观察接收信号的“眼图”对系统性能进行定性的、可视的估计。

由眼图可以观察出符号间干扰和噪声的影响，具体描述如下：眼图的“眼睛”张开的大小反映了码间串扰的强弱。“眼睛”张得越大，且眼图越端正，表示码间串扰越小；反之表示码间串扰越大。当存在噪声时，噪声将叠加在信号上，观察到眼图的线迹会变得模糊不清。若同时存在码间串扰，“眼睛”将张开得更小。与无码间串扰时的眼图相比，原来清晰端正的细线迹，变成了比较模糊的带状线，而且不很端正。噪声越大，线迹越宽，越模糊；码间串扰越大，眼图越不端正。眼图和系统性能的关系如图 4.20 所示。

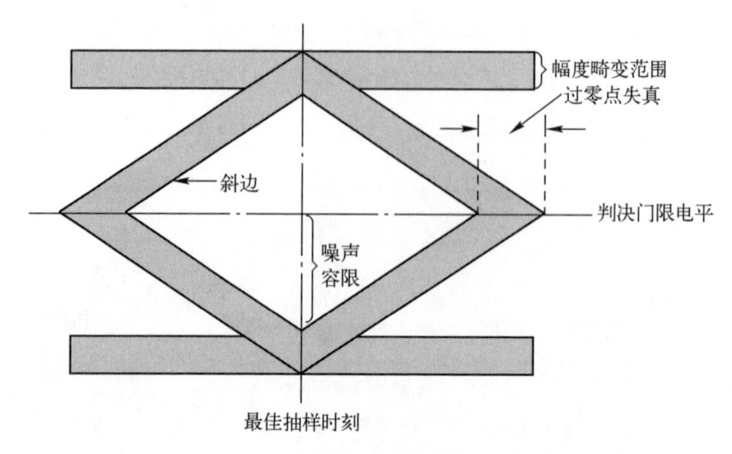


图 4.20　眼图和系统性能的关系

在实际通信系统中，完全消除码间串扰对系统的影响是非常困难的。由于光波在大气信道中传输时会受到信道粒子散射的影响，因此在散射路径上的光波到达接收端探测器的时延不同，其结果是探测器接收到的信号会发生畸变，形成一个比发射光波更加宽的光波，由散射效应引起的这种现象称为“多径传输”效应。在大气信道中散射粒子对光波散射越强，时间延迟和脉冲展宽就越严重，从而在接收端产生的码间串扰影响就越严重。

通过观察不同天气条件下的眼图，可以研究分析出天气因素对无线通信系统性能的影响。图 4.21（a）~（d）为系统在不同天气条件下接收端 16PSK 信号眼图。

眼图张开的“大小”可以表示码间串扰的强弱，线迹可以显示噪声的强弱。噪声越大，线迹就越宽，越模糊。由图 4.21（a）~（d）看出：

（1）阴天时，眼图“眼睛”开启最大，且眼图的线迹比较清晰，此时系统受到码间串扰影响是最小的。

（2）系统受到雨滴散射的影响，且中雨时散射强度大于小雨时散射强度，所以小雨、中雨时眼图“眼睛”变小，而且中雨时眼图的线迹比小雨时的线迹更加模糊不清。

(3) 雪天时，眼图“眼睛”已经基本闭合，且眼图的线迹最模糊。此时系统受到的散射、噪声影响是最大的。

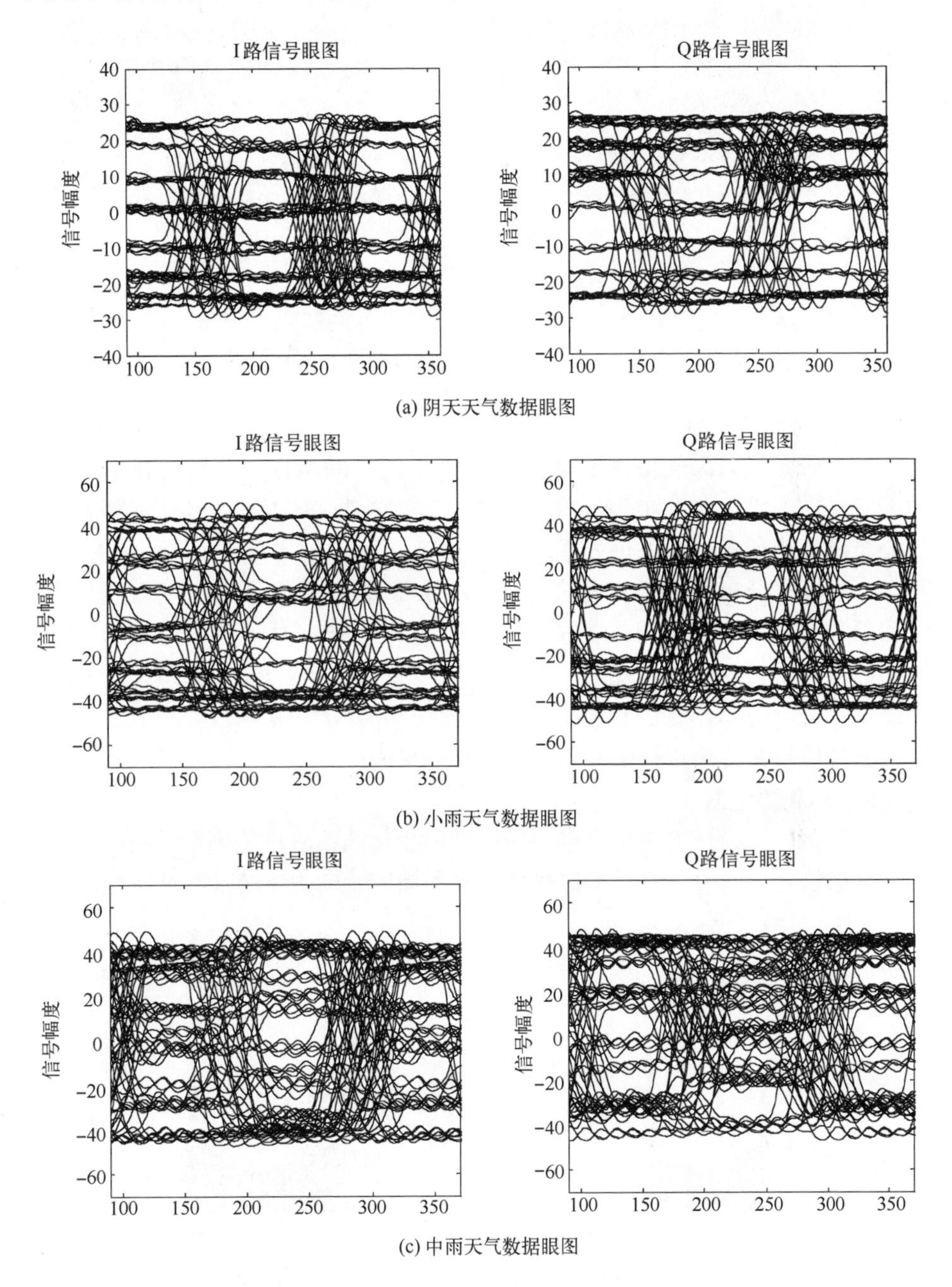


(a) 阴天天气数据眼图

(b) 小雨天气数据眼图

(c) 中雨天气数据眼图

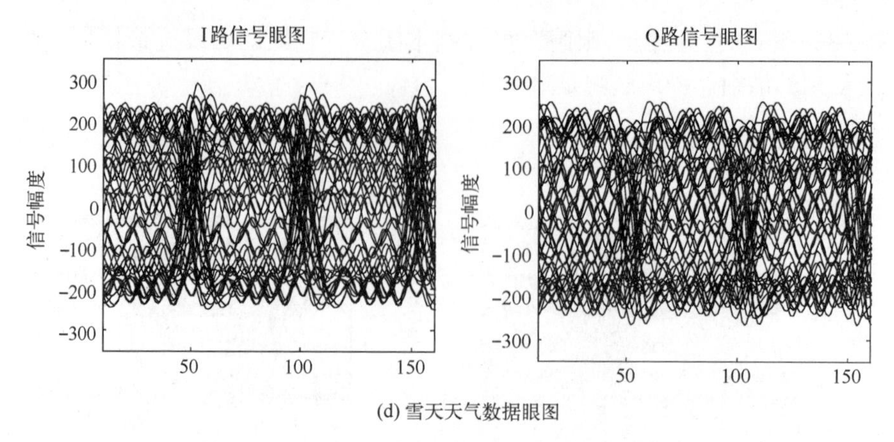


(d) 雪天天气数据眼图

图 4.21　不同天气条件下接收端 16PSK 信号眼图

**4. 相对光强概率分布**

为了研究不同天气条件下副载波 16PSK 信号的特性，分别选择了四种不同天气（阴天、小雨、中雨、雪天）条件下对接收端 16PSK 信号调制后的光强分布概率统计直方图进行分析。图 4.22 所示为不同天气条件下 16PSK 信号相对光强概率分布，可以看出，经过 16PSK 调制后的信号均在光强区间值最大和最小时分布数量取得最大值，分布呈对称分布。对于一个纯净的 16PSK 产生的信号，它的分布呈现出“完全对称”分布，且在最小值和最大值处分布最多。可以得出结论，16PSK 可以明显抑制各天气噪声。由图 4.22 可知，雪天时光信号在传播过程中受到噪声的影响更大[21]。

**5. 循环谱特性**

通常我们把统计特性呈一定周期性平稳变化的信号称为周期平稳信号或者循环平稳信号。同时，又根据信号所呈现的周期性的数字统计特征将循环信号

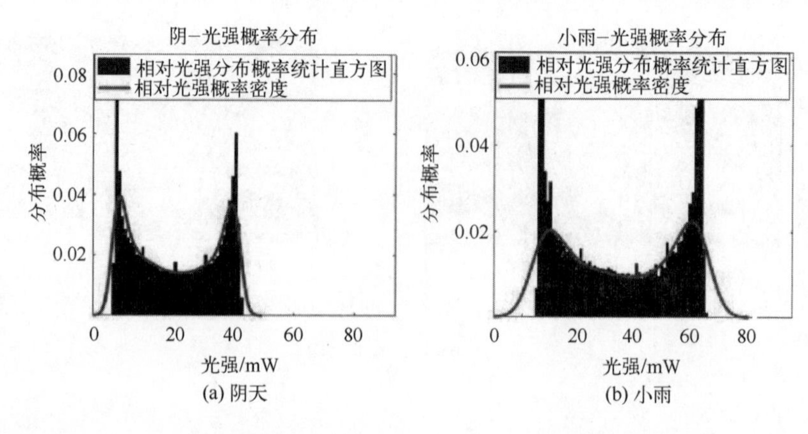


(a) 阴天　　(b) 小雨

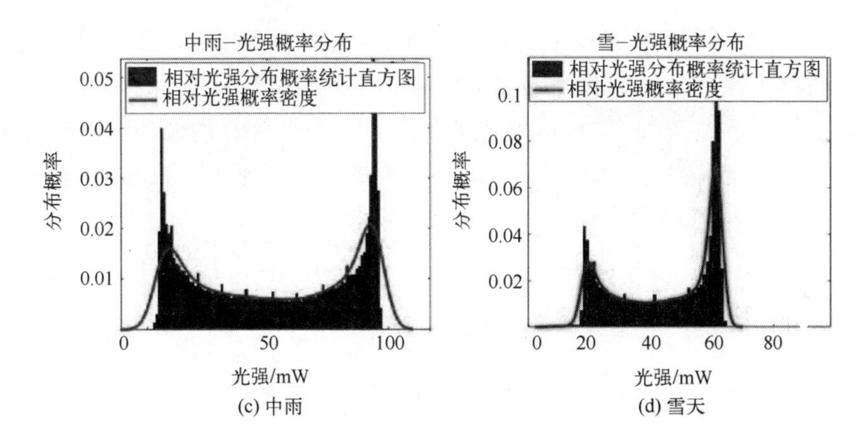

(c) 中雨　(d) 雪天

图 4.22　不同天气条件下 16PSK 信号相对光强概率分布

划分为一阶（均值）循环平稳、二阶（相关函数）循环平稳以及高阶（高阶累积量）循环平稳[22]。由于循环统计量不仅可以对信号的单次观测记录进行估计，还可以由循环统计量获得时变统计量，同时循环统计量能在一定程度上抑制有色噪声[23]。这对信号的分析与处理提供了很大的方便与帮助。

假定随机信号 $x(t)$ 的均值和时间都是周期 $T$ 的时间函数，那么称 $x(t)$ 是广义的周期平稳信号。周期平稳信号 $x(t)$ 的均值 $m_x(t)$ 和自相关函数 $R_x(t,\tau)$ 分别为[24]

$$m_x(t)=m_x(t+nT) \tag{4.68}$$

$$R_x(t+\tau/2,t-\tau/2)=R_x(t+\tau/2+nT,t-\tau/2+nT) \tag{4.69}$$

式（4.68）和式（4.69）表明，周期平稳信号的统计特性是随时间变化的。同时，式（4.68）和式（4.69）又可以表示为

$$m_x(t)=E\{x(t)\} \tag{4.70}$$

$$R_x(t+\tau/2,t-\tau/2)=E\{x(t+\tau/2)x^*(t-\tau/2)\} \tag{4.71}$$

一般情况下，式（4.69）被称为时变自相关函数，由于其具有周期性，因此可以将周期信号进行傅里叶级数展开为

$$R_x(\tau)=R_x^\alpha(\tau)\big|_{\alpha=0} \tag{4.72}$$

$$R_x(t+\tau/2,t-\tau/2)=\sum_{\alpha\in\Phi}R_x^\alpha(\tau)\exp(\mathrm{j}2\pi\alpha t) \tag{4.73}$$

式中：$\Phi$ 为循环频率集，$\Phi=\{\alpha:R_x^\alpha(\tau)\neq 0\}$；$R_x^\alpha(\tau)$ 为傅里叶级数的系数，

$$\begin{aligned}R_x^\alpha(\tau)&=\frac{1}{T}\int_{-T/2}^{T/2}R_x(t+\tau/2,t-\tau/2)\exp(-\mathrm{j}2\pi\alpha t)\,\mathrm{d}t\\&=\lim_{T\to\infty}\frac{1}{T}\int_{-T/2}^{T/2}x(t+\tau/2)x^*(t-\tau/2)\exp(-\mathrm{j}2\pi\alpha t)\,\mathrm{d}t\end{aligned} \tag{4.74}$$

$R_x^{\alpha}(\tau)$称为循环平稳过程$x(t)$的循环自相关函数，其中$\alpha$表示信号的循环频率，$f$表示信号的频率且仅当$\alpha=0$时，$R_x^{\alpha}(\tau)$才会有非0值。再对信号$x(t)$的循环自相关函数$R_x^{\alpha}(\tau)$进行傅里叶变换就可以得到$x(t)$的循环谱密度（又称“谱相关密度函数”），如式（4.75），信号的谱相关密度函数$S_x^{\alpha}(f)$在形式上是一个二维傅里叶频谱：

$$S_x^{\alpha}(f)=\int_{-\infty}^{\infty}R_x^{\alpha}(\tau)\exp(-\mathrm{j}2\pi f\tau)\mathrm{d}\tau \tag{4.75}$$

而16PSK调制的无线光副载波信号可以表示为

$$S_x^{\alpha}(f)=\int_{-\infty}^{\infty}R_x^{\alpha}(\tau)\exp(-\mathrm{j}2\pi f\tau)\mathrm{d}\tau \tag{4.76}$$

式中：$A$表示信号的幅度；$f_c$表示信号的载波频率；$k$是取值为$\{1,2,\cdots,16\}$的任意整数。把16PSK信号表达式（4.76）代入循环自相关函数表达式（4.74）中，得到无线光副载波16PSK信号循环自相关函数表达式为

$$R_x^{\alpha}(\tau)=\begin{cases}\dfrac{A^2}{2}\cos(2\pi f_c t), & \alpha=0\\ \pm\dfrac{A^2}{4}\cos(2\pi f_c t), & \alpha=\mp 2f\\ 0, & \text{其他}\end{cases} \tag{4.77}$$

式（4.77）表明，仅当信号中$\alpha=0$或者$\alpha=\mp 2f$时，$R_x^{\alpha}(\tau)$存在非0值。

对四种不同天气（阴天、小雨、中雨、雪）条件下的16PSK无线光副载波调制信号进行了循环谱估计仿真[21]。在四组数据中分别选取4096个样本数据进行循环谱的仿真，仿真中采样频率40MHz，载波频率1.5625MHz，数据长度点为4096，仿真结果如图4.23所示，为不同天气条件下16PSK调制信号的三维循环谱。循环谱的alpha表示循环频率，$f$表示调制信号的频率。由于信

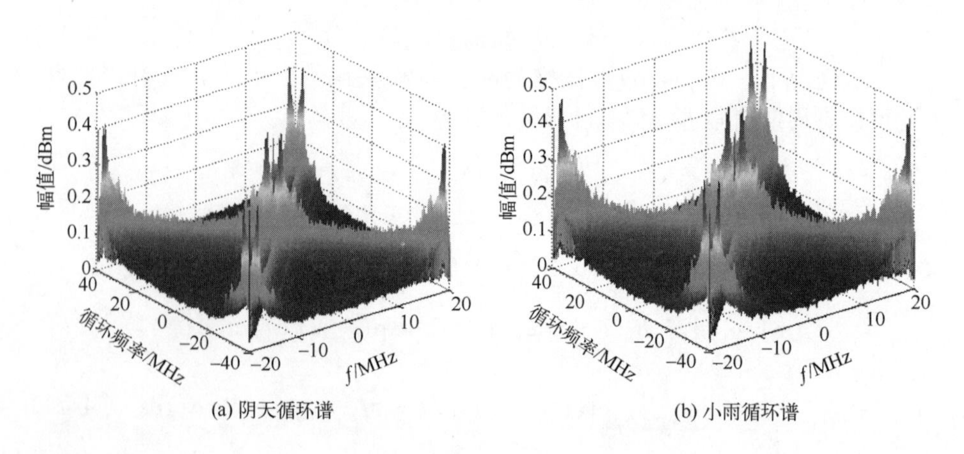

(a) 阴天循环谱　　(b) 小雨循环谱

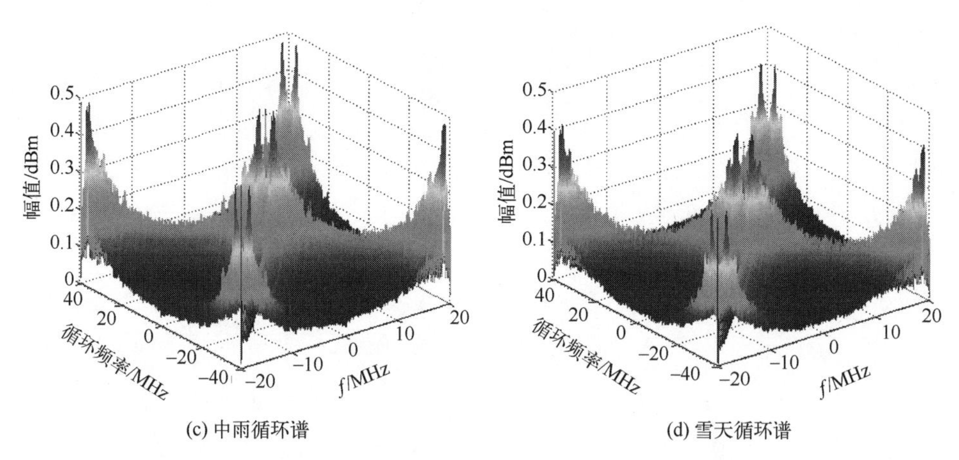


图 4.23　不同天气条件下 16PSK 调制信号的三维循环谱（见彩图）

号都是经过 16PSK 调制，因此四种不同天气条件下的信号循环谱图整体上具有相似性，都具有明显的峰值。

为了更加清晰地观察 16PSK 信号的功率随频率或者循环频率的变化特性，以及频率与循环频率之间的关系，进一步对三维循环谱进行处理，获得其频率切片图和循环频率切片图，即分别为 alpha = 0 和 $f$ = 0 时，频率、循环频率与功率间的关系图。图 4.24 为不同天气条件下 16PSK 信号的 $f$ 切片图，在 $f$ 切片图中，当频率在载波频率 1.5625MHz 附近时，循环谱密度取得峰值；而对于 alpha 切片图，如图 4.25 所示，为不同天气条件下 16PSK 信号的 alpha 切片图，当 alpha 的值在 3MHz 左右时循环谱密度取得峰值，由于采用的二阶循环谱估计，当循环频率等于载波频率的 2 倍（即 alpha = ±2$f$）时，循环谱密度会取得峰值。同时从不同天气条件下信号的切片图可以看到，在阴天和小雨天气时，信号的功率平稳变化；而在中雨和雪天时，信号的功率有比较明显的起伏，

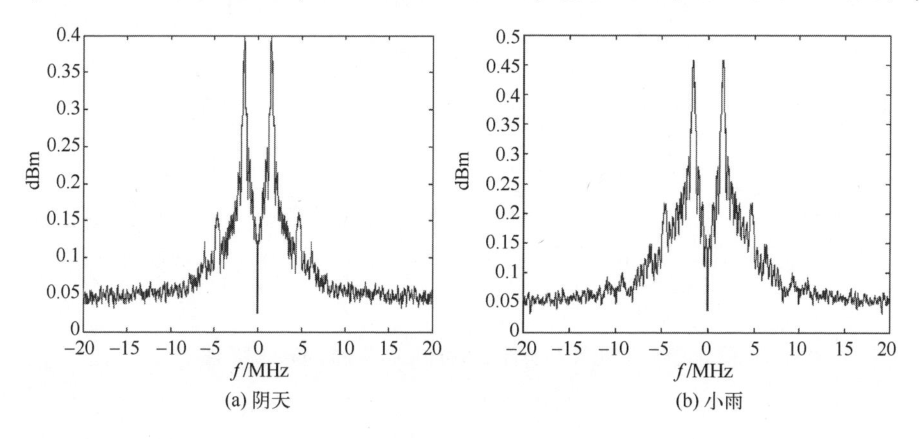

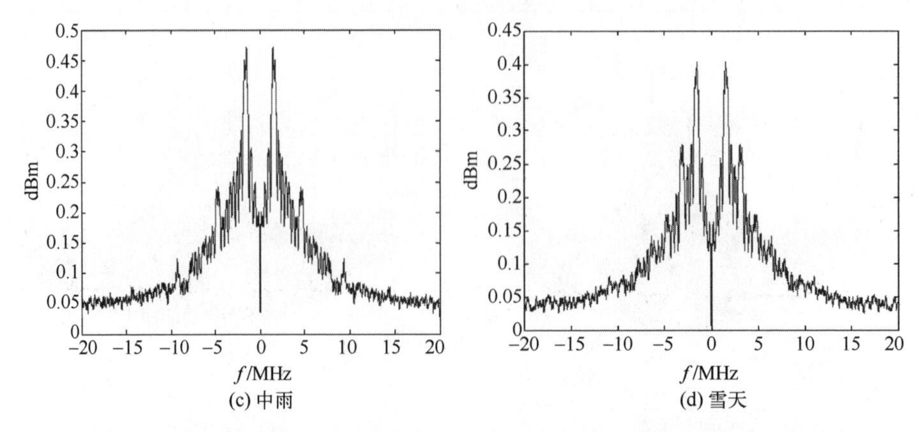


图 4.24　不同天气条件下 16PSK 信号的 $f$ 切片图

并且在主峰值附近的次峰值有所展宽，这表明在中雨和雪天时光信号在传播过程中受到噪声的影响更大。

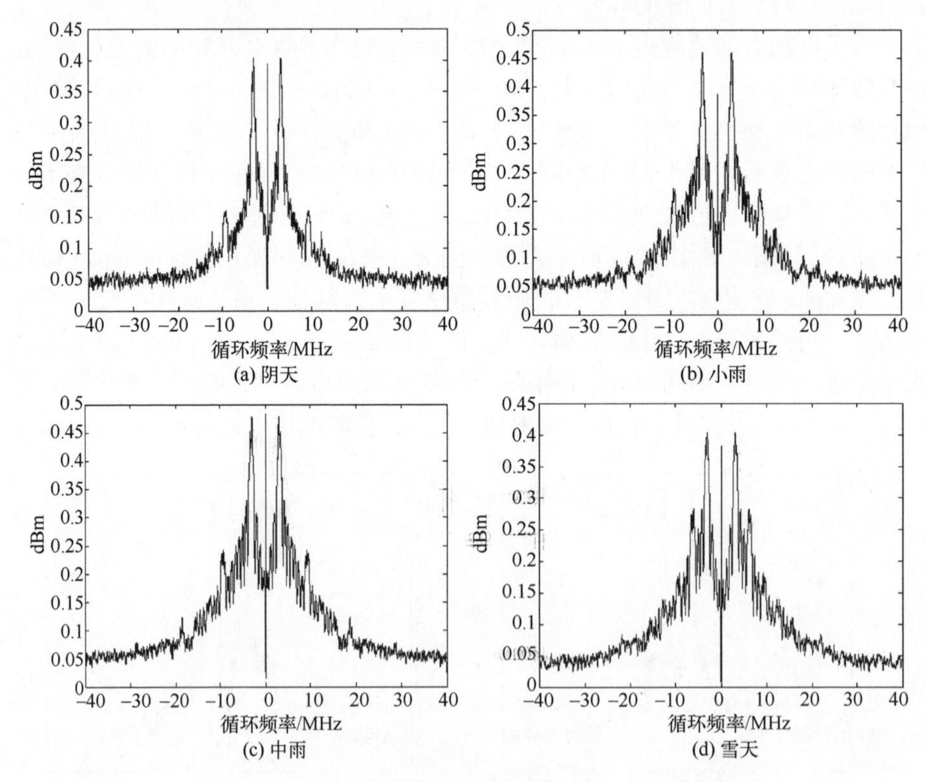


图 4.25　不同天气条件下 16PSK 信号的 alpha 切片图

由于二维循环谱无法清晰地看出频率和循环频率之间的关系，因此利用 MATLAB 对循环谱估计进行三维仿真得到循环谱图，如图 4.26 所示。

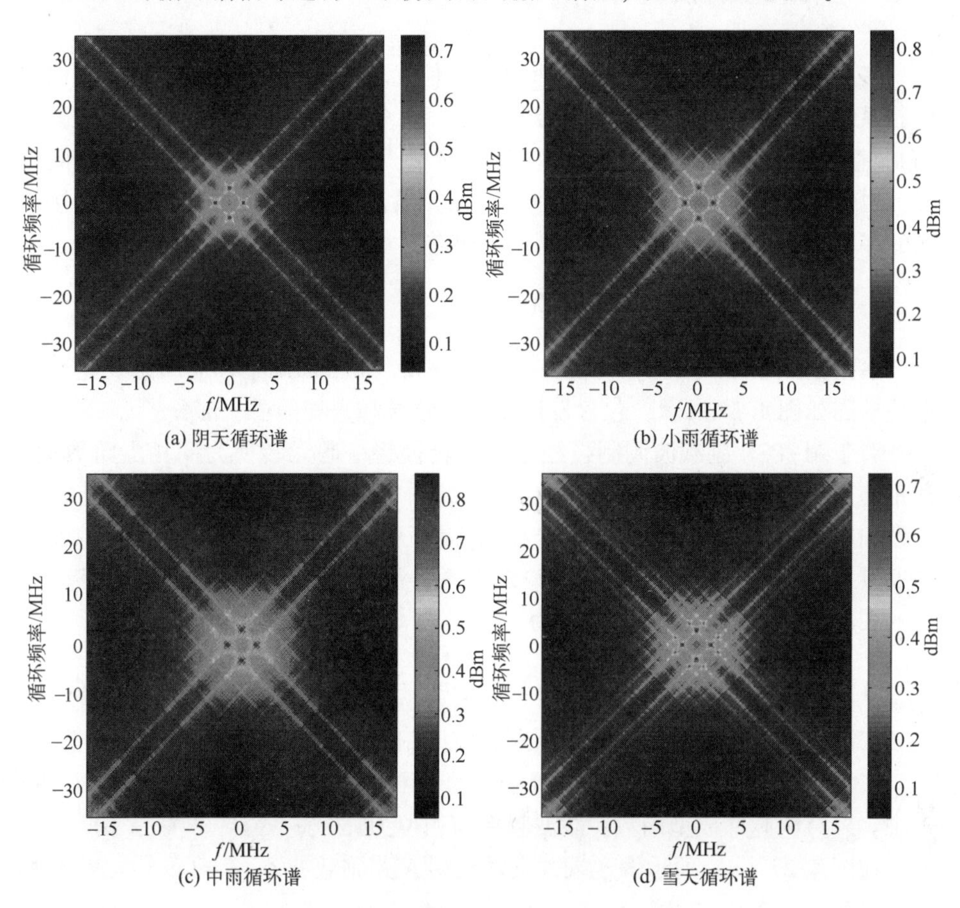


(a) 阴天循环谱　(b) 小雨循环谱　(c) 中雨循环谱　(d) 雪天循环谱

图 4.26　不同天气条件下的循环谱（见彩图）

由图 4.26 可以看出，当 $f=\pm1.5625\text{MHz}$，alpha = 0MHz 和 $f=0\text{MHz}$，alpha = ±3MHz 时，循环谱分别取得一组峰值，与式（4.76）的结果一致。这表明，16PSK 调制信号具有循环平稳性。而循环频率 alpha 的取值在 −3～3MHz 之间的部分存在少量非 0 值，这表示 16PSK 信号在大气信道传输过程中受到一定的噪声的影响，而在雪天时循环谱峰值周围存在大量的非 0 值功率和明显的次峰值，表明在雪天时信号受到噪声的影响明显比阴天、小雨、中雨天气受噪声的影响大。

## 4.6 多路副载波调制

多路副载波调制可以实现高速数字通信而不需要均衡[25]。与OOK、PPM调制系统相比，能够具有更高的带宽利用率。多路副载波调制同样适用于强度调制/直接检测的无线光通信系统，设备简单，可以减少多途径信号的码间干扰，也可以防止其他噪声干扰。但是，在无线激光通信中，强度调制/直接检测的多路副载波调制的平均功率利用率较差，这成为该调制方式的主要缺点。

### 4.6.1 多路副载波调制原理

多路副载波强度调制（Subcarrier Intensity Modulation，SIM）无线光通信系统框图如图4.27所示，包含发送端、接收端和大气信道三部分[26]。

对于M-PSK副载波调制，经过串并转换将一码元转换为同相支路数据 $I$ 和正交支路数据 $Q$，其幅度为 $\{a_{ic},a_{is}\}_{i=1}^{N}$，再根据 $I$ 路和 $Q$ 路数据，可将其映射到相应的相位。因为副载波信号 $m(t)$ 是正弦信号，有正有负，而光源发射强度具有非负性，因此需要给 $m(t)$ 加直流偏置 $b_0$ 后作为激光器驱动电流。

在 $N$ 路副载波强度调制信号为

$$m(t)=\sum_{i=1}^{N}m_i(t) \tag{4.78}$$

在其一码元持续时间内，射频副载波调制信号一般表示为

$$m_i(t)=g(t)a_{ic}\cos(\omega_{ci}t+\varphi_i)+g(t)a_{is}\cos(\omega_{ci}t+\varphi_i) \tag{4.79}$$

式中：$g(t)$ 为脉冲成型函数；载波频率与相位为 $\{\omega_{ci},\varphi_i\}_{i=1}^{N}$。

在图4.27（a）所示发送端，发送机用 $N$ 路副载波 $\omega_n(n=1,2,\cdots,N)$ 在每一符号的持续时间 $T$ 内，发送 $K$ 比特信息 $\boldsymbol{x}^{(m)}=(x_1^{(m)},x_2^{(m)},\cdots,x_K^{(m)})$，$m\in\{1,\cdots,M\}$，其中 $M=2^K$。编码器将输入信息矢量 $\boldsymbol{x}^{(m)}$ 映射在符号振幅矢量 $\boldsymbol{a}^{(m)}$ 上。符号振幅矢量 $\boldsymbol{a}^{(m)}$ 的表达式记为

$$\boldsymbol{a}^{(m)}=(a_{1c}^{(m)},a_{1s}^{(m)},\cdots,a_{Nc}^{(m)},a_{Ns}^{(m)}) \tag{4.80}$$

定义脉冲信号 $g(t)$，则多路副载波调制电信号表示为

$$s(t)=\sum_{i}\sum_{n=1}^{N}[a_{nc}^{(m)}\cos\omega_n t+a_{ns}^{(m)}\sin\omega_n t]g(t-iT) \tag{4.81}$$

因为多路副载波调制电信号 $s(t)$ 是调制后正余弦曲线的总和，可能有正有负，而加载在激光器上的电信号必须是非负的，所以发送机增加一个基带偏置信号 $b(t)$。一般地，基带偏置信号是一个常量 $b_0$ 与一个基带脉冲幅度调制（Pulse Amplitude Modulation，PAM）信号之和，即

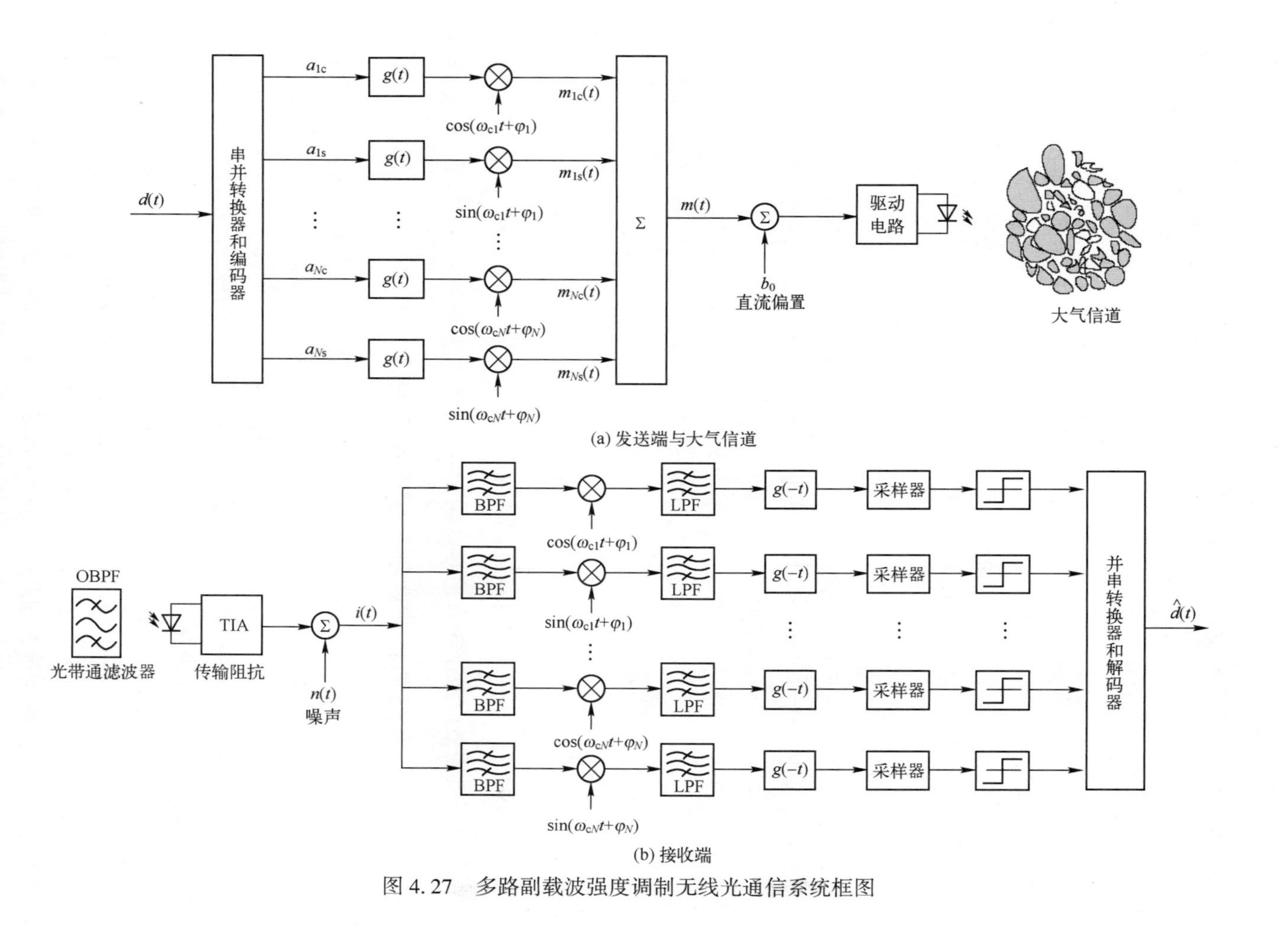


图 4.27　多路副载波强度调制无线光通信系统框图

$$b(t) = b_0 + \sum_i ba^{(m)} g(t - iT) \tag{4.82}$$

则得到非负的多路副载波电信号为

$$x(t)=A[s(t)+b(t)] \tag{4.83}$$

式中：$A$ 是正比例因数。由此得到发射机的平均光功率为

$$P=E[x(t)] \tag{4.84}$$

图 4.27（b）所示为强度调制/直接检测光信道及接收系统。强度调制/直接检测光信道模型采用的是一个具有冲击响应 $h(t)$ 及频率响应 $H(\mathrm{j}\omega)$ 的线性时不变系统。当比特率达到 10Mb/s 以上时，多径失真现象会引起码间串扰。这里不考虑多径失真效应，则有

$$h(t)=H(0)\delta(t) \tag{4.85}$$

式中：$\delta(t)$ 为脉冲函数。

在强度调制/直接检测无线光系统中，接收机的热噪声和强烈的环境噪声被模拟成双边带功率谱密度为 $N_0$ 的高斯白噪声 $n(t)$，且与发送的光信号 $x(t)$ 无关。

当接收机采用直接检测时，光强度信号经光电转换为电流信号：

$$y(t)=rx(t)\otimes h(t)+n(t) \tag{4.86}$$

式中：$r$ 是光检测器的灵敏度。

平均接收功率为

$$P_{\mathrm{r}}=H(0)P \tag{4.87}$$

式中：$H(0)=\int_{-\infty}^{\infty} h(t)\,\mathrm{d}t$ 为信道直流增益[27]。最后电流信号 $y(t)$ 经过解调、解码，就可以恢复出原始输入信号。

### 4.6.2 多路副载波调制系统的编码技术

通信系统的两个重要特性就是发射功率和信道带宽，因此在系统设计中必须重点考虑。对于功率受限系统，功率有限更重要，因此通常以牺牲带宽为代价来节约功率；对于带宽受限系统，带宽有限更重要，因此常使用高效率的调制方式，以牺牲功率为代价。对于带宽和功率都受限的系统，用信道编码的方法，节约功率，牺牲带宽，保证系统的误码率性能。

大气信道由于存在自由空间损耗、大气衰减等链路损耗，以及光强闪烁、背景辐射等不稳定因素，导致无线光通信系统的传输误码率增大。因此为了保证无差错传输，室外大气激光通信必须进行良好的功率预算。而大气激光通信系统也是带宽受限系统，因此引入信道编码技术从而减小信息传输的误码率。

信道编码又称差错控制编码或纠错编码，目前针对强度调制/直接检测系

统主要研究的信道编码技术有分组码、卷积码、Turbo 码等，如图 4.28 所示。这里主要研究分组码与卷积码在强度调制/直接检测多路副载波调制系统中的应用，分析了采用不同编码时系统的平均光功率需求和带宽需求。

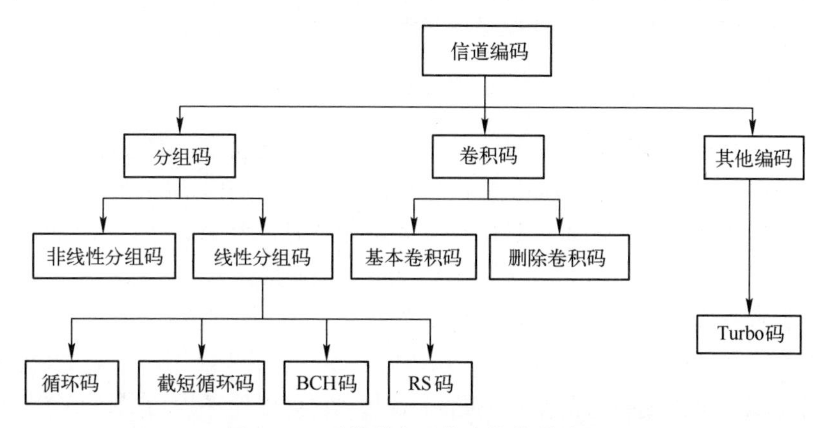


图 4.28　无线激光通信中的信道编码

### 4.6.3　系统的平均发射功率

利用强度调制/直接检测的多路副载波调制系统具有光的平均功率利用率低的缺点。出现这种情况，因为多路副载波电信号是调制后正、余弦曲线的总和，从而会出现正值和负值。而光强度（瞬时功率）必须为非负数，因此为了将电信号调制在光载波的强度上，必须在电信号上加直流偏置，得到非负的多路副载波调制信号 $x(t)$，则发射机平均光功率的计算表达式为

$$P=E[x(t)]=AE[s(t)+b(t)]=AE[s(t)]+AE[b(t)] \tag{4.88}$$

因为在强度调制/直接检测的无线光通信系统中，使用矩形脉冲可以提高平均功率利用率，而且便于编码与偏置信号的设计[28]，所以定义发送脉冲为矩形脉冲，表示为

$$g(t)=\begin{cases}1, & 0\leqslant t\leqslant T\\ 0, & t<0,t>T\end{cases} \tag{4.89}$$

另外，为了确保各路副载波之间相互正交且与偏置信号 $b(t)$ 正交，这里选择副载波的频率为每个码元间隔周期的整数倍，为

$$\omega_n=n\frac{2\pi}{T} \tag{4.90}$$

式中：$n=1,\cdots,N$。

因此不管信号集 $\{\boldsymbol{a}^m\}$ 如何选取，都有 $E[s(t)]=0$。所以平均光功率只取

决于偏置信号，有

$$P = AE[b(t)] \tag{4.91}$$

为了计算发射端的平均功率，还需考虑在一个符号的持续时间 $T$ 内，由符号振幅矢量决定的多路副载波电信号的最小值 $s_{\min}^{(m)}$ 表示为

$$s_{\min}^{(m)} = \min_{0 \leq t \leq T} \sum_{n=1}^{N} [a_{nc}^{(m)} \cos\omega_n t + a_{ns}^{(m)} \sin\omega_n t] \tag{4.92}$$

所以，只要适当地选择偏置信号，就可以减小平均光功率。偏置可以是固定偏置，也可以是时变偏置。固定偏置的值可以与一个周期内多路副载波调制电信号的最小值相同。采用矩形发送脉冲和固定偏置时，令 $b(a^{(m)}) = 0$，$\forall m$，有

$$b(t) = b_0 = -\min_{\{a^{(m)}, m=1,\cdots,M\}} [s_{\min}^{(m)}] \tag{4.93}$$

则平均光功率为

$$P = Ab_0 \tag{4.94}$$

时变偏置可以用符号间最小容许的偏置，它可以使平均功率较小。采用矩形发送脉冲和时变偏置，令 $b_0 = 0$，符号间最小容许的偏置为

$$b(a^{(m)}) = -s_{\min}^{(m)} \tag{4.95}$$

则平均光功率为

$$P = AE[b(a^{(m)})] \tag{4.96}$$

随着副载波数量的增加，多路副载波调制电信号的最小值 $s_{\min}^{(m)}$ 减小，则需要的直流偏置增大。而平均光功率正比于该直流偏置，所以当副载波的数量增加时，平均光功率增大，光的功率利用率降低。因此可以采用信道编码技术提高多路副载波调制系统发射端的光功率利用率，进而提高系统性能。

对传输的信息位在发射端进行编码，将其映射到副载波的振幅上，以增大多路副载波调制电信号的最小值，从而减小加在电信号上的直流偏置，就可以有效地降低多路副载波调制系统发射端的平均光功率了。

### 4.6.4 功率利用率改善方法研究

直接检测/强度调制多路副载波调制系统光平均功率利用率低，是因为 MSM 电信号是调制后正余弦曲线的总和，其值有正值和负值。而光强度（瞬时功率）必须为非负数，因此为了将电信号调制在光载波的强度上，必须在 MSM 电信号上加直流偏置。随着副载波数目的增加，MSM 电信号的最小值 $s_{\min}^{(m)}$ 减小，则需要的直流偏置增大。而平均光功率正比于该直流偏置，随着副载波数目增加，光平均功率利用率恶化。针对此问题，可对传输的信息位在发射端进行编码，将其映射到副载波的符号振幅上，以增大 MSM 电信号的最小值，从而减小加在 MSM 电信号上的直流偏置，有效改善多路副载波调制系统

发射端的平均功率利用率。

**1. 基于分组码的功率利用率改善**

1）标准分组码

采用标准分组码编码时，$N$ 路副载波全部用于传输 $K$ 位信息。对于 QPSK 调制，$K=2N$，$M=2^{2N}$；对于 8PSK 调制，$K=3N$，$M=2^{3N}$。首先输入的 $K$ 比特信息 $\boldsymbol{x}^{(m)}=(x_1^{(m)},x_2^{(m)},\cdots,x_K^{(m)})$，$m\in\{1,\cdots,M\}$，经串/并转换为发送比特矢量 $\boldsymbol{d}^{(m)}=(d_{1c}^{(m)},d_{1s}^{(m)},\cdots,d_{Nc}^{(m)},d_{Ns}^{(m)})$，然后编码器将发送比特矢量一对一的映射在 $N$ 路副载波的振幅矢量 $\boldsymbol{a}^{(m)}=(a_{1c}^{(m)},a_{1s}^{(m)},\cdots,a_{Nc}^{(m)},a_{Ns}^{(m)})$ 上，这样每个信息位就可以独立地映射在对应的符号振幅上。

2）预留副载波分组码

$N$ 路副载波中预留 $L$（$L>0$）路副载波不传送信息，通过选择合适的预留副载波频率和幅值，使 $s_{\min}^{(m)}$ 为最大，从而使平均光功率减小[28]。使用该分组码时，对于 QPSK 调制，传送的信息位 $K=2(N-L)$，$M=2^{2(N-L)}$；对于 8PSK 调制，$K=3(N-L)$，$M=2^{3(N-L)}$。预留的副载波可以是所有 $N$ 路副载波中的任意 $L$ 路，定义一个预留副载波集合 $S=\{n_1,n_2,\cdots,n_L\}$，其中 $n_i\in\{1,\cdots,N\}$。对传送的信息位进行编码，将信息比特矢量 $\boldsymbol{x}^{(m)}$ 映射在未预留副载波的振幅 $\{a_{nc}^{(m)},a_{ns}^{(m)},n\notin S\}$ 上。选择预留副载波的振幅 $\{a_{nc}^{(m)},a_{ns}^{(m)},n\in S\}$ 使 $s_{\min}^{(m)}$ 最大，即

$$\{a_{nc}^{(m)},a_{ns}^{(m)},n\in S\}=\underset{\{a_{nc}^{(m)},a_{ns}^{(m)},n\in S\}}{\operatorname{argmax}}\left[s_{\min}^{(m)}\right] \tag{4.97}$$

当改变 $N$、$L$ 以及偏置信号时，预留的副载波集合也随之改变，存在一个最佳集合使平均功率需求最小，且该集合不唯一。

3）功率最小化分组码

该编码方法没有预留固定的副载波，但其信息吞吐量等同于预留 $L$ 路副载波的编码方法，因此可认为有 $L$ 路副载波被有效地保留使得多路副载波电信号的最小值为最大[28]。以 8PSK 为例，使用标准分组码时，$N$ 路副载波传输 $K$ 位信息共有 $M=2^{3N}$ 种符号振幅矢量，因此，可以得到 $M$ 个 MSM 电信号的最小值 $s_{\min}^{(m)}$，其中 $m=1,\cdots,M$。对这 $M$ 个电信号的最小值进行排序，使 $s_{\min}^{(m)}\geqslant s_{\min}^{(m+1)}$，其中 $m=1,\cdots,2^{3N}-1$。选择较大的 $M'=2^{3(N-L)}$ 个电信号最小值，与之一一对应的符号振幅矢量构成新的矢量集合 $\{\boldsymbol{a}'^{(m')}\}$，其中 $m'=1,\cdots,M'$。因此选用集合 $\{\boldsymbol{a}'^{(m')}\}$ 中的符号振幅矢量就可以得到较小的偏置信号，从而降低平均光功率。对于 QPSK 调制方式，其编码原理与 8PSK 调制相同，需注意 $K'=2(N-L)$，$M'=2^{2(N-L)}$。

**2. 基于删除卷积码的功率利用率改善**

1) 删除卷积码

删除卷积码是由 J. B. Cain 等提出来的一种通过周期性删除比特来提高码率的卷积码，是卷积码的一种应用。与其他相同码率的卷积码相比，其译码复杂度可以降低，而且改变信息比特删除的模式就可以实现码率可变的卷积码[29]。

删除比特的位置要用计算机搜索来决定。对卷积码(2,1,3)的输出比特以每 $p=2$ 周期删除 $l=1$bit，在每 4 个一组的码元中删除一个码元有 4 种不同的方式，分别对应于这一组的第 1、2、3、4 个码元，而其中只有删除第 3 个码元的性能是最好的，则其生成矩阵 $\boldsymbol{G}$ 和删除矩阵 $\boldsymbol{P}$ 分别为

$$\boldsymbol{G}=\begin{bmatrix}1 & 1 & 1\\1 & 0 & 1\end{bmatrix},\quad \boldsymbol{P}=\begin{bmatrix}1 & 0\\1 & 1\end{bmatrix} \tag{4.98}$$

删除后的卷积码码率可以从 1/2 提高到 2/3。

图 4.29 为采用删除卷积码的多路副载波 QPSK 调制系统发射端框图。这里删除卷积码的母码码率为 1/2、编码约束度为 3，即卷积码(2,1,3)。输入 $l$bit 信息（$b_1,b_2,\cdots,b_l$）经过卷积编码器(2,1,3)生成 $2l$bit 卷积码，用删除表对其进行周期删除，将对应于删除表中“1”的编码比特分配给副载波的振幅，而将对应于删除表中“0”的编码比特删除且不分配给副载波的振幅。

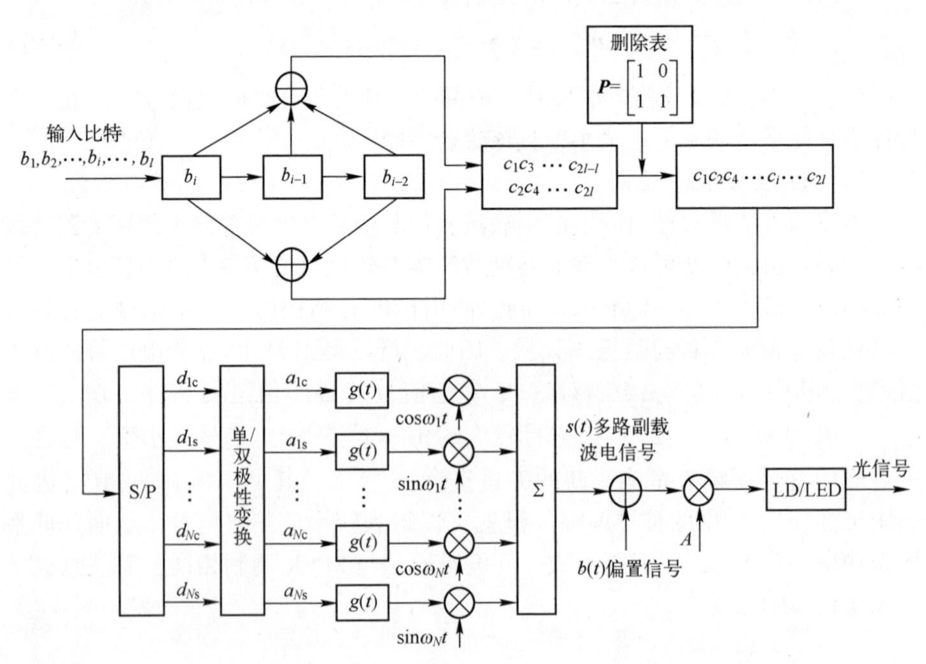


图 4.29 删除卷积码多路副载波 QPSK 调制系统发射端框图

2）删除卷积码与分组码结合的编码

本节采用删除卷积码与分组码相结合的编码方法，并将这种方法应用在多路副载波 QPSK 调制系统的发射端，研究了它对多路副载波 QPSK 调制系统发射功率的改善效果。

原始删除卷积码删除了对应于删除表中“0”的编码比特，不将其分配给副载波的振幅，这种组合编码方法的原理是使用分组码来映射对应于删除表中“0”的编码比特。映射方法有两种：一种是将对应删除表中“0”的比特映射在振幅 0 上，为固定振幅；另一种是将它映射在振幅 0、+1 或-1 上，为可变振幅，选择副载波信号振幅的原则是使需要的直流偏置为最小值，从而使平均光功率最小。

### 4.6.5　功率控制仿真结果与分析

分别基于固定偏置和时变偏置下，图 4.30 给出了采用不同分组码的 QPSK 及 8PSK 调制系统的归一化平均光功率需求[30]。仿真中，QPSK 调制时载波数取 $1 \leqslant N \leqslant 8$，8PSK 调制时取载波数 $1 \leqslant N \leqslant 6$，定义归一化功率需求为 $P/P_{OOK}$。

从图 4.30 中可以看出，当编码方式相同时，时变偏置与固定偏置相比可以明显降低功率需求。以标准分组码为例，对于 QPSK，当 $N=8$ 时，时变偏置与固定偏置相比归一化功率需求大约降低了 2.4dB；对于 8PSK，当 $N=6$ 时，约降低了 2.2dB。当采用相同偏置信号时，QPSK 调制副载波数 $N \geqslant 3$ 时，8PSK 调制副载波数 $N \geqslant 4$ 时，功率最小化分组码的发射端平均功率需求最小。从图 4.30 中可以得到时变偏置和功率最小化分组码相结合的方法对功率需求改善的效果最优。功率最小化分组码中要达到功率需求最小，编码中预留的 $L$ 路副载波不是唯一的，本节对不同载波总数下预留载波数的最佳取值进行了仿真研究。仿真中，QPSK 调制 $N=6$ 和 $N=8$，8PSK 调制 $N=5$ 和 $N=6$，仿真结果如图 4.31 所示。

由图 4.31 可知，当副载波数 $N$ 一定时，系统的功率需求会随预留副载波数 $L$ 变化而变化，存在一个最佳的 $L$ 值使功率需求最小。当副载波数 $N$ 或选择的偏置方式不同时，使系统的归一化功率需求达到最小的 $L$ 值也不相同。如图 4.31（a）所示，对于 QPSK 调制，当 $N=8$ 时，固定偏置下使功率需求达到最小的最佳 $L$ 值为 3，时变偏置下的最佳 $L$ 值为 2；若选择时变偏置，$N=6$ 时最佳 $L$ 值为 1，$N=8$ 时最佳 $L$ 值为 2。如图 4.31（b）所示，对于 8PSK 调制系统，当 $N=5$ 时，固定偏置下使功率需求达到最小的最佳 $L$ 值为 2，时变偏置下的最佳 $L$ 值也为 2，但是如果选择时变偏置，$N=6$ 时最佳 $L$ 值为 2，$N=5$时最佳 $L$ 值也为 2。

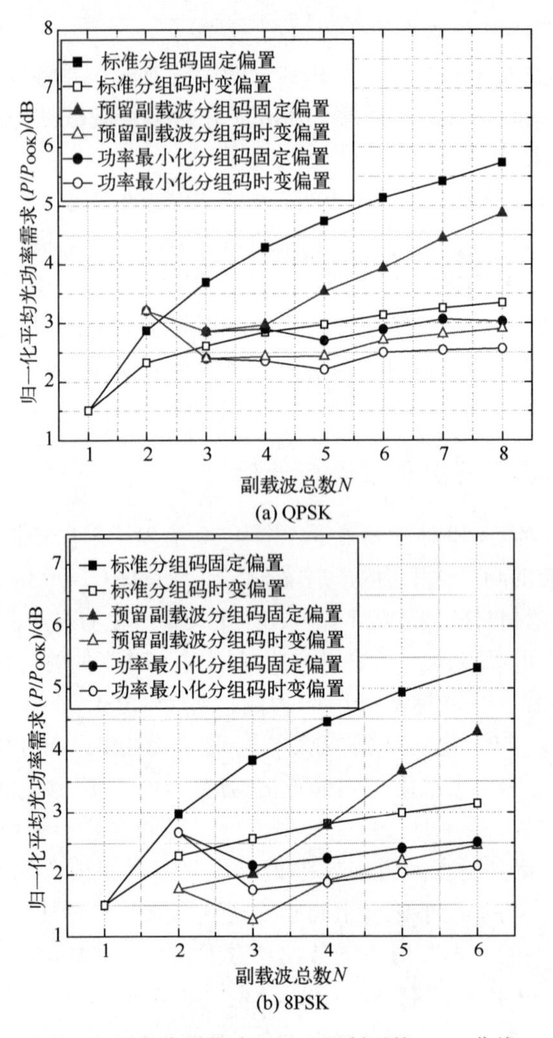


图 4.30　多路副载波 MPSK 调制系统 $N$-$P$ 曲线

此外，本节将删除卷积码以及删除卷积码与分组码结合编码的方法应用在多路副载波 QPSK 调制系统的发射端，研究使用不同编码和偏置方式时系统的归一化功率需求。为了方便区分，这里将删除卷积码与固定振幅分组码结合称为“组合方法 1”，与可变振幅分组码结合称为“组合方法 2”，仿真中，副载波数取 $1 \leqslant N \leqslant 8$，归一化功率需求为 $P/P_{\mathrm{OOK}}$，仿真结果如图 4.32（a）所示。同时还对比分析了时变偏置下，RCPC 编码与分组码相结合的方法、预留副载波分组码和功率最小化分组码的发射端归一化功率需求，如图 4.32（b）所示。

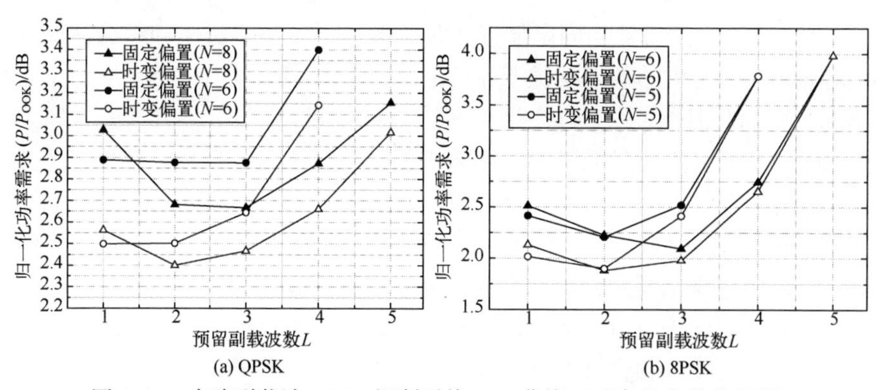


(a) QPSK　　(b) 8PSK

图 4.31　多路副载波 MPSK 调制系统 $L$-$P$ 曲线（功率最小化分组码）

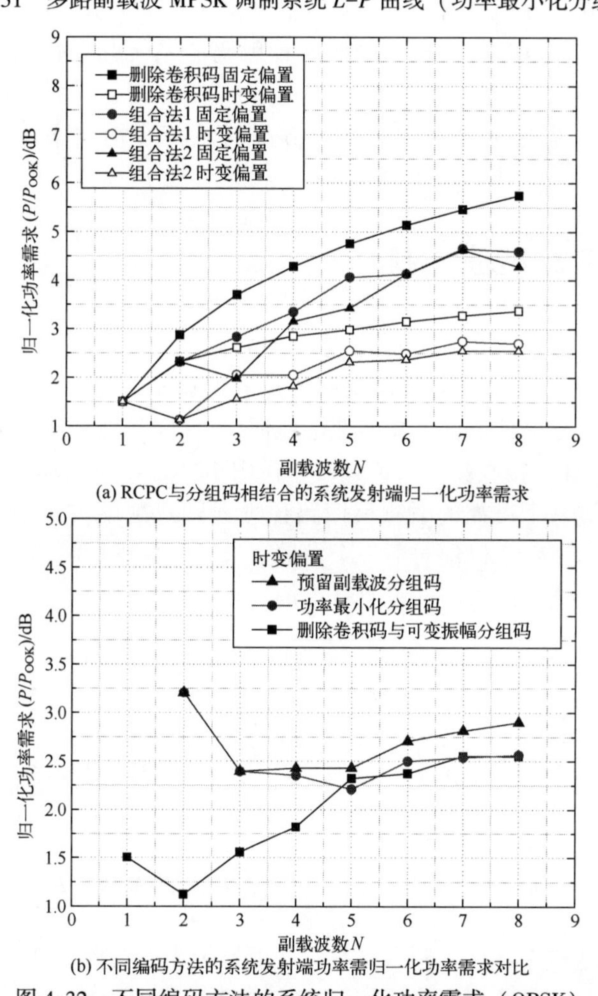


(a) RCPC与分组码相结合的系统发射端归一化功率需求

(b) 不同编码方法的系统发射端功率需归一化功率需求对比

图 4.32　不同编码方法的系统归一化功率需求（QPSK）

由图4.32（a）可知，固定偏置和时变偏置下，组合法1和组合法2减小归一化平均功率需求的效果均优于删除卷积码，时变偏置下$N=8$时，组合法2与删除卷积码相比，系统归一化功率需求减小了0.82dB。仿真中发现删除卷积码和标准分组码对降低平均功率需求的效果基本是一样的，如系统采用固定偏置、副载波数$N=2$时，输入信息序列（0111）经标准分组码编码映射在符号振幅矢量（-1111）上，可以得到系统的最大归一化功率需求约为2.88dB；当使用删除卷积码时，系统的最大归一化功率需求约为2.87dB，但此时输入信息序列为（101），符号振幅向量为（11-1-1）。这是因为归一化功率需求由副载波数和直流偏置值决定，当副载波数相同时，不同的输入信息经两种编码调制后分别得到的副载波电信号最小值$s_{\min}^{(m)}$基本相同，从而由$s_{\min}^{(m)}$决定的直流偏置值也基本相同，因此两种编码的系统归一化功率需求基本相同。由图4.32（b）可知，时变偏置下副载波数较小（$N\leqslant4$）时，采用删除卷积码与可变振幅分组码结合的编码方法对系统平均功率需求改善的效果最优。

## 4.7 自适应副载波调制

在无线光通信系统中，自适应副载波调制系统原理框图如图4.33所示。由图4.33可知，自适应副载波调制系统是通过在发送符号块的起始处插入导频符号，接收机通过信道估计能够准确地估计大气湍流信道的光强瞬时衰落状态$I$。基于该估计，接收端判决装置可选择用于发送该符号块的非导频符号的调制阶数，通过一个可靠的射频反馈路径来通知发射端的自适应副载波调制器，同时保存信道信息以便对下一个发送过来的数据进行解调，并相应地配置副载波解调器，通过解调器恢复出基带信号[31]。

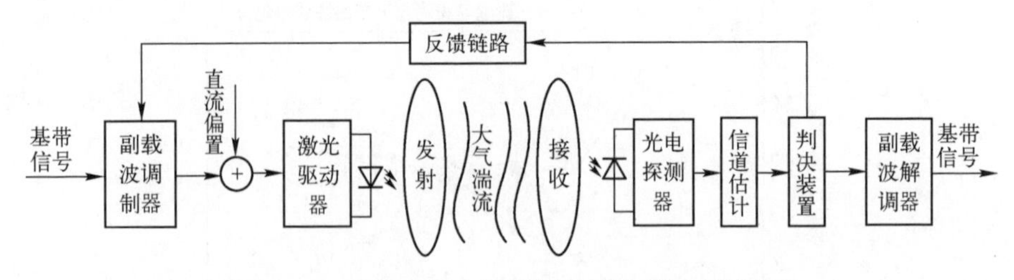


图4.33　无线光自适应副载波调制系统原理框图

无线光自适应副载波调制系统在没有增加传输光功率或牺牲系统误比特率性能的条件下，频谱效率得到了提高。它是在目标误比特率($\mathrm{BER_0}$)的条件下

使用最大可能的调制阶数，从而最大化每个符号间隔所传输的比特数。用表达式可以表示为[32]

$$\max \log_2 M \text{ subject to } \mathrm{BER}(M,I) \leqslant \mathrm{BER}_0 \tag{4.99}$$

实际上，自适应调制阶数有 $N$ 种选择 $\{M_1, M_2, \cdots, M_N\}$，阶数的选择取决于大气信道的光强瞬时衰落状态 $I$ 和系统目标误比特率 $\mathrm{BER}_0$。将 $I$ 的范围划分为 $N$ 个区域，并且每个区域都与调制阶数 $M_j$ 相关，规则如下：

$$M = M_j = 2_j, \quad I_j \leqslant I < I_{j+1}, \quad j = 1, \cdots, N \tag{4.100}$$

无线光通信系统的误比特率性能取决于大气湍流的强度和调制阶数 $M$。

当调制阶数 $M=2$ 时，BDPSK 调制系统的误比特率表达式为

$$\mathrm{BER}(2,I) = 2Q(I\sqrt{2\bar{r}}) \tag{4.101}$$

当调制阶数 $M>2$ 时，MDPSK 调制系统的误比特率表达式为

$$\mathrm{BER}(M,I) = \frac{2}{\log_2 M} Q\left(2I\sqrt{\bar{r}}\sin\left(\frac{\pi}{M}\right)\right) \tag{4.102}$$

当调制阶数 $M=2$ 时，BPSK 调制系统的误比特率表达式为

$$\mathrm{BER}(2,I) = Q(I\sqrt{2\bar{r}}) \tag{4.103}$$

当调制阶数 $M>2$ 时，MPSK 调制系统的误比特率表达式为

$$\mathrm{BER}(M,I) = \frac{2}{\log_2 M} Q\left[I\sqrt{2\bar{r}}\sin\left(\frac{\pi}{M}\right)\right] \tag{4.104}$$

式中：$Q(\cdot)$是高斯 $Q$ 函数，被定义为 $Q(x) = (1/\sqrt{2\pi})\int_x^{\infty} \mathrm{e}^{-2t^2/2}\mathrm{d}x$。

大气湍流信道下非自适应副载波 MDPSK 调制的平均误比特率表达式为

$$\mathrm{BER}(M) = \int_0^{\infty} \mathrm{BER}(M,I) f_I(I)\,\mathrm{d}I \tag{4.105}$$

将式（4.102）的误比特率表达式代入式（4.105）可得

$$\mathrm{BER}(M) = \int_0^{\infty} \frac{2}{\log_2 M} Q\left[2I\sqrt{\bar{r}}\sin\left(\frac{\pi}{2M}\right)\right] f_I(I)\,\mathrm{d}I \tag{4.106}$$

将 Malaga 湍流信道的光强概率密度函数（3.64）式代入式（4.106），则可以得到 Malaga 湍流信道下系统的平均误比特率表达式为

$$\mathrm{BER}(M) = \frac{2A}{\log_2 M}\sum_{k=1}^{\beta} a_k \int_0^{\infty} Q\left[2I\sqrt{\bar{r}}\sin\left(\frac{\pi}{2M}\right)\right] I^{\frac{\alpha+k}{2}-1} K_{\alpha-k}\left(2\sqrt{\frac{\alpha\beta I}{\gamma\beta + \Omega'}}\right)\mathrm{d}I \tag{4.107}$$

为了计算上述公式，$Q(\cdot)$可以通过 $Q(x) = \frac{1}{2}\mathrm{erfc}(x/\sqrt{2})$ 换算为关于误差函数 $\mathrm{erfc}(\cdot)$的表达式，因此公式（4.107）可以转化为

$$\mathrm{BER}(M)=\frac{A}{\log_2 M}\sum_{k=1}^{\beta}a_k\int_0^{\infty}I^{\frac{\alpha+k}{2}-1}\mathrm{erfc}\left[I\sqrt{2\bar{r}}\sin\left(\frac{\pi}{2M}\right)\right]K_{\alpha-k}\left(2\sqrt{\frac{\alpha\beta I}{\gamma\beta+\Omega'}}\right)\mathrm{d}I \tag{4.108}$$

对于上式的积分可利用 MeijerG 函数来计算，erfc(·)的 MeijerG 函数[32]可以写为 $\mathrm{erfc}(\sqrt{x})=\frac{1}{\sqrt{\pi}}G_{1,2}^{2,0}\left(x\left|\begin{matrix}1\\0,\frac{1}{2}\end{matrix}\right.\right)$。最后，利用 MeijerG 函数的运算性质经过推导可得到非自适应 MDPSK 调制的平均误比特率渐近表达式为

$$\mathrm{BER}(M)=\frac{A2^{\alpha-1}}{4\pi^{3/2}\left(\frac{\alpha\beta}{\gamma\beta+\Omega'}\right)^{\alpha/2}\log_2 M}\sum_{k=1}^{\beta}\frac{a_k 2^k}{\left(\frac{\alpha\beta}{\gamma\beta+\Omega'}\right)^{k/2}}\times G_{5,2}^{2,4}\left[\frac{32\bar{r}\sin^2\frac{\pi}{2M}}{\left(\frac{\alpha\beta}{\gamma\beta+\Omega'}\right)^2}\left|\begin{matrix}\frac{1-\alpha}{2},\frac{2-\alpha}{2},\frac{1-k}{2},\frac{2-k}{2},1\\0,\frac{1}{2}\end{matrix}\right.\right] \tag{4.109}$$

同理，Malaga 湍流信道下非自适应 MPSK 调制系统平均误比特率的渐近表达式为

$$\mathrm{BER}(M)=\frac{A2^{\alpha-1}}{4\pi^{3/2}\left(\frac{\alpha\beta}{\gamma\beta+\Omega'}\right)^{\alpha/2}\log_2 M}\sum_{k=1}^{\beta}\frac{a_k 2^k}{\left(\frac{\alpha\beta}{\gamma\beta+\Omega'}\right)^{k/2}}\times G_{5,2}^{2,4}\left[\frac{16\bar{r}\sin^2\frac{\pi}{M}}{\left(\frac{\alpha\beta}{\gamma\beta+\Omega'}\right)^2}\left|\begin{matrix}\frac{1-\alpha}{2},\frac{2-\alpha}{2},\frac{1-k}{2},\frac{2-k}{2},1\\0,\frac{1}{2}\end{matrix}\right.\right] \tag{4.110}$$

在目标误比特率的要求下，通过对式（4.101）和式（4.102）的推导，可得到 MDPSK 调制系统下的光强衰落值 $I_j$ 为

$$I_1=\sqrt{\frac{1}{2\bar{r}}}Q^{-1}\left(\frac{\mathrm{BER}_0}{2}\right) \tag{4.111}$$

$$I_j=\frac{1}{\sin(\pi/2M_j)}\frac{1}{2\sqrt{\bar{r}}}Q^{-1}\left(\frac{\log_2 M_j}{2}\mathrm{BER}_0\right),\quad j=2,\cdots,N \tag{4.112}$$

$$I_{N+1}\to\infty \tag{4.113}$$

同理，通过对式（4.103）和式（4.104）的推导，可得到相对应的 MPSK 调制系统下的 $I_j$ 为

$$I_1=\sqrt{\frac{1}{2\bar{r}}}Q^{-1}(\mathrm{BER}_0) \tag{4.114}$$

$$I_j=\frac{1}{\sin(\pi/M_j)}\frac{1}{\sqrt{2\bar{r}}}Q^{-1}\left(\frac{\log_2 M_j}{2}\mathrm{BER}_0\right),\quad j=2,\cdots,N \tag{4.115}$$

$$I_{N+1}\to\infty \tag{4.116}$$

式中：$Q^{-1}(\cdot)$指的是高斯 $Q$ 函数的反函数，它是大多数数学软件包中的标准内建函数。当 $I<I_1$ 时，自适应传输系统停止传输，通信系统将会遭到中断。

### 4.7.1　湍流信道下 SISO 自适应副载波调制特性

**1. 频谱效率**

频谱效率是指发送的有用的信息速率除以给定的链路带宽。基于第 2 章所研究的 Malaga 湍流信道，自适应副载波调制系统的频谱效率表达式为[32]

$$S=\frac{C}{W}=\frac{\bar{n}}{2} \tag{4.117}$$

式中：$C$ 代表容量，单位为 b/s；$\bar{n}$是传输的平均比特数。副载波 MDPSK 和 MPSK 调制所需的带宽是 PAM 调制的两倍，那么在一个符号间隔内所传输的平均比特数将会一分为二，则在自适应 MDPSK 调制中传输的平均比特数为

$$\bar{n}=\sum_{j=1}^{N}b_j\log_2 M_j \tag{4.118}$$

式中：

$$\begin{aligned} b_j &= \Pr\{I_j \leqslant I < I_{j+1}\} \\ &= \int_{I_j}^{I_{j+1}} f_I(I)\,\mathrm{d}I = F_I(I_{j+1}) - F_I(I_j) \end{aligned} \tag{4.119}$$

那么式（4.117）可以表示为

$$S=\frac{\sum_{j=1}^{N} j[F_I(I_{j+1})-F_I(I_j)]}{2} \tag{4.120}$$

式中：$F_I(I_{j+1})$和$F_I(I_j)$表示光强 $I$ 的分布函数，由于 $F_I(I_{N+1})\to 1$，则式（4.120）可以简化为

$$S=\frac{N-\sum_{j=1}^{N}F_I(I_j)}{2} \tag{4.121}$$

Malaga 湍流信道下光强 $I$ 的分布函数 MeijerG 函数渐近表达式见式（3.65），将式（3.65）代入式（4.121），则可得到 Malaga 湍流信道下自适应副载波 MDPSK 和 MPSK 两种调制系统的频谱效率表达式为

$$S=\frac{\bar{n}}{2}=\frac{N-\frac{A}{2}\sum_{j=1}^{N}I_j^{\frac{\alpha}{2}}\sum_{k=1}^{\beta}a_kI_j^{\frac{k}{2}}G_{1,3}^{2,1}\left(\frac{\alpha\beta}{\gamma\beta+\Omega'}I_j\left|\begin{matrix}1-\frac{\alpha+k}{2}\\ \frac{\alpha-k}{2},\frac{k-\alpha}{2},-\frac{\alpha+k}{2}\end{matrix}\right.\right)}{2} \tag{4.122}$$

式中：自适应 MDPSK 调制的 $I_j$ 可由式（4.111）~式（4.113）得到。自适应 MPSK 调制的 $I_j$ 可由式（4.114）~式（4.116）得到。

图 4.34 是当 $BER_0=10^{-2}$ 时，Malaga 湍流信道所表征的 Lognormal 分布、Gamma-Gamma 分布和 K 分布下（见第三章表 3.1），自适应 MDPSK 和自适应 MPSK 两种调制系统的频谱效率与自适应调制阶数（$M=2^N$）以及平均电信噪比之间的关系曲线。

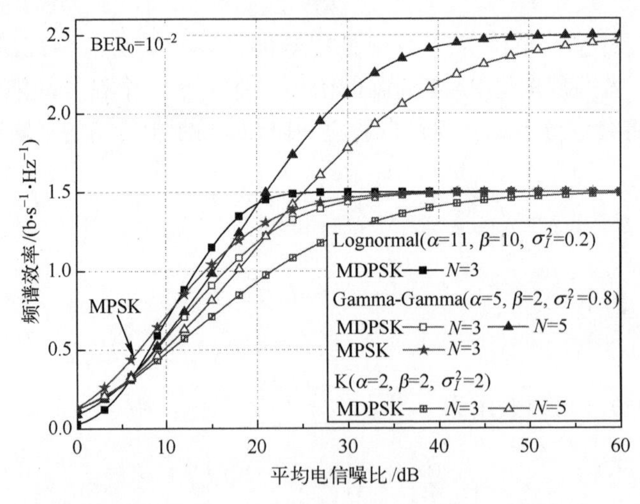


图 4.34　Malaga 湍流信道下自适应调制系统频谱效率（不同分布）（见彩图）

由图 4.34 可知，在自适应 MDPSK 调制系统下，当 $N=3$ 且平均电信噪比 15dB<SNR<35dB 时，Lognormal 分布($\sigma_I^2=0.2$)下的频谱效率最大，在 25dB 时趋于饱和值 1.5b/s/Hz，Gamma-Gamma 分布($\sigma_I^2=0.8$)和 K 分布($\sigma_I^2=2$)分别在平均电信噪比约为 38dB 和 52dB 时频谱效率趋于该饱和值，说明在同一自适应调制方式和相同的调制阶数下，湍流强度越小，获得最大频谱效率所需要

的平均电信噪比越低。而在自适应 MPSK 调制系统下，当 $N=3$，Gamma-Gamma 分布($\sigma_I^2=0.8$)在信噪比约为 35dB 时，频谱效率趋于该饱和值，说明在同一湍流强度下，自适应 MPSK 调制获得最大频谱效率所需要的平均电信噪比比自适应 MDPSK 调制小。此外，由图 4.34 还可以看出，当湍流强度以及调制方式一致时，随着自适应调制阶数 $M$（$M=2^N$）的增大，其频谱效率也随之增大。

**2. 平均误比特率**

无线光通信自适应副载波 MDPSK 和 MPSK 这两种调制系统的平均误比特率，是指错误的比特数除以总的传输比特数，则系统平均误比特率可以表示为[33]

$$\overline{\text{BER}}=\frac{\overline{n_{\text{err}}}}{\bar{n}}=\frac{\sum_{j=1}^{N}\langle\text{BER}\rangle_j\log_2 M_j}{\bar{n}} \tag{4.123}$$

式中：

$$\langle\text{BER}\rangle_j=\int_{I_j}^{I_{j+1}}\text{BER}(M_j,I)f_I(I)\,\mathrm{d}I \tag{4.124}$$

在自适应副载波 MDPSK 调制系统中，将式（3.64）和式（4.104）代入上式，可以得到 Malaga 大气湍流信道下$\langle\text{BER}\rangle_j$为

$$\langle\text{BER}\rangle_j=\frac{A}{\log_2 M_j}\sum_{k=1}^{\beta}a_k\int_{I_j}^{I_{j+1}}\text{erfc}\left[I\sqrt{2\bar{r}}\sin\left(\frac{\pi}{2M_j}\right)\right]I^{\frac{\alpha+k}{2}-1}K_{\alpha-k}\left(2\sqrt{\frac{\alpha\beta I}{\gamma\beta+\Omega'}}\right)\mathrm{d}I \tag{4.125}$$

采用 MeijerG 函数，经推导可得到系统平均误比特率为

$$\overline{\text{BER}}=\frac{\sum_{j=1}^{N}\langle\text{BER}\rangle_j\log_2 M_j}{N-\frac{A}{2}\sum_{j=1}^{N}I_j^{\alpha/2}\sum_{k=1}^{\beta}a_k I_j^{k/2}G_{1,3}^{2,1}\left(\frac{\alpha\beta}{\gamma\beta+\Omega'}I_j\left|\begin{matrix}1-\frac{\alpha+k}{2}\\ \frac{\alpha-k}{2},\frac{k-\alpha}{2},-\frac{\alpha+k}{2}\end{matrix}\right.\right)} \tag{4.126}$$

将式（4.125）代入式（4.126）通过计算可得到最终的自适应副载波 MDPSK 调制系统的平均误比特率$\overline{\text{BER}}$，另外式子中的 $I_j$ 可由式（4.101）、式（4.112）和式（4.103）得到。同理，在自适应副载波 MPSK 调制系统中，将式（3.64）和式（4.106）代入式（4.124）得

$$\langle \mathrm{BER} \rangle_j = \frac{A}{\log_2 M_j} \sum_{k=1}^{\beta} a_k \int_{I_j}^{I_{j+1}} \mathrm{erfc}\left[ I\sqrt{\bar{r}} \sin\left(\frac{\pi}{M_j}\right) \right] I^{\frac{\alpha+k}{2}-1} K_{\alpha-k}\left( 2\sqrt{\frac{\alpha\beta I}{\gamma\beta + \Omega'}} \right) \mathrm{d}I \tag{4.127}$$

则自适应 MPSK 调制系统的平均误比特率为

$$\overline{\mathrm{BER}} = \frac{\overline{n_{\mathrm{err}}}}{\bar{n}} = \frac{\sum_{j=1}^{N} \langle \mathrm{BER} \rangle_j \log_2 M_j}{N - \frac{A}{2}\sum_{j=1}^{N} I_j^{\frac{\alpha}{2}} \sum_{k=1}^{\beta} a_k I_j^{\frac{k}{2}} G_{1,3}^{2,1}\left( \frac{\alpha\beta}{\gamma\beta + \Omega'} I_j \middle| \begin{matrix} 1 - \frac{\alpha + k}{2} \\ \frac{\alpha - k}{2}, \frac{k - \alpha}{2}, -\frac{\alpha + k}{2} \end{matrix} \right)} \tag{4.128}$$

此外，式子中的 $I_j$ 可由式（4.114）、式（4.115）和式（4.116）得到。

图 4.35 表示在 Malaga 湍流信道所表征的 Gamma-Gamma 分布（$\sigma_I^2 = 0.8$）中，在不同目标误比特率为 $10^{-2}$ 和 $10^{-3}$ 下自适应 MDPSK 和自适应 MPSK 两种调制系统下的平均误比特率性能。可以看出，对于自适应 MDPSK 调制系统，在目标误比特率 $\mathrm{BER}_0 = 10^{-2}$ 且平均电信噪比 SNR = 25dB，$N = 3$（即自适应调制阶数最大值为 $2^N = 8$）时，平均误比特率值为 $6.15\times10^{-4}$；$N = 5$（即自适应调制阶数最大值为 $2^N = 32$），平均误比特率的值为 $2.11\times10^{-3}$。而在目标误比特率 $\mathrm{BER}_0 = 10^{-3}$ 且 SNR = 25dB，$N = 3$ 时，平均误比特率值为 $5.2\times10^{-5}$；$N = 5$，

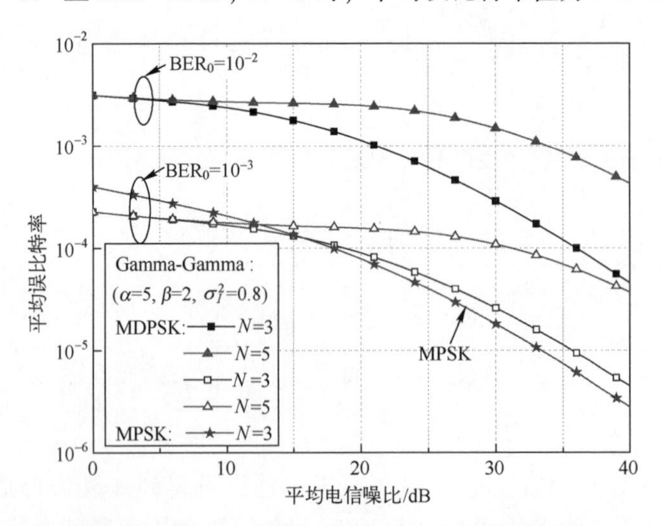


图 4.35　Malaga 湍流信道下自适应副载波调制平均误比特率（双 Gamma 分布）（见彩图）

平均误比特率值为 $1.4\times10^{-4}$。可以看出，自适应调制阶数取值越小（体现为 $N$ 的取值），平均误比特率越小；而当调制阶数一致时，目标误比特率越小，系统平均误比特率的值越小且均小于各自的目标误比特率。此外，在自适应 MPSK 调制系统中，目标误比特率 $BER_0=10^{-3}$ 且 SNR = 25dB，$N=3$ 时，平均误比特率值为 $4.01\times10^{-5}$，由图 4.35 也可以看出，在平均电信噪比较大（大于 17dB）时，自适应 MPSK 调制的误比特率性能是优于自适应 MDPSK 调制系统的。

图 4.36 表示当目标误比特率 $BER_0=10^{-3}$ 时，Malaga 湍流信道所表征的三种不同湍流分布下的自适应 MDPSK 调制系统平均误比特率。当 $N=3$，平均电信噪比 SNR = 25dB 时，Lognormal 分布（$\sigma_I^2=0.2$）平均误比特率最小为 $2.6\times10^{-5}$，Gamma-Gamma 分布（$\sigma_I^2=0.8$）的平均误比特率为 $5.2\times10^{-5}$，而 K 分布（$\sigma_I^2=2$）平均误比特率最大约为 $5.9\times10^{-5}$。因此可以看出，在相同调制阶数且平均电信噪比较小时，光强闪烁指数的变化对自适应 MDPSK 调制平均误比特率的影响不明显，而当平均电信噪比大于 22dB 后，系统平均误比特率性能受湍流强度的影响变化才明显，湍流光强闪烁指数越小，平均误比特率就越小。

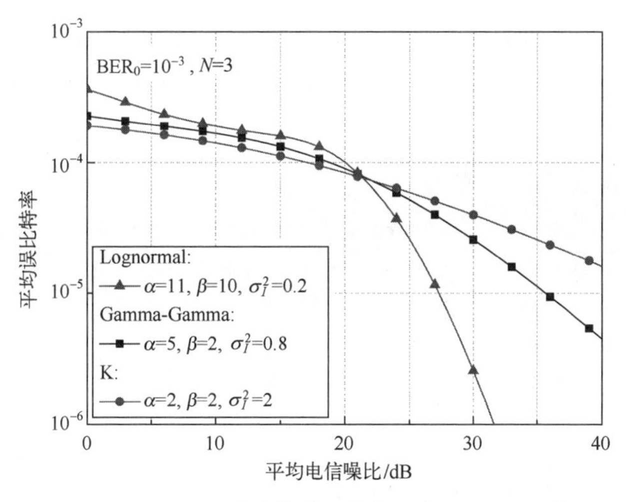


图 4.36　Malaga 湍流信道下的自适应 MDPSK 调制平均误比特率（不同分布）

### 3. 中断概率

系统中断概率和误比特率一样都是衡量通信系统性能好坏的指标。在无线光通信中，由于信道的时变性，使信道容量也具有时变性，当信道容量小于信息速率时，会导致通信中断。中断概率可表示为接收机瞬时信噪比低于某一信噪比阈值的概率（$\mathrm{SNR}<\mathrm{SNR}_{\mathrm{th}}$）。在 Malaga 湍流信道下，自适应 MDPSK 和 MPSK 两种调制通信系统中，当光强 $I<I_1$ 时，该系统中数据停止传输，因此系统中断概率表达式为

$$P_{\mathrm{out}} = \int_0^{I_1} f_I(I)\,\mathrm{d}I \tag{4.129}$$

将 Malaga 湍流信道的概率密度函数（3.64）式代入式（4.115）可得

$$P_{\mathrm{out}} = \int_0^{I_1} A \sum_{k=1}^{\beta} a_k I^{\frac{\alpha+k}{2}-1} K_{\alpha-k}\left(2\sqrt{\frac{\alpha\beta I}{\gamma\beta+\Omega'}}\right)\mathrm{d}I \tag{4.130}$$

将 $K_v(.)$ 函数的 MeijerG 表达式代入上式，再根据 MeijerG 函数运算性质，经过推导最终可得

$$P_{\mathrm{out}} = \frac{A}{2} I_1^{\frac{\alpha}{2}} \sum_{k=1}^{\beta} a_k I_1^{\frac{k}{2}} G_{1,3}^{2,1}\left(\frac{\alpha\beta}{\gamma\beta+\Omega'} I_1 \middle| \begin{matrix} 1-\dfrac{\alpha+k}{2} \\ \dfrac{\alpha-k}{2}, \dfrac{k-\alpha}{2}, -\dfrac{\alpha+k}{2} \end{matrix}\right) \tag{4.131}$$

式中：自适应 MDPSK 调制的 $I_1$ 可由式（4.111）得到。自适应 MPSK 调制中的 $I_1$ 可由式（4.114）得到。

图 4.37 表示当目标误比特率 $\mathrm{BER}_0=10^{-2}$ 时，Malaga 湍流信道所表征的三种不同分布模型下自适应 MDPSK 和自适应 MPSK 两种调制系统的中断概率。

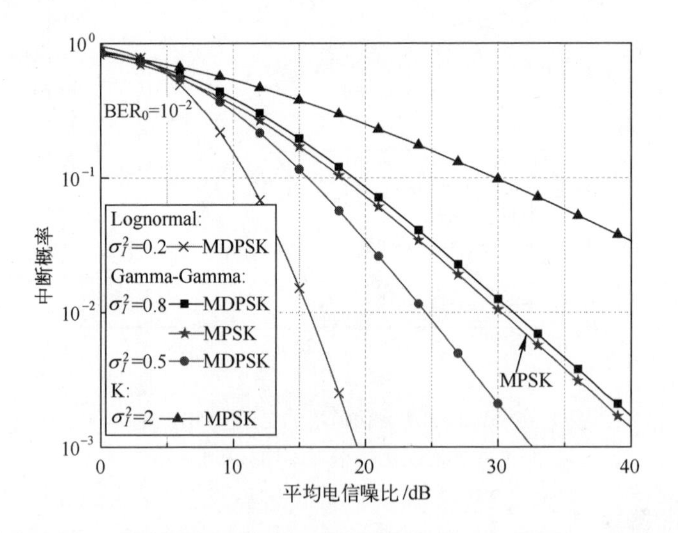


图 4.37　Malaga 湍流信道下自适应副载波调制系统的中断概率（不同分布）

可以看出，平均电信噪比相同时，光强闪烁指数越小，自适应 MDPSK 调制系统的中断概率越小。当平均电信噪比为 25dB 时，K 分布（$\sigma_I^2=2$）的中断概率达到 $1.6\times10^{-1}$，Gamma-Gamma 分布（$\sigma_I^2=0.8$）中断概率为 $3.4\times10^{-2}$，而 Log-normal 分布（$\sigma_I^2=0.2$）下中断概率仅为 $1.6\times10^{-5}$。而自适应 MPSK 调制系统在 Gamma-Gamma 分布（$\sigma_I^2=0.8$）下中断概率为 $2.8\times10^{-2}$，这说明在湍流强度相同时，自适应 MPSK 调制系统的中断概率小于自适应 MDPSK 调制系统。

**4. SISO 非自适应与自适应副载波调制系统的性能比较**

自适应副载波 MDPSK 和 MPSK 两种调制系统的频谱效率在之前章节中已经推导出其理论计算公式，而对于非自适应副载波 MDPSK 调制系统的频谱效率由式（4.95）、式（4.103）计算得到，非自适应副载波 MPSK 调制系统的频谱效率由式（4.96）、式（4.103）计算得到。图 4.38（a）为 Malaga 湍流信道所表征的两种不同湍流分布下自适应与非自适应副载波调制系统的频谱效率对比图，自适应调制方式为 MDPSK，非自适应调制方式为 QDPSK。图 4.38（b）为 Malaga 湍流信道所表征 Gamma-Gamma 分布下自适应与非自适应副载波不同调制方式的频谱效率对比图，自适应调制方式分别为 MDPSK 和 MPSK，非自适应调制方式分别为 QDPSK 和 QPSK。

从图 4.38 中可以看出，当湍流强度一致时，随着自适应调制阶数的增大系统频谱效率也随之增大，并逐渐趋近于 Malaga 信道不同湍流分布下各自的信道容量上限。在图 4.38（a）非自适应 QDPSK 调制系统下，两种分布下平均电信噪比分别大于 13dB（Lognormal：$\sigma_I^2=0.2$）和 40dB（K 分布：$\sigma_I^2=2$）时，非自适应 QDPSK 系统频谱效率为一恒值 1.0b/s/Hz，与图中目标误比特率为 $\mathrm{BER}_0=10^{-2}$，$N=3$ 时自适应 MDPSK 调制系统的频谱效率达到 1.0b/s/Hz 所对应的平均电信噪比数值相比，自适应调制比非自适应调制在 Lognormal 分布下没有明显的频谱效率增益，在 K 分布下获得约 18dB 的频谱效率增益，说明随着湍流强度的增大，自适应调制系统相对于非自适应调制系统所获得的频谱效率增益也越大。在图 4.38（b）中，在非自适应 QDPSK 和 QPSK 两种调制系统下，Gamma-Gamma 分布（$\sigma_I^2=0.8$）下，当平均电信噪比大于等于 24dB（QDPSK 调制）以及 22dB（QPSK 调制）时，非自适应调制系统的频谱效率为一恒值 1.0b/s/Hz。与图中目标误比特率 $\mathrm{BER}_0=10^{-2}$，$N=3$ 时相对应的自适应调制系统相比，自适应 MDPSK 调制和 MPSK 调制均获得了 6dB 的增益，这说明在中、强湍流强度下，自适应调制系统的频谱效率性能明显优于非自适应调制系统。

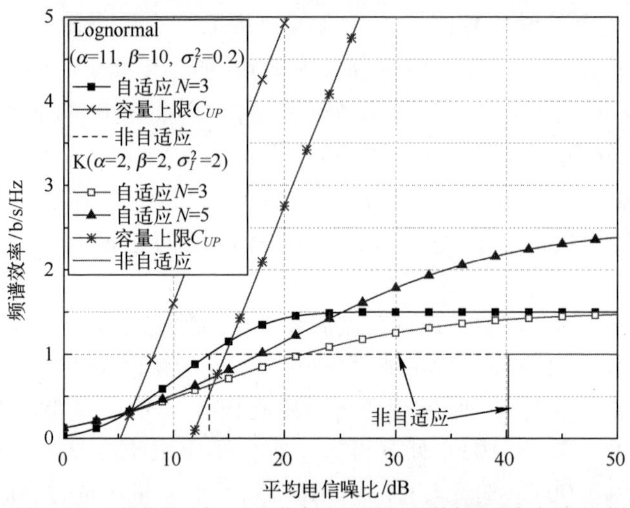

(a) Malaga 湍流信道下自适应与非自适应调制系统的频谱效率（不同分布）

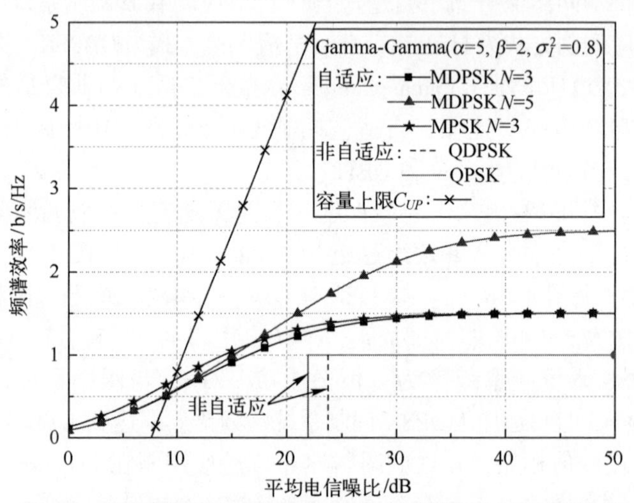

(b) Malaga 湍流信道下自适应与非自适应系统的频谱效率（不同调制方式）

图 4.38 Malaga 湍流信道下自适应与非自适应调制系统的频谱效率（见彩图）

图 4.39（a）是在 Malaga 湍流信道概率密度函数所表征的三种不同分布下自适应 MDPSK 与非自适应调制 QDPSK 系统的平均误比特率性能。图 4.39（b）为 Malaga 湍流信道所表征的 Gamma-Gamma 分布（$\sigma_I^2=0.8$）下自适应调制（MDPSK 和 MPSK）与非自适应调制（QDPSK 和 QPSK）方式的平均误比特率对比图。

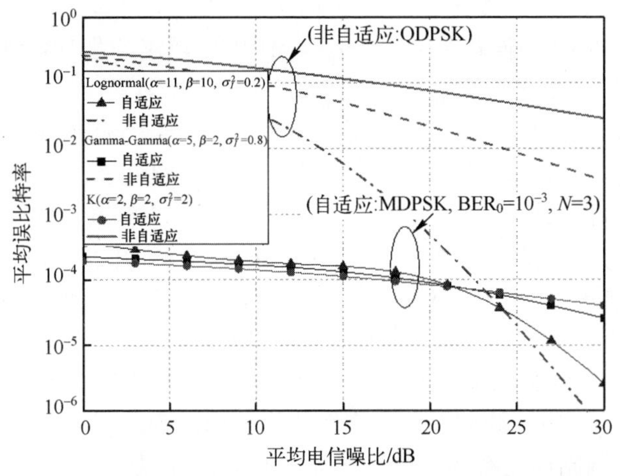


(a) Malaga 湍流信道下自适应与非自适应调制的平均误比特率(不同分布)

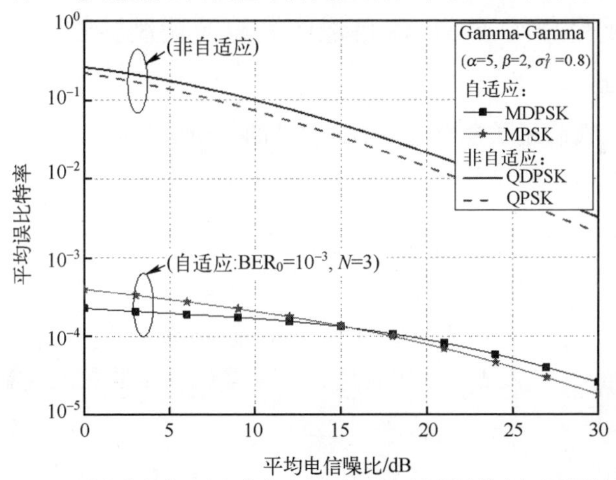


(b) Malaga湍流信道自适应与非自适应调制系统平均误比特率(不同调制方式)

图 4. 39　Malaga 湍流信道下自适应与非自适应调制系统的平均误比特率（见彩图）

从图 4. 39（a）中可以发现，在 Malaga 湍流信道下，随着湍流光强闪烁指数的增大，自适应调制系统的平均误比特率性能优于非自适应调制系统这一趋势也越来越明显。在自适应 MDPSK 调制系统中，当 $\mathrm{BER}_0=10^{-3}$，$N=3$ 时，在 SNR = 25dB 处，Lognormal 分布（$\sigma_I^2=0.2$）的误比特率为 $2.6\times10^{-5}$，Gamma-Gamma 分布（$\sigma_I^2=0.8$）的误比特率为 $5.2\times10^{-5}$，而 K 分布（$\sigma_I^2=2$）的误比特率约为 $5.9\times10^{-5}$。而在非自适应 QDPSK 调制系统中，在 SNR = 25dB 处，对数正态分布（$\sigma_I^2=0.2$）的误比特率为 $1.98\times10^{-5}$，Gamma-Gamma 分布

（$\sigma_I^2=0.8$）的误比特率为 $8.5\times10^{-3}$，而 K 分布（$\sigma_I^2=2$）的误比特率达到 $4.7\times10^{-2}$。因此在中、强湍流区，自适应 MDPSK 调制的平均误比特率性能明显优于非自适应 QDPSK 调制。

图 4.39（b）是 Malaga 大气湍流信道所表征的 Gamma-Gamma 分布（$\sigma_I^2=0.8$）下自适应与非自适应调制系统的平均误比特率性能。在自适应 MDPSK 和 MPSK 两种调制系统中，当 $\mathrm{BER}_0=10^{-3}$，$N=3$，且 SNR = 25dB 处，MDPSK 调制系统的平均误比特率为 $5.2\times10^{-5}$，MPSK 调制平均误比特率为 $4.0\times10^{-5}$；在非自适应调制系统中，QDPSK 调制系统的平均误比特率为 $8.5\times10^{-3}$，QPSK 调制平均误比特率为 $5.4\times10^{-3}$。因此，自适应调制系统的平均误比特率性能明显优于非自适应调制系统。另外，在自适应调制系统中，当平均电信噪比大于等于 16dB 时，MPSK 调制误比特率性能优于 MDPSK 调制。在非自适应调制系统中，QPSK 调制误比特率性能始终优于 QDPSK 调制。

## 4.7.2 复合信道下 SISO 自适应副载波调制特性

**1. 频谱效率**

未对准和大气湍流联合影响下的光强 $I$ 的分布函数：

$$F_I(I_j)=\int_0^{I_{\mathrm{th}}} f_I(I)\,\mathrm{d}I \tag{4.132}$$

式中：$f_I(I)$ 为联合概率密度函数，其表达式为

$$f_I(I)=\frac{g^2A}{2}I^{-1}\sum_{k=1}^{\beta}a_k\left(\frac{\alpha\beta}{\gamma\beta+\Omega'}\right)^{-\frac{\alpha+k}{2}}G_{1,3}^{3,0}\left(\frac{\alpha\beta}{\gamma\beta+\Omega'}\cdot\frac{I}{A_0}\middle|\begin{matrix}g^2+1\\ g^2,\alpha,k\end{matrix}\right) \tag{4.133}$$

将式（4.133）代入 $F_I(I_j)$ 的表达式，可得到未对准和大气湍流影响下的分布函数为

$$F_I(I_j)=\int_0^{I_{\mathrm{th}}}\frac{g^2A}{2}I^{-1}\sum_{k=1}^{\beta}a_k\left(\frac{\alpha\beta}{\gamma\beta+\Omega'}\right)^{-\frac{\alpha+k}{2}}G_{1,3}^{3,0}\left(\frac{\alpha\beta}{\gamma\beta+\Omega'}\cdot\frac{I}{A_0}\middle|\begin{matrix}g^2+1\\ g^2,\alpha,k\end{matrix}\right)\mathrm{d}I \tag{4.134}$$

采用 Meijer G 函数[34]，可以将上式转化为

$$F_I(I_j)=\frac{g^2A}{2}\sum_{k=1}^{\beta}a_k\left(\frac{\alpha\beta}{\gamma\beta+\Omega'}\right)^{-\frac{\alpha+k}{2}}G_{2,4}^{3,1}\left(\frac{\alpha\beta}{\gamma\beta+\Omega'}\cdot\frac{I_{th}}{A_0}\middle|\begin{matrix}1,g^2+1\\ g^2,\alpha,k,0\end{matrix}\right) \tag{4.135}$$

式中：$F_I(I_j)$ 为光强 $I$ 的分布函数，且 $F_I(I_{N+1})\to1$。将式（4.135）代入式（4.119）和式（4.118），则可得系统传输的平均比特数为

$$\bar{n}=N-\sum_{j=1}^{N}\frac{g^2A}{2}\sum_{k=1}^{\beta}a_k\left(\frac{\alpha\beta}{\gamma\beta+\Omega'}\right)^{-\frac{\alpha+k}{2}}G_{2,4}^{3,1}\left(\frac{\alpha\beta}{\gamma\beta+\Omega'}\cdot\frac{I_j}{A_0}\middle|\begin{matrix}1,g^2+1\\ g^2,\alpha,k,0\end{matrix}\right) \tag{4.136}$$

将式（4.135）代入式（4.122），可推导出自适应频谱效率为[35]

$$S=\frac{N-\sum_{j=1}^{N}\frac{g^2A}{2}\sum_{k=1}^{\beta}a_k\left(\frac{\alpha\beta}{\gamma\beta+\Omega'}\right)^{-\frac{\alpha+k}{2}}G_{2,4}^{3,1}\left(\frac{\alpha\beta}{\gamma\beta+\Omega'}\cdot\frac{I_j}{A_0}\middle|\begin{matrix}1,g^2+1\\g^2,\alpha,k,0\end{matrix}\right)}{2}\tag{4.137}$$

图 4.40 是当目标误比特率 $BER_0=10^{-2}$ 时，考虑未对准衰落和大气湍流效应情况下，抖动标准差和光束束腰半径对自适应 MPSK 调制频谱效率的影响。Malaga 湍流信道取 Gamma-Gamma 分布（$\sigma_I^2=0.8$）。由图 4.40 可知，当抖动标准差一定时，随着光束束腰半径的增大，系统频谱效率初始增加速度缓慢，到达最大频谱效率所需电信噪比明显增大。当光束束腰半径一定时，随着抖动标准差的增大，频谱效率达到最大值的速度变得缓慢。因此，参数 $w_z/a$ 影响频谱效率的初始增加速度，$\sigma_s/a$ 影响频谱效率达到最大值的速度。

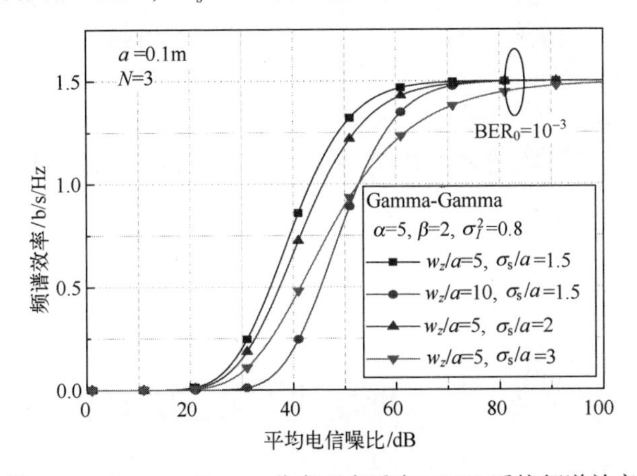


图 4.40　Gamma-Gamma 分布下自适应 MPSK 系统频谱效率

图 4.41 是当目标误比特率为 $BER_0=10^{-2}$ 时，考虑未对准衰落和大气湍流情况下，不同湍流分布下自适应 MPSK 系统的频谱效率。由图 4.36 可知，当 $w_z/a=5$ 且 $\sigma_s/a=1.5$ 时，系统自适应频谱效率初始增加速度和达到最大值速度最快，因此后续研究中选取 $w_z/a=5$，$\sigma_s/a=1.5$。

由图 4.36 可知，随着光强起伏方差的增加，频谱效率的初始增加速度降低，到达最大值 1.5b/s/Hz 速度也降低。在平均电信噪比较小时，光束束腰半径对自适应调制频谱效率的影响最大，其次是光强起伏，抖动标准差影响相对较小。对于弱湍流（$\sigma_I^2=0.2$）情况，当信噪比 SNR = 60dB 时，不同束腰半径以及抖动偏差下的自适应系统频谱效率均趋于最大值 1.5b/s/Hz。但对于强湍流（$\sigma_I^2=2$）情况，频谱效率达到最大值需要更大的平均电信噪比。

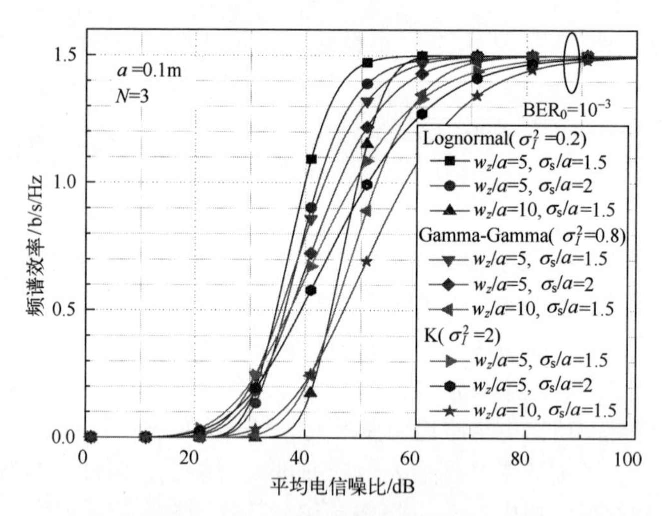


图 4.41　不同湍流分布下自适应 MPSK 系统频谱效率（见彩图）

## 2. 平均误比特率

将副载波 MPSK 调制误比特率表达式（4.104）和大气湍流及未对准影响下的联合概率密度函数式（4.128）代入式（4.124），则在 Malaga 湍流和未对准联合影响下的 $<\mathrm{BER}>_j$ 为[35]

$$< \mathrm{BER} >_j = \frac{g^2 A}{2\log_2 M_j}\sum_{k=1}^{\beta} a_k \left(\frac{\alpha\beta}{\gamma\beta+\Omega'}\right)^{-\frac{\alpha+k}{2}} \times \int_{I_j}^{I_{j+1}} \mathrm{erfc}\left(I\sqrt{\bar{r}}\sin\frac{\pi}{M_j}\right) I^{-1} G_{1,3}^{3,0}\left(\frac{\alpha\beta}{\gamma\beta+\Omega'}\cdot\frac{I}{A_0}\middle| \begin{matrix} g^2+1 \\ g^2,\alpha,k \end{matrix}\right)\mathrm{d}I \tag{4.138}$$

将式（4.136）和式（4.138）代入系统平均误比特率式（4.123），则在 Malaga 大气湍流信道和未对准影响下的自适应平均误比特率为

$$\mathrm{BER} = \frac{\sum_{j=1}^{N}\frac{g^2 A}{2}\sum_{k=1}^{\beta} a_k \left(\frac{\alpha\beta}{\gamma\beta+\Omega'}\right)^{-\frac{\alpha+k}{2}} \int_{I_j}^{I_{j+1}} \mathrm{erfc}\left(I\sqrt{\bar{r}}\sin\frac{\pi}{M_j}\right) I^{-1} G_{1,3}^{3,0}\left(\frac{\alpha\beta}{\gamma\beta+\Omega'}\cdot\frac{I}{A_0}\middle| \begin{matrix} g^2+1 \\ g^2,\alpha,k \end{matrix}\right)\mathrm{d}I}{N-\sum_{j=1}^{N}\frac{g^2 A}{2}\sum_{k=1}^{\beta} a_k \left(\frac{\alpha\beta}{\gamma\beta+\Omega'}\right)^{-\frac{\alpha+k}{2}} G_{2,4}^{3,1}\left(\frac{\alpha\beta}{\gamma\beta+\Omega'}\cdot\frac{I_j}{A_0}\middle| \begin{matrix} 1,g^2+1 \\ g^2,\alpha,k,0 \end{matrix}\right)} \tag{4.139}$$

图 4.42 是当目标误比特率为 $\mathrm{BER}_0=10^{-3}$时，考虑 Malaga 湍流和未对准衰落情况，光束束腰半径和抖动标准差对自适应 MPSK 系统平均误比特率的影响。Malaga 湍流信道采用 Gamma-Gamma 分布（$\sigma_I^2=0.8$）。

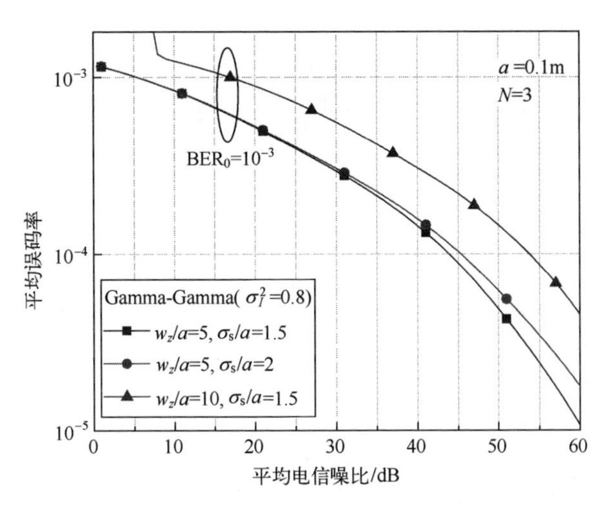


图 4.42　光束束腰半径和抖动标准差对自适应 MPSK 平均误比特率的影响

由图 4.42 可知，当抖动标准差一定（$\sigma_s/a=1.5$）时，束腰半径对自适应系统平均误比特率的影响显著增大。在 SNR = 45dB，束腰半径与接收机半径比值取 $w_z/a=5$ 时，系统平均误比特率为 $7.9\times10^{-5}$，而 $w_z/a=10$ 时为 $9.3\times10^{-5}$，同时，自适应系统平均误比特率明显小于非自适应平均误比特率（$9.1\times10^{-2}$，由图 4.40 可得）。另一方面，当束腰半径一定（$w_z/a=5$）时，随着平均电信噪比增大（大于 40dB）后，抖动标准差对自适应平均误比特率的影响显著。因此，$w_z/a$ 对系统自适应平均误比特率的影响明显大于抖动标准差的影响。

图 4.43 是当目标误比特率 $\mathrm{BER}_0=10^{-3}$ 时，在大气湍流和未对准衰落情况的影响下自适应 MPSK 系统的平均误比特率。Malaga 湍流信道取 Lognormal 分布（$\sigma_I^2=0.2$）、Gamma-Gamma 分布（$\sigma_I^2=0.8$）和 K 分布（$\sigma_I^2=2$）。由图 4.43 可知，在平均电信噪比较小时，自适应平均误比特率受湍流影响小，当 SNR>40dB 时，湍流对平均误比特率的影响显著增大。在一定的 $\sigma_I^2$、束腰半径 $w_z$ 以及抖动标准差 $\sigma_s$ 下，平均误比特率随调制阶数（$M=2^N$）增大而增大。

**3. 中断概率**

中断概率是衡量 FSO 通信系统可靠性的重要因素，即当 $I<I_1$ 时，自适应调制通信系统传输产生中断。系统中断概率的表达式为

$$P_{\mathrm{out}}=\int_0^{I_1} f_I(I)\,\mathrm{d}I \tag{4.140}$$

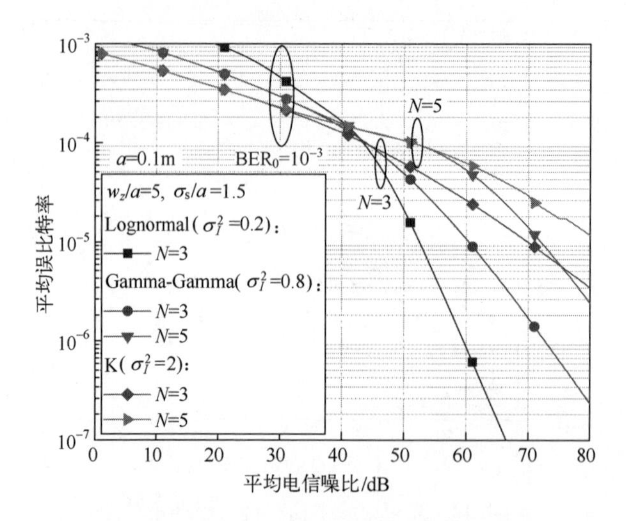


图 4.43　Malaga 湍流和未对准影响下调制阶数对自适应平均误比特率的影响

式中：$I_1=\sqrt{1/2\bar{r}}\times Q^{-1}(\mathrm{BER}_0)$，将未对准和大气湍流影响下的联合概率密度函数式（4.133）代入上式，可得自适应调制系统中断概率为

$$P_{\text{out}}=\frac{g^2A}{2}\sum_{k=1}^{\beta}a_k\left(\frac{\alpha\beta}{\gamma\beta+\Omega'}\right)^{-\frac{\alpha+k}{2}}\int_0^{I_1}I^{-1}G_{1,3}^{3,0}\left(\frac{\alpha\beta}{\gamma\beta+\Omega'}\cdot\frac{I}{A_0}\middle|\begin{matrix}g^2+1\\g^2,\alpha,k\end{matrix}\right)\mathrm{d}I \tag{4.141}$$

采用 Meijer G 函数[34]，则中断概率可推导为

$$P_{\text{out}}=\frac{g^2A}{2}\sum_{k=1}^{\beta}a_k\left(\frac{\alpha\beta}{\gamma\beta+\Omega'}\right)^{-\frac{\alpha+k}{2}}G_{2,4}^{3,1}\left(\frac{\alpha\beta}{\gamma\beta+\Omega'}\cdot\frac{I_1}{A_0}\middle|\begin{matrix}1,g^2+1\\g^2,\alpha,k,0\end{matrix}\right) \tag{4.142}$$

图 4.44 是当目标误比特率 $\mathrm{BER}_0=10^{-2}$ 时，Malaga 湍流信道和未对准下自适应 MPSK 调制系统的中断概率。Malaga 信道取 Lognormal 分布（$\sigma_I^2=0.2$）、Gamma-Gamma 分布（$\sigma_I^2=0.8$）、K 分布（$\sigma_I^2=2$）。由图 4.44 可知，与抖动标准差相比，光束束腰半径对中断概率性能的影响更大。任何湍流强度信道下，平均电信噪比 SNR<55dB 时，$w_z/a=5$ 且 $\sigma_s/a=1.5$ 参数取值下的自适应系统中断概率性能最优。

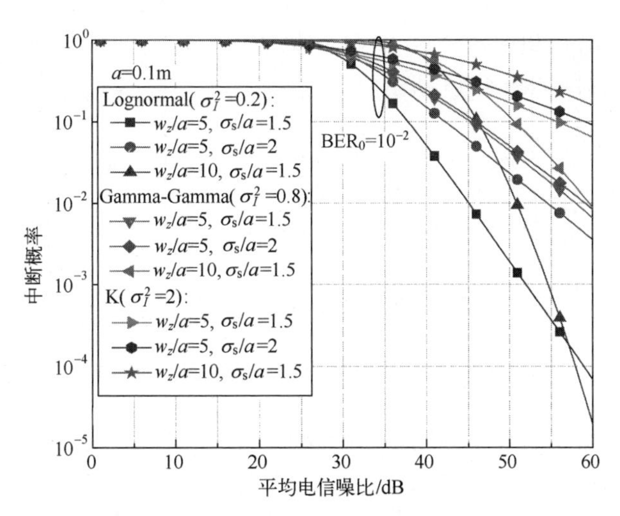


图 4. 44　Malaga 湍流和未对准影响下自适应 MPSK 调制的中断概率（见彩图）

### 4. 7. 3　湍流信道下 MIMO 自适应副载波调制

MIMO 技术是指在通信系统的发射端和接收端分别使用多个发射天线和多个接收天线，通过发射端的多个光学发射天线发送光信号，再由接收端的多个光学接收天线进行接收，从而达到改善通信质量的目的。MIMO 技术能够充分利用空间资源，通过多个天线实现多发多收，在不增加频谱资源和天线发射功率的情况下，提高接收信号的质量，被视为无线激光通信中的核心技术。目前 MIMO 系统具有两大主要技术：空间复用和空间分集技术，前者通过空时编码增加通信系统的信道容量；后者通过多天线的分集接收提高系统抗信道衰落能力，可以有效抑制大气湍流对光信号所造成的干扰。分集技术是通过传输信号的多个副本来提高接收信号质量的一种抗信道衰落技术，根据如何获取独立信号，分集技术又分为频率分集、时间分集和空间分集等。本章是采用空间分集技术研究自适应副载波调制系统特性。

空间分集技术（Spatial Diversity Techniques）又称为天线分集，是指利用多个发射天线和多个接收天线形成多个信道对信号进行发射和接收。由于信号副本不可能同时处于深衰落状态，因此提高了接收信号的信噪比。

空间分集系统有 $F$ 个发射端和 $L$ 个接收端，构成了 $F\times L$ 个子信道。空间分集技术通过对多个不相关信号进行处理，来抑制大气湍流引起的光强起伏。在接收端，多路信号副本需要通过一定的合并法则进行合并，常用的合并算法有等增益合并（Equal Gain Combining，EGC）、最大比合并（Maximal Ratio

Combining，MRC）和选择合并（Selection Combining，SC）。无线光 MIMO 副载波调制系统框图如图 4.45 所示。

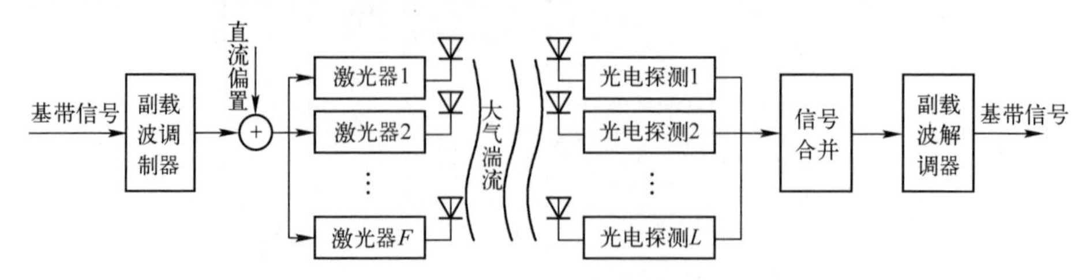


图 4.45　无线光 MIMO 副载波调制系统框图

在图 4.45 所示无线光 MIMO 副载波调制系统中，经过 MDPSK 或 MPSK 调制后的副载波信号添加直流偏置后，再对半导体激光器进行光强度调制，发送端通过 $F$ 个发射孔径将光信号发射出去，接收端通过多个光电探测器将光信号转化为电信号，在第 $l$ 个接收孔径，电信号在第 $k$ 个符号间隔进行采样，可以得到接收端的输出并表示为

$$r_l(k)=\mu\eta\sqrt{E_g}Ps[k]\sum_{f=1}^{F}I^{(fl)}+n[k],\quad k=1,\cdots,K \tag{4.143}$$

式中：$P$ 是平均发送光功率；$\mu$ 是调制指数$(0<\mu<1)$；$\eta$ 是接收端的光电转换效率；$E_g$ 是整形脉冲的能量；$s[k]=\cos\phi_k-\mathrm{j}\sin\phi_k$；$I^{(fl)}$ 表示从第 $f$ 个发射孔径发射的光信号，经过大气湍流信道后到第 $l$ 个接收孔径的光强；$n[k]$是零均值加性高斯白噪声分量且 $E\{n[k]n*[k]\}=2\sigma_n^2=N_0$。

那么，光信号经过 $L$ 个接收孔径后（假定采用等增益合并技术），接收端电信号表示为

$$r(k)=\frac{\mu\eta\sqrt{E_g}Ps[k]}{FL}\sum_{f=1}^{F}\sum_{l=1}^{L}I^{(fl)}+n[k],\quad k=1,\cdots,K \tag{4.144}$$

式中：$FL$ 乘积中的 $F$ 是为了确保总的发射功率等于无分集系统的发射功率，$L$ 是为了确保 $L$ 个接收孔径的面积等于无接收分集系统的孔径面积。

在无线光 MIMO 通信系统中，从第 $f$ 个发射孔径到第 $l$ 个接收孔径接收端的电信噪比为

$$r_l=\frac{\mu^2\eta^2p^2E_s[I^{(fl)}]^2}{N_0} \tag{4.145}$$

则通过 $L$ 个接收孔径接收到的信号再经过合并后的电信噪比是

$$r=\frac{\mu^2\eta^2p^2E_sI_T^2}{N_0} \tag{4.146}$$

式中：$I_{\mathrm{T}}=\dfrac{\sum_{f=1}^{F}\sum_{l=1}^{L}I^{(fl)}}{FL}$，表示等增益合并后各个子信道光强之和。

**1. MIMO 非自适应副载波调制系统平均误比特率**

无线光 MIMO 通信系统的误比特率性能取决于大气湍流的强度、调制阶数以及空间分集中的发射和接收孔径数目。

当调制阶数 $M>2$ 时，MDPSK 调制系统的误比特率表达式为

$$\mathrm{BER}(M,I)=\frac{2}{\log_2 M}Q\left[\frac{2\sqrt{r}\sin\left(\dfrac{\pi}{2M}\right)}{FL}\sum_{f=1}^{F}\sum_{l=1}^{L}I^{(fl)}\right] \tag{4.147}$$

当调制阶数 $M>2$ 时，MPSK 调制系统的误比特率表达式为

$$\mathrm{BER}(M,I)=\frac{2}{\log_2 M}Q\left[\frac{\sqrt{2r}\sin\left(\dfrac{\pi}{M}\right)}{FL}\sum_{f=1}^{F}\sum_{l=1}^{L}I^{(fl)}\right] \tag{4.148}$$

在 Malaga 湍流信道下，无线光 MIMO 副载波 MDPSK 调制系统的平均误比特率表达式（4.148）代入式（4.105）得到

$$\mathrm{BER}(M)=\frac{2}{\log_2 M}\int_0^{\infty}f_I(I)\,Q\left[\frac{2\sqrt{r}\sin\left(\dfrac{\pi}{2M}\right)}{FL}\sum_{f=1}^{F}\sum_{l=1}^{L}I^{(fl)}\right]\mathrm{d}I \tag{4.149}$$

式中：$f_I(I)$是关于 $I=(I_{11},I_{12},\cdots,I_{FL})$ 的联合概率密度函数[36]，式（4.149）等同于如下表达式

$$\mathrm{BER}(M)=\frac{1}{\log_2 M}\int_0^{\infty}\mathrm{erfc}\left[I\sqrt{2r}\sin\left(\frac{\pi}{2M}\right)\right]f_{I_{\mathrm{T}}}(I)\,\mathrm{d}I \tag{4.150}$$

式中：$f_{I_{\mathrm{T}}}(I)$ 为 $I_{\mathrm{T}}$ 的概率密度函数，在无线光 MIMO 系统下 $f_{I_{\mathrm{T}}}(I)$ 可以表示为[36]

$$f_{I_{\mathrm{T}}}(I)\approx f(I;\alpha_{\mathrm{T}};\beta_{\mathrm{T}}) \tag{4.151}$$

式中：参数 $\alpha_{\mathrm{T}}$表示无线光 MIMO 系统中与大尺度湍流因子相关的一个正参数，$\alpha_{\mathrm{T}}=FL\max(\alpha,\beta)+\varepsilon$；$\beta_{\mathrm{T}}$表示无线光 MIMO 系统中的一个衰落量参数，$\beta_{\mathrm{T}}=L\min(\alpha,\beta)$，参数 $\varepsilon$ 设置为[36]

$$\varepsilon=(FL-1)\frac{-0.0127-0.95a-0.0058b}{1+0.124a+0.98b} \tag{4.152}$$

式中：$a=\max(\alpha,\beta)$；$b=\min(\alpha,\beta)$。

将参数 $\alpha_{\mathrm{T}}$和 $\beta_{\mathrm{T}}$代入式（3.64）可以得到相对应的 $A_{\mathrm{T}}$和$(a_{\mathrm{T}})_k$ 分别为

$$A_{\mathrm{T}}=\frac{2\alpha_{\mathrm{T}}^{\frac{\alpha_{\mathrm{T}}}{2}}}{\gamma^{1+\frac{\alpha_{\mathrm{T}}}{2}}\Gamma(\alpha_{\mathrm{T}})}\left(\frac{\gamma\beta_{\mathrm{T}}}{\gamma\beta_{\mathrm{T}}+\Omega'}\right)^{\beta_{\mathrm{T}}+\frac{\alpha_{\mathrm{T}}}{2}} \tag{4.153}$$

$$(a_{\mathrm{T}})_k=\binom{\beta_{\mathrm{T}}-1}{k-1}\frac{(\gamma\beta_{\mathrm{T}}+\Omega')^{1-\frac{k}{2}}}{(k-1)!}\left(\frac{\Omega'}{\gamma}\right)^{k-1}\left(\frac{\alpha_{\mathrm{T}}}{\beta_{\mathrm{T}}}\right)^{\frac{k}{2}} \tag{4.154}$$

式中：参数 $\Omega'$代表了相干平均功率，$\Omega'=\Omega+2\rho b_0+2\sqrt{2b_0\Omega\rho}\cos(\varphi_{\mathrm{A}}-\varphi_{\mathrm{B}})$，$\varphi_{\mathrm{A}}$和 $\varphi_{\mathrm{B}}$分别为视距衰落分量与耦合到视距衰落分量的相位。参数 $\gamma=2b_0(1-\rho)$。因此，式（4.150）的平均误比特率表达式可以等效为

$$\mathrm{BER}(M)\approx\frac{1}{\log_2 M}\int_0^{\infty}\mathrm{erfc}\left[I\sqrt{2\bar{r}}\sin\left(\frac{\pi}{2M}\right)\right]f(I;\alpha_{\mathrm{T}};\beta_{\mathrm{T}})\mathrm{d}I \tag{4.155}$$

利用 MeijerG 函数运算性质，将 Malaga 湍流信道的概率密度函数式（3.64）代入上式，经过参数变换可推导出无线光 MIMO 非自适应副载波 MDPSK 调制系统的平均误比特率为

$$\mathrm{BER}(M)\approx\frac{A_{\mathrm{T}}2^{\alpha_{\mathrm{T}}-1}}{4\pi^{3/2}\left(\frac{\alpha_{\mathrm{T}}\beta_{\mathrm{T}}}{\gamma\beta_{\mathrm{T}}+\Omega'}\right)^{\alpha_{\mathrm{T}}/2}\log_2 M}\sum_{k=1}^{\beta_{\mathrm{T}}}\frac{(a_{\mathrm{T}})_k 2^k}{\left(\frac{\alpha_{\mathrm{T}}\beta_{\mathrm{T}}}{\gamma\beta_{\mathrm{T}}+\Omega'}\right)^{k/2}}\times G_{5,2}^{2,4}\left[\frac{32\bar{r}\sin^2\frac{\pi}{2M}}{\left(\frac{\alpha_{\mathrm{T}}\beta_{\mathrm{T}}}{\gamma\beta_{\mathrm{T}}+\Omega'}\right)^2}\middle|\begin{matrix}\frac{1-\alpha_{\mathrm{T}}}{2},\frac{2-\alpha_{\mathrm{T}}}{2},\frac{1-k}{2},\frac{2-k}{2},1\\0,\frac{1}{2}\end{matrix}\right] \tag{4.156}$$

同理，也可得到 Malaga 湍流信道下，无线光 MIMO 非自适应副载波 MPSK 调制系统的平均误比特率渐近表达式

$$\mathrm{BER}(M)\approx\frac{A_{\mathrm{T}}2^{\alpha_{\mathrm{T}}-1}}{4\pi^{3/2}\left(\frac{\alpha_{\mathrm{T}}\beta_{\mathrm{T}}}{\gamma\beta_{\mathrm{T}}+\Omega'}\right)^{\alpha_{\mathrm{T}}/2}\log_2 M}\sum_{k=1}^{\beta_{\mathrm{T}}}\frac{(a_{\mathrm{T}})_k 2^k}{\left(\frac{\alpha_{\mathrm{T}}\beta_{\mathrm{T}}}{\gamma\beta_{\mathrm{T}}+\Omega'}\right)^{k/2}}\times G_{5,2}^{2,4}\left[\frac{16\bar{r}\sin^2\frac{\pi}{M}}{\left(\frac{\alpha_{\mathrm{T}}\beta_{\mathrm{T}}}{\gamma\beta_{\mathrm{T}}+\Omega'}\right)^2}\middle|\begin{matrix}\frac{1-\alpha_{\mathrm{T}}}{2},\frac{2-\alpha_{\mathrm{T}}}{2},\frac{1-k}{2},\frac{2-k}{2},1\\0,\frac{1}{2}\end{matrix}\right] \tag{4.157}$$

图 4.46 是在 Malaga 湍流信道表征的 Gamma-Gamma 分布（$\sigma_I^2=0.8$）下，

无线光 MIMO 副载波 MDPSK 和 MPSK 两种调制系统的平均误比特率分析结果[37]。设平均功率 $E[\,|U_{\mathrm{L}}|^2+|U_{\mathrm{S}}^C|^2+|U_{\mathrm{S}}^G|^2]=\Omega+2b_0=1$，仿真中调制阶数 $M=4$，随着发射和接收 $M=4$ 的增加，在相同的平均电信噪比下，采用非自适应副载波 QDPSK 和 QPSK 两种调制的 MIMO 系统平均误比特率均减小，说明增大发射和接收天线数，可有效对抗大气湍流信道引起的光强起伏效应，明显改善无线光通信系统的性能。在非自适应副载波 QDPSK 调制系统中，当 SNR = 25dB 时，$F=1$，$L=1$ 平均误比特率为 $8.5\times10^{-3}$，$F=2$，$L=1$ 平均误比特率为 $6.7\times10^{-3}$，$F=2$，$L=2$ 时系统平均误比特率为 $6.0\times10^{-4}$。而在非自适应副载波 QPSK 调制系统中，当 SNR = 25dB 时，$F=1$，$L=1$ 平均误比特率为 $5.4\times10^{-3}$，$F=2$，$L=1$ 平均误比特率为 $4.3\times10^{-3}$，$F=2$，$L=2$ 时系统平均误比特率为 $3.0\times10^{-4}$。通过比较两种不同的调制方式，发现在无线光 MIMO 非自适应副载波调制时，QPSK 调制的平均误比特率性能优于 QDPSK 调制系统。

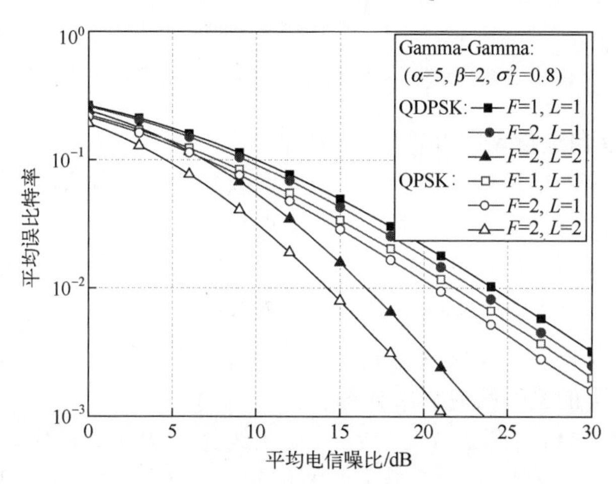


图 4.46　Malaga 湍流信道下 MIMO 非自适应副载波调制系统的平均误比特率（不同调制方式）

图 4.47 是在 Malaga 湍流信道表征的 K 分布（$\sigma_I^2=2$）下，MIMO 非自适应副载波 QDPSK 强度调制系统的平均误比特率数值分析结果。从图 4.47 中可以看出，当 SNR = 25dB 时，$F=1$，$L=1$ 平均误比特率为 $4.7\times10^{-2}$，$F=2$，$L=1$ 平均误比特率为 $3.8\times10^{-2}$，$F=2$，$L=2$ 时系统平均误比特率为 $3.2\times10^{-2}$。因此，在 K 分布（$\sigma_I^2=2$）中，无线光 MIMO 非自适应副载波 QDPSK 调制时，随着发射端 $F$ 和接收端 $L$ 数量的增加，在相同的平均电信噪比下，系统平均误比特率减小。因此，相比较无分集，系统差错性能得到了很好的改善。另外，相比图 4.46 发现，在 MIMO 系统中，当 $F$ 和 $L$ 数目一致时，Gamma－

Gamma 分布（$\sigma_I^2=0.8$）信道分集接收改善系统差错性能的效果要优于 K 分布（$\sigma_I^2=2$）。

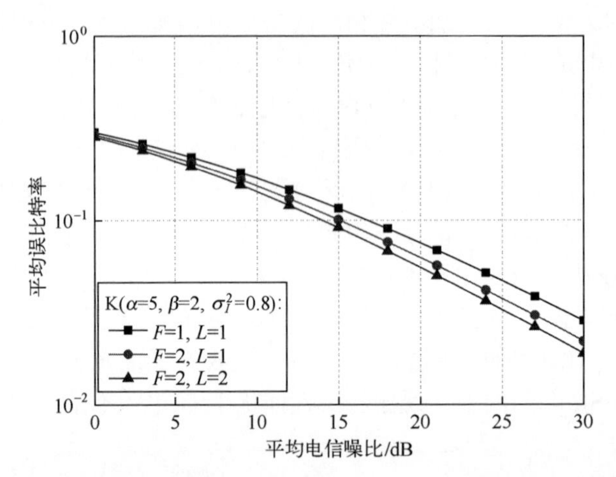


图 4.47　Malaga 湍流信道 MIMO 非自适应 QDPSK 调制系统的平均误比特率

**2. MIMO 自适应副载波调制系统性能**

在无线光 MIMO 通信系统中，自适应副载波调制系统原理与第 4 章单输入单输出系统下的自适应副载波调制系统原理相同，在发送端的符号块中插入导频符号，接收端通过信道估计装置得到大气湍流信道的光强瞬时衰落状态 $I$，根据 $I$ 的不同来自适应地选择调制阶数，而不同的是，MIMO 系统中 $F$ 个发射天线与 $L$ 个接收天线一共构成了 $F\times L$ 个子信道，因此 $I=(I_{11},I_{12},\cdots,I_{FL})$，表示多个子信道下的光强瞬时衰落状态。

根据式（4.111）到式（4.112），在无线光 MIMO 自适应副载波 MDPSK 和 MPSK 两种调制系统中，光强 $I_{\mathrm{T}}$的范围被划分为 $N$ 个区域，并且每个区域都与调制阶数 $M_j$ 相关，规则如下：

$$M=M_j=2^j,\quad I_j\leqslant I_{\mathrm{T}}<I_{j+1},\quad j=1,\cdots,N \tag{4.158}$$

1）频谱效率

在无线光 MIMO 系统中，将式（4.149）代入式（4.125），则该系统的频谱效率表达式为

$$S\approx\frac{\sum_{j=1}^{N}\int_{I_j}^{I_{j+1}}f(I;\alpha_{\mathrm{T}};\beta_{\mathrm{T}})\,\mathrm{d}I\log_2 M_j}{2} \tag{4.159}$$

通过参数的变换，得到 Malaga 湍流信道下 MIMO 自适应副载波调制系统的频谱效率表达式为

$$S = \frac{\bar{n}}{2} \approx \frac{N - \dfrac{A_{\mathrm{T}}}{2}\sum_{j=1}^{N} I_j^{\alpha/2} \sum_{k=1}^{\beta_{\mathrm{T}}} (a_{\mathrm{T}})_k I_j^{k/2} G_{1,3}^{2,1}\left(\dfrac{\alpha\beta_{\mathrm{T}}}{\gamma\beta_{\mathrm{T}} + \Omega'} I_j \middle| \begin{matrix} 1 - \dfrac{\alpha_{\mathrm{T}} + k}{2} \\ \dfrac{\alpha_{\mathrm{T}} - k}{2}, \dfrac{k - \alpha_{\mathrm{T}}}{2}, -\dfrac{\alpha_{\mathrm{T}} + k}{2} \end{matrix}\right)}{2} \tag{4.160}$$

式中：自适应副载波 MDPSK 调制频谱效率中的 $I_j$ 见式（4.111）~式（4.113）；而自适应副载波 MPSK 调制频谱效率中的 $I_j$ 见式（4.114）~式（4.116）。

图 4.48（a）和（b）分别是在 Malaga 湍流信道表征的 Gamma-Gamma 分布（$\sigma_I^2=0.8$）下，当 $\mathrm{BER}_0=10^{-2}$，自适应调制阶数最大值 $M=8$（$M=2^N, N=3$）时，MIMO 自适应副载波 MDPSK 和 MPSK 两种调制系统的频谱效率与平均电信噪比的关系曲线。在自适应 MDPSK 调制系统下，只有当平均电信噪比 6dB<SNR<40dB 时，分集数目 $F=2, L=2$ 的频谱效率最大，其次是 $F=2, L=1$，最低是 $F=1, L=1$，可见随着 $F$ 和 $L$ 增大，系统频谱效率也在增大。另外，当 $F=2, L=2$ 时，平均电信噪比约为 30dB，系统频谱效率趋于饱和（约为 1.5（b/s）/Hz），而 $F=2, L=1$ 和 $F=1, L=1$ 分别在平均电信噪比约为 36dB 和 38dB 时频谱效率趋于该饱和值。而在图 4.48（b）中，自适应副载波 MPSK 调制系统下，当分集数目 $F=2, L=2$ 时，平均电信噪比约为 27dB 时频谱效率趋于该饱和值，对比 MIMO 两种自适应调制系统，说明当湍流条件以及分集数目相同时，自适应 MPSK 调制获得最大频谱效率所需要的平均电信噪比比自适应 MDPSK 调制小。且当平均电信噪比在一定范围时，随着 $F$ 和 $L$ 增大，系统频谱效率也在增大。

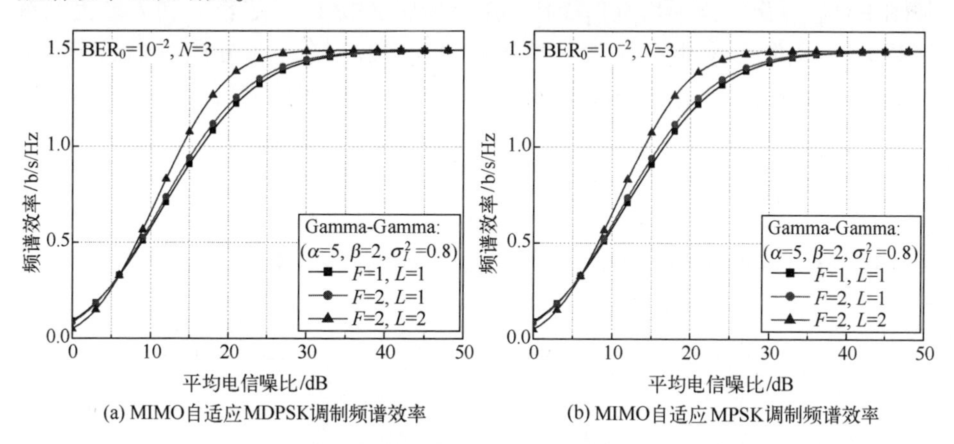


图 4.48　Malaga 湍流信道 MIMO 自适应副载波调制频谱效率（不同调制方式）

图 4.49 是在 Malaga 湍流信道所表征的 Gamma-Gamma 分布（$\sigma_I^2=0.8$）下，当 $\mathrm{BER}_0=10^{-2}$时，MIMO 自适应副载波 MDPSK 调制系统的频谱效率与自适应调制阶数（2$N$）以及平均电信噪比的关系曲线。在 MIMO 系统中，当 $N=5$，SNR=36dB，$F=2$，$L=1$ 时，频谱效率为 2.37b/s/Hz。相比较 $N=3$，SNR=36dB 的频谱效率较慢达到饱和值。此外，还可以看出，在 MIMO 系统中随着自适应调制阶数 $2^N$的增大，频谱效率也随之增大。

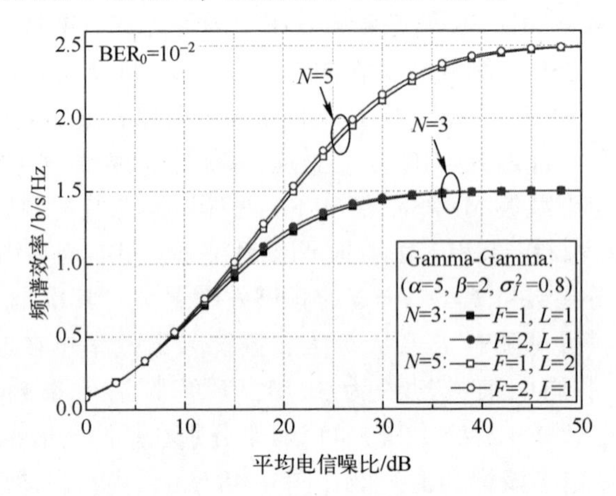


图 4.49　Malaga 信道下 MIMO 自适应 MDPSK
调制频谱效率（不同调制阶数）（见彩图）

图 4.50 是在 Malaga 湍流信道所表征的 K 分布（$\sigma_I^2=2$）下，当 $\mathrm{BER}_0=10^{-2}$时，MIMO 自适应 MDPSK 调制的频谱效率与平均电信噪比的关系曲线。从图中可以看出，当平均电信噪比 6dB<SNR<50dB 时，随着 $F$ 和 $L$ 增大，系统频谱效率也在增大；此外，相比较图 4.42（a），在分集数目一定时，Gamma-Gamma 分布（$\sigma_I^2=0.8$）下获得最大频谱效率所需要的平均电信噪比比 K 分布（$\sigma_I^2=2$）小。

2）平均误比特率

将式（4.147）代入式（4.123）中，可得到在 Malaga 湍流信道下，无线光 MIMO 自适应副载波 MDPSK 调制系统的平均误比特率为

$$\overline{\mathrm{BER}}=\frac{\overline{n_{\mathrm{err}}}}{\overline{n}}=\frac{2\sum_{j=1}^{N}\int_{I_j}^{I_{j+1}}Q\left[\dfrac{2\sqrt{r}\sin\left(\dfrac{\pi}{2M_j}\right)}{FL}\sum_{f=1}^{F}\sum_{l=1}^{L}I^{(fl)}\right]f_I(\boldsymbol{I})\,\mathrm{d}\boldsymbol{I}}{\overline{n}} \tag{4.161}$$

将式（4.151）式代入式（4.161），则式（4.161）可以变换为

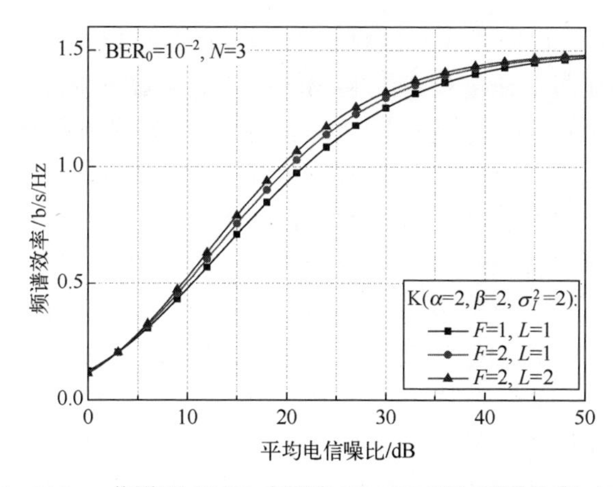


图 4.50　Malaga 信道下 MIMO 自适应 MDPSK 调制频谱效率（K 分布）

$$\overline{\mathrm{BER}} \approx \frac{\sum_{j=1}^{N} \int_{I_j}^{I_{j+1}} \mathrm{erfc}\left[I\sqrt{2\bar{r}}\sin\left(\frac{\pi}{2M_j}\right)\right] f(I;\alpha_{\mathrm{T}};\beta_{\mathrm{T}})\,\mathrm{d}I}{\bar{n}} \tag{4.162}$$

将式（4.160）代入上式，再利用 MeijerG 函数及其性质，经过参数变换后推导出系统的平均误比特率为

$$\overline{\mathrm{BER}} \approx \frac{A_{\mathrm{T}}\sum_{j=1}^{N}\sum_{k=1}^{\beta_{\mathrm{T}}}(a_{\mathrm{T}})_k \int_{I_j}^{I_{j+1}} \mathrm{erfc}\left[I\sqrt{2\bar{r}}\sin\left(\frac{\pi}{2M_j}\right)\right] I^{\frac{\alpha_{\mathrm{T}}+k}{2}-1} K_{\alpha_{\mathrm{T}}-k}\left(2\sqrt{\frac{\alpha_{\mathrm{T}}\beta_{\mathrm{T}}I}{\gamma\beta_{\mathrm{T}}+\Omega'}}\right)\mathrm{d}I}{N-\frac{A}{2}I_j^{\alpha/2}\sum_{k=1}^{\beta_{\mathrm{T}}}(a_{\mathrm{T}})_k I_j^{k/2} G_{1,3}^{2,1}\left(\frac{\alpha\beta_{\mathrm{T}}}{\gamma\beta_{\mathrm{T}}+\Omega'}I_j \middle| \begin{matrix} 1-\frac{\alpha_{\mathrm{T}}+k}{2} \\ \frac{\alpha_{\mathrm{T}}-k}{2}, \frac{k-\alpha_{\mathrm{T}}}{2}, -\frac{\alpha_{\mathrm{T}}+k}{2} \end{matrix}\right)} \tag{4.163}$$

式（4.163）中的 $I_j$ 可由式（4.111）~式（4.113）得到。

同理，在 Malaga 湍流信道下，无线光 MIMO 自适应副载波 MPSK 调制系统的平均误比特率为

$$\overline{\mathrm{BER}} \approx \frac{A_{\mathrm{T}}\sum_{j=1}^{N}\sum_{k=1}^{\beta_{\mathrm{T}}}(a_{\mathrm{T}})_k \int_{I_j}^{I_{j+1}} \mathrm{erfc}\left[I\sqrt{\bar{r}}\sin\left(\frac{\pi}{M_j}\right)\right] I^{\frac{\alpha_{\mathrm{T}}+k}{2}-1} K_{\alpha_{\mathrm{T}}-k}\left(2\sqrt{\frac{\alpha_{\mathrm{T}}\beta_{\mathrm{T}}I}{\gamma\beta_{\mathrm{T}}+\Omega'}}\right)\mathrm{d}I}{N-\frac{A}{2}I_j^{\alpha/2}\sum_{k=1}^{\beta_{\mathrm{T}}}(a_{\mathrm{T}})_k I_j^{k/2} G_{1,3}^{2,1}\left(\frac{\alpha\beta_{\mathrm{T}}}{\gamma\beta_{\mathrm{T}}+\Omega'}I_j \middle| \begin{matrix} 1-\frac{\alpha_{\mathrm{T}}+k}{2} \\ \frac{\alpha_{\mathrm{T}}-k}{2}, \frac{k-\alpha_{\mathrm{T}}}{2}, -\frac{\alpha_{\mathrm{T}}+k}{2} \end{matrix}\right)} \tag{4.164}$$

式（4.164）中的$I_j$可由式（4.114）~式（4.116）得到。

图4.51是Malaga湍流信道下MIMO自适应副载波调制系统的平均误比特率（不同调制方式）曲线图。在Malaga湍流信道所表征的Gamma-Gamma分布（$\sigma_I^2=0.8$）下，当目标误比特率$BER_0=10^{-3}$且$N=3$时，无线光MIMO自适应MDPSK和MPSK两种调制系统的平均误比特率曲线。在MDPSK调制系统中，当平均电信噪比为25dB时，$F=2$，$L=2$误比特率最小为$3.7\times10^{-5}$，$F=2$，$L=1$的误比特率为$4.9\times10^{-5}$，$F=1$，$L=1$误比特率最大为$5.2\times10^{-5}$。可以看出，在电信噪比较大时，随着分集数目$F$及$L$的增大，系统平均误比特率减小。而在平均电信噪比较小时，分集数目的变化对自适应MDPSK调制平均误比特率的影响不明显。而对于自适应MPSK调制系统也有这样的规律，同时当$F$及$L$取值一样时，MPSK调制的平均误比特率性能优于MDPSK调制系统。

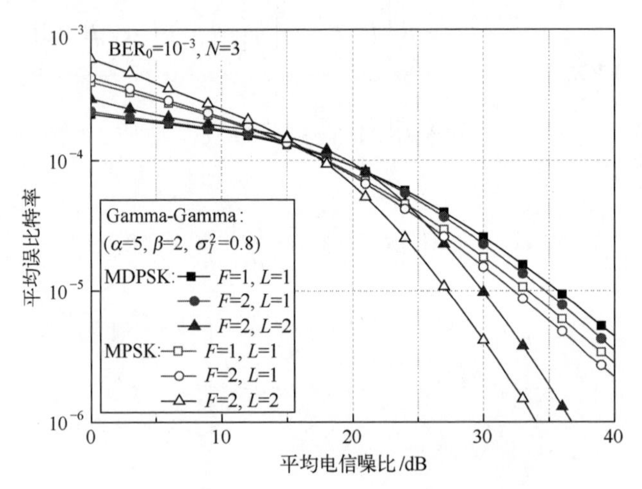


图4.51　Malaga湍流信道下MIMO自适应副载波调制系统的平均误比特率（不同调制方式）

图4.52是Malaga湍流信道下MIMO自适应MDPSK调制系统的平均误比特率（不同调制阶数）曲线图。在Gamma-Gamma分布（$\sigma_I^2=0.8$）下，当目标误比特率$BER_0=10^{-3}$时，MIMO自适应MDPSK调制的平均误比特率与自适应调制阶数（$M=2^N$）以及平均电信噪比（SNR）的关系曲线。当SNR=25dB时，$N=3$，$F=2$，$L=1$的平均误比特率为$4.9\times10^{-5}$；$N=5$，$F=2$，$L=1$的平均误比特率为$1.4\times10^{-4}$。可以看出，在MIMO系统中，当分集数目$F$及$L$一致时，随着自适应调制阶数$M$的减小，系统平均误比特率减小。

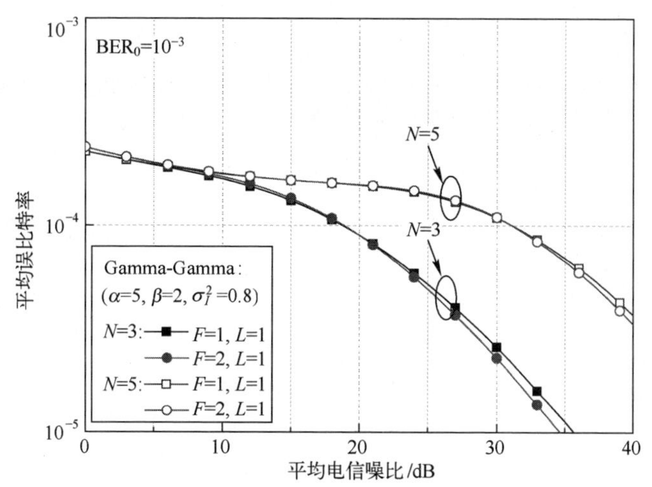


图 4.52　Malaga 湍流信道下 MIMO 自适应 MDPSK 调制系统的平均误比特率（不同调制阶数）

图 4.53 是 Malaga 湍流信道下 MIMO 自适应 MDPSK 系统的平均误比特率（不同目标误比特率）曲线图。在 Gamma-Gamma 分布（$\sigma_I^2=0.8$）下，当调制阶数一定时，MIMO 自适应 MDPSK 调制的平均误比特率与目标误比特率以及平均电信噪比的关系曲线。从图中可以看出，当平均电信噪比为 25dB 时，$F=2$，$L=1$，目标误比特率 $BER_0=10^{-3}$时，平均误比特率为 $4.9\times10^{-5}$；目标误比特率 $BER_0=10^{-2}$时，平均误比特率为 $5.7\times10^{-4}$；说明在无线光 MIMO 自适应副载波调制系统中，目标误比特率越小，系统的平均误比特率越小，并且均小于各自的目标误比特率。

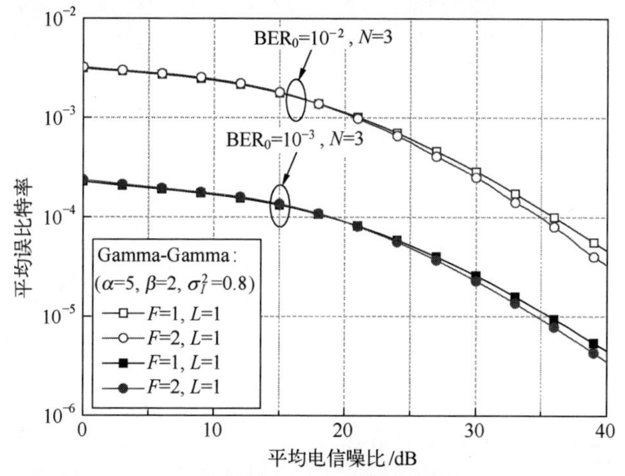


图 4.53　Malaga 湍流信道下 MIMO 自适应 MDPSK 系统的平均误比特率（不同目标误比特率）

3）中断概率

将式（4.151）代入式（4.140），可得到无线光 MIMO 自适应副载波 MDPSK 和 MPSK 调制系统的中断概率为

$$P_{\text{out}} \approx \int_0^{I_1} f(I;\alpha_{\text{T}};\beta_{\text{T}})\,\mathrm{d}I \tag{4.165}$$

根据 MeijerG 函数性质并通过运算推导，最终可得自适应 MDPSK 和 MPSK 调制的中断概率为

$$P_{\text{out}} \approx \frac{A_{\text{T}}}{2} I_1^{\alpha_{\text{T}}/2} \sum_{k=1}^{\beta_{\text{T}}} (a_{\text{T}})_k I_1^{k/2} G_{1,3}^{2,1}\left( \frac{\alpha_{\text{T}}\beta_{\text{T}}}{\gamma\beta_{\text{T}} + \Omega'} I_1 \middle| \begin{matrix} 1 - \dfrac{\alpha_{\text{T}} + k}{2} \\ \dfrac{\alpha_{\text{T}} - k}{2}, \dfrac{k - \alpha_{\text{T}}}{2}, -\dfrac{\alpha_{\text{T}} + k}{2} \end{matrix} \right) \tag{4.166}$$

式中：自适应 MDPSK 调制系统中断概率的 $I_1$ 见式（4.111）；自适应 MPSK 调制系统中断概率的 $I_1$ 见式（4.114）。

图 4.54 是 Malaga 湍流信道下 MIMO 自适应副载波调制系统的中断概率（不同调制方式）曲线图。在 Gamma-Gamma 分布（$\sigma_I^2=0.8$）下，目标误比特率 $\text{BER}_0=10^{-2}$时，MIMO 自适应 MDPSK 和 MPSK 两种调制系统的中断概率曲线。可以看出，当平均电信噪比为 25dB 时，自适应 MDPSK 调制下，$F=1$，$L=1$ 系统的中断概率达到 $3.4\times10^{-2}$，$F=2$，$L=1$ 的中断概率达到 $2.6\times10^{-2}$，$F=2$，$L=2$ 的中断概率达到 $2.0\times10^{-3}$，而在自适应 MPSK 调制系统下，$F=2$，$L=1$

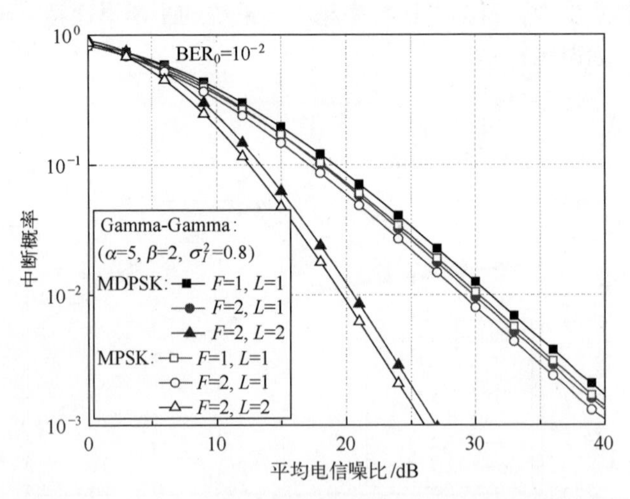


图 4.54　Malaga 湍流信道下 MIMO 自适应副载波调制系统的中断概率（不同调制方式）

的中断概率达到 $2.2\times10^{-2}$。因此，在自适应 MDPSK 和 MPSK 两种调制下，平均电信噪比相同时，分集数目 $F$ 和 $L$ 的值越大，系统的中断概率越小。同时，MIMO 自适应 MPSK 调制系统的中断概率依然小于自适应 MDPSK 调制系统。

图 4.55 是 Malaga 湍流信道下 MIMO 自适应 MDPSK 调制系统的中断概率（不同目标误比特率）曲线图。在 Gamma-Gamma 分布（$\sigma_I^2=0.8$）下，取不同目标误比特率时，MIMO 自适应 MDPSK 调制系统的中断概率曲线。可以看出，当平均电信噪比取 25dB 且 $BER_0=10^{-2}$ 时，$F=2$，$L=1$ 的 MIMO 系统中断概率达到 $2.6\times10^{-2}$；当 $BER_0=10^{-3}$ 时，$F=2$，$L=1$ 的 MIMO 系统中断概率为 $4.0\times10^{-2}$。因此，在分集数目相同时，目标误比特率越小，MIMO 自适应副载波调制系统的中断概率越大。

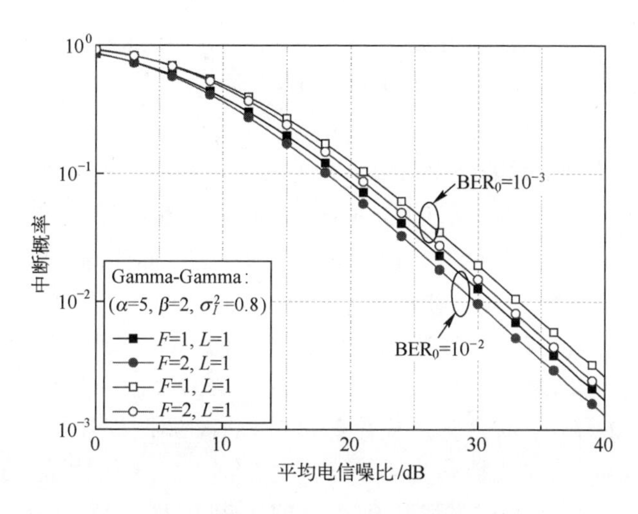


图 4.55　Malaga 湍流信道下 MIMO 自适应 MDPSK 调制系统的中断概率（不同目标误比特率）

图 4.56 是 Malaga 湍流信道 K 分布（$\sigma_I^2=2$）下，目标误比特率 $BER_0=10^{-2}$ 时，MIMO 自适应 MDPSK 调制系统的中断概率曲线图。可以看出，当平均电信噪比为 25dB 时，$F=1$，$L=1$ 时系统的中断概率为 $1.6\times10^{-1}$，$F=2$，$L=1$ 的中断概率为 $1.3\times10^{-2}$，$F=2$，$L=2$ 的中断概率达到 $1.1\times10^{-3}$，说明平均电信噪比相同时，分集数目 $F$ 和 $L$ 的值越大，自适应 MDPSK 调制系统的中断概率越小。另外，与图 4.48 比较可知，在 Gamma-Gamma 分布（$\sigma_I^2=0.8$）下，MIMO 系统分集合并后的中断概率要比 K 分布（$\sigma_I^2=2$）小。

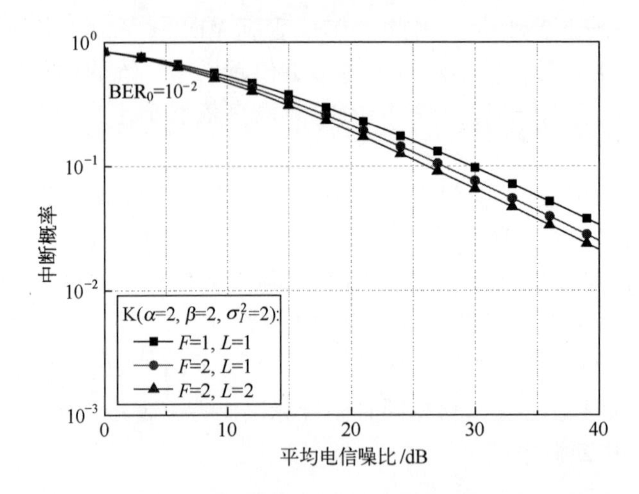


图 4.56　Malaga 湍流信道下 MIMO 自适应 MDPSK 调制系统的中断概率（K 分布）

4）MIMO 中非自适应与自适应调制系统误比特率性能比较

图 4.57 是 Malaga 湍流信道 Gamma-Gamma 分布（$\sigma_I^2=0.8$）下 MIMO 自适应与非自适应调制系统的平均误比特率（MPSK）曲线图。图 4.57（a）中自适应调制方式为 MDPSK，非自适应调制方式为 QDPSK。图 4.57（b）中自适应调制方式为 MPSK，非自适应调制方式为 QPSK。其中，自适应调制系统中取目标误比特率 $BER_0=10^{-3}$时，$N=3$。从图 4.57（a）可以看出，当 SNR=25dB 时，$F=2$，$L=2$ 时，自适应副载波 MDPSK 调制误比特率最小为 $3.7\times10^{-5}$，$F=2$，$L=1$ 的误比特率为 $4.9\times10^{-5}$，$F=1$，$L=1$ 误比特率最大为 $5.2\times10^{-5}$；在非自适应 QDPSK 调制系统中，SNR=25dB 时，当 $F=2$，$L=2$ 时系统误比特率为 $6.0\times10^{-4}$，$F=2$，$L=1$ 误比特率为 $6.7\times10^{-3}$，$F=1$，$L=1$ 误比特率为 $8.5\times10^{-3}$。可以看出，在 MIMO 系统中，无论是非自适应还是自适应调制系统中，随着分集数目 $F$ 和 $L$ 的增大，平均误比特率减小；并且自适应调制系统的平均误比特率性能要优于非自适应调制系统。另外，当平均电信噪比较小时，分集数目 $F$ 和 $L$ 的变化对自适应 MDPSK 调制平均误比特率的影响不明显，图 4.57（b）的 MIMO 自适应与非自适应调制系统也有这样的规律。另外，当湍流条件以及分集数目一致时，非自适应 QPSK 调制的误比特率性能优于非自适应 QDPSK 调制系统；自适应调制系统中，当平均电信噪比较大时，MPSK 调制的误比特率性能优于 MDPSK 调制系统。

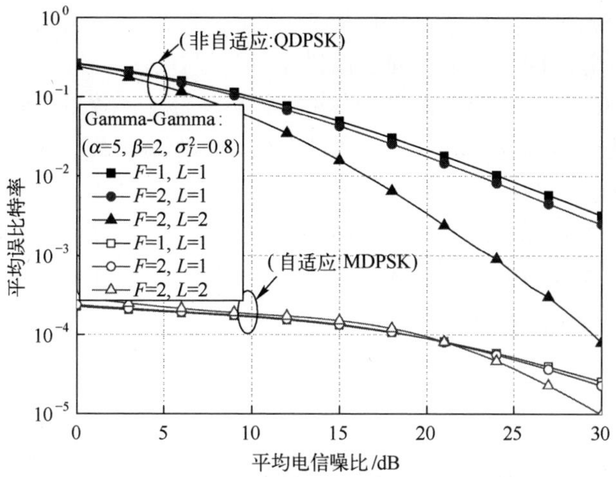


(a) Malaga湍流信道下MIMO自适应与非自适应调制系统的平均误比特率(MDPSK)

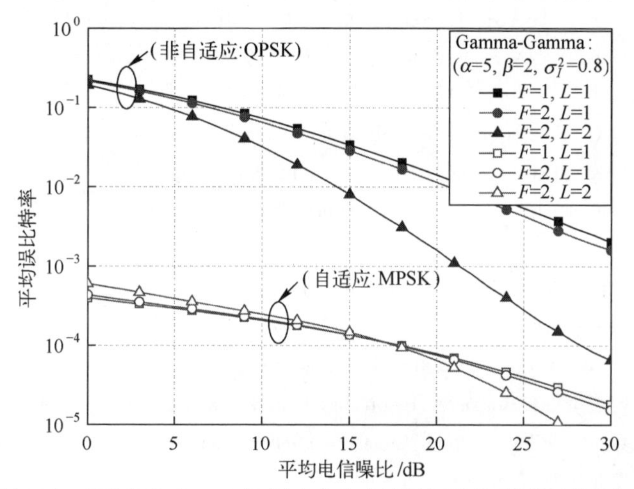


(b) Malaga湍流信道下MIMO自适应与非自适应调制系统的平均误比特率(MPSK)

图 4.57　Malaga 湍流信道下 MIMO 自适应与非自适应调制系统的平均误比特率（MPSK）（见彩图）

## 4.8　本章小结

本章主要针对无线激光通信中的强度调制技术进行了研究，包括 OOK（开关键控）调制和几种数字副载波强度调制方式。基于副载波调制无线激光通信系统从系统差错性能角度分析了各种调制技术抗大气湍流光强起伏的能力。此外，对多路副载波调制功率标准分组码、预留副载波分组码及功率最小化分组码的编码原理，其次针对直接检测/强度调制的多路副载波调制系统平均光功率利用率低的问题，基于固定偏置和时变偏置，研究了这三种分组码对多路副载波 QPSK 及 8PSK 调制系统平均功率需求的改善效果。码率可变的删除卷积码以及两种删除卷积码与分组码结合使用的改进编码方法，并将这三种卷积码应用在多路副载波 QPSK 及 8PSK 调制系统的发射端，提高系统功率利用率。最后，在 Malaga 湍流信道和指向误差影响下，分别针对湍流信道和复合信道，研究了无线激光自适应副载波 MPSK 调制 SISO 和 MIMO 系统的频谱效率、平均误比特率及中断概率。

## 参考文献

[1] 陈丹. 无线光副载波调制及大气影响抑制技术研究 [D]. 西安：西安理工大学，2011.

[2] HUANG W, TAKAYANAGI. J, Sakanaka. T, etal. Atmospheric optical communication system using subcarrier PSK modulation [C]. IEICE transactions on communications, 1993, E76-B, no9 (9): 1169-1177.

[3] LU Q, LIU Q, G. S. Performance analysis for optical wireless communication systems using sub-carrier PSK intensity modulation through turbulent atmospheric channel [C]. IEEE Global Telecommunications Conference, Dallas, TX, Nov. 29-Dec. 3, 2004, pp. 1872-1875.

[4] OHTSUKI T. Multiple-subcarrier modulation in optical wireless communications [J]. IEEE Communications Magazine, 2003, 41 (3): 74-79.

[5] DJORDJEVIC I B, VASIC B. 100-Gb/s transmission using orthogonal frequency division multiplexing [J]. IEEE Photonics Technology Letters, Aug. 2006, 18: 1576-1578.

[6] AGRAWAL G P. Fiber-Optic Communication Systems [M]. New york: Wiley-Interscience, 2004.

[7] RONGQING H, BENYUAN Z, RENXIANG H, et al. Subcarrier multiplexing for high-speed optical transmission [J]. Journal of Lightwave Technology, 2002, 20 (3): 417-424.

[8] SHAPIRO J H, HARNEY R C. Burst-Mode Atmospheric Optical Communication [C]. National Telecommunications Conference, 1980, 2: 27. 5. 1-27. 5. 7.

[9] DEITZ P H, WRIGHT N J. Saturation of scintillation magnitude in near-earth optical propagation [C]. Journal of the Optical Society of America, 1969, 59 (5): 527-535.

[10] ZHU X, KAHN J M, WANG J. Mitigation of turbulence-induced scintillation noise in free-space optical links using temporal-domain detection techniques [J]. Photonics Technology Letters, 2003, 15 (4): 623-625.

[11] NAVIDPOUR S, UYSAL M, KAVEHRAD M. BER performance of free-space optical transmission with spatial diversity [J]. IEEE Transactions on Wireless Communications, 2007, 6

(8)：2813-2819.
[12] 吴晗玲，李新阳，严海星．Gamma-Gamma 湍流信道中大气光通信系统误码特性分析 [J]. 光学学报，2008，12（28）：99-104.
[13] 樊昌信，张甫翊，徐炳祥，等．通信原理 [M]. 北京：国防工业出版社，2001.
[14] KOM I. Digital communications [M]. New York：Van Nostrand Reinhold Company，1985.
[15] PROAKIS J G. Digital Communications [M]. New York：McGraw-Hill，2004.
[16] 张拓．副载波 16PSK 调制的无线光通信系统实验 [D]. 西安：西安理工大学，2014.
[17] 李旭杰，秦开宇．QPSK 数字调制的仿真与实现 [R]. 2007 中国仪器仪表与测控技术交流大会论文集（二），2007.
[18] 肖矿林，唐唐．基于 Matlab 的 QPSK 系统设计仿真 [J]. 舰船电子工程，2007，2：150-151.
[19] 陈丹，柯熙政，张拓，等．基于 16PSK 调制的副载波无线光通信实验研究 [J]. 中国激光，2015，42（1）：0105005-1-0105005-8.
[20] 邹进上，刘长盛，刘文保．大气物理基础 [M]. 北京：气象出版社，1982.
[21] 陈丹，李京华．基于主分量分析的声信号特征提取及识别研究 [J]. 声学技术，2005，24（1），39-41.
[22] DAN C，JIAXIN H，XIN W. Analysis of the Transmission Characteristics of Wireless Optical Subcarrier 16PSK Signal [C]. Asia Communications and Photonics Conference（ACPC），2019，OSA Technical Digest，paper M4A. 77.
[23] 李强．认知无线电中循环平稳频谱感知的研究 [D]. 重庆：重庆大学，2013.
[24] 赵毅．循环谱相关理论用于直扩信号检测与参数估计的研究 [D]. 哈尔滨：哈尔滨工程大学，2004.
[25] 曹志明．直接序列扩频信号检测与参数估计方法研究 [D]. 哈尔滨：哈尔滨工业大学，2008.
[26] 张煦．多载波调制在通信系统的应用 [J]. 光通信技术，2003，27（10）：1-2.
[27] YOU R，KAHN J M. Average power reduction techniques for multiple-subcarrier intensity-modulated optical signals [J]. IEEE Transactions on Communications，2000，3（12）：2164-2171.
[28] KAHN J M，BARRE J R. Wireless infrared communications [C]. Proceedings of the IEEE，Feb 1997，85（2）：265-298.
[29] 原进红，匡镜明，柯有安．删除卷积码与 MPSK 调制 [J]. 北京理工大学学报，1995，15（2）：163-170.
[30] Chen D，Wang C H. Average power requirement of MPSK subcarrier modulation in wireless optical communications [C]. 17th International Conference on Optical Communication and Networks，ICOCN，2018. 11.
[31] 雷雨．无线光自适应副载波调制系统特性研究 [D]. 西安：西安理工大学，2018.

[32] SAMIMI H, AZMI P. Performance analysis of adaptive subcarrier intensity modulated free-space optical systems [J]. IET Optoelectronics, 2011, 5 (4): 168-174.

[33] 陈丹，雷雨，柯熙政．无线光自适应副载波 MDPSK 调制系统特性分析 [J]. 电子学报, 2018, 46 (7): 1748-1753.

[34] The Wolfarm Functions Site, 2008. [Online] Available: http://functions. wolfarm. com

[35] 陈丹，鲁萌萌，刘艳蓉．湍流信道下指向误差对自适应副载波调制性能的影响 [J]. 光学学报, 2020, 40 (22): 2206004. 1-9.

[36] NESTOR D, GEORGE K, et al. On the Distribution of the Sum of Gamma-GammaVariates and Application in MIMO Optical Wireless Systems [C]. IEEE Conference on Global Telecommunications. Honolulu, HI: IEEE, 2009: 1768-1773.

[37] Chen D, Huang G Q, Liu G H, et al. Performance of adaptive subcarrier modulated MIMO wireless optical communications in Malaga turbulence [J]. Optics Communications, 2019, 435: 265-270.

# 第 5 章　副载波调制相位噪声

## 5.1　引言

相移键控调制系统主要根据信号的相位传递信息，而相位噪声会导致接收端不能正确地解调信息，影响系统性能。本章介绍了光通信系统中主要的几种相位噪声来源及其统计模型，推导了以傅里叶级数表示的 Tikhonov 分布相位噪声概率密度函数，分析了相位噪声对副载波调制系统星座图的影响。针对无线光副载波多进制相移键控调制系统，研究了大气湍流信道下接收机电解调模块相位噪声对系统误符号率性能的影响，同时还分析了傅里叶级数截断误差对无线光副载波调制系统误符号率性能的影响。

## 5.2　副载波调制相位噪声特性

### 5.2.1　相位噪声概述

假设信号源为一正弦波信号源，在理想情况下该信号源输出正弦波信号，该信号的瞬时电压 $V(t)$ 可以表示为

$$V(t)=V_0\sin 2\pi f_0 t \tag{5.1}$$

式中：$f_0$ 表示该正弦信号的中心频率；$V_0$ 表示该正弦信号的峰值电压。

理想情况下正弦信号在频域中表现为一根谱线，如图 5.1（a）所示。然而在实际传输过程中，正弦信号的幅度和相位会受到各种噪声的干扰，受噪声影响的正弦信号表示为[1]

$$V(t)=[V_0+\varepsilon(t)]\sin[2\pi f_0 t+\Delta\varphi(t)] \tag{5.2}$$

式中：$\varepsilon(t)$ 表示信号幅度起伏；$\Delta\varphi(t)$ 为相位起伏。忽略不计幅度起伏 $\varepsilon(t)$，相位起伏 $\Delta\varphi(t)$ 在频域中表现为噪声边带，分布在正弦信号谱线两边[2-3]，这种相位起伏就是“相位噪声”，如图 5.1（b）所示。

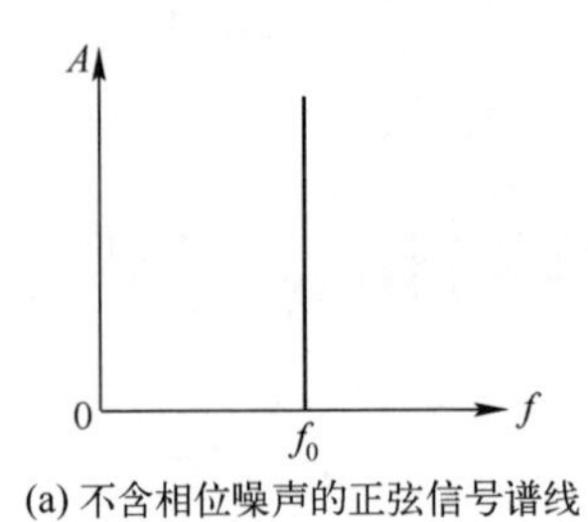

(a) 不含相位噪声的正弦信号谱线

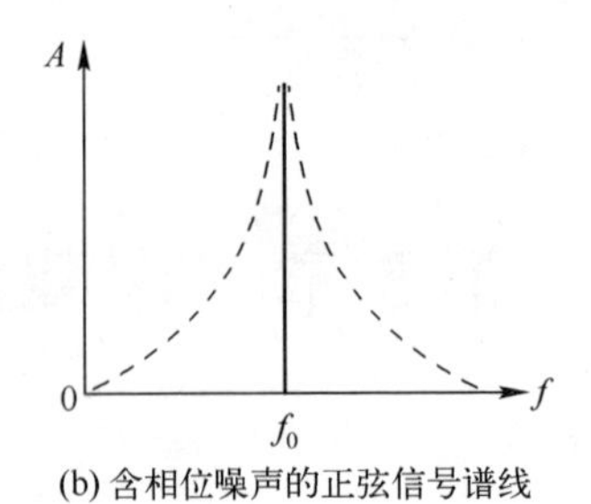

(b) 含相位噪声的正弦信号谱线

图 5.1　正弦信号受相位噪声影响示意图

### 5.2.2　光通信系统相位噪声模型

相位噪声是影响光通信系统性能的主要因素之一。在光通信系统中，相位噪声主要包括光器件相位噪声、大气湍流引起的相位噪声和接收机电解调模块引入的相位噪声。

**1. 光器件的相位噪声**

光器件的相位噪声主要来源于链路中的光放大器和系统发射端的激光器。对于光放大器自发辐射引起的相位噪声，其概率密度函数（PDF）可以通过如下推导过程获得。光放大器将链路分为 $N$ 个区间[4]，光信号通过这 $N$ 个区间后，信号光场表示为

$$\begin{aligned} E_N &= E_0 + n_1 + n_2 + \cdots + n_N \\ &= E_0 + \sum_{k=1}^{N} x_k + j\sum_{k=1}^{N} y_k = X + jY \end{aligned} \tag{5.3}$$

式中：$E_N$ 表示光信号通过 $N$ 个区间后的信号光场；$E_0$ 表示传输信号光场，$n_k(k=1,2,\cdots,N)$ 为第 $k$ 段光放大器产生的噪声；变量 $x_k$ 和 $y_k$ 都服从高斯分布，且相互独立。$N$ 个服从高斯分布且方差皆为 $\sigma_0^2$ 的独立变量求和后，其数学分布依然服从高斯分布，方差 $\sigma^2=N\sigma_0^2$，因此接收信号的概率密度函数满足

$$p(X,Y)=\frac{1}{2\pi\sigma^2}\exp\left[-\frac{(X-E_0)^2+Y^2}{2\sigma^2}\right] \tag{5.4}$$

设 $\rho$ 和 $\varphi$ 表示信号光场 $E_N$ 的幅度和相位，则 $X=\rho\cos\varphi$，$Y=\rho\sin\varphi$，代入式（5.4），可得 $\rho$ 和 $\varphi$ 的联合概率分布为

$$p(\rho,\varphi)=\frac{\rho}{2\pi\sigma^2}\exp\left(-\frac{\rho^2+E_0^2+2\rho E_0\cos\varphi}{2\sigma^2}\right) \tag{5.5}$$

在计算 $\varphi$ 的边缘概率分布后，光放大器相位噪声 $\boldsymbol{\Phi}$ 的概率密度函数表示为[4]

$$\begin{aligned} p_{\Phi}(\varphi) &= \int_0^\infty p(\rho,\varphi)\,\mathrm{d}\rho \\ &= \frac{1}{2\pi}\exp\left(-\frac{E_0^2}{2\sigma^2}\right) + \frac{1}{2}\sqrt{\frac{\pi}{2}}\,\frac{E_0\cos\varphi}{\sigma}\exp\left(-\frac{E_0^2\sin^2\varphi}{2\sigma^2}\right)\mathrm{erfc}\left(-\frac{E_0\cos\varphi}{\sqrt{2}\sigma}\right) \end{aligned} \tag{5.6}$$

当系统信噪比较大时，上式中第一项值很小可忽略，因此式（5.6）可写为

$$p_{\Phi}(\varphi) \approx \frac{1}{2}\sqrt{\frac{\pi}{2}}\frac{E_0\cos\varphi}{\sigma}\exp\left(-\frac{E_0^2\sin^2\varphi}{2\sigma^2}\right)\mathrm{erfc}\left(-\frac{E_0\cos\varphi}{\sqrt{2}\sigma}\right) \tag{5.7}$$

理想激光器完全忽略激活介质的自发辐射，只通过受激辐射方式工作，其输出的光波相位稳定，频率绝对单一。然而在实际情况中，激光器的自发辐射是无法避免的，此时激光器输出光波的振幅矢量表示为[5]

$$\overline{\boldsymbol{E}}(t) = |E(t)|\exp\{j[2\pi f_0 t + \varphi_0 + \varphi(t)]\} \tag{5.8}$$

式中：$\overline{\boldsymbol{E}}(t)$表示激光器输出光波的振幅矢量；$E(t)$表示输出光波的幅度；$f_0$ 为输出光波的中心频率；$\varphi_0$ 为输出光波的相位；$\varphi(t)$为激光器自发辐射引起的输出光波随机相位起伏，即相位噪声。由激光器输出光波的相位噪声 $\varphi(t)$ 可以采用 Wiener 随机过程表示[5-7]，$\Delta\varphi$ 满足正态分布即：$\varphi(t+t_0)-\varphi(t)\sim\varphi(0,2\pi\Delta f/f_s)$，其中 $\Delta f$ 为激光器线宽，$f_s$ 为系统采样速率[6]。由于相位噪声差值 $\Delta\varphi$ 服从零均值，方差 $2\pi\Delta f/f_s$ 为正态分布，当激光器线宽增大时，方差也随之增大，$\varphi(t)$的相位起伏就越大，如图 5.2 所示。

**2. 大气湍流引起的相位噪声**

激光信号在大气空间中传输时，大气湍流会引起所传输激光信号相位的随机起伏，其大小可以等价于接收信号频率 $\Delta f$ 的标准差[8-9]，这种相位起伏误差 $\Delta\phi(t)$可以表示为

$$\Delta\phi(t) = \int_t^{t+T_b} 2\pi\Delta f(t)\,\mathrm{d}t \tag{5.9}$$

式中：$\Delta f$ 表示接收信号频率的标准差；$T_b$ 表示光通信系统每传输 1bit 数据所需要的时间。

由 Rytov 近似法，$\Delta\phi(t)$服从高斯分布，表示为[8]

$$f_g(\Delta\phi) = \frac{1}{\sqrt{2\pi}\sigma_\phi}\mathrm{e}^{\frac{-\Delta\phi^2}{2\sigma_\phi^2}} \tag{5.10}$$

式中：$\sigma_\phi$ 指该相位误差的方差，可表示为

$$\sigma_\phi^2 = \langle\Delta\phi^2(t)\rangle = 2\pi\Delta f T_b \tag{5.11}$$

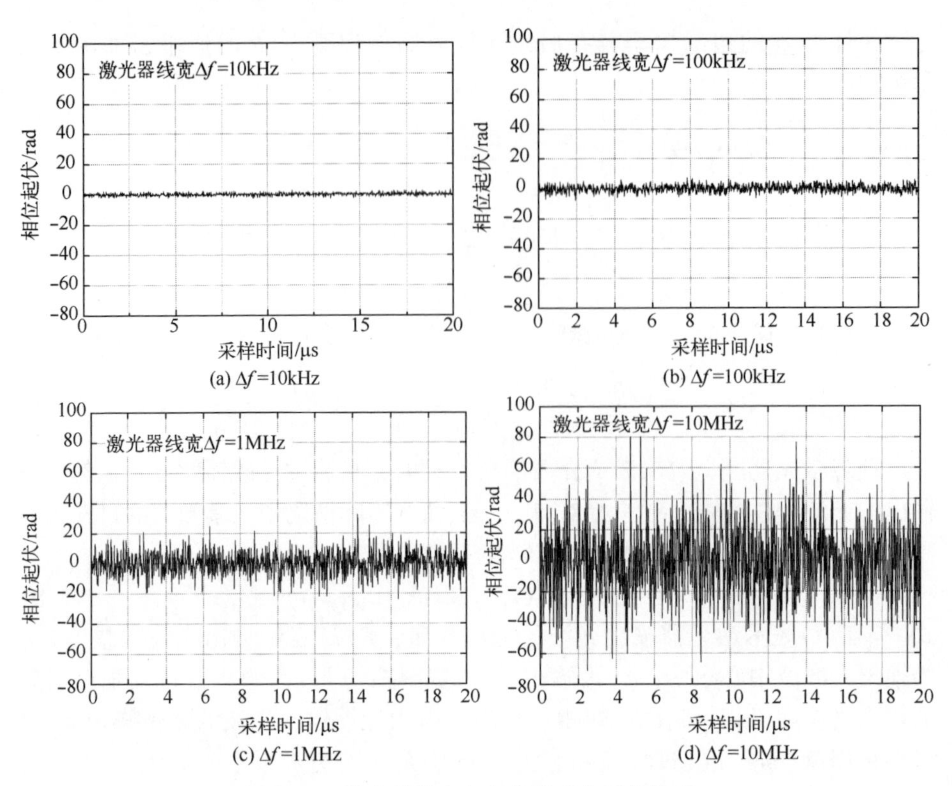

(a) Δf=10kHz (b) Δf=100kHz (c) Δf=1MHz (d) Δf=10MHz

图 5.2 激光器线宽与相位噪声之间的关系

**3. 电解调模块的相位噪声**

无线光副载波通信系统的接收端进行载波恢复时，电解调模块的相位噪声主要由 PLL 内的本地振荡器输出的随机相位抖动与接收端接收信号相位间的相位差产生，该相位噪声 $\varphi$ 服从 Tikhonov 分布，其概率密度函数为[9]

$$p(\varphi)=\frac{\exp[\alpha\cos(\varphi)]}{2\pi I_0(\alpha)},\quad |\varphi|\leqslant\pi \tag{5.12}$$

式中：$\alpha$ 为环路信噪比[10]，且 $\alpha=A^2/N_0B_L$；$A^2$ 表示接收信号的功率；$B_L$表示一阶锁相环的环路带宽，反映了环路对噪声的抑制作用；$N_0$ 为加性高斯白噪声的单边功率谱密度。通常，我们会使用相位噪声方差的倒数来表示参数 $\alpha$，即 $\sigma_\varphi^2$ 可以表示为 $\sigma_\varphi^2=N_0B_L/A^2=1/\alpha$[9]。因此，式（5.12）写为

$$p(\varphi)=\frac{\exp[\cos(\varphi)/\sigma_\varphi^2]}{2\pi \mathrm{I}_0(1/\sigma_\varphi^2)},\quad |\varphi|\leqslant\pi \tag{5.13}$$

式中：$\sigma_\varphi^2$ 表示相位噪声的方差；$\mathrm{I}_0(\cdot)$为零阶的第一类修正贝塞尔函数。

在不同的相位噪声标准偏差取值下，由式（5.13）得到 Tikhonov 分布相位噪声概率密度函数曲线图 5.3，从图 5.3 可以看出，随着相位噪声偏差的减小，即环路带宽信噪比的增大，概率密度函数曲线越逼近高斯分布，因此在低相位噪声偏差情况下，可以用高斯分布描述相位噪声模型。

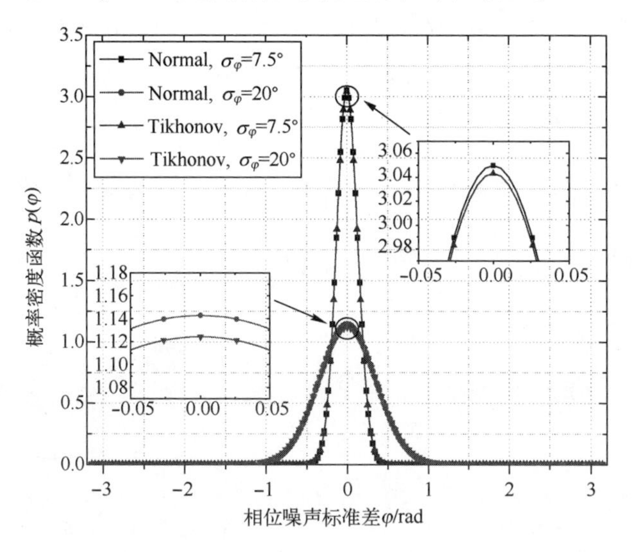


图 5.3　Tikhonov 分布相位噪声概率密度函数曲线（见彩图）

当 ${\sigma_\varphi}^2 \ll 1$，即相位噪声偏差较低时，第一类零阶修正贝塞尔函数的渐近表达式可写为[10]

$$\mathrm{I}_0(1/\sigma_\varphi^2) \sim \frac{\exp(\cos\varphi/\sigma_\varphi^2)}{\sqrt{2\pi/\sigma_\varphi^2}} \tag{5.14}$$

因为 $\cos\varphi \sim 1-\varphi^2/2$，代入式（5.13），可得

$$p(\varphi)=\sqrt{\frac{1}{2\pi\sigma_\varphi^2}}\exp\left(-\frac{\varphi^2}{2\sigma_\varphi^2}\right) \tag{5.15}$$

由式（5.15）可知，在低相位噪声偏差情况下，$\varphi \sim N(0,\sigma_\varphi^2)$，验证了图 5.3 中的结论。把式（5.13）的分子展开（Jacobi. Anger 公式），得到[11]

$$\exp[\cos(\varphi)/\sigma_\varphi^2] = I_0(1/\sigma_\varphi^2) + 2\sum_{n=1}^{\infty} I_n(1/\sigma_\varphi^2)\cos(n\varphi) \tag{5.16}$$

将式（5.16）代入式（5.13），可得到采用傅里叶级数表示的相位噪声概率密度函数：

$$p(\varphi) = \frac{1}{2\pi} + \sum_{n=1}^{\infty} c_n\cos(n\varphi) \tag{5.17}$$

式中：$c_n$ 为 Tikhonov 相位噪声概率密度函数的傅里叶系数，$c_n = I_n(1/\sigma_\varphi^2)/\pi I_0(1/\sigma_\varphi^2)$。

图 5.4 为 $\sigma_\varphi = 20°$，SNR = 20dB 时，Tikhonov 相位噪声对 8PSK 调制星座图的影响。图 5.4（a）为 8PSK 调制星座图，图中各相位点处在其本身的判决区域内。图 5.4（b）中，在相位噪声的影响下，各相位点偏移出所处的判决区域，引起符号混叠，从而导致解调性能劣化。

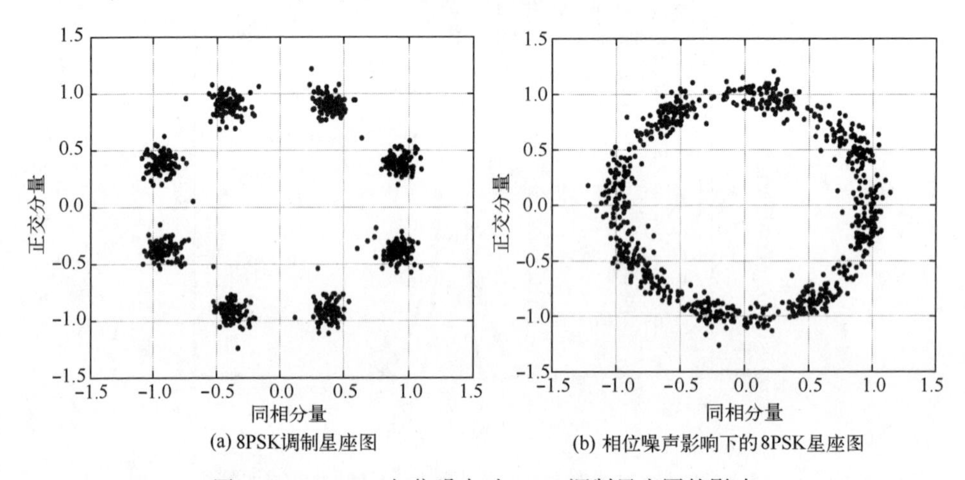


图 5.4　Tikhonov 相位噪声对 8PSK 调制星座图的影响

## 5.3　MPSK 调制系统模型

图 5.5 为无线光副载波 MPSK 强度调制系统框图。

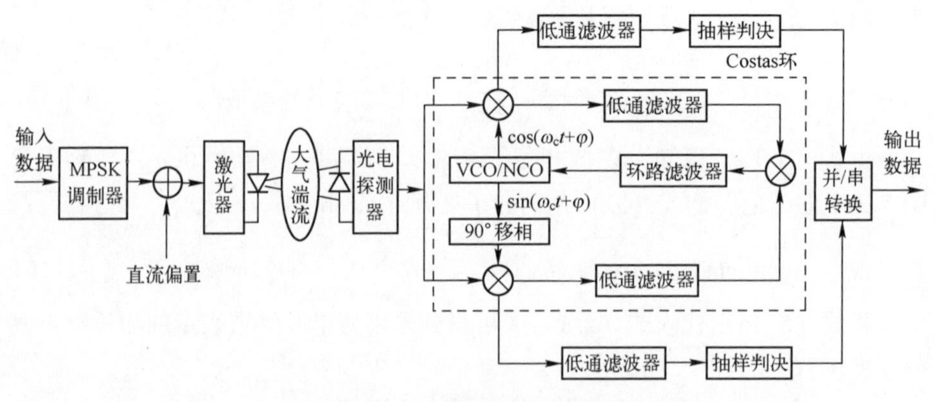


图 5.5　无线光副载波 MPSK 通信系统框图

输入的基带信号通过 MPSK 调制器成为副载波信号。加入直流偏置后，副载波信号对激光器进行强度调制并由光学发射天线发射，通过大气湍流信道传输后，发射信号的光强受湍流影响衰落。接收到的光信号经过 PIN 光电探测器转变为电信号，在 MPSK 解调模块中针对载波频率偏移问题，接收端采用 Costas 环消除载波频率偏移，整个解调模块结构如图 5.5 中虚线框所示。已调 MPSK 电信号与同相和正交两路载波相乘后，通过低通滤波器再相乘来完成鉴相功能，最后通过环路滤波器输出通过压控振荡器（Voltage-Controlled Oscillator，VCO）来控制本地振荡器（Local Oscillator，LO）的误差电压，消除载波偏移。在此过程中由于本地振荡器输出的不是一个标准正弦信号，而是在理想输出频率附近产生的随机相位抖动，这种随机的相位抖动与接收端接收信号相位的相位差就是相位噪声 $\varphi$，如图 5.5 中标红部分所示。此时，同相正交两路信号中已经包含了相位噪声，由于 Costas 环在提取相干载波的同时，也完成了基带波形的解调，因此解调信号经低通滤波器和抽样判决后，通过并/串转换后恢复出基带信号，输出的基带信号受大气湍流和相位噪声的影响引起系统性能劣化。

无线光副载波相移键控通信系统的发射端瞬时光功率可以表示为

$$P_t(t)=P[1+ms(t)] \tag{5.18}$$

式中：$P$ 为平均发射光功率；$m$ 为调制指数（$0<m<1$）；$s(t)$ 为发射端相位调制器的输出信号，表示为[10]

$$s(t)=\sum_k g(t-kT)\cos(2\pi f_c t+\varphi_k) \tag{5.19}$$

式中：$\varphi_k$ 表示第 $k$ 个发送符号的相位，$\varphi_k \in [0,\cdots,(M-1)(\pi/M)]$；$f_c$ 表示生成的副载波频率；$g(t)$ 为整形脉冲；$T$ 表示符号周期。

在大气湍流信道上传输后，接收端接收到的光信号可以定义为[12]

$$r(t)=i(t)P[1+ms(t)]+n(t) \tag{5.20}$$

式中：$i(t)$ 为湍流引起的衰落系数；$n(t)$ 为零均值加性高斯白噪声；方差 $\sigma_N^2=N_0/2$。

接收端接收到的光信号在 PIN 光电探测器内转换为电信号，在移除直流偏置后进入 PSK 解调模块。解调模块中本地振荡器输出的相位噪声会严重影响系统性能。因此在考虑相位噪声 $\varphi$ 的情况下，PSK 解调模块输出的信号表示为

$$r_e(t)=\eta i(t)Pms_P(t)+n(t) \tag{5.21}$$

式中：$\eta$ 为光电转换系数；$s_P(t)$ 表示在相位噪声 $\varphi$ 的影响下 PSK 解调模块解调出的信号。

此时，系统内的瞬时电信噪比表示为[12]

$$R=\frac{\eta^2 P^2 m^2 I^2}{N_0} \tag{5.22}$$

式中：$P$ 为平均发射光功率；$m$ 为调制指数；$I$ 表示光强；$N_0$ 表示加性高斯白噪声的单边功率谱密度。

系统内的平均电信噪比可以表示为[12]

$$\mu=\frac{\eta^2 P^2 m^2 E[I^2]}{N_0}=\frac{\eta^2 P^2 m^2}{N_0} \tag{5.23}$$

式中：$E[I^2]$为归一化光强，且 $E[I^2]=1$。

本节主要研究的大气湍流信道为 Malaga 湍流信道，因此由式（5.22）和式（5.23）可得 $R/\mu=I^2$，代入式（3.63）可得 Malaga 大气湍流信道以瞬时信噪比 $R$ 表示的概率密度函数为

$$P_R(R)=A\sum_{k=1}^{\beta}\frac{a_k}{\mu^{\frac{\alpha+k}{4}}}R^{\frac{\alpha+k-4}{4}}K_{\alpha-k}\left(2\sqrt{\frac{\alpha\beta}{\gamma\beta+\Omega'}\sqrt{\frac{R}{\mu}}}\right) \tag{5.24}$$

由 MeijerG 函数和贝塞尔函数的运算性质可知[13]

$$K_{\alpha-k}\left(2\sqrt{\frac{\alpha\beta}{\gamma\beta+\Omega'}\sqrt{\frac{R}{\mu}}}\right)=\frac{1}{2}G_{0,2}^{2,0}\left(\frac{\alpha\beta}{\gamma\beta+\Omega'}\sqrt{\frac{R}{\mu}}\,\middle|\,\begin{matrix}-\\ \frac{\alpha-k}{2},\frac{k-\alpha}{2}\end{matrix}\right) \tag{5.25}$$

将式（5.25）代入式（5.24），可得到 MeijerG 函数表示的概率密度函数

$$P_R(R)=\frac{A}{2}\sum_{k=1}^{\beta}\frac{a_k}{\mu^{\frac{\alpha+k}{4}}}R^{\frac{\alpha+k-4}{4}}G_{0,2}^{2,0}\left(\frac{\alpha\beta}{\gamma\beta+\Omega'}\sqrt{\frac{R}{\mu}}\,\middle|\,\begin{matrix}-\\ \frac{\alpha-k}{2},\frac{k-\alpha}{2}\end{matrix}\right) \tag{5.26}$$

## 5.4 接收信号相位的傅里叶级数

Malaga 大气湍流信道下无线光副载波 MPSK 系统的接收端接收信号相位设为 $\psi$，则其概率密度函数的傅里叶级数可以表示为[14]

$$p(\psi)=\frac{1}{2\pi}+\sum_{n=1}^{\infty}b_n\cos(n\psi),\ |\psi|\leqslant\pi \tag{5.27}$$

式中：$b_n$ 为 Malaga 大气湍流信道下接收信号相位 $\psi$ 的傅里叶系数。为了求得傅里叶系数 $b_n$，可将接收信号的相位 $\psi$ 表示为

$$p(\psi)=\int_0^{\infty}p(\psi/R)P_R(R)\mathrm{d}R \tag{5.28}$$

式中：$P_R(R)$为 Malaga 大气湍流信道瞬时信噪比的概率密度函数；$p(\psi/R)$为 Malaga 大气湍流信道下接收信号相位的条件概率密度函数，其傅里叶级数为[14]

$$p(\psi/R)=\frac{1}{2\pi}+\sum_{n=1}^{\infty}a_n(R)\cos(n\psi),\ |\psi|\leqslant\pi \tag{5.29}$$

式（5.29）中傅里叶系数 $a_n(R)$为

$$a_n(R)=\frac{1}{n!\pi}\Gamma\left(\frac{n}{2}+1\right)R^{\frac{n}{2}}\exp(-R)\,{}_1F_1\left(\frac{n}{2}+1;n+1;R\right) \tag{5.30}$$

式中：$F(\cdot)$为 Gamma 函数；${}_1F_1(\cdot)$为合流超几何函数。

将式（5.24）、式（5.29）、式（5.30）代入式（5.28），则接收信号的相位 $\psi$ 的概率密度函数为

$$p(\psi)=\frac{1}{2\pi}+\left\{\frac{A}{2}\sum_{n=1}^{\infty}\frac{\Gamma\left(\frac{n}{2}+1\right)}{n!\pi}\cos(n\psi)\sum_{k=1}^{\beta}\frac{a_k}{\mu^{\frac{\alpha+k}{4}}}\int_0^{\infty}R^{\frac{\alpha+k-4+2n}{4}}\times\right.$$
$$\left.\exp(-R)\,{}_1F_1\left(\frac{n}{2}+1;n+1;R\right)G_{0,2}^{2,0}\left(\frac{\alpha\beta}{\gamma\beta+\Omega'}\sqrt{\frac{R}{\bar{\mu}}}\,\middle|\,\frac{\alpha-k}{2},\frac{k-\alpha}{2}\right)\mathrm{d}R\right\} \tag{5.31}$$

式（5.31）中，指数函数与合流超几何函数的乘积，可由 MeijerG 函数和 Gamma 函数的性质转换为[16]

$$\exp(-\gamma)\,{}_1F_1\left(\frac{n}{2}+1;n+1;R\right)=\frac{n}{2}G_{1,2}^{1,1}\left(R\,\middle|\,\begin{matrix}1-\frac{n}{2}\\0,-n\end{matrix}\right) \tag{5.32}$$

将式（5.32）代入式（5.31），可得到接收信号的相位 $\psi$ 的概率密度函数的另一种表示：

$$p(\psi)=\frac{1}{2\pi}+A\sum_{n=1}^{\infty}\frac{n\Gamma(n+1)}{4n!\pi}\cos(n\psi)\sum_{k=1}^{\beta}\frac{a_k}{\mu^{\frac{\alpha+k}{4}}}\times$$
$$\int_0^{\infty}R^{\frac{\alpha+k-4+2n}{4}}G_{1,2}^{1,1}R\left(\gamma\,\middle|\,\begin{matrix}1-\frac{n}{2}\\0,-n\end{matrix}\right)G_{0,2}^{2,0}\left(\frac{\alpha\beta}{\gamma\beta+\Omega'}\sqrt{\frac{R}{\bar{\mu}}}\,\middle|\,\frac{\alpha-k}{2},\frac{k-\alpha}{2}\right)\mathrm{d}R \tag{5.33}$$

由 MeijerG 函数积分性质可将式（5.33）转换为[16]

$$p(\psi)=\frac{1}{2\pi}+A\sum_{k=1}^{\beta}a_k(\alpha\beta)^{\frac{-\alpha-k}{2}}(\gamma\beta+\Omega')^{\frac{\alpha+k}{2}}\sum_{n=1}^{\infty}\frac{n\Gamma(n+1)2^{\alpha+k-3}}{n!\pi^2}\cos(n\psi)\times$$
$$G_{2,5}^{5,1}\left(\frac{(\alpha\beta)^2}{16\mu(\gamma\beta+\Omega')^2}\middle|\begin{matrix}1-\frac{n}{2},1+\frac{n}{2}\\\frac{\alpha}{2},\frac{\alpha+1}{2},\frac{k}{2},\frac{k+1}{2},0\end{matrix}\right) \tag{5.34}$$

由式（5.27）和式（5.34），可得到 Malaga 分布大气湍流信道下接收信号相位 $\psi$ 的傅里叶系数 $b_n$ 表达式为

$$b_n=\frac{An\Gamma(n+1)2^{\alpha+k-3}}{n!\pi^2}\sum_{k=1}^{\beta}a_k(\alpha\beta)^{\frac{-\alpha-k}{2}}(\gamma\beta+\Omega')^{\frac{\alpha+k}{2}}\times$$
$$G_{2,5}^{5,1}\left(\frac{(\alpha\beta)^2}{16\mu(\gamma\beta+\Omega')^2}\middle|\begin{matrix}1-\frac{n}{2},1+\frac{n}{2}\\\frac{\alpha}{2},\frac{\alpha+1}{2},\frac{k}{2},\frac{k+1}{2},0\end{matrix}\right) \tag{5.35}$$

根据式（5.34）和式（5.35），图 5.6 为不同湍流强度下光电探测器的接收端接收信号相位的概率密度函数曲线，此时接收信号尚未进入解调模块解调，未考虑解调模块引入的相位噪声。

由图 5.6 可以看出，在湍流强度较大时中湍流（$\alpha=5$，$\beta=2$，$\sigma_I^2=0.8$）和强湍流（$\alpha=2$，$\beta=2$，$\sigma_I^2=2$）的概率密度函数曲线呈非高斯分布，且随着光强起伏方差越大，曲线出现拖尾越厚重，同时脉冲特性越显著，在强湍流下与标

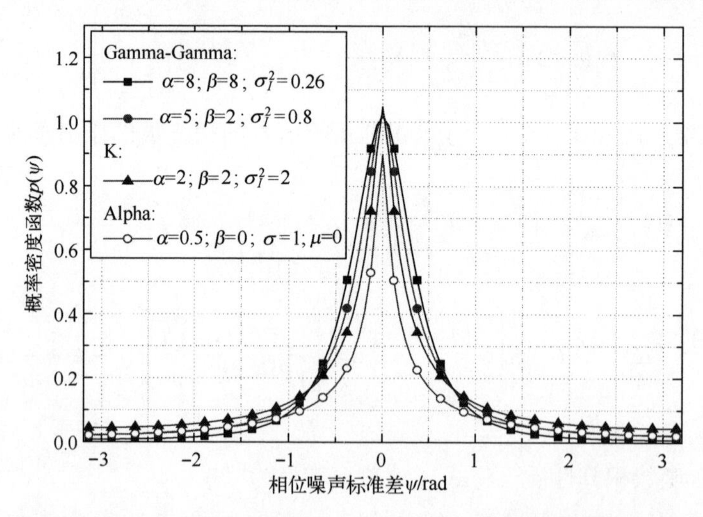


图 5.6　Malaga 大气湍流信道下接收信号的相位概率密度函数曲线

准 Alpha$(\alpha,\beta,\sigma,\mu)$稳定分布有较好的拟合。当光强闪烁指数 $\sigma_I^2$ 较小时（弱湍流，$\alpha=8,\beta=8,\sigma_I^2=0.26$），$p(\psi)$函数曲线拖尾减弱，脉冲特性趋于消失，相位噪声概率密度函数曲线呈对称钟形的高斯分布。

## 5.5　系统误符号率性能

MPSK 系统接收端信号相位 $\psi$ 的判决区域可表示为 $|\psi|\geqslant\varphi+\pi/M$，此时信号分布在该判决区域内的概率为 $\int_{\varphi-\pi/M}^{\varphi+\pi/M}p(\psi)\mathrm{d}\psi$（M 为调制阶数），分布在判决区域外的概率为[15]

$$p_M(\varphi)=1-\int_{\varphi-\pi/M}^{\varphi+\pi/M}p(\psi)\mathrm{d}\psi=1-\frac{1}{M}-\sum_{n=1}^{\infty}\frac{2b_n}{n}\sin\left(\frac{n\pi}{M}\right)\cos(n\varphi) \tag{5.36}$$

相位噪声 $\varphi$ 服从 Tikhonov 分布且其概率密度函数见式（5.12）。考虑接收端相位噪声对无线光副载波 MPSK 系统性能的影响，由式（5.12）和式（5.36）可推导出在 Malaga 大气湍流信道下受相位噪声影响的系统误符号率为

$$\begin{aligned}P_M&=\int_{-\pi}^{\pi}p_M(\varphi)p(\varphi)\mathrm{d}\varphi\\&=\int_{-\pi}^{\pi}\left(1-\frac{1}{M}-\sum_{n=1}^{\infty}\frac{2b_n}{n}\sin\left(\frac{n\pi}{M}\right)\cos(n\varphi)\right)\left(\frac{1}{2\pi}+\sum_{n=1}^{\infty}c_n\cos(n\varphi)\right)\mathrm{d}\varphi\\&=\frac{\varphi}{2\pi}\bigg|_{-\pi}^{\pi}-\frac{\varphi}{2\pi M}\bigg|_{-\pi}^{\pi}-\sum_{n=1}^{\infty}\frac{2b_nc_n}{n}\sin\left(\frac{n\pi}{M}\right)\left(\frac{\varphi}{2}+\frac{\sin2\varphi}{4}\right)\bigg|_{-\pi}^{\pi}\\&=1-\frac{1}{M}-\sum_{n=1}^{\infty}\frac{2\pi b_nc_n}{n}\sin\left(\frac{n\pi}{M}\right)\end{aligned} \tag{5.37}$$

式中：$c_n$ 与 $b_n$ 表达式分别为式（5.17）与式（5.35）。

不考虑相位噪声对系统的影响，即 $\varphi=0$ 的情况下，将 $\varphi=0$ 代入式（5.36）可得 Malaga 大气湍流信道下无线光副载波 MPSK 系统误符号率的渐近表达式

$$P_M(\varphi=0)=1-\int_{\pi/M}^{\pi/M}p(\psi)\mathrm{d}\psi=1-\frac{1}{M}-\sum_{n=1}^{\infty}\frac{2b_n}{n}\sin\left(\frac{n\pi}{M}\right) \tag{5.38}$$

本节在 Malaga 大气湍流信道表征的 K 分布和双 Gamma 分布下，分别研究了相位噪声对无线光副载波 MPSK 系统差错性能的影响[17]。仿真中，相位噪声用相位噪声标准差表示，且图中空心圆点曲线代表精确值曲线，表示对

式（5.37）直接积分得到的准确数值结果，其余曲线表示计算误符号率渐近表达式得到的渐近结果。根据表 3.1，当 $\alpha=2,\beta=2,\sigma_I^2=2$ 时表示采用 Malaga 湍流信道表征 K 分布湍流信道的参数，$\alpha=5$，$\beta=2$，$\sigma_I^2=0.8$ 与 $\alpha=8$，$\beta=3$，$\sigma_I^2=0.5$ 时表示采用 Malaga 湍流信道表征的双 Gamma 分布湍流信道。

## 5.5.1 湍流和相位噪声对星座图的影响

在高斯白噪声、大气湍流和相位噪声的影响下无线光副载波 QPSK 信号星座图分别如图 5.7 中各项所示，其中图（a）为理想情况下无线光副载波 QPSK 调制星座图；图（b）为加性高斯白噪声信道下 QPSK 星座图，且 SNR = 35dB；图（c）为 Malaga 大气湍流信道表征的 Lognormal 大气湍流信道下的 QPSK 星座图，Malaga 大气湍流信道概率密度函数的参数设置为 $\alpha=11,\beta=10,\sigma_I^2=0.2$（见表 3.1；图（d）为相位噪声影响下 QPSK 星座图，相位噪声标准差取 $\sigma_\varphi=10°$。

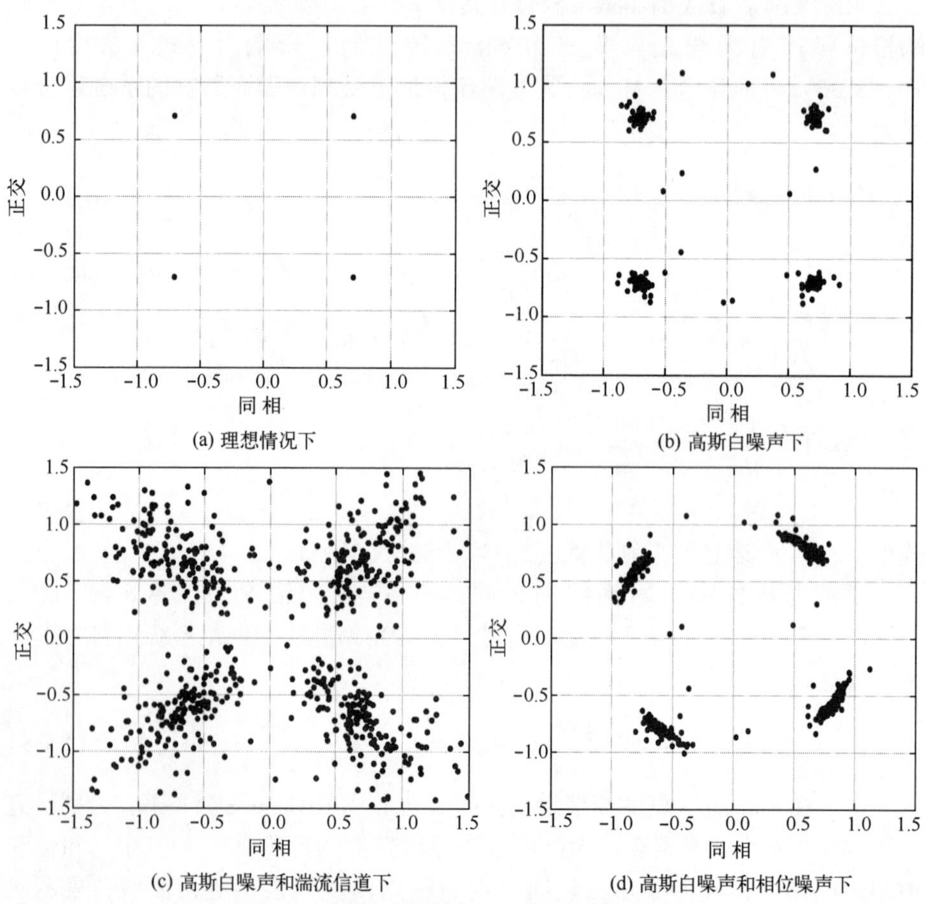


(a) 理想情况下　(b) 高斯白噪声下

(c) 高斯白噪声和湍流信道下　(d) 高斯白噪声和相位噪声下

图 5.7　无线光副载波 QPSK 调制系统星座图

由图 5.7 可以看出，加性高斯白噪声信道下星座图中各采样点在 QPSK 的 4 个相位点周围弥散分布；在 Malaga 大气弱湍流信道下，星座图中采样点径向拉伸，呈杏仁状；而在相位噪声影响下，QPSK 调制 4 个相位发生明显旋转，使得各采样点偏移出了原本所处的判决区域。

## 5.5.2　误符号率性能

当系统平均电信噪比为 $\mu=25\text{dB}$ 和 $\mu=45\text{dB}$ 时，在 Malaga 大气湍流信道概率密度函数表征的双 Gamma 大气湍流信道下，调制阶数 $M$ 和相位噪声标准差 $\sigma_{\varphi}$ 对无线光副载波系统误符号率的影响如图 5.8 所示。当平均电信噪比一定时，随着相位噪声标准差的增大，系统误符号率增加。当 $\mu=25\text{dB}$ 且 $\sigma_{\varphi}<10°$时，QPSK 系统的误符号率不变，这是因为在 $\sigma_{\varphi}<10°$时 QPSK 信号星座图中的采样点在相位噪声影响下发生了旋转，但 QPSK 系统的星座图中 4 个相位点间的欧氏距离较大，采样点间没有发生符号混叠，仍处在它的判决区域内，因此系统误符号率不变。由图 5.8 还可知道，调制阶数越高，误符号率突然增大时对应的相位噪声标准差越小，这说明调制阶数越高的系统，越容易受到相位噪声的影响。

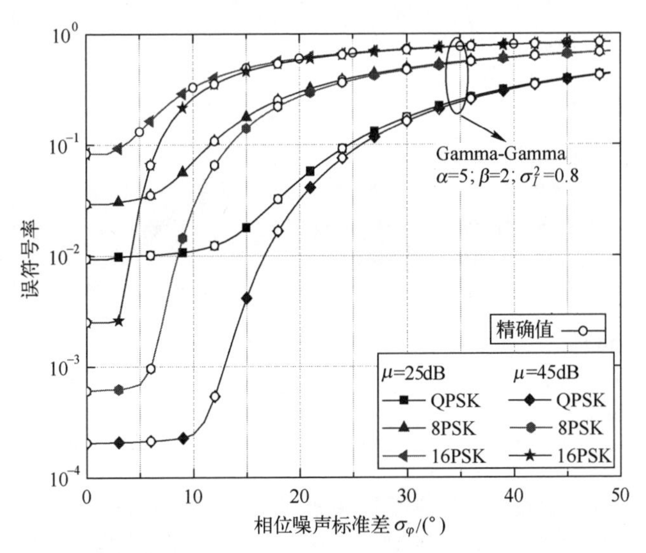


图 5.8　相位噪声对无线光副载波 MPSK 系统误符号率的影响

图 5.9 为在 Malaga 大气湍流信道表征的不同分布下，相位噪声对无线光副载波 QPSK 系统误符号率性能的影响。由图 5.8 可知，当 $\sigma_{\varphi}>10°$时，QPSK 系统的误符号率突然增大，即 10°是其噪声容限，因此在图 5.9 仿真时相位噪

声标准差取 5°~20°。

由图 5.9 可知，当平均电信噪比 $\mu=25\text{dB}$ 且相位噪声标准差 $\sigma_\varphi=10°$ 时，误符号率在双 Gamma 分布下为 $1.39\times10^{-3}$，在 K 分布下为 $2.26\times10^{-2}$。当相位噪声增加到 $\sigma_\varphi=20°$ 时，在双 Gamma 分布与 K 分布下，系统的误符号率分别增大到 $3.41\times10^{-2}$ 和 $5.82\times10^{-2}$，说明在同一平均电信噪比下，随着相位噪声标准差的增大，系统误符号率也增大。此外，图 5.9 中随着平均电信噪比的逐渐增大，误符号率曲线的下降趋势趋于平缓，出现系统误符号率平层，而且相位噪声标准差越大，误符号率平层出现时所对应的系统平均电信噪比越低。$\sigma_\varphi=15°$ 时误符号率平层出现时所对应的平均电信噪比约为 33dB，这说明在相位噪声标准差比较小的情况下，通过增加平均电信噪比可以减小系统误符号率，而当相位噪声标准差过大时，增加电信噪比也不能改善系统的误符号率了。

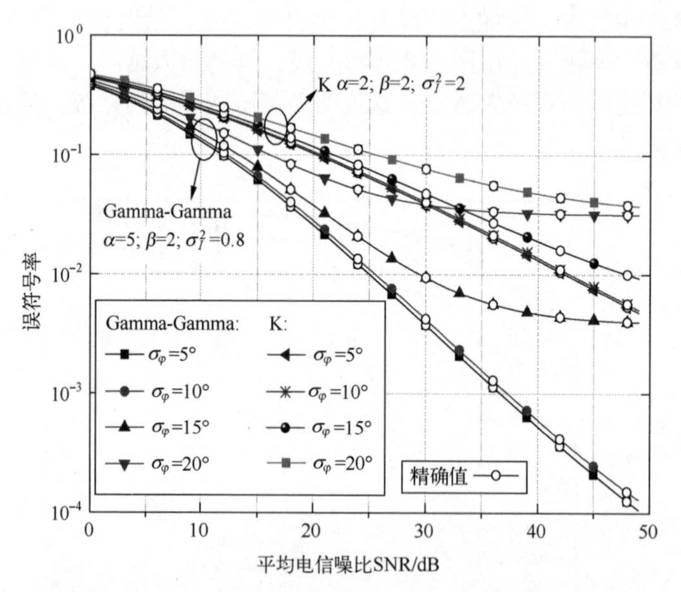


图 5.9　Malaga 湍流信道与不同相位噪声标准差下的 QPSK 系统误符号率（见彩图）

图 5.10 是在 Malaga 大气湍流信道所表征的双 Gamma 分布下，当相位噪声标准差一定时，在不同的光强起伏方差下，无线光 QPSK 调制系统的误符号率曲线。由图 5.10 可知，$\sigma_\varphi=5°$ 时，误符号率随着湍流强度的增大而增大，但没有出现误符号率平层，系统误符号性能随着系统电信噪比的增大而升高。当 $\sigma_\varphi=15°$ 时，在相位噪声的影响下 QPSK 星座图中的相位点发生符号混叠，此时增大系统电信噪比已经不能提高系统性能了，因此误符号率下降速度趋于

平缓，呈平层状态，这就说明误符号率平层主要是由相位噪声造成的。

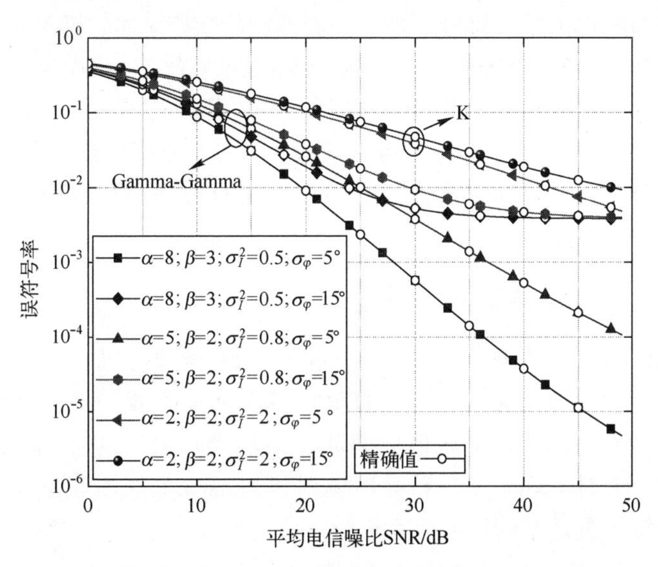


图 5.10　不同湍流强度下系统的误符号率曲线（见彩图）

图 5.11 是在相位噪声标准差取 $\sigma_\varphi=15°$，不同湍流分布及不同调制阶数对系统误符号率的影响。当平均电信噪比 $\mu=35\text{dB}$ 时，双 Gamma 分布下 QPSK 系统的误符号率为 $5.95\times10^{-3}$，而 K 分布下达到 $2.96\times10^{-2}$，说明光强起伏方

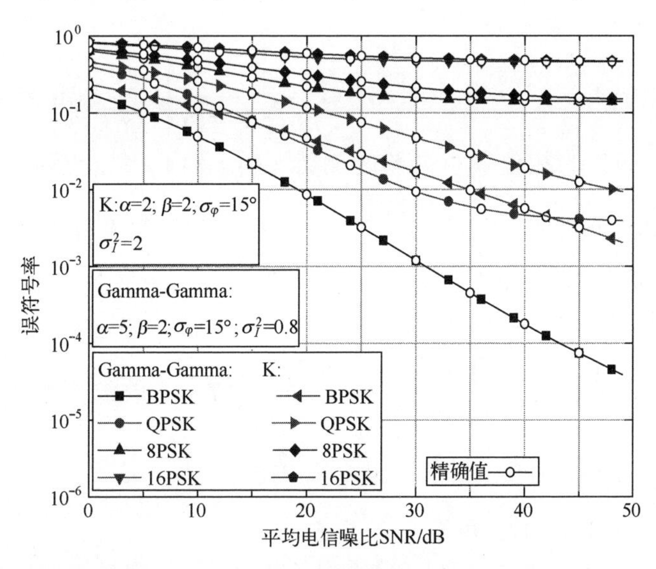


图 5.11　不同光强振幅起伏方差下 MPSK 调制阶数对系统误符号率的影响（见彩图）

差越大，误符号率越高。当$\sigma_{\varphi}=15°$时，随着调制阶数的增大，双Gamma分布下误符号率曲线均出现误符号率平层。而调制阶数一定时，随着湍流强度增大K分布下误符号率仅在8PSK和16PSK调制时出现平层，说明误符号率平层的出现受调制阶数的影响大于受湍流强度的影响。同时，随着调制阶数的增大，误符号率平层出现时所对应的平均电信噪比减小。QPSK调制在双Gamma分布下误符号率平层对应的信噪比约为35dB，而8PSK时的误符号率平层对应的信噪比减小约为30dB。

### 5.5.3 相位噪声的截断误差

对于Tikhonov分布噪声模型，它的傅里叶级数形式如式（5.17）所示。由于该式中包含一项无穷级数，在数值仿真中就需要我们在保证精度的情况下，对$N$进行合理的取值，取值后第$(N+1)$项及其之后的项就称为该级数的截断误差。本节对Tikhonov分布噪声模型和Malaga大气湍流信道下受相位噪声影响的系统误符号率的截断误差进行了研究。

对式（5.17）在有限项$N$处截断后，第$N+1$项及其之后的项就是式（5.17）的截断误差，表示为

$$R_N(\varphi;1/\sigma_{\varphi}^2)=\sum_{n=N+1}^{\infty}c_n\cos(n\varphi),\quad |\varphi|\leqslant\pi \tag{5.39}$$

由于$\cos(n\varphi)$是一个在$[-1,+1]$上震荡的周期函数，因此取$\varphi=0$代入式（5.39）得到下式：

$$|R_N(\varphi;1/\sigma_{\varphi}^2)|\leqslant R_N(0;1/\sigma_{\varphi}^2)=\frac{1}{\pi I_0(1/\sigma_{\varphi}^2)}\left[\sum_{n=N+1}^{\infty}I_n(1/\sigma_{\varphi}^2)\right] \tag{5.40}$$

令$b=1/\sigma_{\varphi}^2$，为相位噪声方差的倒数（$0<b<1$），结合第一类$n$阶修正Bessel函数的性质可知，无穷级数$\sum\limits_{n=1}^{\infty}I_n(b)$的通项$I_n(b)$在$0<b<1$内非负，所以该级数是正项级数。根据文献［14］中第一类$n$阶修正贝塞尔函数的性质

$$(1+v/x)I_{v+1}(x)<I_v(x),\quad (v\geqslant-1,x>0) \tag{5.41}$$

可得$\dfrac{I_{n+1}(b)}{I_n(b)}<\dfrac{1}{1+n/b}$，$0<\dfrac{1}{1+n/b}<1$，从而证得$\sum\limits_{n=1}^{\infty}I_n(b)$收敛，所以该级数的部分和级数$\sum\limits_{n=N+1}^{\infty}I_n(b)$有界，即截断误差$R_n$有界。

因此，当$n>N+1$时，可得

$$I_n(b)<\frac{I_{n-1}(b)}{1+(n-1)/b}<\frac{I_{n-1}(b)}{2}<\cdots<\frac{I_{N+1}(b)}{2^{n-N-1}} \tag{5.42}$$

所以

$$\sum_{n=N+1}^{\infty} I_n(b) < \sum_{n=N+1}^{\infty} \frac{I_{N+1}(b)}{2^{n-N-1}} = 2I_{N+1}(b) \tag{5.43}$$

即

$$\sum_{n=N+1}^{\infty} I_n(b) = I_{N+1}(b) + \sum_{n=N+2}^{\infty} I_n(b) < 2I_{N+1}(b) \tag{5.44}$$

由式（5.44）可得，$\sum_{n=N+2}^{\infty} I_n(b) < I_{N+1}(b)$，又因为无穷级数 $\sum_{n=N+2}^{\infty} I_n(b)$ 的通项 $I_n(b)$ 在 $0<b<1$ 内是非增函数，根据文献［16］中积分与级数的性质可得

$$\sum_{n=N+2}^{\infty} I_n(b) \leqslant \int_{N+1}^{\infty} I_v(b)\,\mathrm{d}v \tag{5.45}$$

根据式（5.45）可将 $\sum_{n=N+1}^{\infty} I_n(b)$ 表示为

$$\sum_{n=N+1}^{\infty} I_n(b) = I_{N+1}(b) + \sum_{n=N+2}^{\infty} I_n(b) \leqslant I_{N+1}(b) + \int_{N+1}^{\infty} I_v(b)\,\mathrm{d}v \tag{5.46}$$

将式（5.46）代入式（5.40）可得截断误差 $R_N$ 的表达式为

$$R_N = \frac{1}{\pi I_0(b)}\left[I_{N+1}(b) + \int_{N+1}^{\infty} I_v(b)\,\mathrm{d}v\right] \tag{5.47}$$

图 5.12 表示不同相位噪声取值下以傅里叶级数表示的相位噪声概率密度函数的截断误差。$N$ 的取值要使截断误差足够小，以保证数值仿真的精度。因此设截断误差阈值为 $\varepsilon=10^{-8}$（即图 5.12 中黑色虚线），在 $R_N$ 小于阈值的情况

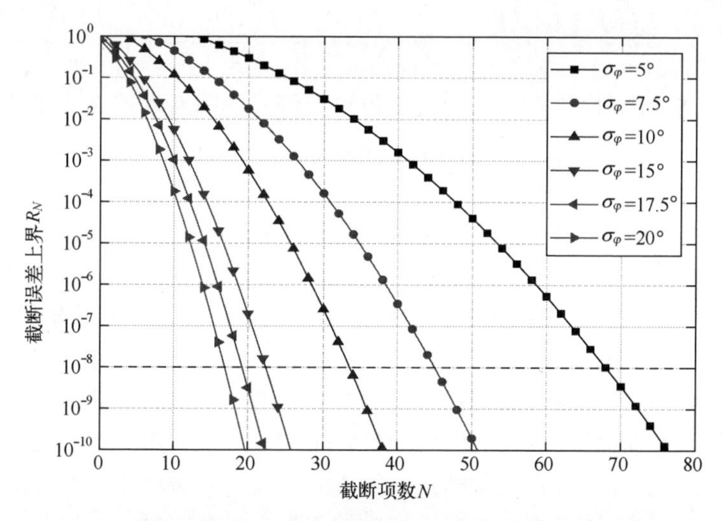


图 5.12　不同相位噪声取值下相位噪声概率密度函数的截断误差上限

下，可以得到相位噪声 $\sigma_\varphi=5°, 7.5°, 10°, 15°, 17.5°, 20°$对应的截断时级数项数为 $N=68, 45, 34, 23, 19, 17$。随着 $\sigma_\varphi$ 的增大，达到指定截断误差时所需的项数 $N$ 越来越小，说明式（5.17）的收敛速度随着 $\sigma_\varphi$ 的增大而增大。

### 5.5.4 误符号率的截断误差

在上一小节中计算了 Tikhonov 分布噪声模型的截断误差，并通过仿真验证了结果的准确性。依照同样方法，本小节将会对式（5.37）误符号率的截断误差进行计算。设 $n=N$，则误符号率的截断误差 $B_N^{\mathrm{SEP}}$ 可以表示为

$$B_N^{\mathrm{SEP}}\left(\frac{1}{\sigma_\varphi^2}\right)=\sum_{n=N+1}^{\infty}\frac{2\pi b_n c_n}{n}\sin\left(\frac{n\pi}{M}\right)=\frac{2b_{N+1}}{I_0\left(\frac{1}{\sigma_\varphi^2}\right)}\sum_{n=N+1}^{\infty}I_n\left(\frac{1}{\sigma_\varphi^2}\right)\sin\left(\frac{n\pi}{M}\right)\tag{5.48}$$

因为 $\sin(n\pi/M)$是一个在$[-1,+1]$上振荡的周期函数，且 $b_n$ 为一单调递减序列，令 $b=1/\sigma_\varphi^2$，可得

$$B_N^{\mathrm{SEP}}(b)<\frac{2b_{N+1}}{I_0(b)}\sum_{n=N+1}^{\infty}\frac{I_n(b)}{n}\tag{5.49}$$

根据式（5.42）可知

$$\sum_{n=N+1}^{\infty}\frac{I_n(b)}{n}<\sum_{n=N+1}^{\infty}\frac{I_{N+1}(b)}{n2^{n-N-1}}<\frac{2I_{N+1}(b)}{N+1}\tag{5.50}$$

同理，根据文献［16］中积分与级数的性质可得

$$\sum_{n=N+1}^{\infty}\frac{I_n(b)}{n}=\frac{I_{N+1}(b)}{N+1}+\sum_{n=N+2}^{\infty}\frac{I_n(b)}{n}\leqslant\frac{I_{N+1}(b)}{N+1}+\int_{N+1}^{\infty}\frac{I_v(b)}{v}\mathrm{d}v\tag{5.51}$$

将式（5.51）代入式（5.49）中可得误符号率截断误差 $B_N^{\mathrm{SEP}}$ 的表达式为

$$B_N^{\mathrm{SEP}}=\frac{2b_{N+1}}{I_0(b)}\left[\frac{I_{N+1}(b)}{N+1}+\int_{N+1}^{\infty}\frac{I_v(b)}{v}\mathrm{d}v\right]\tag{5.52}$$

图 5.13 给出了当系统平均电信噪比 $\mu=50\mathrm{dB}$ 时，在 Malaga 概率分布表征的弱湍流双 Gamma 信道下，由式（5.52）可得到相位噪声影响的无线光 QPSK 副载波通信系统误符号率的截断误差。取系统误符号率截断误差的阈值为 $\varepsilon=10^{-8}$，如图 5.13 中虚线所示。在不同相位噪声标准偏差 $\sigma_\varphi=5°, 7.5°, 10°, 15°, 17.5°, 20°$下，采用式（5.52）要达到误符号率截断误差的阈值 $\varepsilon$，则对应不同 $\sigma_\varphi$ 所需要级数的截断项数 $N=61, 41, 30, 20, 18, 15$，该截断项数 $N$ 略小于达到相位噪声的截断误差阈值时所需的截断项数（$N=68, 45, 34, 23, 19, 17$），这种现象在相位噪声标准偏差越大时越明显。

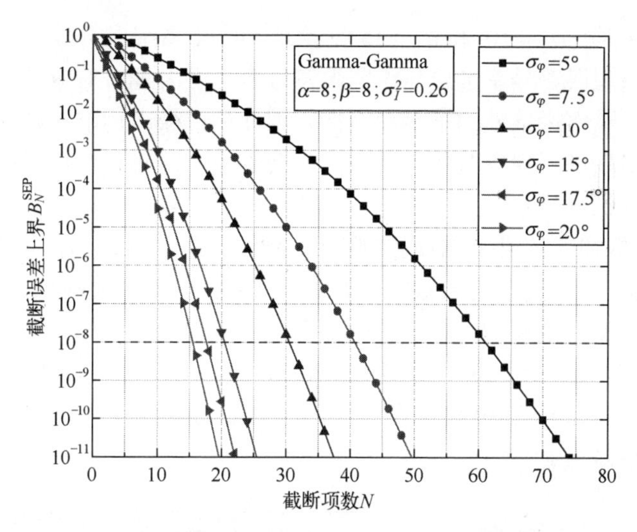


图 5.13　不同相位噪声标准偏差下 QPSK 误符号率的截断误差

图 5.14 中，$N$ 取在截断误差阈值 $\varepsilon=10^{-8}$时对应于不同偏差所需要的截断项数，同时以式（5.37）直接积分得到的准确计算结果作为精确值，以空心圆点表示。由图 5.14 可知，当系统平均电信噪比 $\mu$>40dB 时，除相位噪声标准偏差 $\sigma_\varphi=5°$，7.5°较小之外，其余标准偏差下曲线的渐近结果和精确结果完全拟合。这是因为当 $N=100$ 时，$\sigma_\varphi=5°$，7.5°对应的系统误符号率在 $\mu=40$dB 时分别为 $1.96\times10^{-8}$和 $3.28\times10^{-8}$，截断误差 $\varepsilon=10^{-8}$对应的截断项数不能保证式（5.37）所求得的渐近计算结果的准确性。此外，在平均电信噪比分别为

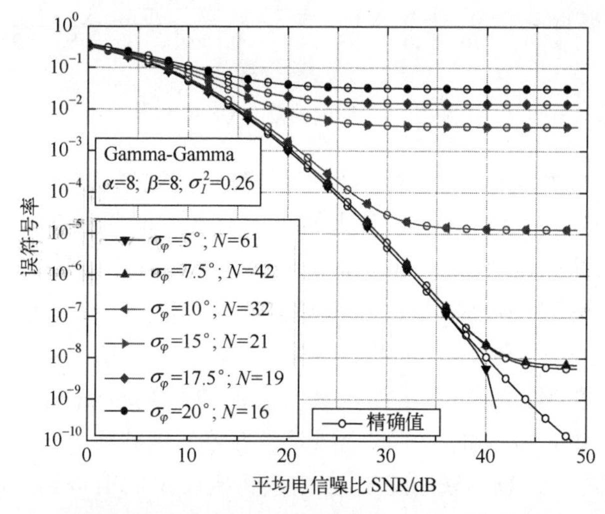


图 5.14　不同相位噪声偏差下的无线光副载波 QPSK 系统误符号率（见彩图）

35dB 和 30dB 时，$\sigma_{\varphi}=10°$和 $\sigma_{\varphi}=15°$对应的 QPSK 系统误符号率曲线下降趋势趋于平缓，出现误符号率平层。说明误符号率平层出现时对应的系统平均电信噪比随着相位噪声标准差的增大而降低。因此相位噪声标准差越大时，系统误符号率曲线出现平层现象时的电信噪比就会越低，此时再增加系统电信噪比也不能减小系统误符号率了。

图 5.15 描述了在不同湍流强度下，通过式（5.42）计算得到 $\sigma_{\varphi}=5°$，$10°$，$15°$，$20°$时无线光副载波 QPSK 系统误符号率的截断误差。仿真中以 Malaga 大气湍流信道模拟 Gamma-Gamma 分布和 K 分布大气湍流信道，且 K 分布（$\alpha=2$，$\beta=2$，$\sigma_I^2=2$）表示强湍流强度，Gamma-Gamma 分布（$\alpha=5$，$\beta=2$，$\sigma_I^2=0.8$）表示中强湍流强度，Gamma-Gamma 分布（$\alpha=8$，$\beta=8$，$\sigma_I^2=0.26$）表示弱湍流强度。

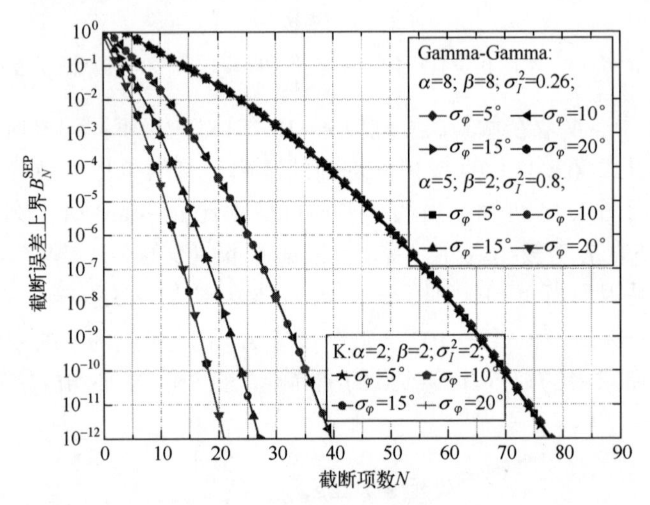


图 5.15　不同湍流强度下不同相位噪声标准偏差下 QPSK 误符号率的截断误差（见彩图）

从图 5.15 中可以看出，4 种相位噪声取值在各湍流强度下计算出的截断误差曲线拟合基本一致，没有明显差别，说明它们的收敛速度一致。由于在图 5.14 中，截断误差阈值 $\varepsilon=10^{-8}$在系统 SNR≥35dB 时不能保证 $\sigma_{\varphi}=5°$系统误符号率的准确性。因此图 5.15 中取截断误差阈值 $\varepsilon_1=10^{-10}$，得到不同湍流强度下 $\sigma_{\varphi}=5°$，$10°$，$15°$，$20°$对应的 $N=70$，35，23，17。

图 5.16 是在 Malaga 概率密度函数所表征的双 Gamma 信道下，相位噪声标准差 $\sigma_{\varphi}=5°$和 $\sigma_{\varphi}=15°$时，不同光强起伏方差下副载波 QPSK 调制系统的误符号率，并对式（5.37）采用图 5.15 中截断项数 $N$ 的值得到的近似计算结果和对式（5.37）直接积分得到的精确计算结果进行了对比。由图 5.16 可知，

近似结果和精确结果曲线基本重合，且 $\sigma_{\varphi}=5°$时，随着湍流强度的增大误符号率增大，但没有出现误符号率平层，而相位噪声 $\sigma_{\varphi}=15°$时出现误符号率平层，说明误符号率平层主要由相位噪声增大导致。

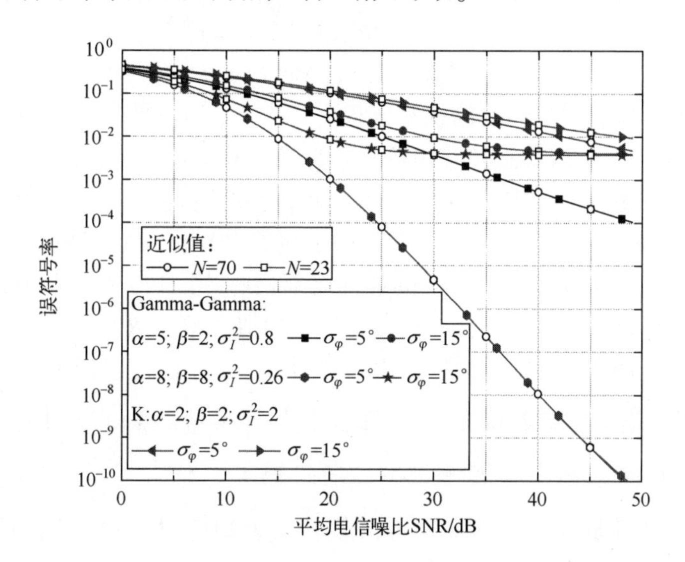


图 5.16　Malaga 不同湍流强度下受相位误差影响的 QPSK 系统误符号率（见彩图）

## 5.6　相位噪声估计与补偿

对于相移键控调制格式，相位噪声会造成其星座图内的采样点在复平面内旋转，引起解调时符号误判，导致系统性能劣化，因此要获得正确的解调结果，就需要对输入解调模块前的信号进行相位噪声估计，在估计出相位噪声的值后进行相位补偿。本章采用卡尔曼滤波和扩展卡尔曼滤波，在湍流信道下对无线光副载波 QPSK 系统中的相位噪声进行了估计，对受相位噪声影响而偏移的 QPSK 相位点进行了补偿研究。

卡尔曼滤波是一种利用系统对应状态的观测数据，对系统状态进行最优估计的算法，由于系统中的随机干扰会影响我们对状态数据的观测，因此最优估计也可看成是一种滤波过程[18]。本节主要介绍了卡尔曼滤波（Kalman Filtering，KF）和扩展卡尔曼滤波（Extended Kalman Filter，EKF）的估计原理和实现过程。

### 5.6.1 卡尔曼滤波

考虑用如下状态空间模型描述的动态系统

$$X(k+1)=\boldsymbol{\Phi}X(k)+\boldsymbol{\Gamma}W(k) \tag{5.53}$$

$$Y(k)=\boldsymbol{H}X(k)+V(k) \tag{5.54}$$

称式（5.53）为卡尔曼滤波的状态方程。式中：$k$ 为离散时间；系统在时刻 $k$ 的状态为 $X(k)$；$\boldsymbol{\Phi}$ 为状态转移矩阵；$\boldsymbol{\Gamma}$ 为噪声驱动矩阵。称式（5.54）为卡尔曼滤波的观测方程，其中 $Y(k)$ 为对应状态的观测信号，$\boldsymbol{H}$ 为观测矩阵。$W(k)$ 为过程噪声，它表示系统中存在的随机扰动对测量状态值时所产生的误差，一般假设为零均值方差是 $Q$ 的加性高斯白噪声。$V(k)$ 为观测噪声，表示对应状态观测信号中的误差，一般假设为零均值方差是 $R$ 的加性高斯白噪声。过程噪声和观测噪声主要影响状态值和观测值，对系统性能的影响可以忽略。

卡尔曼滤波器估计参量 $X(k+1)$ 的最佳估计参量 $\hat{X}(k+1|k+1)$ 的过程分为预测和更新两个步骤。在预测部分，通过第 $k$ 个估计量 $\hat{X}(k|k)$ 来预测第 $(k+1)$ 块的估计量 $\hat{X}(k+1|k)$ 和一步预测协方差矩阵 $\boldsymbol{P}(k+1|k)$，具体计算公式表示为

$$\hat{X}(k+1|k)=\boldsymbol{\Phi}\hat{X}(k|k) \tag{5.55}$$

$$\boldsymbol{P}(k+1|k)=\boldsymbol{\Phi}\boldsymbol{P}(k|k)\boldsymbol{\Phi}^{\mathrm{T}}+\boldsymbol{\Gamma}Q\boldsymbol{\Gamma}^{\mathrm{T}} \tag{5.56}$$

式（5.55）表示状态一步预测方程，式（5.56）表示一步预测协方差阵。

在更新部分，通过获得的预测值来计算最佳估计值 $\hat{X}(k+1|k+1)$ 和更新后的一步预测协方差矩阵，计算过程如下：

$$K(k+1)=\boldsymbol{P}(k+1|k)\boldsymbol{H}^{\mathrm{T}}[\boldsymbol{H}\boldsymbol{P}(k+1|k)\boldsymbol{H}^{\mathrm{T}}+R]^{-1} \tag{5.57}$$

$$\hat{X}(k+1|k+1)=\hat{X}(k+1|k)+K(k+1)\varepsilon(k+1) \tag{5.58}$$

$$\varepsilon(k+1)=Y(k+1)-\boldsymbol{H}\hat{X}(k+1|k) \tag{5.59}$$

$$\boldsymbol{P}(k+1|k+1)=[I_n-K(k+1)\boldsymbol{H}]\boldsymbol{P}(k+1|k) \tag{5.60}$$

式（5.57）为滤波增益矩阵，$K(k+1)$ 表示卡尔曼滤波增益；式（5.58）表示状态更新方程；式（5.59）表示卡尔曼滤波残余误差；式（5.60）表示协方差阵更新方程。通过预测部分获得的估计参量 $X(k+1)$ 的 $\hat{X}(k+1|k)$，我们通过卡尔曼滤波增益 $K(k+1)$ 和卡尔曼滤波残余误差 $\varepsilon(k+1)$ 的积对该预测值进行改进，就可以得到该估计参量 $X(k+1)$ 的最佳估计值 $\hat{X}(k+1|k+1)$ 了。将获取的最佳估计值 $\hat{X}(k+1|k+1)$ 和协方差矩阵 $\boldsymbol{P}(k+1|k+1)$ 用于下一个估计参量

$X(k+2)$ 预测步骤。在计算出 $X(k+2)$ 的预测值后，利用上一个参量 $X(k+1)$ 的最佳估计值 $\hat{X}(k+1|k+1)$ 和参量 $X(k+2)$ 的预测值求出最佳估计值 $\hat{X}(k+2|k+2)$，更新该时刻的协方差矩阵，重复这一过程，卡尔曼滤波就可以递归地运算下去直到计算出最后一个最佳估计值，如图 5.17 所示。

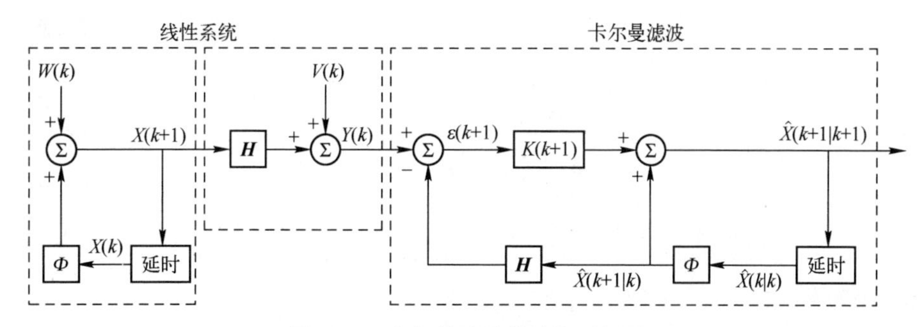


图 5.17　卡尔曼滤波估计实现框图

### 5.6.2　扩展卡尔曼滤波

扩展卡尔曼滤波法主要适用于非线性系统滤波问题。对于离散非线性系统，它的系统动态方程可以表示为

$$X(k+1)=f[k,X(k)]+G(k)W(k) \tag{5.61}$$

$$Z(k)=h[k,X(k)]+V(k) \tag{5.62}$$

在上述离散非线性系统中，过程噪声 $W(k)$ 和观测噪声 $V(k)$ 相互独立，都是零均值方差分别为 $Q$ 和 $R$ 的加性高斯白噪声。由系统状态方程（5.61），可将非线性函数 $f(\cdot)$ 围绕估计值 $\hat{X}(k)$ 的一阶 Taylor 展开表示为

$$X(k+1)\approx f[k,\hat{X}(k)]+\frac{\partial f}{\partial \hat{X}(k)}[X(k)-\hat{X}(k)]+G[\hat{X}(k),k]W(k) \tag{5.63}$$

令

$$\frac{\partial f}{\partial \hat{X}(k)}=\left.\frac{\partial f[k,\hat{X}(k)]}{\partial \hat{X}(k)}\right|_{\hat{X}(k)=X(k)}=\boldsymbol{\Phi}(k+1|k) \tag{5.64}$$

$$f[\hat{X}(k),k]-\left.\frac{\partial f}{\partial X(k)}\right|_{X(k)=\hat{X}(k)}\hat{X}(k)=\phi(k) \tag{5.65}$$

则状态方程为

$$X(k+1)=\boldsymbol{\Phi}(k+1|k)X(k)+G(k)W(k)+\phi(k) \tag{5.66}$$

上式中，初始值为 $X(0)=E[X(0)]$。

由系统观测方程（5.62），将非线性函数 $h(\cdot)$ 围绕滤波值 $\hat{X}(k)$ 做一阶 Taylor 展开，得

$$Z(k)=h[\hat{X}(k|k-1),k]+\left.\frac{\partial h}{\partial \hat{X}(k)}\right|_{\hat{X}(k|k-1)}[X(k)-\hat{X}(k|k-1)]+V(k) \tag{5.67}$$

令

$$\left.\frac{\partial h}{\partial \hat{X}(k)}\right|_{X(k)=\hat{X}(k)}=H(k) \tag{5.68}$$

$$y(k)=h[\hat{X}(k|k-1),k]-\left.\frac{\partial h}{\partial \hat{X}(k)}\right|_{X(k)=\hat{X}(k)}\hat{X}(k|k-1) \tag{5.69}$$

则观测方程为

$$Z(k)=H(k)X(k)+y(k)+V(k) \tag{5.70}$$

对于上述线性化后的系统，式（5.66）为系统的状态方程，式（5.70）为对应状态的观测方程。式（5.71）中的 $f(\cdot)$ 来自式（5.61），$\boldsymbol{\Phi}(k+1|k)$ 是 $(k+1)$ 时刻 $f(\cdot)$ 的雅可比矩阵，扩展卡尔曼滤波递推方程如下所示。

计算 $(k+1)$ 时刻状态变量预估计

$$\hat{X}(k|k+1)=f[\hat{X}(k|k)] \tag{5.71}$$

计算 $(k+1)$ 时刻预估误差协方差矩阵

$$\boldsymbol{P}(k+1|k)=\boldsymbol{\Phi}(k+1|k)P(k|k)\boldsymbol{\Phi}^{\mathrm{T}}(k+1|k)+Q(k+1) \tag{5.72}$$

式中：滤波初值 $\hat{X}(0)=E[X(0)]$；滤波误差协方差矩阵初值 $\boldsymbol{P}(0)=\mathrm{var}[X(0)]$。状态转移矩阵表示为

$$\boldsymbol{\Phi}(k+1|k)=\frac{\partial f}{\partial X}=\begin{bmatrix}\frac{\partial f_1}{\partial x_1} & \frac{\partial f_1}{\partial x_2} & \cdots & \frac{\partial f_1}{\partial x_n}\\ \frac{\partial f_2}{\partial x_1} & \frac{\partial f_2}{\partial x_2} & \cdots & \frac{\partial f_2}{\partial x_n}\\ \vdots & \vdots & \vdots & \vdots\\ \frac{\partial f_n}{\partial x_1} & \frac{\partial f_n}{\partial x_2} & \cdots & \frac{\partial f_n}{\partial x_n}\end{bmatrix} \tag{5.73}$$

扩展卡尔曼滤波增益表示为

$$\boldsymbol{K}(k+1)=\boldsymbol{P}(k+1|k)\boldsymbol{H}^{\mathrm{T}}(k+1)[\boldsymbol{H}(k+1)\boldsymbol{P}(k+1|k)\boldsymbol{H}^{\mathrm{T}}(k+1)+\boldsymbol{R}(k+1)]^{-1} \tag{5.74}$$

由观测变量 $Z(k+1)$ 估计当前状态变量估计值

$$\hat{X}(k+1|k+1)=\hat{X}(k+1|k)+K(k+1)\{Z(k+1)-h[\hat{X}(k+1|k)]\} \tag{5.75}$$

式中：$h$ 来自式（5.62），$\boldsymbol{H}(k+1)$是$(k+1)$时刻的测量雅可比矩阵。

更新当前误差协方差矩阵

$$\boldsymbol{P}(k+1)=[I-K(k+1)\boldsymbol{H}(k+1)]\boldsymbol{P}(k+1|k) \tag{5.76}$$

观测矩阵表示为

$$\boldsymbol{H}(k+1|k)=\frac{\partial h}{\partial X}=\begin{bmatrix} \frac{\partial h_1}{\partial x_1} & \frac{\partial h_1}{\partial x_2} & \cdots & \frac{\partial h_1}{\partial x_n} \\ \frac{\partial h_2}{\partial x_1} & \frac{\partial h_2}{\partial x_2} & \cdots & \frac{\partial h_2}{\partial x_n} \\ \vdots & \vdots & \vdots & \vdots \\ \frac{\partial h_n}{\partial x_1} & \frac{\partial h_n}{\partial x_2} & \cdots & \frac{\partial h_n}{\partial x_n} \end{bmatrix} \tag{5.77}$$

综上所述，扩展卡尔曼滤波估计的实现如图 5.18 所示。

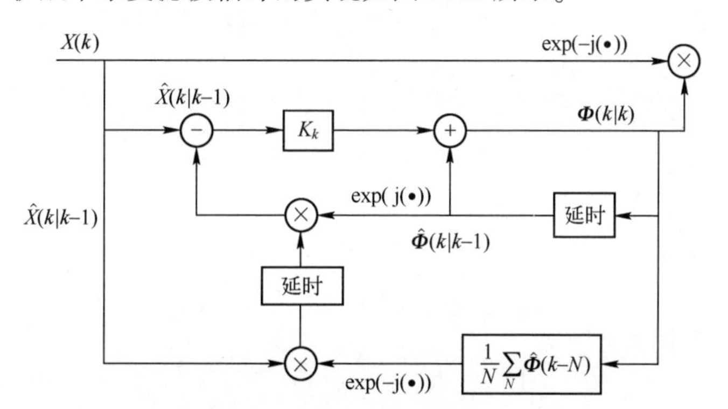


图 5.18　扩展卡尔曼滤波估计框图

## 5.6.3　相位噪声的卡尔曼估计

假设经过光电探测器后，进入解调模块前的副载波 MPSK 电信号可通过式（5.61）表示为

$$y_k=a_k\exp(\mathrm{j}\varphi_k)+n_k \tag{5.78}$$

式中：$k$ 表示采样到的第 $k$ 个 MPSK 符号；$a_k$ 表示第 $k$ 个传输符号调制信号；$\varphi_k$ 表示相位噪声；$n_k$ 表示零均值加性高斯白噪声。由第 2 章可知，$\varphi_k$ 服从 Tikhonov 分布。

式（5.79）、式（5.80）可分别作为卡尔曼滤波的状态方程和观测方程表示为

$$\varphi_k = \Phi\varphi_{k-1} + \Gamma\omega_k \tag{5.79}$$

$$r_k = H\varphi_k + m_k \tag{5.80}$$

式中：$\omega_k$ 表示卡尔曼滤波中的过程噪声；$m_k$ 表示卡尔曼滤波中的观测噪声。$\omega_k$、$m_k$ 均为零均值加性高斯白噪声。

设 $\omega_k$ 和 $m_k$ 的协方差矩阵分别为 $\boldsymbol{R}$、$\boldsymbol{Q}$。为了求得相位噪声 $\varphi_k$ 的估计值，所用卡尔曼滤波算法可分为以下 6 个步骤来进行：

（1）初始化，卡尔曼滤波初始值表示为

$$\hat{\varphi}_{0\mid 0} = 0 \tag{5.81}$$

$$\boldsymbol{P}_0 = \mathrm{Var}[\varphi] \tag{5.82}$$

式中：$\boldsymbol{P}_0$ 为误差协方差矩阵；$\mathrm{Var}[\varphi]$表示相位噪声 $\varphi$ 的方差。

（2）对第 $k$ 个采样点的状态估计值进行预测：

$$\hat{\varphi}_{k\mid k-1} = \Phi\,\hat{\varphi}_{k-1\mid k-1} \tag{5.83}$$

（3）求误差协方差矩阵预测 $\boldsymbol{P}_{k\mid k-1}$

$$\boldsymbol{P}_{k\mid k-1} = \boldsymbol{\Gamma}\mathbf{P}_{k-1\mid k-1}\boldsymbol{\Gamma}' + \boldsymbol{Q} \tag{5.84}$$

式中：$\boldsymbol{Q}$ 为过程噪声的协方差矩阵。

（4）求卡尔曼滤波增益

$$K_k = \boldsymbol{P}_{k\mid k-1}H'(H\boldsymbol{P}_{k\mid k-1}H' + \boldsymbol{R})^{-1} \tag{5.85}$$

式中：$R$ 为观测噪声的协方差矩阵。

（5）对第 $k$ 个采样点的状态估计值进行更新

$$\hat{\varphi}_{k\mid k} = \hat{\varphi}_{k\mid k-1} + K_k(r_k - H.\hat{\varphi}_{k\mid k-1}) \tag{5.86}$$

（6）更新误差协方差：

$$P_{k\mid k} = (1 - HK_k)P_{k\mid k-1} \tag{5.87}$$

通过预测部分获得第 $k$ 个采样点的预测值$\hat{\varphi}_{k\mid k-1}$后，将卡尔曼滤波增益 $K_k$ 和$(r_k - H\hat{\varphi}_{k\mid k-1})$的积对该预测值进行更新，就可以得到最佳估计值$\hat{\varphi}_{k\mid k}$。将获取的最佳估计值$\hat{\varphi}_{k\mid k}$和协方差矩阵 $P_{k\mid k}$用于第（$k$+1）个采样点预测步骤中，在计算出第（$k$+1）个采样点的预测值$\hat{\varphi}_{k+1\mid k}$后，利用第 $k$ 个采样点的最佳估计值$\hat{\varphi}_{k\mid k}$和现时刻的预测值$\hat{\varphi}_{k+1\mid k}$对第（$k$+1）个采样点的状态估计值进行更新，求出最佳估计值，重复该步骤，卡尔曼滤波就可以在误差最小的情况下递归地获取状态值的估计值。补偿后的 MPSK 信号表示为[17-20]

$$\bar{y}_k = y_k \mathrm{e}^{-\mathrm{j}\hat{\varphi}_k} \tag{5.88}$$

式中：$\hat{\varphi}_k$ 表示对应状态值的最佳估计值；$y_k$ 表示进入解调模块前未经过相位噪声补偿算法补偿的副载波 MPSK 信号。

### 5.6.4　相位噪声的扩展卡尔曼估计

扩展卡尔曼滤波的状态方程和观测方程表示为

$$\varphi_k=\varphi_{k-1}+\omega_k \tag{5.89}$$

$$r_k=a_k\exp(\mathrm{j}\varphi_k)+m_k \tag{5.90}$$

式中：$\omega_k$ 和 $m_k$ 分别表示过程噪声和观测噪声，均为零均值加性高斯白噪声，方差分别为 $Q$、$R$。为了求得相位噪声 $\varphi_k$ 的估计值，所用扩展卡尔曼滤波算法可分为以下 9 个步骤来进行：

（1）初始化，扩展卡尔曼滤波的初始值表示为

$$\hat{\varphi}_{0\mid 0}=0 \tag{5.91}$$

$$r_0=a_0+v_0 \tag{5.92}$$

$$\boldsymbol{P}_0=\mathrm{Var}[\varphi] \tag{5.93}$$

式中：$\boldsymbol{P}_0$ 为协方差矩阵；$\mathrm{Var}[\varphi]$表示相位噪声 $\varphi$ 的方差。

（2）对第 $k$ 个采样点的状态估计值进行预测

$$\hat{\varphi}_{k\mid k-1}=\hat{\varphi}_{k-1\mid k-1} \tag{5.94}$$

（3）对第 $k$ 个采样点对于状态的观测值进行预测

$$\hat{r}_{k\mid k-1}=a_k\mathrm{e}^{\mathrm{j}\hat{\varphi}_{k\mid k-1}} \tag{5.95}$$

（4）对状态方程求解关于 $\varphi$ 的一阶导数得到 $\boldsymbol{\Phi}_k$

$$\boldsymbol{\Phi}_k=\frac{\partial f}{\partial \varphi}=1 \tag{5.96}$$

（5）对观测方程求解关于 $\varphi$ 的一阶导数得到 $H_k$

$$H_k=\left.\frac{\partial h}{\partial \varphi}\right|_{\varphi=\hat{\varphi}_{k\mid k-1}}=\mathrm{j}a_k\mathrm{e}^{\mathrm{j}\hat{\varphi}_{k\mid k-1}} \tag{5.97}$$

（6）求协方差矩阵预测 $\boldsymbol{P}_{k\mid k-1}$

$$\boldsymbol{P}_{k\mid k-1}=\boldsymbol{\Phi}_k P_{k-1\mid k-1}\boldsymbol{\Phi}_k^*+\boldsymbol{Q} \tag{5.98}$$

式中：$\boldsymbol{Q}$ 为过程噪声的协方差矩阵。

（7）求扩展卡尔曼滤波增益

$$K_k=P_{k\mid k-1}H_k^*(H_kP_{k\mid k-1}H_k^*+\boldsymbol{R})^{-1} \tag{5.99}$$

式中：$\boldsymbol{R}$ 为观测噪声的协方差矩阵。

（8）进行状态更新

$$\hat{\varphi}_{k\mid k}=\hat{\varphi}_{k\mid k-1}+K_k(r_k-\hat{r}_{k\mid k-1}) \tag{5.100}$$

（9）进行协方差更新

$$\boldsymbol{P}_{k\mid k}=(1-K_kH_k)\boldsymbol{P}_{k\mid k-1} \tag{5.101}$$

以上 9 步就是通过扩展卡尔曼滤波求得对应状态的最佳估计值的一个计算

周期，重复该步骤，扩展卡尔曼滤波即可在误差最小的情况下递归地获取状态值的估计值。补偿后的 MPSK 信号为[18-21]

$$\overline{y}_k = y_k \mathrm{e}^{-\mathrm{j}\hat{\varphi}_{k|k}} \tag{5.102}$$

式中：$\hat{\varphi}_{k|k}$表示对应状态的相估计值；$y_k$ 表示进入解调模块前未经过相位噪声补偿算法补偿的副载波 MPSK 信号。

### 5.6.5 相位噪声估计偏差

本小节通过仿真比较了无线光副载波 QPSK 系统中采用两种滤波算法对相位噪声进行估计后估计值$\hat{\varphi}_k$ 与状态值 $\varphi_k$ 之间的拟合情况。由于算法中的过程噪声为系统输入的零均值高斯白噪声，它的大小与系统平均电信噪比有关，仿真中设无线光副载波 QPSK 系统平均电信噪比 SNR = 40dB，此时过程噪声方差 $Q = 10^{-4}$，表明系统内的随机扰动小，观测噪声方差 $R = 1$。设卡尔曼滤波初始状态值 $\varphi_1 = 0$，状态转移矩阵 $\boldsymbol{\Phi} = \boldsymbol{I}$，噪声驱动矩阵 $\boldsymbol{\Gamma} = \boldsymbol{I}$，观测矩阵 $\boldsymbol{H} = \boldsymbol{I}$，扩展卡尔曼滤波初始状态值 $\varphi_1 = 0$。图 5.19 描述了不同相位噪声取值对卡尔曼滤波和扩展卡尔曼滤波相位噪声估计效果的影响。

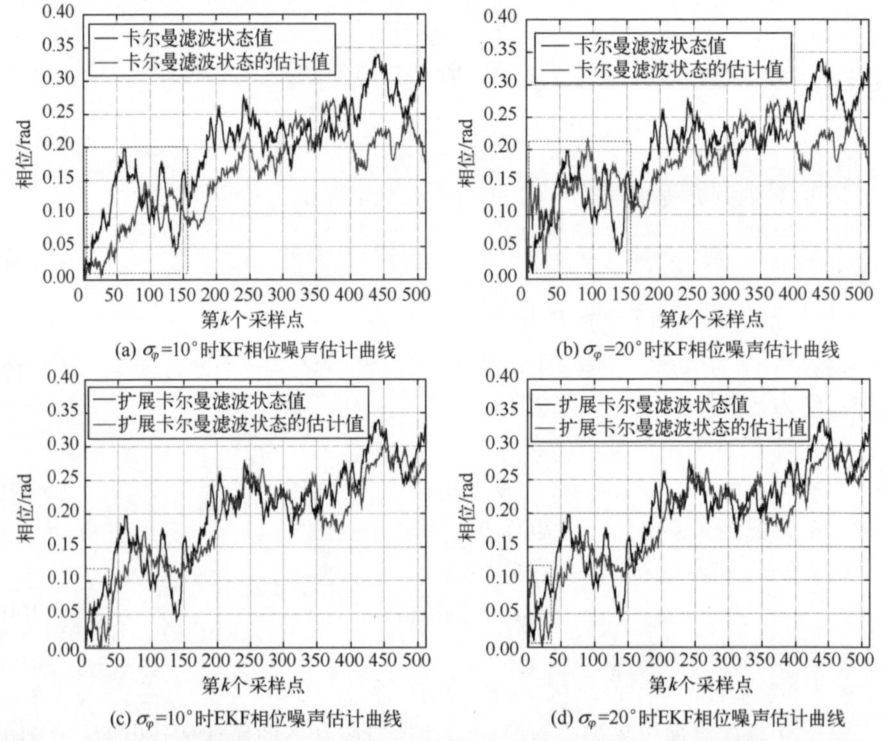


图 5.19　不同相位噪声取值下卡尔曼与扩展卡尔曼滤波相位噪声估计曲线（见彩图）

由图 5.19 可见，当相位噪声标准差增大到 $\sigma_\varphi=20°$时，卡尔曼滤波的估计值在前 150 个采样点前后与 $\sigma_\varphi=10°$时卡尔曼滤波的估计值有明显差异，如图 5.19（a）（b）中的虚线框所示。对于扩展卡尔曼滤波，当相位噪声标准差增大到 $\sigma_\varphi=20°$时，扩展卡尔曼滤波的估计值仅在前 30 个采样点前后与 $\sigma_\varphi=10°$时扩展卡尔曼滤波的估计值有明显差异。这就说明，改变状态值大小对估计值造成的影响会随着滤波过程的进行而逐渐减弱，由于在不同相位噪声取值下，两种滤波算法都仅有部分采样点的估计值发生变化，因此这里对不同相位噪声取值下的状态估计偏差进行了分析。

估计值与状态值之间的差值为状态估计偏差，即 $X_k=\hat{\varphi}_k-\varphi_k$，图 5.20 比较了卡尔曼滤波和扩展卡尔曼滤波算法估计相位噪声时估计值与状态值间的偏差。

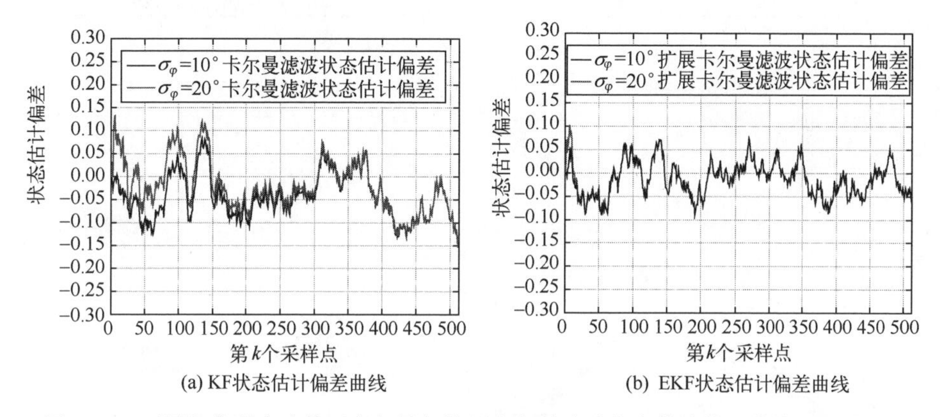

(a) KF状态估计偏差曲线　　(b) EKF状态估计偏差曲线

图 5.20　不同相位噪声取值下卡尔曼与扩展卡尔曼滤波状态估计偏差曲线（见彩图）

由图 5.20（a）可见，在 $\sigma_\varphi=20°$的情况下，卡尔曼滤波的状态估计偏差曲线在第 150 个采样点后与 $\sigma_\varphi=10°$时的卡尔曼滤波状态估计偏差曲线逐渐逼近在一起。而 $\sigma_\varphi=20°$下扩展卡尔曼滤波估计值与状态值间的偏差曲线在第 30 个采样点后与 $\sigma_\varphi=10°$时的扩展卡尔曼滤波状态估计偏差曲线逼近良好。造成这一现象的原因是，卡尔曼滤波和扩展卡尔曼滤波都是递归滤波器，它们会以 $k$ 时刻获取的$\hat{\varphi}_{k|k}$和 $P_{k|k-1}$作为第（$k$+1）时刻中预测和更新过程中的参量，随着递归过程的进行，卡尔曼滤波和扩展卡尔曼滤波的估计值也会逐渐收敛，趋于稳定。同时，图 5.20（b）中扩展卡尔曼滤波在第 30 个采样点后 $\sigma_\varphi=10°$与 $\sigma_\varphi=20°$的偏差曲线逼近，而图（a）中卡尔曼滤波的偏差曲线则在第 150 个采样点后开始逼近，说明扩展卡尔曼滤波的收敛速度远大于卡尔曼滤波。

## 5.6.6　相位噪声补偿

图 5.21 为 SNR = 40dB 时不同情况下的无线光副载波 QPSK 调制信号星座

图，信道模型是采用 Malaga 大气湍流概率密度函数所表述的 Lognormal 湍流信道，对系统内相位噪声的补偿采用上一节中的式（5.88）和式（5.92）。

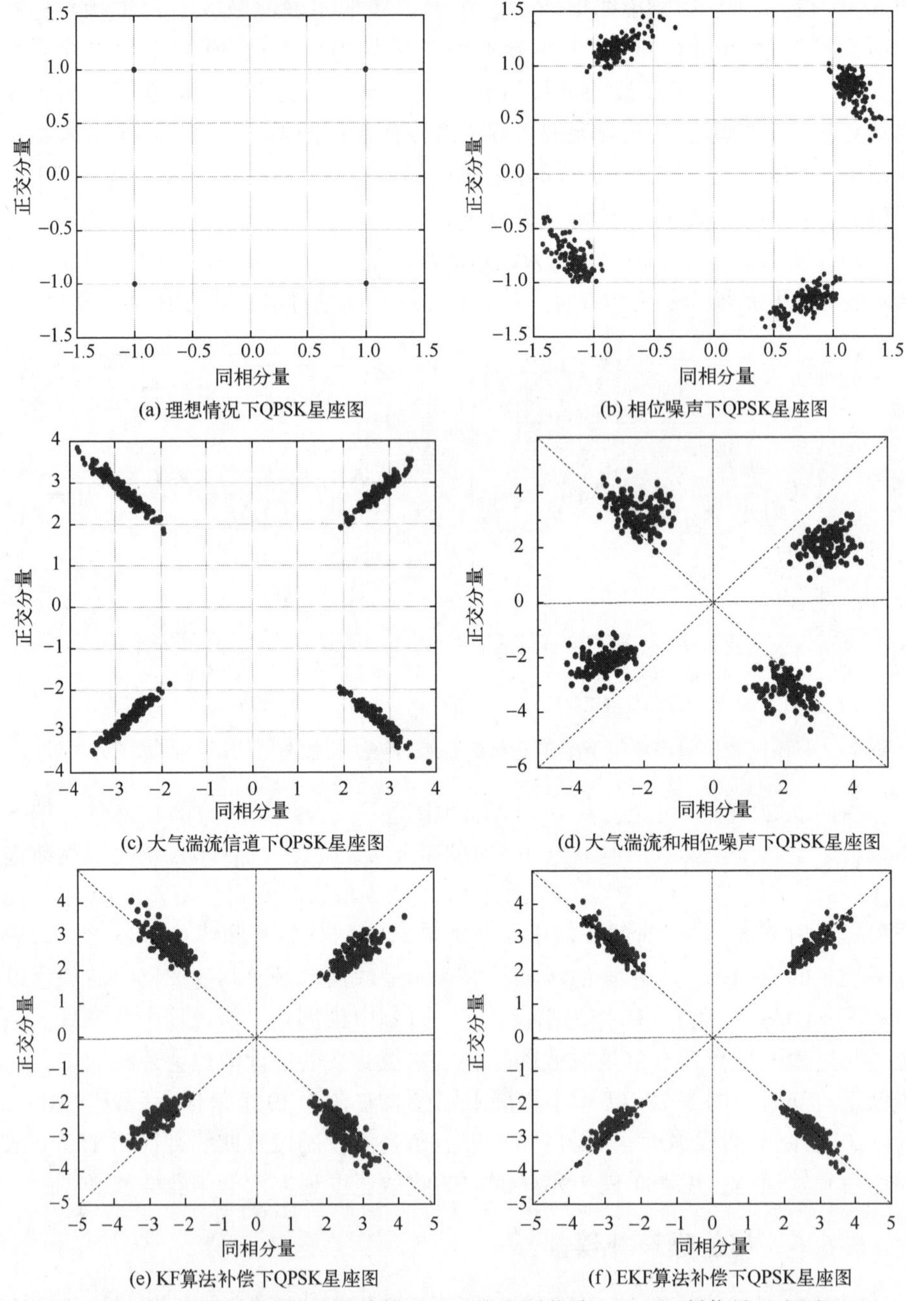


图 5.21 相位噪声估计补偿算法下无线光副载波 QPSK 调制信号星座图

图 5.21 中，图（a）为理想情况下 QPSK 调制信号星座图；图（b）为受相位噪声影响下的 QPSK 调制信号星座图，相位噪声标准差取 $\sigma_{\varphi}=20°$；图（c）为大气湍流信道下 QPSK 调制信号星座图，光强闪烁指数 $\sigma_I^2=0.1$；图（d）为受相位噪声影响的 QPSK 调制星座图；图（e）和图（f）分别为通过卡尔曼滤波和扩展卡尔曼滤波估计相位噪声并补偿后的 QPSK 调制信号星座图。由图 5.21 可以看出，QPSK 调制信号四个相位在大气湍流影响下发生径向拉伸。在相位噪声影响下，QPSK 调制信号四个相位明显旋转，使得采样点偏离出其原本所在的判决区域，从而影响后续的解调。而在大气湍流和相位噪声的共同影响下，QPSK 四个相位在径向拉伸的同时发生旋转。在采用卡尔曼和扩展卡尔曼相位噪声补偿算法后，虽然大气湍流引起的径向拉伸依然存在，但图（e）与图（f）中的相位点回到了它们原本所在的位置，同时从图（e）与图（f）中可以看出在[0°,45°]和[90°,135°]范围内扩展卡尔曼滤波相位噪声补偿后的相位点比卡尔曼滤波补偿后的相位点更靠近星座图中对角线的位置。

## 5.7　本章小结

本章首先阐述了相位噪声概念以及光通信系统相位噪声模型，针对光通信中的相位噪声分析了 Tikhonov 分布相位噪声模型及其统计特性。其次，研究了湍流信道下副载波多进制相移键控光通信系统中相位噪声的特性，推导了 Malaga 湍流信道下接收信号相位的傅里叶级数和受相位噪声影响的无线光副载波 MPSK 调制误符号率渐近表达式，计算了该渐近表达式的截断误差。最后，将相位噪声估计与补偿技术应用于无线光副载波 QPSK 系统中，通过仿真比较了卡尔曼滤波和扩展卡尔曼滤波的估计性能、补偿效果和应用补偿算法前后 QPSK 系统的误码率。

## 参考文献

[1] 王崇，鹿森．附加相位噪声测试技术研究［J］．计量与测试技术，2014，41（4）：44-47.
[2] 刘宗一．相位噪声提取技术研究与实现［D］．西安：西安电子科技大学，2013.
[3] 董喜艳．导航系统中相位噪声模型建立与分析［D］．成都：电子科技大学，2012.
[4] 席丽霞，王少康，张晓光．光相位调制传输系统中相位噪声的概率分布特性［J］．光学

学报, 2010, 30 (12): 3408-3412.

[5] 康少源. 大线宽 CO-OFDM 系统中相位噪声补偿算法研究 [D]. 浙江: 浙江工业大学, 2017: 13-14.

[6] XIE G, DANG A, GUO H. Effects of atmosphere dominated phase fluctuation and intensity scintillation to DPSK system [C]. 2011 IEEE International Conference on Communications (ICC). IEEE, Shanghai, China, 2011: 1-6.

[7] RAGHEB A M, FATHALLAH H. Experimental investigation of the laser phase noise effect on next generation high order MQAM optical transmission [C]. International Conference on Information and Communication Technology Research (ICTRC), Lisbon, Portugal: IEEE, 2015: 168-170.

[8] 王怡, 章奥, 马晶, 等. 自由空间光通信系统中弱大气湍流引起的相位波动和强度闪烁对 DPSK 调制系统的影响 (英文) [J]. 红外与激光工程, 2015, 44 (02): 758-763.

[9] CHANDRA A, PATRA A, BOSE C. Performance analysis of BPSK over different fading channels with imperfect carrier phase recovery [C]. IEEE Symposium on Industrial Electronics and Applications (ISIEA), Penang, Malaysia, 2010: 106-111.

[10] WANG Q, KAM P-Y. Simple, Unified, and Accurate Prediction of Error Probability for Higher Order MPSK/MDPSK With Phase Noise in Optical Communications [J]. Journal of Lightwave Technology, 2014, 32 (21): 3531-3540.

[11] 方宗奎. M 湍流信道下副载波 BPSK 调制系统的误码率分析 [J]. 遥测遥控, 2017, 38 (02): 43-48.

[12] 王晨昊. 无线光副载波调制相位噪声特性及补偿技术研究 [D]. 西安: 西安理工大学, 2019: 6.

[13] JAGADEESH V K, PALLIYEMBIL V, MUTHUCH P. Channel capacity and outage probability analysis of sub-carrier intensity modulated BPSK system over M-distribution free space optical channel [C]. International Conference on Electronics and Communication Systems (ICECS). IEEE, Coimbatore, India, 2015: 1051-1054.

[14] INGEMAR N. Inequalities for modified Bessel functions [J]. Mathematics of Computation, 1974, 28 (125): 253-256.

[15] KOSTI I M. Average SEP for M-ary CPSK with noisy phase reference in Nakagami fading and Gaussian noise [J]. Trans Emerging Tel Tech, 2007, 18 (2): 109-113.

[16] DAHLQUIST G, BJORCK A. Numerical Methods in Scientific Computing [J]. Siam: Society for Industrial and Applied Mathematics, 2008: 148-167.

[17] 柯熙政, 王晨昊, 陈丹. Malaga 大气湍流信道下副载波调制系统相位噪声分析 [J]. 通信学报, 2018, 39 (11): 80-86.

[18] 代亮亮, 闫连山, 易安林等. 基于线型卡尔曼滤波器的双偏振并行载波相位恢复算法 [J]. 光学学报, 2018, 38 (09): 93-100.

[19] JAIN A, KRISHNAMURTHY P. Phase noise tracking and compensation in coherent optical systems using Kalman filter [J]. IEEE Communications Letters, 2016, 20 (6): 1072-1075.

[20] 唐英杰，董月军，任宏亮，等．基于时频域卡尔曼滤波的 CO-OFDM 系统相位噪声补偿算法 [J]. 光学学报，2017，37 (09)：47-58.

[21] 董月军，唐英杰，任宏亮，等．基于无迹卡尔曼滤波的 CO-OFDM 系统相位噪声补偿算法 [J]. 中国激光，2017，44 (11)：229-240.

# 第6章　大气湍流信道估计

## 6.1　引言

在无线激光通信发展迅速的当下，FSO 的有效性和可靠性也受到了研究者们的特别关注，信道估计是可以衡量其有效性和可靠性的标准之一。但是因为信道的参数我们无法提前获得，所以需要采用一些估计算法进行信道估计，而信道估计的精确度对有效的信息传输和通信系统的性能有很大的影响。本章分别针对大气激光（Single Input Single Output，SISO）系统以及（Multiple Input Multiple Output，MIMO）系统，进行了大气湍流信道衰落参数和信道传输矩阵估计方法的研究，并基于不同天气实测数据对大气激光 SISO 系统的信道估计性能进行了实验验证。

## 6.2　大气湍流 SISO 信道参数估计

### 6.2.1　大气湍流混合分布信道模型

人们提出了许多统计模型来描述 FSO 衰落信道。在提出的几种常见的大气湍流单一分布概率密度函数中，对数正态分布描述了弱湍流条件下的 FSO 衰落信道[1]。在饱和闪烁的极限情况下，FSO 衰落信道的特征是负指数分布，而 K 分布描述的是强湍流条件下的 FSO 衰落信道[2]。除此之外，目前信道模型的研究还出现一些混合概率分布模型可以描述较宽的湍流范围，即从弱湍流到强湍流条件，如 Gamma-Lognormal、Lognormal-Rician 和 Gamma-Gamma 等混合分布。下面对这几种混合分布模型进行讨论。

**1. Gamma-Lognormal 分布信道**

假定在第 $k$ 个观测区间内收集了 $N$ 个瞬时信号光强 $y_k(t)$，$t=1,2,\cdots,N$，其中 $k=1,2,\cdots,K$，则定义

$$\boldsymbol{y}_k=[y_k(1),y_k(2),\cdots,y_k(N)]^{\mathrm{T}} \tag{6.1}$$

式中：T 表示转置；$y_k(t)$，$t=1,2,\cdots,N$ 为条件独立的 Gamma 分布，其 PDF

表达式为[3]

$$p_{y|u}(y_k(t)\mid u_k;m)=\frac{m^m y_k(t)^{m-1}}{u_k^m\Gamma(m)}\exp\left[-\frac{my_k(t)}{u_k}\right] \tag{6.2}$$

式中：$u_k$ 是第 $k$ 个区间的平均信号功率；$\Gamma(\cdot)$表示伽马函数；$m$ 是 Nakagami-m 衰落参数。

将平均信号功率建模为 Lognormal 分布，PDF 表达式如下

$$p_u(u_k;\mu,\sigma^2)=\frac{\xi}{u_k\sqrt{2\pi\sigma^2}}\exp\left[-\frac{(10\lg u_k-\mu)^2}{2\sigma^2}\right] \tag{6.3}$$

假设 $u_k$ 在一个观察间隔内是恒定的，但从一个到另一个间隔随机变化，则式（6.3）中 $\mu$ 和 $\sigma$ 分别代表均值和 $10\lg u_k$ 的标准差，并且 $\xi=10/\ln 10$。通过分析式（6.2）和式（6.3）的两个子分布，可以推导出 Gamma-Lognormal 分布模型的 PDF 为

$$p(y_k)=\int_0^\infty \frac{m^m y_k^{m-1}}{u_k^m\Gamma(m)}\exp\left(-\frac{my_k}{u_k}\right)\frac{\xi}{u_k\sqrt{2\pi\sigma^2}}\exp\left[-\frac{(10\lg u_k-\mu)^2}{2\sigma^2}\right]\mathrm{d}u_k \tag{6.4}$$

Gamma-Lognormal 分布的概率密度曲线如图 6.1 所示。当 $m$ 趋近于 0 时，曲线包络形状由 $\mu$ 和 $\sigma^2$ 决定，此时 Gamma-Lognormal 分布模型变成了 Lognormal 分布。当 $\mu$ 和 $\sigma^2$ 趋近于 0 时，曲线包络形状由 $m$ 决定，Gamma-Lognormal 分布模型变成了 Gamma 分布。

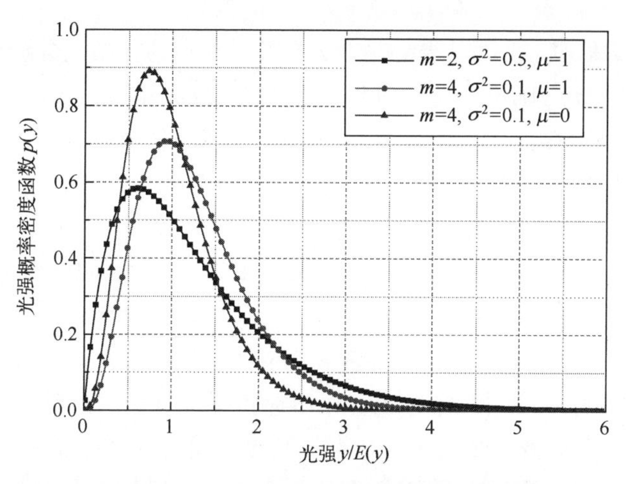


图 6.1　Gamma-Lognormal 分布模型的概率密度曲线

**2. Lognormal-Rician 分布信道**

Lognormal-Rician（LR）分布是对数正态（Lognormal）分布和莱斯（Rician）分布的混合分布模型，但 LR 分布却有独立的概率密度函数。

设随机变量 $X$，对 $X$ 取对数，此时得到 $Y=\log X$，可以看出若 $Y$ 服从正态分布，则 $X$ 服从 Lognormal 分布。Lognormal 分布的概率密度函数表达式为

$$f(x)=\begin{cases}\dfrac{1}{\sqrt{2\pi}\sigma_x}\exp\left[-\dfrac{(\ln x-\mu)^2}{2\sigma_x^2}\right] & x>0\\ 0 & x\leqslant 0\end{cases} \tag{6.5}$$

式中：$\mu$ 表示对数均值；$\sigma_x$ 表示对数标准差。从式（6.5）中可以看出，$\mu$ 和 $\sigma_x$ 决定了 Lognormal 分布的 PDF 曲线趋势，$\mu$ 和 $\sigma_x$ 称为 Lognormal 分布的形状参数。莱斯分布（Rician Distribution）是一种连续的概率分布模型，其 PDF 表达式为

$$f(x)=\frac{x}{\sigma_x^2}\exp\left(-\frac{x^2+A^2}{2\sigma_x^2}\right)\cdot I_0\left(\frac{xA}{\sigma_x^2}\right) \tag{6.6}$$

式中：$A$ 表示峰值；$\sigma_x^2$ 表示多径信号的功率；$x$ 表示窄带高斯随机信号叠加正（余）弦信号的包络；$\mathrm{I}_0(\cdot)$是修正的零阶第一类贝塞尔函数。$A$ 和 $\sigma_x$ 决定了 Rician 分布的 PDF 曲线，这两个参数称为莱斯分布的形状参数。

假设大气通信传输窄波束光波时，FSO 系统能通过空间滤波滤除背景噪声[4-6]，传输的光束为窄波束光波。如果大气信道模型服从 LR 分布，则接收端的光强 $I$ 可以表示为[7]

$$I=|U_c+U_G|^2\exp(2\chi) \tag{6.7}$$

式中：$U_c$ 为实数；$U_G$ 为服从循环高斯分布并且均值为零的复数随机变量；$\chi$ 是服从高斯分布的实数随机变量。因此，$|U_c+U_G|$服从 Rician 分布，$|U_c+U_G|^2$ 服从非中心的卡方分布，$\exp(2\chi)$服从 Lognormal 分布。

LR 分布的 PDF 为积分形式[8]：

$$f(I)=\frac{(1+r)\mathrm{e}^{-r}}{\sqrt{2\pi}\sigma_z}\int_0^{\infty}\frac{\mathrm{d}z}{z^2}I_0\left\{2\sqrt{\frac{(1+r)r}{z}I}\right\}\exp\left[-\frac{1+r}{z}I-\frac{1}{2\sigma_z^2}\left(\ln z+\frac{1}{2}\sigma_z^2\right)^2\right] \tag{6.8}$$

式中：$z$ 代表 $\exp(2\chi)$；$r$ 是相干参数，定义为 $U_c^2/E[|U_G|^2]$；$\sigma_z^2$ 是对数正态调制系数 $\ln z$ 的方差；$I_0(\cdot)$表示修正的零阶第一类贝塞尔函数。

LR 分布模型的概率密度函数在大气激光通信传输系统中是描述大气闪烁的通用模型，它可以通过改变参数的大小来表示不同的大气湍流情况。例如，当相干参数 $r$ 增加到无穷大的时候，式（6.8）可简化为

$$f(I)=\frac{1}{\sqrt{2\pi}\sigma_z I}\exp\left[-\frac{1}{2\sigma_z^2}\left(\ln I+\frac{1}{2}\sigma_z^2\right)^2\right] \tag{6.9}$$

此时，式（6.9）所表示的 LR 分布变为 Lognormal 分布，可用来描述弱湍流，但是当 $r$ 趋近于 0 时，式（6.8）可简化为[8]

$$f(I)=\frac{1}{\sqrt{2\pi}\sigma_z}\int_0^{\infty}\frac{\mathrm{d}z}{z^2}\exp\left[-\frac{I}{z}-\frac{1}{2\sigma_z^2}\left(\ln I+\frac{1}{2}\sigma_z^2\right)^2\right] \tag{6.10}$$

由式（6.10）可知，LR 分布变成了指数分布，可用来描述大气湍流中的强湍流分布。

通过以上分析，可知 $r$ 和 $\sigma_z^2$ 两个参数决定了 LR 分布的 PDF 曲线包络形状。图 6.2 给出了 LR 分布的概率密度曲线。从图 6.2 可以看出，当固定参数 $r$ 不变时，改变 $\sigma_z^2$，图形的概率密度曲线发生变化；当固定 $\sigma_z^2$ 不变时，改变 $r$，概率密度曲线依旧发生改变，因此 $r$ 和 $\sigma_z^2$ 被称为 LR 分布的形状参数。

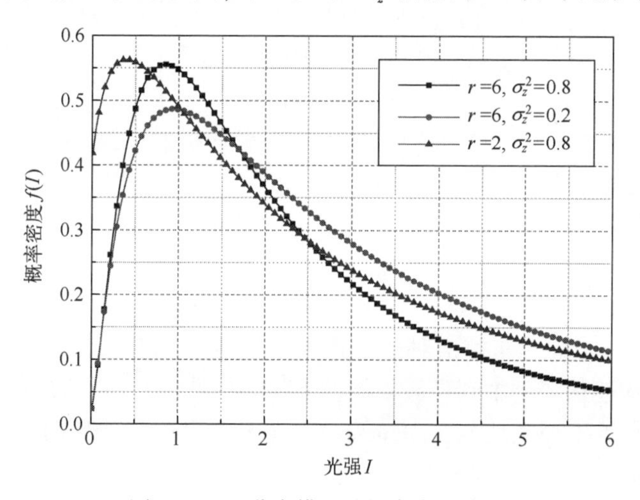


图 6.2　LR 分布模型的概率密度曲线

### 3. Gamma-Gamma 分布信道

Gamma-Gamma（G-G）分布模型可以描述弱、中、强等湍流情况，并且 Gamma-Gamma 分布有其固定的 PDF，接收到的辐照度 $I$ 由 $I=xy$ 建模，其中 $x$ 表示大尺度散射系数，$y$ 表示小尺度散射系数，$x$ 和 $y$ 分别服从 Gamma 分布为[9-11]

$$p(x;\alpha)=\frac{\alpha(x\alpha)^{\alpha-1}}{\Gamma(\alpha)}\exp(-\alpha x)\quad \alpha>0,x>0 \tag{6.11}$$

$$p(y;\beta)=\frac{\beta(y\beta)^{\beta-1}}{\Gamma(\beta)}\exp(-\beta y)\quad \beta>0,y>0 \tag{6.12}$$

通过固定 $x$，并考虑 $y=I/x$，Gamma-Gamma 的概率密度函数表示为[9]

$$
\begin{aligned}
p(I;\alpha,\beta) &= \int_0^{\infty} p(I \mid x;\beta)p(x;\alpha)\,\mathrm{d}x \\
&= \frac{2\,(\alpha\beta)^{(\alpha\beta)/2}}{\Gamma(\alpha)\Gamma(\beta)} I^{(\alpha+\beta)/2-1} \mathrm{K}_{\alpha-\beta}(2\sqrt{\alpha\beta I}) \quad I>0
\end{aligned} \tag{6.13}
$$

式中：$p(I \mid x;\beta)$ 表示 $x$ 的条件分布函数，可表示为

$$
p(I \mid x;\beta) = \frac{\beta\left(\dfrac{\beta I}{x}\right)^{\beta-1}}{x\Gamma(\beta)} \exp\left(-\frac{\beta I}{x}\right) \tag{6.14}
$$

式中：$\mathrm{K}_n(\cdot)$ 为 $n$ 阶第二类修正贝塞尔函数；$\Gamma(\cdot)$ 为 Gamma 函数；$\alpha$、$\beta$ 参数分别表示大尺度因子和小尺度因子，定义如下[12]

$$
\alpha = \left\{\exp\left(\frac{0.49\sigma_l^2}{(1+1.11\sigma_l^{12/5})^{7/6}}\right)-1\right\}^{-1} \tag{6.15}
$$

$$
\beta = \left\{\exp\left[\frac{0.51\sigma_l^2}{(1+0.69\sigma_l^{12/5})^{5/6}}\right]-1\right\}^{-1} \tag{6.16}
$$

式中：Rytov 方差 $\sigma_l^2 = 1.23C_n^2 k^{7/6} L^{11/6}$；$C_n^2$ 为大气折射率结构常数；$\lambda$ 为波长；$L$ 为激光光束传输距离；$k$ 为光波数，$k=2\pi/\lambda$。

定义光强闪烁指数为 $\sigma_I^2$，则它与 $\alpha$ 和 $\beta$ 的关系式为[13]

$$
\sigma_I^2 = \frac{1}{\alpha} + \frac{1}{\beta} + \frac{1}{\alpha\beta} \tag{6.17}
$$

Gamma-Gamma 分布模型对于描述大气湍流情况有较为宽泛的适用范围，可以准确地描述从弱到中到强等不同的光强起伏特征。与对数正态分布、指数分布、K 分布等模型相比较，Gamma-Gamma 模型有其独特的优势，Gamma-Gamma 分布的概率密度函数曲线如图 6.3 所示。图中湍流强度分别取弱、中和强湍流情况。当 $\sigma_I^2$ 的取值增大时，即湍流强度变大，从图 6.3 中可以看出拖尾越严重。

**4. 三种混合湍流分布信道估计特点**

近年来，基于混合分布概率密度函数的信道估计也成为研究热点，而因为不同混合分布的光强衰落概率密度函数表达式不同，也导致对于不同混合分布的信道参数估计的优缺点各不相同。Aleksandar Dogandzic 等提出了一种用于无线通信中的混合分布 Gamma-Lognormal 衰落信道的最大似然估计方法。该方法需要在 Gamma-Lognormal 衰落信道中估计 3 个参数，包括均、标准差和 Nakagami-m 衰落参数[14]。但是，对于面向 FSO 系统的自适应传输方案，要估计的未知参数越多，传输效率就越低。文献［15］将 K 分布分解为由 Gamma

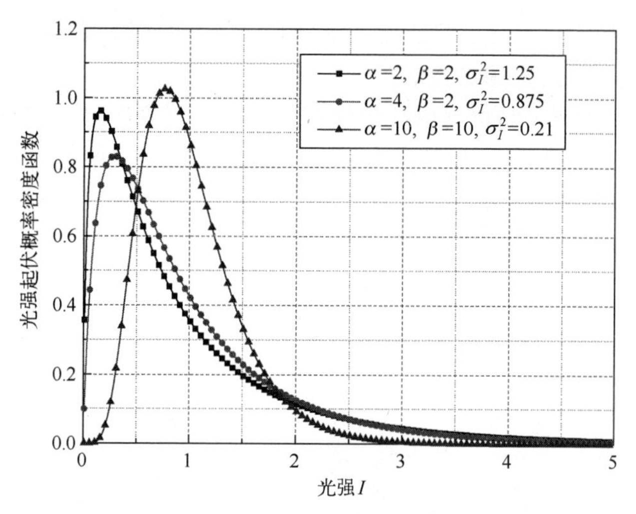

图 6.3　Gamma-Gamma 分布模型的概率密度曲线

分布和广义瑞利分布的联合分布构成，并利用期望最大化（EM）算法推导了K 分布参数的最大似然估计，数据结果与二维数值最大化方法相比更具有准确和计算优势。Luanxia Yang 等将湍流信道采用 Lognormal-Rician 混合分布建立模型，基于最大似然估计来估计 Lognormal-Rician 湍流模型参数[16]。采用 Lognormal-Rician 混合分布建立湍流信道模型，具有两个优点：①通过对湍流传播的波进行启发式分析表明，Lognormal-Rician 衰落分布可以准确地表征实验数据；②Lognormal-Rician 衰落分布通过其参数可以广泛地表征从弱到强的湍流条件。但是，由于 Lognormal-Rician 衰落分布不具有可处理的闭合形式概率密度函数，因此它的应用也受到了限制。

相对于这两种混合概率分布模型，Gamma-Gamma 分布不仅满足 Lognormal-Rician 分布的上述两个优点，而且具有简单易处理的数学模型，因此被广泛应用。在本文中，将 Gamma-Gamma 分布湍流模型看成是由两个 Gamma 分布组成的混合分布湍流信道模型，进行信道参数估计时只有两个未知参数，即大尺度因子 $\alpha$ 和小尺度因子 $\beta$。因此，由于 Gamma-Gamma 分布模型的多功能性和数学上的易处理性，它已成为适用于混合衰落信道的模型。

### 6.2.2　Gamma-Gamma 信道 EM 估计

#### 1. 最大似然估计

最大似然估计（Maximum Likelihood Estimate，ML）算法是一种需要使用概率密度函数来完成估计的一种重要而常用的方法，根据已知的样本来估计概率密度函数中的未知参数。简言之，就是利用已知的样本结果，反推导致这种结果在最大概率下发生的参数值。

ML 经常被用来估计概率密度函数中的参数。其原理是，在总数据中抽取 $N$ 组样本值之后，使抽到 $N$ 组样本值概率最大的估计量便是所求参数。若随机变量 $X$ 的 PDF 为 $f(x;\theta)$，其中 $\theta$ 表示待估参数，则可以抽到独立同分布的样本集合 $\{x_1,x_2,\cdots,x_N\}$ 的可能性可表示为

$$L(\theta)=\prod_{i=0}^{N}f(x_i;\theta) \tag{6.18}$$

式（6.18）称为 $\theta$ 的似然函数。如果 $L(\theta)$ 在 $\hat{\theta}$ 处的取值最大，则 $\hat{\theta}$ 是 $\theta$ 的最大似然估计值。当待估参数个数大于一个时，需要用向量 $(\theta_1,\theta_2,\cdots,\theta_k)$ 来表示，此时，似然函数包括 $k$ 个未知参数，即可表示为

$$L(\theta_1,\theta_2,\cdots,\theta_k)=\prod_{i=0}^{N}f(x_i;\theta_1,\theta_2,\cdots,\theta_k) \tag{6.19}$$

若 $L(\theta_1,\theta_2,\cdots,\theta_k)$ 在 $(\hat{\theta}_1,\hat{\theta}_2,\cdots,\hat{\theta}_k)$ 处的取值最大，则 $(\hat{\theta}_1,\hat{\theta}_2,\cdots,\hat{\theta}_k)$ 是 $(\theta_1,\theta_2,\cdots,\theta_k)$ 的最大似然估计值。

ML 估计算法的具体实现步骤如下：

① 第一步根据抽取到的数据集 $\{x_1,x_2,\cdots,x_N\}$ 写出似然函数 $L(\theta_1,\theta_2,\cdots,\theta_k)$。

② 求 $\ln L(\theta_1,\theta_2,\cdots,\theta_k)$ 的对数，然后化简。

③ 求 $\ln L(\theta_1,\theta_2,\cdots,\theta_k)$ 的导数或者偏导数。当只有一个待估参数 $\theta$ 时，ML 得到的估计量 $\hat{\theta}$ 满足条件 $\mathrm{d}\ln L(\theta)/\mathrm{d}\theta=0$；当待估参数个数大于一个时，ML 得到的估计量 $(\hat{\theta}_1,\hat{\theta}_2,\cdots,\hat{\theta}_k)$ 满足条件 $\partial\ln L(\theta_i)/\partial\theta_i=0$，$i=1,2,\cdots,k$。

④ 对以上得出的方程进行求解，将会获得 ML 估计量 $\hat{\theta}$，即为所求的待估参数。

**2. EM 算法的原理**

期望最大化算法是最大似然估计法的一种，也是用来估计概率模型的未知参数。EM 算法可以从未知或者非完整的数据集合中对参数进行极大似然估计，被广泛运用于不完整、存在缺漏和存在噪声干扰等非完整数据集合中[17]。它的一大特点是，可以解决具有隐藏变量的情况，也就是有时候存在数据不完全等情况。如果某些数据中含有无法直接看到的隐藏变量，最大似然估计无法完成，这时便可以用 EM 算法。混合模型可被视为存在缺失分类变量的一种模型，即具有隐藏变量，来判断数据是属于混合模型中的哪一个模型所得出的数据，因此，EM 算法常被用于存在隐藏变量的概率密度函数模型的参数估计中。仅需要期望步骤和最大步骤这两步便可完成需要估计的参数，在进行参数

估计时，需要 Expectation 步和 Maximum 步来进行迭代，迭代时要确保逼近最大似然函数的最大值，以此来完成估计功能。

EM 算法的基本思路：若有两个未知参数 $\alpha$ 和 $\beta$，则对这两个未知参数进行估计，并且这两个参数处于初始状态并互相制约，如果知道了其中一个参数 $\alpha$，便可以通过计算得到另一个参数 $\beta$。所以在应用 EM 算法时，需要先给一个参数定义初始值，根据定义的这个初始值去估计另一个参数，接下来通过迭代过程，不断通过 $\alpha$ 和 $\beta$ 的当前值计算对方新的估计值，直到这两个参数的值基本不再发生变化为止。EM 算法的具体详细步骤如下进行阐述。

现有样本用 $x_1,x_2,\cdots,x_n$ 表示，设每个样本的隐藏变量为 $z_i$，表示为 $z^{(1)},\cdots,z^{(m)}$。EM 算法也是求未知参数的最大似然估计，属于 ML 算法的一种。假设对数似然函数为

$$\begin{aligned}\ln L(\theta) &= \ln[p(x_1;\theta)\cdot p(x_2;\theta)\cdot\cdots\cdot p(x_n;\theta)]\\ &= \sum_{i=1}^{n}\ln p(x_i;\theta)\\ &= \sum_{i=1}^{n}\ln\sum_{j=1}^{m}p(x_i,z^{(j)};\theta)\end{aligned}\tag{6.20}$$

对于式（6.20），要求它的最大值，首先要对该似然函数求对数，再求和。式（6.20）第二步表示当样本取 $x_i$ 时，对隐藏变量 $z^{(j)}$，$j=1,2,\cdots,m$ 求和。则得到该式为多项之和，求导相对麻烦，需对该等式进行化简和形式转换。

为了方便推导，将 $x_i$ 对 $z$ 的分布函数用 $Q_i(z)$ 表示。对于 $Q_i(z)$，它一定满足如下条件：

$$\sum_{j=1}^{m}Q_i(z^{(j)})=1,\quad Q_i(z^{(j)})\geqslant 0\tag{6.21}$$

所以式（6.20）可以这样化简，

$$\begin{aligned}\ln L(\theta) &= \sum_{i=1}^{n}\ln\sum_{z}p(x_i,z^{(j)};\theta)\\ &= \sum_{i=1}^{n}\ln\sum_{j=1}^{m}Q_i(z^{(j)})\frac{p(x_i,z^{(j)};\theta)}{Q_i(z^{(j)})}\\ &\geqslant \sum_{i=1}^{n}\sum_{j=1}^{m}Q_i(z^{(j)})\ln\frac{p(x_i,z^{(j)};\theta)}{Q_i(z^{(j)})}\end{aligned}\tag{6.22}$$

式（6.22）为 EM 算法的核心等式，这里涉及了 Jensen 不等式的相关性质。根据 Jensen 不等式可得，若 $f$ 是凸函数，$X$ 是随机变量，则 $E[f(X)]\geqslant$

$f(E[X])$。若 $f$ 是凹函数，则有 $E[f(X)]\leqslant f(E[X])$ 成立，并且只有 $X$ 取常数值的时候等号才成立。

如图 6.4 所示，图中函数 $f$ 为凸函数，随机变量 $X$ 的取值概率为 $p(X=a)=1/2$，$p(X=b)=1/2$，则 $E[X]=(a+b)/2$，$E[f(X)]=[f(a)+f(b)]/2$，观察图 6.4 可以发现，$E[f(X)]\geqslant f(E[X])$ 成立。因为 $(\ln x)''=-1/x^2<0$，即 $\ln x$ 是凹函数，故 $E[f(X)]\leqslant f(E[X])$ 恒成立，最终变形如式（6.22）所示。

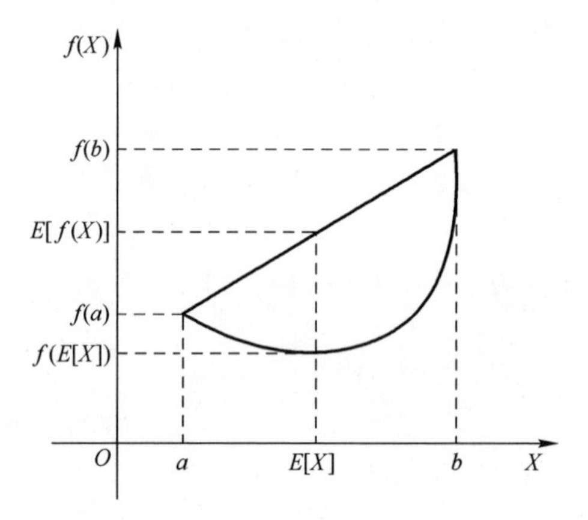


图 6.4　Jensen 不等式示意图

根据式（6.22）可得出式（6.23），即为似然函数的下界，记为 $J(z,Q)$。这个 $J(z,Q)$ 就是变量 $p(x_i,z^{(j)};\theta)/Q_i(z^{(j)})$ 的期望。期望的计算公式是 $E(X)=\sum xp(x)$，这里 $Q_i(z^{(j)})$ 相当于概率。

$$J(z,Q)=\sum_{i=1}^{n}\sum_{j=1}^{m}Q_i(z^{(j)})\ln\frac{p(x_i,z^{(j)};\theta)}{Q_i(z^{(j)})} \tag{6.23}$$

接着，需对似然函数求导，下界取决于式（6.23）中的 $p(x_i,z^{(j)};\theta)$ 和 $Q_i(z^{(j)})$ 两个因素，可以通过改变这两个因素值，使得下界的值不断增加，趋近于 $\ln L(\theta)$，当达到 $J(z,Q)=\ln L(\theta)$ 时，便可结束。

E 步，求取隐藏变量的期望。由 Jensen 不等式性质可知，要使等号成立，则 $p(x_i,z^{(j)};\theta)/Q_i(z^{(j)})$ 需为常数，假设

$$\frac{p(x_i,z^{(j)};\theta)}{Q_i(z^{(j)})}=c \tag{6.24}$$

其中 $c$ 为常数。因为 $\sum_{j=1}^{m}Q_i(z^{(i)})=1$，所以 $\sum_z p(x_i,z^{(j)};\theta)=c$，有式（6.25）成立，

$$
\begin{aligned}
Q_i(z^{(j)}) &= \frac{p(x_i, z^{(j)}; \theta)}{\sum_{j=1}^{m} p(x_i, z^{(j)}; \theta)} \\
&= \frac{p(x_i, z^{(j)}; \theta)}{p(x_i; \theta)} \\
&= p(z^{(j)} \mid x_i; \theta)
\end{aligned}
\tag{6.25}
$$

式中：把得出的结果 $p(z^{(j)} \mid x_i;\theta)$ 称为隐藏变量 $z_i$ 的后验概率。所以得出 $Q_i(z^{(j)})$ 也为 $z_i$ 的后验概率，即隐藏变量的期望，这步便是 EM 算法当中的 E 步骤。

M 步，求解最大似然函数。由式（6.23）可得：

$$
\ln L(\theta) = \sum_{i=1}^{n} \sum_{j=1}^{m} Q_i(z^{(j)}) \ln \frac{p(x_i, z^{(j)}; \theta)}{Q_i(z^{(j)})} \tag{6.26}
$$

对式（6.26）关于 $\theta$ 求偏导，令其等于 0。返回 E 步继续求解，依次迭代这两步，直至收敛为止，即 $\theta$ 为所求参数。

根据以上推论，EM 算法可由以下两步完成：

E 步：

$$
Q_i(z^{(j)}) = p(x_i, z^{(j)}; \theta) \tag{6.27}
$$

M 步：

$$
\theta = \max_{\theta} \sum_{i=1}^{n} \sum_{j=1}^{m} Q_i(z^{(j)}) \ln \frac{p(x_i, z^{(j)}; \theta)}{Q_i(z^{(j)})} \tag{6.28}
$$

综上，EM 算法是采用迭代思想来完成估计的，逐步进行以达到参数最优。首先求得隐藏变量的期望值，即 E 步骤。然后根据 E 步骤得到的结果去求 M 步骤，相互迭代。直到最后两次结果小于某一个阈值，则停止迭代，即最终所求参数为待估参数值。

**3. G-G 分布信道的 EM 参数估计**

本节将 EM 算法用于 Gamma-Gamma 大气湍流信道模型中，用于估计 Gamma-Gamma 模型参数，具体流程如图 6.5 所示。

首先模拟产生一组服从 Gamma-Gamma 分布的样本数 $I_l(i), i=1,2,\cdots,N$，表示第 $l$ 次产生的样本数，其中 $l=1,2,\cdots,L$，即 $I_l=[I_l(1),I_l(2),\cdots,I_l(N)]^{\mathrm{T}}$，未知参数使用向量 $\boldsymbol{\theta}=(\alpha,\beta)^{\mathrm{T}}$ 表示。对 Gamma-Gamma 的 PDF 表达式求对数，可得 $\theta$ 的对数似然函数如下：

$$
\begin{aligned}
L(I;\theta) = &N \cdot \left\{ \ln 2 + \frac{1}{2}(\alpha + \beta)\ln(\alpha\beta) - \ln[\Gamma(\alpha)\Gamma(\beta)] \right\} + \\
&\left(\frac{\alpha + \beta}{2} - 1\right) \sum_{i=0}^{N} \ln I_i + \sum_{i=0}^{N} \ln\left\{ K_{\alpha-\beta}\left[2\sqrt{\alpha\beta I_i}\right] \right\}
\end{aligned}
\tag{6.29}
$$

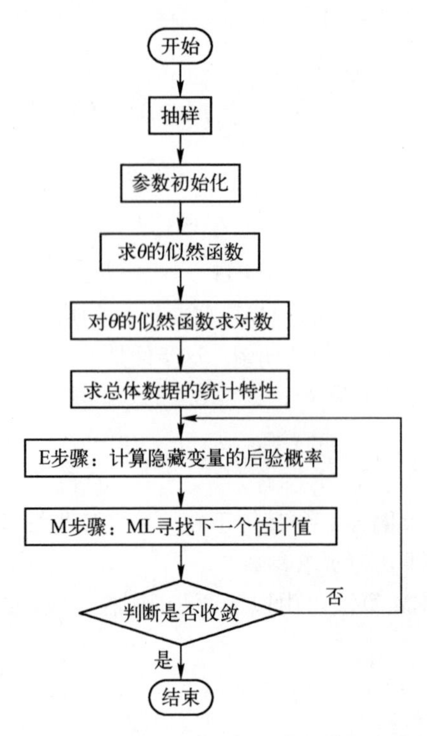


图 6.5 EM 算法进行 Gamma-Gamma 分布模型参数估计流程图

Gamma-Gamma 分布是由两个独立的 Gamma 分布组成的，可将其视为混合信道模型。隐藏变量用于确定接收到的数据是哪个 Gamma 分布，因此被称为由向量 $\boldsymbol{x}=[x_1,x_2,\cdots,x_L]^{\mathrm{T}}$ 表示的分类变量，可求得总体数据的对数似然函数如式（6.30）所示。

$$
\begin{aligned}
L(I,x;\theta) &= \sum_{l=1}^{L}\ln f(x_l;\alpha) + \sum_{l=1}^{L}\sum_{i=1}^{N}\ln f(I_l(i)\mid x_l;\beta) \\
&= \sum_{l=1}^{L}\ln\left[\frac{\alpha(x_l\alpha)^{\alpha-1}}{\Gamma(\alpha)}\exp(-\alpha x_l)\right]+\sum_{l=1}^{L}\sum_{i=1}^{N}\ln\left[\frac{\beta\left(\dfrac{\beta I_l(i)}{x_l}\right)^{\beta-1}}{x_l\Gamma(\beta)}\exp\left(-\frac{-\beta I_l(i)}{x_l}\right)\right] \\
&= L\left[\ln\frac{\alpha^{\alpha}}{\Gamma(\alpha)}+\frac{1}{L}(\alpha-1)\sum_{l=1}^{L}\ln(x_l)-\frac{1}{L}\sum_{l=1}^{L}x_l+N\cdot\ln\frac{\beta^{\beta}}{\Gamma(\beta)}\right. \\
&\quad\left.+\frac{1}{NL}\cdot(\beta-1)\sum_{l=1}^{L}\sum_{i=1}^{N}\ln(I_l(i))-\frac{N}{L}\cdot\beta\sum_{l=1}^{L}\ln(x_l)-\frac{1}{NL}\cdot\beta\sum_{l=1}^{L}\sum_{i=1}^{N}\frac{I_l(i)}{x_l}\right]
\end{aligned}
\tag{6.30}
$$

其中：

$$f(x_l;\alpha)=\frac{\alpha(x_l\alpha)^{\alpha-1}}{\Gamma(\alpha)}\exp(-\alpha x_l) \tag{6.31}$$

$$f(I_l(i)\mid x_l;\beta)=\frac{\beta\left(\frac{\beta I_l(i)}{x_l}\right)^{\beta-1}}{x_l\Gamma(\beta)}\exp\left(-\frac{\beta I_l(i)}{x_l}\right) \tag{6.32}$$

若采用 $Q_1(x)$，$Q_2(x)$，$Q_3(x)$作为总体数据的统计特性，则由式（6.30）可以得到：

$$Q_1(x)=\frac{1}{L}\sum_{l=1}^{L}\ln x_l \tag{6.33}$$

$$Q_2(x)=\frac{1}{L}\sum_{l=1}^{L}x_l \tag{6.34}$$

$$Q_3(x)=\frac{1}{NL}\sum_{l=1}^{L}\sum_{i=1}^{N}\ln(I_l(i))-\frac{1}{NL}\sum_{l=1}^{L}\sum_{i=1}^{N}\frac{I_l(i)}{x_l} \tag{6.35}$$

用 E 步骤和 M 步骤进行迭代。E 步骤可以得到隐藏变量的后验概率，即为隐藏变量的期望，而新的估计$\hat{\alpha}^{(j+1)}$和$\hat{\beta}^{(j+1)}$可以通过 M 步骤计算。

1）EM 算法迭代的 E 步骤[18-20]

计算隐藏变量的后验概率为

$$Q_1(x;\hat{\theta}^{(j)})=\frac{1}{L}\sum_{l=1}^{L}E_{x|I}[\ln x_l\mid I;\hat{\theta}^{(j)}] \tag{6.36}$$

$$Q_2(x;\hat{\theta}^{(j)})=\frac{1}{L}\sum_{l=1}^{L}E_{x|I}[x_l\mid I;\hat{\theta}^{(j)}] \tag{6.37}$$

$$Q_3(x;\hat{\theta}^{(j)})=\frac{1}{NL}\sum_{l=1}^{L}\sum_{i=1}^{N}\ln(I_l(i))-\frac{1}{L}\sum_{l=1}^{L}E_{x|I}[x_l^{-1}\mid I;\hat{\theta}^{(j)}]\cdot\bar{I}_l \tag{6.38}$$

式中：$\hat{\theta}^{(j)}=[\hat{\alpha}^{(j)}\quad\hat{\beta}^{(j)}]^{\mathrm{T}}$ 表示进行 $j$ 次迭代过程后，$\theta$ 的估计量。

隐藏变量的条件期望值为[1]

$$E_{x|I}[g(x_l)\mid I;\hat{\theta}^{(j)}]=\int_0^{\infty}g(x_l)f(x_l\mid I;\hat{\theta}^{(j)})\,\mathrm{d}x_l \tag{6.39}$$

式中：$g(x_l)$分别在式（6.36）~式（6.38）中代表 $\ln x_l$、$x_l$、$x_l^{-1}$；$f(x_l\mid I;\hat{\theta}^{(j)})$是 $x_l$ 的条件概率密度函数，可以通过下式计算：

$$f(x_l\mid I;\hat{\theta}^{(j)})=\frac{f(I\mid x_l;\hat{\theta}^{(j)})f(x_l;\hat{\theta}^{(j)})}{f(I;\hat{\theta}^{(j)})} \tag{6.40}$$

式中：$f(x_l;\hat{\theta}^{(j)})$是 $x_l$ 的概率密度函数；$f(I\mid x_l;\hat{\theta}^{(j)})$是 $I$ 的条件概率密度函数；

$f(I;\hat{\theta}^{(j)})$是$I$的概率密度函数。以上三个函数的表达式如下：

$$f(x_l;\hat{\theta}^{(j)})=\frac{\hat{\alpha}^{(j)}(x_l\hat{\alpha}^{(j)})^{\hat{\alpha}(j)-1}}{\Gamma(\hat{\alpha}^{(j)})}\exp(-\hat{\alpha}^{(j)}x_l) \tag{6.41}$$

$$f(I\mid x_l;\hat{\theta}^{(j)})=\frac{\hat{\beta}^{(j)}\left(\frac{\hat{\beta}^{(j)}I}{x_l}\right)^{\hat{\theta}(j)-1}}{x_l\Gamma(\hat{\beta}^{(j)})}\exp\left(-\frac{\hat{\beta}^{(j)}I}{x_l}\right) \tag{6.42}$$

$$\begin{aligned}f(I;\hat{\theta}^{(j)})&=\int_0^{\infty}p(I\mid x;\hat{\beta}^{(j)})p(x;\hat{\alpha}^{(j)})\mathrm{d}x\\&=\frac{2(\hat{\alpha}^{(j)}\hat{\beta}^{(j)})^{(\hat{\alpha}(j)\hat{\beta}(j))/2}}{\Gamma(\hat{\alpha}^{(j)})\Gamma(\hat{\beta}^{(j)})}I^{(\hat{\alpha}(j)+\hat{\beta}(j))/2-1}\mathrm{K}_{\hat{\alpha}(j)-\hat{\beta}(j)}(2\sqrt{\hat{\alpha}^{(j)}\hat{\beta}^{(j)}I})\end{aligned} \tag{6.43}$$

2）EM算法迭代的M步骤：

寻找$\alpha$的下一个估计值$\hat{\alpha}^{(j+1)}$和$\beta$的下一个估计值$\hat{\beta}^{(j+1)}$。

$$\hat{\alpha}^{(j+1)}=\underset{\alpha}{\arg\max}\{\alpha\ln\alpha-\ln[\Gamma(\alpha)]+\alpha Q_1(\boldsymbol{x};\boldsymbol{\theta}^{(i)})-\alpha Q_2(\boldsymbol{x};\boldsymbol{\theta}^{(i)})\} \tag{6.44}$$

$$\hat{\beta}^{(j+1)}=\underset{\beta}{\arg\max}\{\beta\ln\beta-\ln[\Gamma(\beta)]-\beta Q_1(\boldsymbol{x};\boldsymbol{\theta}^{(i)})-\beta Q_3(\boldsymbol{x};\boldsymbol{\theta}^{(i)})\} \tag{6.45}$$

根据以上推导可知，需要根据E步骤和M步骤一直来迭代更新$\theta$的估计值，即为$\hat{\boldsymbol{\theta}}^{(j+1)}=[\hat{\alpha}^{(j+1)}\hat{\beta}^{(j+1)}]^{\mathrm{T}}$。在迭代估计时，总体数据的条件期望值是会一直增加的，直到达到一个指定节点，这个节点便是所求的$\theta$的最大似然估计值$\hat{\boldsymbol{\theta}}_{\mathrm{ML}}=[\hat{\alpha}_{\mathrm{ML}}\hat{\beta}_{\mathrm{ML}}]^{\mathrm{T}}$。

### 6.2.3 Gamma-Gamma分布信道N-R参数估计

**1. N-R算法原理**

牛顿迭代法又称“牛顿-拉夫逊方法（Newton-Raphson Method）”，最早是牛顿在17世纪提出在实数域和复数域方程上求近似解的方法[21]。由于很多方程没有求解公式，或者很难求得精确解，因此牛顿迭代法至关重要，该方法是用迭代来求解的一种算法。具体思路如下：

对于一个函数$f(x)$，假设方程$f(x)=0$有近似根$x_k$，并且$f'(x_k)\neq0$。则它的泰勒级数展开式如下：

$$f(x)=f(x_k)+f'(x_k)(x-x_k)+\frac{1}{2}f''(x_k)(x-x_k)^2+\cdots+\frac{1}{n!}f^n(x_k)(x-x_k)^n \tag{6.46}$$

对方程 $f(x)=0$ 采用牛顿迭代法求解则是一种近似方法，则由式（6.46）可得

$$f(x)\approx f(x_k)+f'(x_k)(x-x_k) \tag{6.47}$$

于是 $f(x)=0$ 可近似地表示为

$$f(x_k)+f'(x_k)(x-x_k)=0 \tag{6.48}$$

这是一个线性方程，记其根为 $x_{k+1}$，则 $x_{k+1}$ 的计算公式为

$$x_{k+1}=x_k-\frac{f(x_k)}{f'(x_k)} \quad (k=0,1,\cdots) \tag{6.49}$$

则式（6.49）就是牛顿迭代算法的计算公式。

以下对牛顿迭代法进行几何分析，如图 6.6 所示 $y=f(x)$ 与 $x$ 轴的交点即为 $f(x)=0$ 的根 $x^*$。先假设一个近似值 $x_k$，邻近 $x^*$，从 $x$ 轴上在 $x_k$ 处引出一条垂直于 $x$ 轴的线并与 $y=f(x)$ 相交于点 $P_k$，然后根据点 $P_k$ 画一条切线，与 $x$ 轴相交于点 $x_{k+1}$，则该值称为 $x^*$ 的新近似值，依此类推。

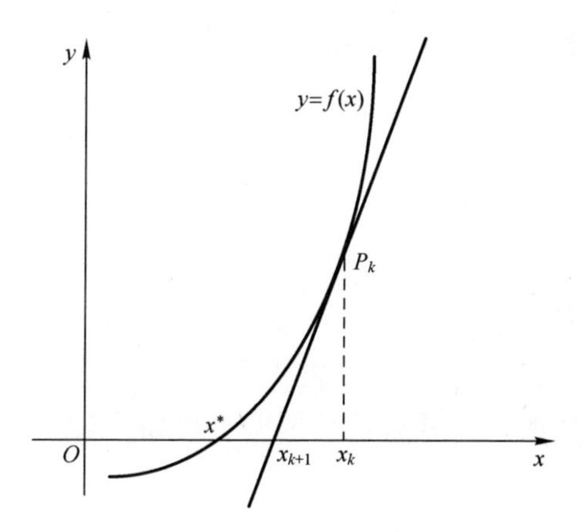


图 6.6　牛顿迭代法几何分析图

可得到切线方程为

$$f(x)=f(x_k)+f'(x_k)(x-x_k) \tag{6.50}$$

这样求得的值 $x_{k+1}$ 将满足式（6.46），这就是牛顿迭代公式（6.50）的计算结果。

**2. G-G 分布信道的 N-R 参数估计**

牛顿迭代法是利用概率密度函数的对数似然函数求二阶导数来计算的[22]。对估计参数 $\alpha$ 和 $\beta$ 求二阶导数，先得到对数似然函数如下：

$$L(\boldsymbol{I};\boldsymbol{\theta})=N\cdot\left\{\ln2+\frac{1}{2}(\alpha+\beta)\ln(\alpha\beta)-\ln[\Gamma(\alpha)\Gamma(\beta)]\right\}$$
$$+\left(\frac{\alpha+\beta}{2}-1\right)\sum_{i=0}^{N}\ln I_l(i)+\sum_{i=0}^{N}\ln\left\{\mathrm{K}_{\alpha-\beta}\left[2\sqrt{\alpha\beta I_l(i)}\right]\right\} \tag{6.51}$$

其中

$$q(I_l(i);\boldsymbol{\theta})=\ln\left\{\mathrm{K}_{\alpha-\beta}\left[2\sqrt{\alpha\beta I_l(i)}\right]\right\} \tag{6.52}$$

对式（6.51）求一阶导数如下：

$$\frac{\partial L(\boldsymbol{I};\boldsymbol{\theta})}{\partial\alpha}=N\left[\frac{1}{2}\ln(\alpha\beta)+\frac{\alpha+\beta}{2\alpha}-\frac{\Gamma'(\alpha)}{\Gamma(\alpha)}\right]+\frac{1}{2}\sum_{i=0}^{N}\ln I_l(i)+\sum_{i=0}^{N}\frac{\partial q(I_l(i);\theta)}{\partial\alpha} \tag{6.53}$$

$$\frac{\partial L(\boldsymbol{I};\boldsymbol{\theta})}{\partial\beta}=N\left[\frac{1}{2}\ln(\alpha\beta)+\frac{\alpha+\beta}{2\beta}-\frac{\Gamma'(\beta)}{\Gamma(\beta)}\right]+\frac{1}{2}\sum_{i=0}^{N}\ln I_l(i)+\sum_{i=0}^{N}\frac{\partial q(I_l(i);\theta)}{\partial\beta} \tag{6.54}$$

对式（6.53）和式（6.54）分别求二阶导数如下：

$$\frac{\partial^2L(\boldsymbol{I};\boldsymbol{\theta})}{\partial\alpha^2}=\frac{N}{2\alpha}-\frac{N\beta}{2\alpha^2}-\frac{\Gamma''(\alpha)\Gamma(\alpha)-\Gamma'^2(\alpha)}{\Gamma^2(\alpha)}+\sum_{i=0}^{N}\frac{\partial^2q(I_l(i);\boldsymbol{\theta})}{\partial\alpha^2} \tag{6.55}$$

$$\frac{\partial^2L(\boldsymbol{I};\boldsymbol{\theta})}{\partial\beta^2}=\frac{N}{2\beta}-\frac{N\alpha}{2\beta^2}-\frac{\Gamma''(\beta)\Gamma(\beta)-\Gamma'^2(\beta)}{\Gamma^2(\beta)}+\sum_{i=0}^{N}\frac{\partial^2q(I_l(i);\boldsymbol{\theta})}{\partial\beta^2} \tag{6.56}$$

利用牛顿迭代法的定义式来估计模型参数如式（6.57）所示，即 $\boldsymbol{\theta}_{k+1}=(\alpha,\beta)^{\mathrm{T}}$ 为估计值，

$$\theta_{k+1}=\theta_k-\left[\frac{\partial^2L(I;\theta)}{\partial\theta^2}\right]^{-1}\frac{\partial L(I;\theta)}{\partial\theta}\bigg|_{\theta=\theta_k} \tag{6.57}$$

### 6.2.4 GMM 参数估计

**1. GMM 算法的原理**

广义阶矩法（GMM）最早是由汉森提出用于参数估计的一种算法。以矩估计为基础，模型已知并正确，根据模型的未知参数是否满足矩条件而进行估计的一种算法。GMM 估计算法在经典矩估计的基础上进行了改进，改进之后最大的优势在于仅需要一些矩条件而非全部条件来进行估计。此外，可以达到良好的渐进性，并在数据庞大的情况下估计性能良好。

设有随机变量 $X$，若存在 $E[X^{\alpha}]$，其中 $\alpha$ 是大于 0 的正数，则 $X$ 的 $\alpha$ 阶广义矩为 $E[X^{\alpha}]$。同样有随机变量 $X$，当 $E[X^{\delta}]$ 不存在时，有 $E[X^{\alpha_0}]$ 存在，其中 $\delta>\alpha_0$，而 $\alpha_0>0$，则称随机变量 $X$ 的最高阶数为 $\alpha_0$。

GMM 算法是根据模型中的参数满足一些矩条件而形成的一种估计算法。具体步骤如下：设有随机变量 $X$ 的概率密度函数为 $f(x,\theta_1,\theta_2,\cdots,\theta_k)$，其中 $\theta_1,\theta_2,\cdots,\theta_k$ 为待估参数。在总体数据中抽取 $n$ 个样本值 $X_1,X_2,\cdots,X_n$ 组成 $s$ 个方程组如下所示：

$$\begin{cases} E[X^{\alpha_1}] = \int_{-\infty}^{\infty} x^{\alpha_1} f(x,\theta_1,\theta_2,\cdots,\theta_k)\mathrm{d}x = \dfrac{1}{n}\sum_{i=1}^{n} X_i^{\alpha_1} \\ E[X^{\alpha_2}] = \int_{-\infty}^{\infty} x^{\alpha_2} f(x,\theta_1,\theta_2,\cdots,\theta_k)\mathrm{d}x = \dfrac{1}{n}\sum_{i=1}^{n} X_i^{\alpha_2} \\ \cdots\cdots\cdots\cdots \\ E[X^{\alpha_s}] = \int_{-\infty}^{\infty} x^{\alpha_s} f(x,\theta_1,\theta_2,\cdots,\theta_k)\mathrm{d}x = \dfrac{1}{n}\sum_{i=1}^{n} X_i^{\alpha_s} \end{cases} \tag{6.58}$$

式中：$\alpha_1,\alpha_2,\cdots,\alpha_s \in (0,\alpha_0]$；$\alpha_0$ 是 $X$ 的最高阶数。在取 $\alpha_1,\alpha_2,\cdots,\alpha_s$ 时，为了便于计算一般选取正整数。

GMM 在进行参数估计时选用的阶矩数目可为任意数，当参数的阶矩不存在或者阶矩较小时，都可采用 GMM 来对未知参数进行估计，估计时采用抽样数据的 $\alpha$ 阶矩去近似总体数据的 $\alpha$ 阶矩。同时，当阶矩数目大于或等于未知参数时，也可采用 GMM 来对未知参数进行估计。假设方程数目为 $s$，未知参数为 $k$，若 $s<k$，则未知参数不能被估计；若 $s=k$，则存在唯一解，各个未知参数的解为

$$\begin{cases} \hat{\theta}_1 = \theta_1(X_1,X_2,\cdots,X_n) \\ \hat{\theta}_2 = \theta_2(X_1,X_2,\cdots,X_n) \\ \cdots\cdots\cdots\cdots \\ \hat{\theta}_k = \theta_k(X_1,X_2,\cdots,X_n) \end{cases} \tag{6.59}$$

式中：$\hat{\theta}_1,\hat{\theta}_2,\cdots,\hat{\theta}_k$ 是 $\theta_1,\theta_2,\cdots,\theta_k$ 的广义阶矩法所估计出的值。如果方程个数 $s$ 大于未知参数个数 $k$，此时会产生多个非唯一解，估计时无法选定最优解，所以一般在用 GMM 算法估计参数时，选择合适的阶矩数目对于估计参数的精确度起着关键作用。

在用 GMM 算法估计参数时，可划分两种情况：一种是使用两阶段 GMM 来估计参数，另一种是使用迭代 GMM 来估计参数。第一种 GMM 估计首先给出初始

权重矩阵 $\mathbf{W}^{(0)}=\mathbf{I}$，接着得到未知参数的估计值$\hat{\theta}=\operatorname{argmin}g_N^{\mathrm{T}}(\theta)\boldsymbol{W}^{(0)}\boldsymbol{g}_N(\theta)$，这时需估计最优权重矩阵 $\boldsymbol{W}^{\mathrm{opt}}=\hat{\boldsymbol{S}}^{-1}$，则最优 GMM 估计$\hat{\theta}_{\mathrm{GMM}}=\operatorname{argmin}\{\boldsymbol{g}_N^{\mathrm{T}}(\theta)\boldsymbol{W}^{\mathrm{opt}}g_N(\theta)\}$被给出。迭代 GMM 估计也是先给出初始权重矩阵 $\boldsymbol{W}^{(0)}=\boldsymbol{I}$，然后根据权重矩阵 $W$ 计算出矩条件，由此参数的初始值$\hat{\theta}^{(0)}$可被估计出，最后通过未知参数初始值$\hat{\theta}^{(0)}$计算新的权重矩阵 $\boldsymbol{W}^{(1)}$。对$\hat{\theta}$和 $\boldsymbol{W}$ 进行迭代直到权重矩阵和未知参数的估计值达到收敛。

综上所述，GMM 算法不仅继承了经典阶矩的思想，并对其进行了扩展，使 GMM 算法能更好地应用到参数估计当中去。

**2. G-G 分布信道的 GMM 参数估计**

使用 GMM 算法对 Gamma-Gamma 分布模型进行未知参数估计。首先要知道 Gamma-Gamma 模型的概率密度函数，并且要证明 $I^{\alpha}$ 的数学期望是否收敛，即 Gamma-Gamma 分布的 PDF 表达式 $\alpha$ 阶广义矩必须存在，这时可采用 GMM 算法进行参数估计。假设有随机变量 $I$，其概率密度函数表达式可表示为$f(I)$，若存在一个有理数 $A>0$，使得 $f(I)$在$(-\infty,-A]$区间单调递增，在$[A,+\infty)$单调递减，则存在一个常数 $\alpha$，使得 $I^{\alpha}$ 的数学期望绝对收敛[14]。

通过了解 Gamma-Gamma 的概率密度函数以及曲线分布，可判断出 Gamma-Gamma 分布的 PDF 曲线存在最高点，最高点后面单调递减，因此 Gamma-Gamma 分布的 PDF 表达式存在 $\alpha$ 阶广义矩。则可以使用 GMM 算法估计 Gamma-Gamma 分布概率密度函数中的待估参数，使用迭代的 GMM，估计步骤流程图如图 6.7 所示[23]。

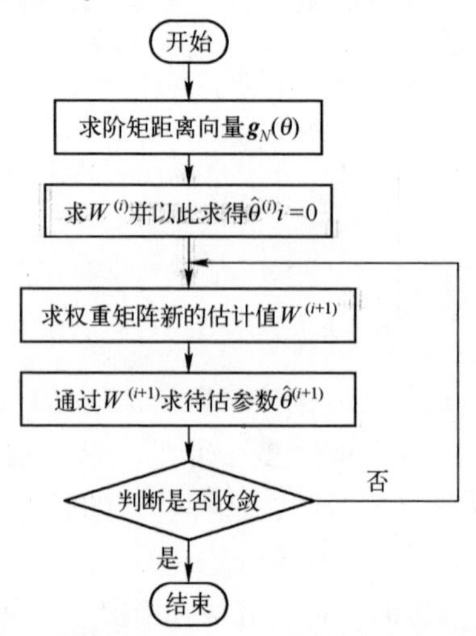


图 6.7　基于 GMM 的 Gamma-Gamma 模型参数估计流程图

图 6.7 中给出了具体的估计步骤，并对每步给出了详细过程及说明。首先对 Gamma-Gamma 分布的 $s$ 阶原点矩和 $s$ 阶抽样矩进行求解，根据求得的样本矩和原点矩求得阶矩距离向量 $\boldsymbol{g}_N(\theta)$。用 $\boldsymbol{\theta}=(\alpha,\beta)^{\mathrm{T}}$ 表示未知参数。根据样本光强可得到 Gamma-Gamma 模型的 $s$ 阶原点矩 $\mu_{k1}(\theta),\mu_{k2}(\theta),\cdots,\mu_{ks}(\theta)$：

$$\begin{cases}\mu_{k1}(\theta)=E[I^{k1}]=\dfrac{\Gamma(\alpha+k1)\Gamma(\beta+k1)}{\Gamma(\alpha)\Gamma(\beta)}\left(\dfrac{1}{\alpha\beta}\right)^{k1}\\ \mu_{k2}(\theta)=E[I^{k2}]=\dfrac{\Gamma(\alpha+k2)\Gamma(\beta+k2)}{\Gamma(\alpha)\Gamma(\beta)}\left(\dfrac{1}{\alpha\beta}\right)^{k2}\\ \qquad\vdots\\ \mu_{ks}(\theta)=E[I^{ks}]=\dfrac{\Gamma(\alpha+ks)\Gamma(\beta+ks)}{\Gamma(\alpha)\Gamma(\beta)}\left(\dfrac{1}{\alpha\beta}\right)^{ks}\end{cases} \tag{6.60}$$

产生 $N$ 个样本值 $I_1,I_2,\cdots,I_N$，使用这些样本值计算 $s$ 阶样本矩 $\hat{\mu}_{k1},\hat{\mu}_{k2},\cdots,\hat{\mu}_{ks}$。由式（6.60）原点矩和抽样矩来获得阶矩距离向量 $\boldsymbol{g}_N(\theta)$：

$$\boldsymbol{g}_N(\theta)=\begin{pmatrix}\hat{\mu}_{k1}-\mu_{k1}(\theta)\\ \hat{\mu}_{k2}-\mu_{k2}(\theta)\\ \vdots\\ \hat{\mu}_{ks}-\mu_{ks}(\theta)\end{pmatrix} \tag{6.61}$$

式中：$\boldsymbol{\theta}$ 表示 $s\times1$ 维的未知参数矩阵；定义一个 $s\times s$ 的初始权重矩阵 $\boldsymbol{W}$，该矩阵为正定矩阵，对 $\boldsymbol{W}$ 的优选是进行 Gamma-Gamma 模型参数估计的关键因素。然后计算出 $s$ 个矩条件的估计准确度，$\boldsymbol{W}$ 则根据其准确度给各个矩阵分配不同的权重，其准确度越低，权重越小。

首先，权重矩阵 $\boldsymbol{W}^{(0)}=\boldsymbol{I}$ 的初始值为单位矩阵，即相当于给所有的阶矩都分配了相同的权重。对方程 $\hat{\theta}^{(0)}=\arg\min \boldsymbol{g}_N^{\mathrm{T}}(\theta)\boldsymbol{g}_N(\theta)$ 进行求解，获得 $\hat{\theta}$ 的初始值 $\hat{\theta}^{(0)}$。若抽样矩为高阶，会偏离原点矩，这需要利用权重矩阵 $\boldsymbol{W}$ 来给其分配较小的权重，以避免误差过大造成估计性能较差。

进行迭代的第一步，通过之前求得的初始估计值 $\hat{\theta}^{(0)}$ 可以求得 $N$ 个样本值的残留向量 $\hat{\boldsymbol{U}}_t=[\boldsymbol{I}_t^{k1}-\boldsymbol{\mu}_{k1}(\hat{\theta}^{(0)}),\boldsymbol{I}_t^{k2}-\boldsymbol{\mu}_{k2}(\hat{\theta}^{(0)}),\cdots,\boldsymbol{I}_t^{ks}-\boldsymbol{\mu}_{ks}(\hat{\theta}^{(0)})]^{\mathrm{T}}(t=1,2,\cdots,N)$，根据残留向量 $\hat{\boldsymbol{U}}_t$ 推导出自协方差矩阵如下：

$$\boldsymbol{S}_j=\frac{1}{N}\sum_{n=j+1}^{N}\hat{\boldsymbol{U}}_t\hat{\boldsymbol{U}}_{t-j}^{\mathrm{T}}\quad(j=0,1,\cdots,l) \tag{6.62}$$

式中：$j$ 为滞后长度；阶矩距离向量 $\boldsymbol{g}_N(\theta)$ 的自协方差矩阵可表示为

$$\hat{\boldsymbol{S}} = \hat{\boldsymbol{S}}_0 + \sum_{j=1}^{N} \boldsymbol{W}_j(\hat{\boldsymbol{S}}_j + \hat{\boldsymbol{S}}_j^{\mathrm{T}}) \tag{6.63}$$

令 $\boldsymbol{W}^{(1)} = \hat{\boldsymbol{S}}^{-1}$，此时 $\boldsymbol{W}$ 的值便可由 $\boldsymbol{W}^{(0)}$ 更新为 $\boldsymbol{W}^{(1)}$。

第二步的迭代过程，根据第一步迭代更新的 $\boldsymbol{W}^{(1)}$ 来更新 $\boldsymbol{\theta}$ 的估计值 $\hat{\theta}^{(1)}$。具体是通过解方程 $\hat{\theta}^{(1)} = \mathrm{argmin}\boldsymbol{g}_N^{\mathrm{T}}(\theta)\hat{\boldsymbol{S}}^{-1}\boldsymbol{g}_N(\theta)$ 而得出的更为准确的值 $\hat{\theta}^{(1)}$。该迭代过程将 $\hat{\theta}$ 的值由 $\hat{\theta}^{(0)}$ 更新为 $\hat{\theta}^{(1)}$，与 $\boldsymbol{\theta}$ 真值之间的差距又缩小了一步。

通过以上两个迭代步骤不断地更新 $\boldsymbol{W}$ 和 $\boldsymbol{\theta}$ 的值，一般需要迭代达到指定的次数或者直到 $\boldsymbol{\theta}$ 与得出的估计值 $\hat{\theta}^{(j)}$ 之差绝对值小于指定的门限。

### 6.2.5 克拉美罗界

克拉美罗界的主要用途是衡量参数估计性能的一个标准[24]，它为任意无偏估计量的方差确定了一个下限。估计出参数的均方误差只能无限逼近于CRB，而不能小于CRB，越逼近于CRB说明估计性能越好，所以可用CRB来衡量一个算法估计性能的优劣性。计算的具体步骤如下：

① 假设样本值用 $x[n]$ 表示，长度为 $N$，未知参数用 $\theta$ 表示。则其概率密度函数为 $p(X;\theta) = \prod p(x[n];\theta)$，对其求对数，得到 $\ln p(\boldsymbol{x};\theta)$。

② 对所求的 $\ln p(\boldsymbol{x};\theta)$ 关于参数 $\theta$ 求二阶导数得到 $\partial^2 \ln p(\boldsymbol{x};\theta)/\partial\theta^2$。

③ 若结果依赖于 $x[n]$，则求期望，否则跳过，该期望就是费雪信息，如下式所示：

$$-E\left\{\frac{\partial^2 \ln p(\boldsymbol{x};\theta)}{\partial\theta^2}\right\}\Bigg|_{\theta=\text{true value}} \tag{6.64}$$

式（6.64）用连续函数表示为

$$-E\left\{\frac{\partial^2 \ln p(\boldsymbol{x};\theta)}{\partial\theta^2}\right\} = -\int \frac{\partial^2 \ln p(\boldsymbol{x};\theta)}{\partial\theta^2} p(x;\theta)\,\mathrm{d}x \tag{6.65}$$

这里的期望是仅仅对每个 $x[n]$ 求取的，不是 $N$ 个观测量的平均值，而是理论期望。例如，如果 $x[n]$ 依赖于正态分布 $N(\mu,\sigma^2)$，那么 $x[n]$ 的期望就是 $\mu$。如果不知道期望，则可用 $x[n]$ 近似，因为其期望也是其若干采样的平均值。

④ 对费雪信息求倒数可得到克拉美罗下界，如下式表示：

$$\mathrm{var}\{\hat{\theta}\} = \frac{1}{I(\theta)} = \mathrm{CRLB} \tag{6.66}$$

求取克拉美罗界的公式为[25]

$$\mathrm{CRB}(\theta) = -E\left[\frac{\partial^2 \ln p(I;\theta)}{\partial \theta^2}\right]^{-1} \tag{6.67}$$

关于以上推导的 CRB 公式，对其进行标准定义。设关于 $\theta$ 的概率密度函数 $p(x;\theta)$ 满足“正则”条件：

$$E\left[\frac{\partial \ln p(x;\theta)}{\partial \theta}\right] = 0 \tag{6.68}$$

对于任意的无偏估计量$\hat{\theta}$的方差必满足：

$$\mathrm{var}(\hat{\theta}) \geqslant \frac{1}{-E\left[\dfrac{\partial^2 \ln p(x;\theta)}{\partial \theta^2}\right]} \tag{6.69}$$

其中，式（6.69）对 $\theta$ 求二阶导数是在真值处，对 $p(x;\theta)$ 求数学期望。并且对于任意函数的 $g(x)$ 和 $I(\theta)$，当且仅当：

$$\frac{\partial \ln p(x;\theta)}{\partial \theta} = I(\theta)[g(x) - \theta] \tag{6.70}$$

这时，可以求得所有令 $\theta$ 达到下限的无偏估计量。该估计量可表示为$\hat{\theta} = g(x)$，称为最小方差无偏估计量，最小方差表示为 $1/I(\theta)$。

### 6.2.6　湍流信道估计仿真实验

基于 Gamma-Gamma 信道模型参数进行估计推导的三种估计算法，本小节对其估计性能进行了仿真验证，并对比优劣性。通过采用不同的数据样本。不同的样本点来进行分析讨论，计算未知参数的均方误差来衡量估计性能优良性。

**1. 估计方法性能评判**

通过模拟仿真样本对模型未知参数进行估计的方法。由于样本的随机性，因此，即便选取的估计算法相同，估计出的参数也会有一定的误差。所以，在选取样本时，不仅采用相同参数产生，而且对所有样本的估计结果求取平均值获得最终估计值，这样估计出来的未知参数值更准确。因此在衡量一个估计算法的优劣性时，不能根据某一次的结果来判定，而应该根据多个样本得到的结果进行衡量。本节采用衡量估计性能的方法是利用求解未知参数的均方误差（Mean-Square Error，MSE），计算公式如下：

$$\mathrm{MSE}(\hat{\theta}) = E(\hat{\theta} - \theta)^2 \tag{6.71}$$

式中：$\hat{\theta}$为估计值；$\theta$ 为真值，求取到的均方误差越小，说明估计性能越好。用克拉美罗界（CRB）来衡量其估计方法的好坏，估计出参数的均方误差只能无限逼近于 CRB，而不能小于 CRB，越逼近于 CRB 说明估计性能越好。

**2. 仿真分析与结论**

本节采用极大似然估计法的 EM 算法、N-R 算法和 GMM 算法三种估计方法对 Gamma-Gamma 衰落信道模型的参数进行估计，并将这三种方法估计结果的 MSE 与克拉美罗界进行比对。每次估计参数时模拟产生 100 个样本，每个样本采样点数为 1000。图 6.8、图 6.9 所示为三种估计算法估计出的湍流模型未知参数 $\alpha$ 和 $\beta$ 的均方误差曲线图。图 6.8 中，Gamma-Gamma 衰落信道仿真数据共七组，衰落参数分别取 $\alpha=2,4,6,8,10,12,14$，$\beta=10$。图 6.9 中，Gamma-Gamma 衰落信道仿真数据共七组，衰落参数分别取 $\alpha=10$，$\beta=2,4,6,8,10,12,14$。

图 6.8 中固定 $\beta=10$，随着 $\alpha$ 取值增大，光强闪烁指数 $\sigma_I^2$ 减小，估计参数 $\hat{\alpha}$ 的均方误差均增大。但 EM 算法相比较于其他两种算法获得的 MSE 更逼近于 CRB，说明 EM 算法在湍流强度较弱时估计 $\alpha$ 参数性能最好。图 6.9 中固定 $\alpha=10$，七组样本数据下随着 $\beta$ 取值的增大，光强闪烁指数 $\sigma_I^2$ 减小，估计参数 $\hat{\beta}$ 的均方误差均增大，但在较宽的湍流范围内 EM 算法比其他两种算法的估计均方误差更逼近于 CRB，表明 EM 算法对参数 $\beta$ 的估计性能最好。因此，图 6.8 和图 6.9 中的 MSE 结果表明，基于混合 Gamma-Gamma 信道模型所提出的 EM 算法可以在相同的仿真样本下获得最低的 MSE，估计性能最优。

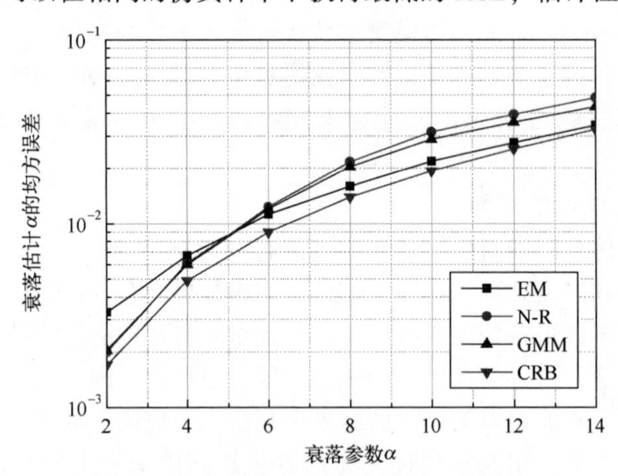


图 6.8　不同样本下 $\hat{\alpha}$ 的均方误差（$\beta=10$）

图 6.10、图 6.11 为随着采样点数增大所估计的 $\hat{\alpha}$ 和 $\hat{\beta}$ 的均方误差图。取 $\alpha=10$，$\beta=10$（$\sigma_I^2=1/\alpha+1/\beta+1/\alpha\beta=0.21$）模拟产生样本，均进行了 100 次实验，采样点数从 5000 到 20000，从图 6.10、图 6.11 中可以看出，随着采样

点数的增大，$\hat{\alpha}$和$\hat{\beta}$的均方误差均减小，三种算法相比发现，EM估计算法相比较其他两种估计算法获得的$\hat{\alpha}$和$\hat{\beta}$的均方误差更逼近于CRB，估计效果最好。因此可以得出，EM算法对Gamma-Gamma衰落信道参数的估计性能最优，而牛顿迭代法和广义阶矩法估计性能较差。

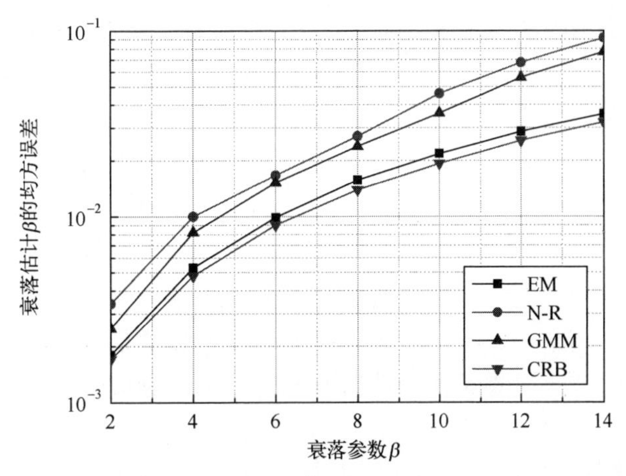


图6.9　不同样本下$\hat{\beta}$的均方误差（$\alpha=10$）

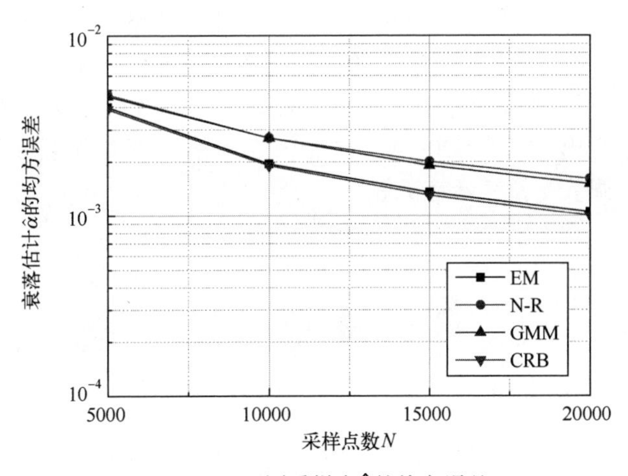


图6.10　不同采样点$\hat{\alpha}$的均方误差

**3. 实验验证**

本文针对大气激光通信SISO系统进行了搭建，基于实际大气信道测量数据对所研究估计算法性能进行了实验验证。在不同天气、湿度、温度、可见度等条件下进行了场外实验测试，获得了大量数据，并对其数据进行预处理后，选用具有代表性天气（阴天、雨、暴雨、雾天）的数据进行信道衰落参数估计实验。

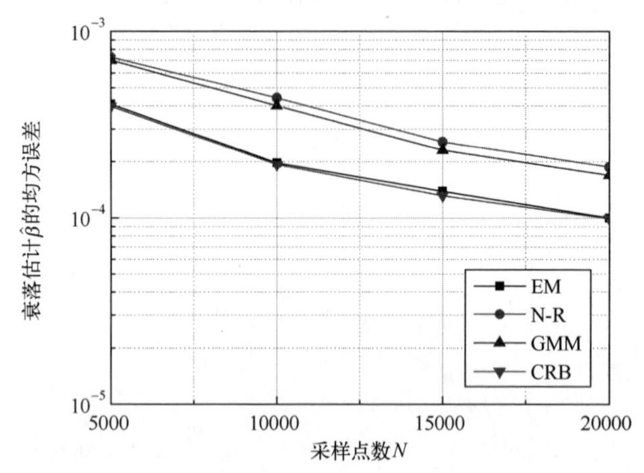


图 6.11　不同采样点下$\hat{\beta}$的均方误差

1）实验设备及搭建

由于大气湍流等对传输激光束的影响，在搭建链路时需要进行长时间的观测，将光束对准后，并固定链路设备。设备搭建在链路中间无任何遮挡物的两高楼之间进行通信，并且要保证实验的连续性和长期性，才能够获得更好的实验数据。如图 6.12 为系统链路示意图。该实验主要用到的设备有激光器（波长为 650nm，输出功率为 20mW）、光学望远镜、聚焦透镜、光电探测器（GD4216Y）、调节支架、计算机等。

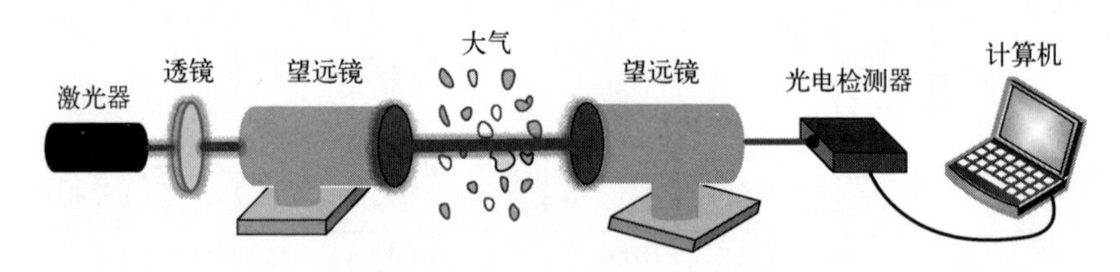


图 6.12　大气激光通信实验链路图

实验链路的具体搭建是先由半导体激光器发出红外激光束，通过聚焦透镜来进行扩束后经过光学望远镜射出，接收端使用光学望远镜来接收光信号，光电探测器将接收到的光信号转化为电信号，将数据上传至计算机，同时记录实验期间的温度、湿度、气压和风速。

2）实验验证结果与分析

由于进行了多次试验，有庞大的数据量，首先需要对所采集的数据进行预处理，以更好地验证本文所提估计方法的有效性。在众多所采集的数据中选择的四种不同大气信道数据所对应天气情况如表 6.1 所列，给出了当天天气的温度、湿度、能见度和降雨量等参数情况。

表 6.1 四种天气下的基本情况

| 天气 | 日期 | 温度/℃ | 湿度 | 风级 | 云量 | 能见度 | 降雨量/mm |
|---|---|---|---|---|---|---|---|
| 阴天 | 2019.9.21 | 28 | 40% | 3 级 | 12% | 2~3km | — |
| 小到中雨 | 2019.10.15 | 12 | 72% | 6 级 | 93% | <1km | 8.6 |
| 雾天 | 2019.12.8 | 11 | 39% | 4 级 | 44% | <1km | — |
| 暴雨 | 2019.6.27 | 26 | 84% | 8 级 | 97% | <1km | 33.5 |

根据对大气激光通信链路多次实测的数据进行预处理，通过式（6.72）计算出光强闪烁指数 $\sigma_I^2$：

$$\sigma_I^2=\frac{\langle [I-\langle I\rangle]^2\rangle}{\langle I\rangle^2} \tag{6.72}$$

式中：$I$ 代表光强；$\langle\cdot\rangle$ 表示统计平均值。当 $\sigma_I^2<0.3$ 时，认为光强起伏属于弱起伏；当 $\sigma_I^2>5$ 时，认为光强起伏属于强起伏。

为了验证根据采集到的信道数据样本进行信道湍流参数估计的准确性，本文首先利用采集的信道数据样本估计出未知湍流模型参数，并画出其光强起伏概率密度曲线，再利用采集的数据样本画出归一化光强概率分布直方图，将两者进行拟合，通过计算拟合度来判断估计方法的有效性。

拟合度的计算步骤如下：首先对样本进行归一化处理，用处理后的样本得到一个光强频数统计序列 $y=(y_1,y_2,y_3,\cdots,y_n)$。接着需将光强样本分成 $n$ 等份区间，此时找到每个样本光强的最小值 $\min[I]$ 和最大值 $\max[I]$，被分的区间定义为 $\{\max[I],\min[I]\}$。然后对已经分成 $n$ 等份的样本，取它们每份的中位数来组成一个序列 $I=\{I_1,I_2,I_3,\cdots,I_n\}$。最后，根据得到的两个序列画出样本光强的频数直方分布图，对直方图进行包络拟合得到另一个序列 $Y=(Y_1,Y_2,Y_3,\cdots,Y_n)$。拟合时，每个 $I$ 频数的值 $y$ 与拟合曲线 $Y$ 值相对应，此时，定义 $R$ 为[26]

$$R=\frac{\langle Y\cdot y\rangle-\langle Y\rangle\cdot\langle y\rangle}{\sqrt{D(Y)\cdot D(y)}} \tag{6.73}$$

式中：$D(Y)$ 和 $D(y)$ 分别表示 $Y$ 和 $y$ 的方差；$R^2$ 表示拟合优度，$R^2$ 越接近 1

表示拟合结果越理想。

对测量数据采用式（6.72）计算出光强闪烁指数，可以得到其光强概率密度曲线。根据本文所研究三种方法估计获得的湍流衰落参数，同样得到估计出的光强概率密度曲线。为了对比所提估计算法估计出的湍流参数与由式（6.72）计算的湍流参数，我们分别计算了二者与不同天气的归一化光强概率分布直方图的拟合度 $R^2$，见表 6.2。

表 6.2　四种天气下各估计算法拟合度对比

| | | $\hat{\alpha}$ | $\hat{\beta}$ | $\sigma_I^2$ | $R^2$ |
|---|---|---|---|---|---|
| 阴天 | 通过式（6.72）计算 | — | — | 0.0337 | 0.8930 |
| | 牛顿迭代法 | 39.73 | 36.17 | 0.0535 | 0.9002 |
| | 期望最大算法 | 42.62 | 47.91 | 0.0448 | 0.9430 |
| | 广义阶矩法 | 37.18 | 42.09 | 0.0513 | 0.9201 |
| 小到中雨 | 通过式（6.72）计算 | — | — | 0.0635 | 0.8817 |
| | 牛顿迭代法 | 24.41 | 22.11 | 0.088 | 0.8926 |
| | 期望最大算法 | 33.59 | 26.97 | 0.068 | 0.9038 |
| | 广义阶矩法 | 25.64 | 26.35 | 0.0784 | 0.8969 |
| 雾天 | 通过式（6.72）计算 | — | — | 0.0841 | 0.8286 |
| | 牛顿迭代法 | 18.11 | 17.29 | 0.1162 | 0.8310 |
| | 期望最大算法 | 18.79 | 22.09 | 0.1009 | 0.9001 |
| | 广义阶矩法 | 18.86 | 16.97 | 0.1151 | 0.8606 |
| 暴雨 | 通过式（6.72）计算 | — | — | 0.1171 | 0.8199 |
| | 牛顿迭代法 | 18.23 | 15.71 | 0.122 | 0.8202 |
| | 期望最大算法 | 12.67 | 15.24 | 0.1498 | 0.8740 |
| | 广义阶矩法 | 16.7 | 15.39 | 0.1287 | 0.8534 |

由表 6.2 可知，分别从四种不同天气下进行拟合度的计算，阴天的拟合度最好。在阴天天气下，EM 算法估计的参数所获得的 Gamma-Gamma 分布光强起伏概率密度曲线与归一化光强的概率分布直方图拟合度 $R^2=0.943$，牛顿迭代法 $R^2=0.900$，广义阶矩法 $R^2=0.9201$，通过式（6.72）所计算出的参数获得的 Gamma-Gamma 概率密度曲线与归一化光强的概率分布直方图拟合度 $R^2=0.8930$。在暴雨天气下，通过 EM 算法估计参数的 Gamma-Gamma 概率密度曲线的拟合度 $R^2=0.8740$，牛顿迭代法 $R^2=0.820$，广义阶矩法 $R^2=0.853$，而通过式（6.72）所计算出的参数的拟合度 $R^2=0.8199$。由此可以表明，随

着天气情况变得恶劣，拟合度也相对减小。不同天气下用 EM 估计算法所得到的拟合度均比通过公式计算而得到的拟合度更高，说明 EM 估计算法效果更好。

根据大气激光通信链路的实测数据画出了四种天气下归一化光强的概率密度直方图，用式（6.72）计算出的参数和三种估计方法估计出的参数画出了概率密度曲线，如图 6.13（a）（b）（c）（d）所示。从图 6.13 中可以看出，三种估计方法的概率密度曲线和通过式（6.72）计算所画出的概率密度曲线均与实测数据概率密度分布直方图相逼近，对比之下，最大期望算法的曲线逼近效果更好，说明该估计算法所获得的估计参数与实测信道数据拟合度最好。同时，随着天气条件的变差，即从阴天变到小到中雨天气再到雾天最后到暴雨天，其概率密度函数曲线的拖尾依次变长，并且拟合度也越来越差，所以可以得出，阴天天气条件下相比较于其他三种天气可以获得较好的通信质量。

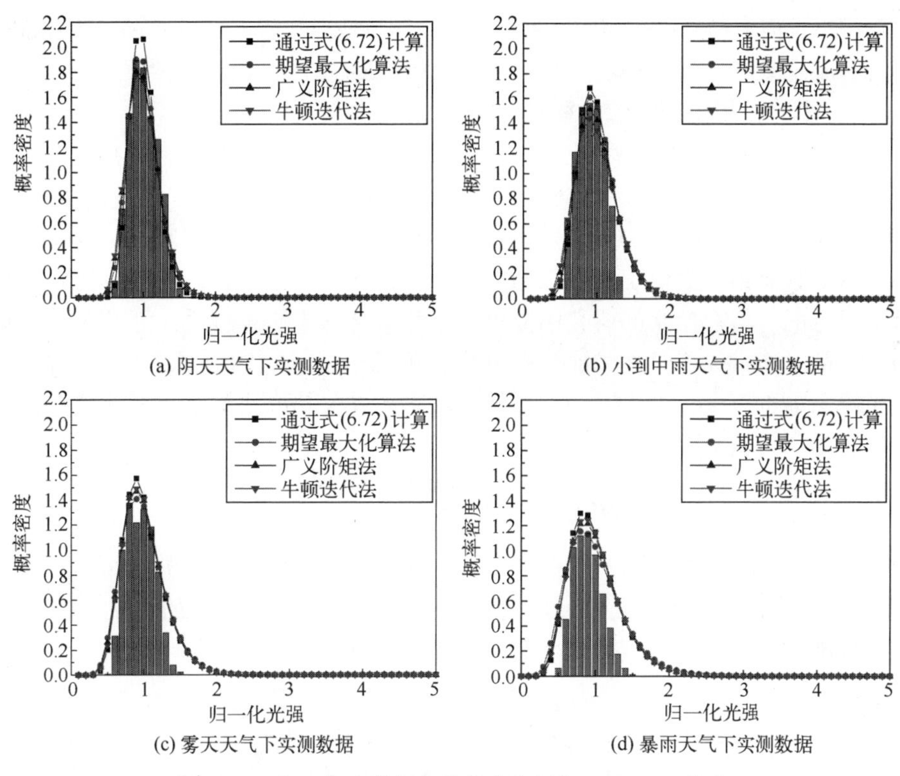


图 6.13　归一化光强概率分布直方图与双 Gamma 分布光强起伏概率密度曲线拟合（见彩图）

# 6.3 MIMO 系统自适应信道估计算法

## 6.3.1 MIMO 系统下的湍流信道模型参数估计

MIMO 技术由于具有多条子信道，可以充分利用空间资源，提高了传输效率而被广泛应用。大气激光通信因具有频谱不受限制、保密性强、易于实现等优点而被广泛应用。将 MIMO 技术与大气激光通信结合起来应用，可以有效地利用 MIMO 信道来进行大气激光通信，既保证了通信的效率，也提高了系统的稳定性。因此，MIMO 技术成为大气激光通信的核心技术。

想要更好地利用 MIMO 技术完成通信，对于信道状态信息的了解是必不可少的。因此信道估计成为 MIMO 通信的核心技术之一。而当激光在大气中传输时，主要的影响因素为大气湍流，本节介绍了一种用于描述 MIMO 通信的大气湍流模型 Gamma-Gamma，采用将原来描述 SISO 系统大气湍流的 Gamma-Gamma 模型进行近似求和来描述 MIMO 系统的大气湍流情况，我们可以通过对该 MIMO 系统湍流模型中的参数进行估计，获得 MIMO 系统大气湍流信道参数。

**1. MIMO 系统湍流信道模型**

Gamma-Gamma 模型在各种 SISO 无线激光通信系统中得到了广泛应用，但在 MIMO 无线光系统中 Gamma-Gamma 模型的应用受到了限制。究其原因是，当需要 Gamma-Gamma 变量之和的分布时，由于 Gamma-Gamma 模型的概率密度函数有第二类修正贝塞尔函数的介入，导致该分布的直接推导在解析上是不可行的。但在后来的研究中提出了一种闭合形式的表达式，可以有效地近似 Gamma-Gamma 变量之和的分布 PDF，可用于表示 MIMO 系统的信道衰落。为了提高逼近精度，引入了一个调整参数 $\varepsilon$ 来修改其形状参数，该调整参数的表达式为[27-28]

$$\varepsilon=(MN-1)\frac{-0.0127-0.95a-0.0058b}{1+0.124a+0.98b} \tag{6.74}$$

式中：$M$ 为 MIMO 系统发射天线数；$N$ 为 MIMO 系统接收端天线数；$a=\max(\alpha,\beta)$，$b=\min(\alpha,\beta)$，$\alpha$ 和 $\beta$ 分别为 Gamma-Gamma 分布的大尺度因子和小尺度因子。这时可得到衰减系数 $I$ 的 PDF 表达式为[27-28]

$$f_{I_{\mathrm{T}}}(I)=\frac{2\left(\dfrac{\alpha_{\mathrm{T}}\beta_{\mathrm{T}}}{FL}\right)^{\frac{\alpha_{\mathrm{T}}+\beta_{\mathrm{T}}}{2}}}{\Gamma(\alpha_{\mathrm{T}})\Gamma(\beta_{\mathrm{T}})}I^{\frac{\alpha_{\mathrm{T}}+\beta_{\mathrm{T}}-2}{2}}K_{\alpha_{\mathrm{T}}-\beta_{\mathrm{T}}}(2\sqrt{\alpha_{\mathrm{T}}\beta_{\mathrm{T}}I}) \tag{6.75}$$

式中：$\alpha_{\mathrm{T}}=MN\max(\alpha,\beta)+\varepsilon$ 表示 MIMO 无线激光通信中与大尺度因子相关的参

数；$\beta_T = N\min(\alpha,\beta)$，表示衰落量参数。接着对 $\alpha_T$ 和 $\beta_T$ 进行参数估计，以获得 MIMO 信道大气湍流信道参数，从而得知大气状态信息，自适应地调整发射端参数，达到更好的通信效果。

**2. 仿真结果与分析**

基于第二节所推导的期望最大化算法（EM）和牛顿迭代法（N-R）对描述 MIMO 信道模型的未知参数 $\alpha_T$ 和 $\beta_T$ 进行仿真估计实验，采用衡量估计性能的方法是利用求解未知参数的均方误差（MSE），主要是根据式（6.44）、式（6.45）和式（6.57）来进行仿真，最后采用 CRB 来对其估计性能进行衡量。进行仿真时，首先需要模拟产生样本，由于采样点数为随机的，为了保证估计精度，每次估计参数时模拟产生 100 个样本，每个样本采样点数为 5000 个。

图 6.14、图 6.15 所示为 N-R 算法和 EM 算法估计出的 MIMO 湍流模型未知参数 $\alpha_T$ 和 $\beta_T$ 的均方误差曲线图。图 6.14 中 Gamma-Gamma 衰落信道仿真数据共五组，衰落参数分别取 $\alpha=2,4,6,8,10$，$\beta=2$，由式（6.74）以及 $M$、$N$ 可得出相应的 $\alpha_T$ 和 $\beta_T$，再由式（6.75）产生信道模拟数据，图 6.15 中 Gamma-Gamma 衰落信道仿真数据也共五组，衰落参数分别取 $\alpha=2$，$\beta=2,4,6,8,10$，同样由式（6.74）以及 $M$、$N$ 得出相应的 $\alpha_T$ 和 $\beta_T$，再由式（6.75）产生信道模拟数据。

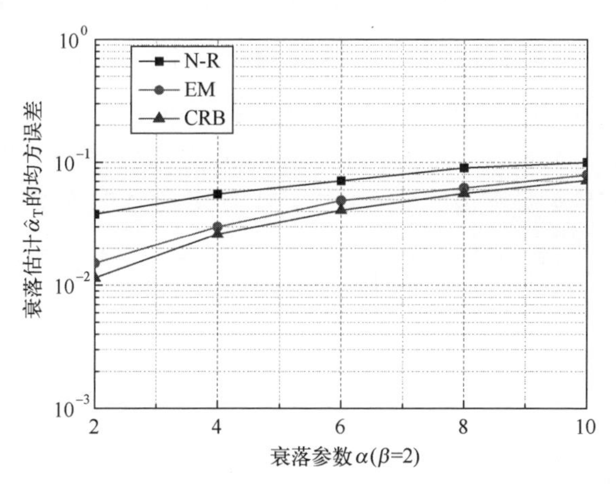


图 6.14　不同样本下 $\hat{\alpha}_T$ 的均方误差

图 6.14 中固定 $\beta=2$，随着 $\alpha$ 取值的增大，估计参数 $\hat{\alpha}_T$ 的均方误差均增大。但 EM 算法相比于 N-R 算法获得的 MSE 更逼近于 CRB，说明 EM 算法估计 $\alpha_T$ 参数性能最好。图 6.15 中固定 $\alpha=2$，随着 $\beta$ 取值的增大，估计参数 $\hat{\beta}_T$ 的均方误差也增大，但 EM 算法比 N-R 估计均方误差更逼近于 CRB，表明 EM

算法对参数 $\beta_T$ 的估计性能依然最好。因此，图 6.14 和图 6.15 中的 MSE 结果表明，基于 EM 算法对于 MIMO 信道下 Gamma-Gamma 模型参数的估计在相同的仿真样本下获得最低的 MSE，估计性能最优。

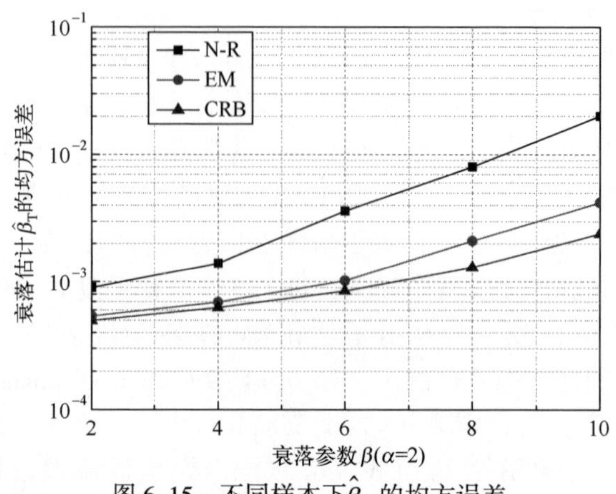


图 6.15　不同样本下$\hat{\beta}_T$ 的均方误差

图 6.16、图 6.14 为随着收发端孔径数量的增大的$\hat{\alpha}_T$ 和$\hat{\beta}_T$ 的均方误差图。取 $\alpha=2$，$\beta=2$ 模拟产生样本，均进行了 100 次实验，采样点数取 5000，从图 6.16、图 6.17 中可以看出，随着收发端孔径数量的增大，$\hat{\alpha}_T$ 和$\hat{\beta}_T$ 的均方误差均增大。EM 估计算法相比较 N-R 估计算法估计出参数$\hat{\alpha}_T$ 和$\hat{\beta}_T$ 的均方误差更逼近于 CRB，估计效果好，可以得出 EM 算法对 MIMO 系统下 Gamma-Gamma 分布信道模型参数估计性能最优，而 N-R 估计性能较差。

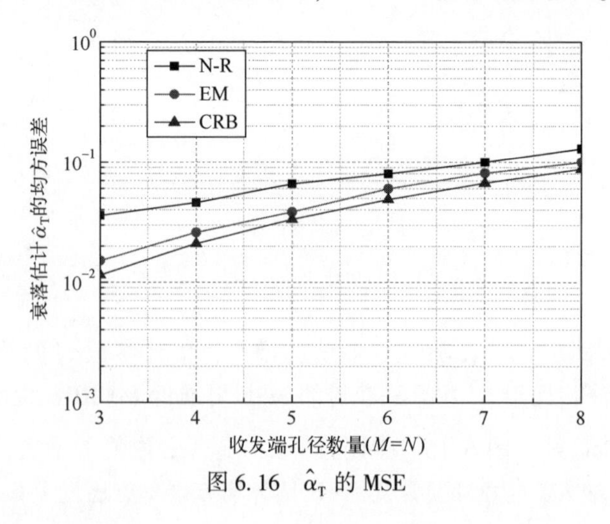


图 6.16　$\hat{\alpha}_T$ 的 MSE

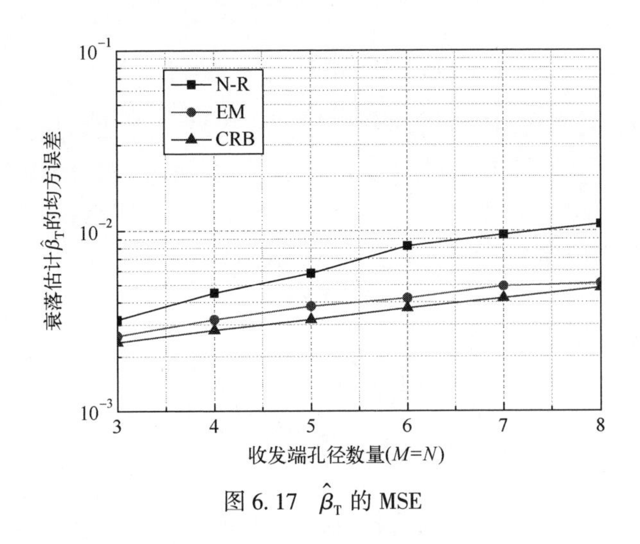


图 6.17　$\hat{\beta}_T$ 的 MSE

## 6.3.2　MIMO 系统大气信道矩阵估计

由于 MIMO 技术具有显著优势，而信道估计是大气激光通信系统实现有效传输的重要技术，因此对于 MIMO 系统的信道矩阵估计也就变得尤为重要。本小节将采用迭代 SVD 估计算法、改进的迭代 SVD 估计算法和最大似然估计算法分别对信道矩阵 $H$ 进行了估计，通过仿真实验对比了三种估计方法的性能。

**1. MIMO 系统模型**

采用 $M$ 根光学发射天线和 $N$ 根光学接收天线，来建立 MIMO 大气激光通信系统，其简单的信道模型如图 6.18 所示。

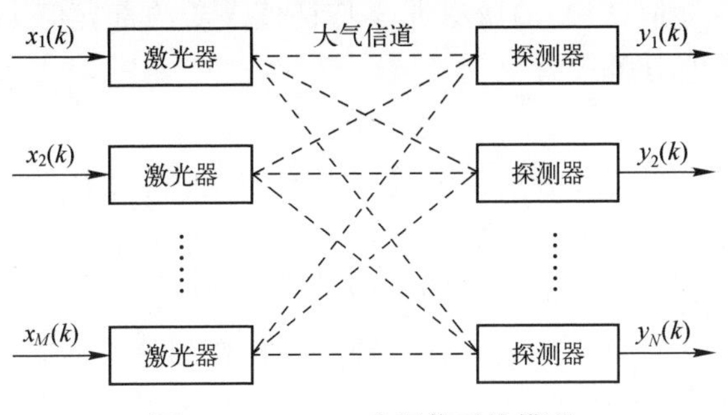


图 6.18　MIMO 光通信系统模型

如图 6.18 所示，假定每个激光器发射出的光束所在的子信道都是独立互不影响的，且发射信号都是平坦衰落的，衰落系数在连续符号间隔内保持恒定。则在 $k$ 时刻天线 $j$ 接收到的信号可表示为

$$y_j(k) = \sum_{i=1}^{M} x_i(k) h_{ij} + n_j(k) \tag{6.76}$$

式中：$i=1,2,\cdots,M$ 表示发射端天线序号；$j=1,2,\cdots,N$ 表示接收端天线序号；$k=1,2,\cdots,T$ 表示时间点；$x_i(k)$ 表示发射端信号；$y_j(k)$ 表示接收端信号；$n_j(k)$ 表示均值为零的加性白噪声；$h_{ij}$ 表示衰落系数，其组成的矩阵为待估信道矩阵。为了方便标记，可将式（6.76）表示为

$$\boldsymbol{Y}=\boldsymbol{XH}+\boldsymbol{n} \tag{6.77}$$

式中：$\boldsymbol{H}$ 为信道矩阵，可表示为

$$\boldsymbol{H}=\begin{bmatrix} h_{11} & h_{12} & \cdots & h_{1N} \\ h_{21} & h_{22} & \cdots & h_{2N} \\ \vdots & \vdots & & \vdots \\ h_{M1} & h_{M2} & \cdots & h_{MN} \end{bmatrix} \tag{6.78}$$

**2. 自适应信道估计算法**

1）SVD 的基本原理

奇异值分解（SVD）主要是针对矩阵来进行的，并有着广泛的应用，如用于最小二乘法、最优化等问题上。假设有 $M\times N$ 阶的矩阵 $\mathbf{X}$，它的秩为 $r$；对 $\boldsymbol{XX}^{\mathrm{T}}$ 求特征向量，可以得到 $M$ 阶正交矩阵 $\boldsymbol{U}$；对 $\boldsymbol{X}^{\mathrm{T}}\boldsymbol{X}$ 求特征向量，可以得到 $N$ 阶的正交矩阵 $\boldsymbol{V}$。则得到如下表达式：

$$\boldsymbol{U}^{\mathrm{T}}\boldsymbol{XV}=\boldsymbol{DX}=\boldsymbol{UDV}^{\mathrm{T}} \tag{6.79}$$

式中：$\boldsymbol{D}=\begin{pmatrix} \Sigma_r & 0 \\ 0 & 0 \end{pmatrix}$；$\Sigma_r=\mathrm{diag}(\sigma_1,\sigma_2,\cdots,\sigma_r)$；$\sigma_i=\sqrt{\lambda_i}\,(i=1,2,\cdots,r)$，$\lambda_1\geqslant\lambda_2\geqslant\cdots\geqslant\lambda_r>0$ 为矩阵 $\mathbf{X}^{\mathrm{T}}\mathbf{X}$ 的所有非零特征值。$\boldsymbol{X}$ 的奇异值为 $\sigma_i(i=1,2,\cdots,r)$，则 $\boldsymbol{X}$ 的奇异值分解式为

$$\boldsymbol{X}=\boldsymbol{UDV}^{\mathrm{T}} \tag{6.80}$$

由式（6.80）可以得出，$\boldsymbol{X}$ 的奇异值分解为 $\boldsymbol{X}=\boldsymbol{UDV}^{\mathrm{T}}$，其中 $\boldsymbol{U}$ 的列为 $\boldsymbol{XX}^{\mathrm{T}}$ 的特征向量，$\boldsymbol{V}$ 的行为 $\boldsymbol{X}^{\mathrm{T}}\boldsymbol{X}$ 的特征向量。这是因为

$$\boldsymbol{XX}^{\mathrm{T}}=\boldsymbol{UDV}^{\mathrm{T}}\boldsymbol{VDU}^{\mathrm{T}}=\boldsymbol{UD}^2\boldsymbol{U}^{\mathrm{T}} \tag{6.81}$$

即$(\boldsymbol{XX}^{\mathrm{T}})\boldsymbol{U}=\boldsymbol{U}\mathrm{diag}(\lambda_1,\lambda_2,\cdots,\lambda_r,0,\cdots,0)$。将 $\boldsymbol{U}$ 按列分块，并记 $\boldsymbol{U}=(u_1,u_2,\cdots,u_n)$，代入上式可以得出

$$(\boldsymbol{XX}^{\mathrm{T}})\boldsymbol{U}=\lambda_i\boldsymbol{u}_i,\quad (i=1,2,\cdots,n) \tag{6.82}$$

这就说明，$\boldsymbol{u}_i$ 是 $\boldsymbol{XX}^{\mathrm{T}}$ 的属于 $\lambda_i$ 的特征向量。

同理，因为

$$\boldsymbol{X}^{\mathrm{T}}\boldsymbol{X}=\boldsymbol{VDU}^{\mathrm{T}}\boldsymbol{UDV}^{\mathrm{T}}=\boldsymbol{VD}^2\boldsymbol{V}^{\mathrm{T}} \tag{6.83}$$

所以 $\boldsymbol{v}_i$ 是 $\boldsymbol{X}^{\mathrm{T}}\boldsymbol{X}$ 的属于 $\lambda_i$ 的特征向量。

由式（6.81）和式（6.83）可知，协方差矩阵 $\boldsymbol{X}\boldsymbol{X}^{\mathrm{T}}$ 和 $\boldsymbol{X}^{\mathrm{T}}\boldsymbol{X}$ 的秩是相等的，所以非零特征值也相同，在实际中采用 $\boldsymbol{X}\boldsymbol{X}^{\mathrm{T}}$ 还是 $\boldsymbol{X}^{\mathrm{T}}\boldsymbol{X}$，取决于 $M$ 和 $N$ 的大小，这里选取较小者。由于 $\boldsymbol{D}=\mathrm{diag}(\sigma_1,\sigma_2,\cdots,\sigma_r)=\mathrm{diag}(\sigma_1,0,\cdots0)+\cdots+\mathrm{diag}(0,0,\cdots,\sigma_r)$，所以式（6.81）可写成

$$\boldsymbol{X}=\sum_{i=1}^{r}\sigma_i u_i v_i^{\mathrm{T}} \tag{6.84}$$

式中：$u_i v_i^{\mathrm{T}}$ 为 $\boldsymbol{X}$ 的第 $i$ 个组成部分，且 $\boldsymbol{X}$ 一般不满秩。由式（6.84）可以看出，在计算 $\boldsymbol{X}$ 的过程中，$\boldsymbol{u}_i\boldsymbol{v}_i^{\mathrm{T}}$ 与奇异值 $\sigma_i$ 的大小成正比，而 $\sigma_i$ 是从大到小排列，所以最后面的几个特征值在计算 $X$ 中所占的比重较小，可将后面较小的 $\sigma_i$ 项部分舍去，这样可以减小误差。

含有待估参数矢量的估计模型如下所示[29-30]：

$$\boldsymbol{Y}=\boldsymbol{X}\boldsymbol{H}+\boldsymbol{n} \tag{6.85}$$

式中：$\boldsymbol{X}$ 为发射端序列矩阵，是一个 $M\times N$ 阶的已知矩阵；$\boldsymbol{H}=[h_1,h_2,\cdots,h_M]^{\mathrm{T}}$ 表示大气激光通信信道矩阵，即为待估参数；$\boldsymbol{n}$ 为零均值方差为 $\sigma_n^2$ 的噪声矩阵，是一个高斯分布；$\boldsymbol{Y}=[Y_1,Y_2,\cdots,Y_M]^{\mathrm{T}}$ 为接收端向量矩阵，即为观测值。

接着对自协方差矩阵 $\boldsymbol{R}_{\mathrm{HH}}$ 进行奇异值分解可以得到如下表达式

$$\boldsymbol{R}_{\mathrm{HH}}=\boldsymbol{U}\boldsymbol{\Lambda}\boldsymbol{U}^{\mathrm{H}} \tag{6.86}$$

式中：$\boldsymbol{\Lambda}$ 为对角矩阵，其对角线上的元素为 $\boldsymbol{R}_{\mathrm{HH}}$ 的特征值 $\lambda_0\geqslant\lambda_1\geqslant\cdots\geqslant\lambda_{N-1}\geqslant 0$；$\boldsymbol{U}$ 为归一化矩阵。将式（6.86）代入 $\hat{\boldsymbol{H}}=\boldsymbol{R}_{\mathrm{HH}}(\boldsymbol{R}_{\mathrm{HH}}+\beta\boldsymbol{I}/\mathrm{SNR})^{-1}\hat{\boldsymbol{H}}_{\mathrm{LS}}$ 中，式中 SNR 为平均信噪比，$\beta$ 为一常数，它依赖于调制方式。则 SVD 表达式为

$$\hat{\boldsymbol{H}}_{\mathrm{SVD}}=\boldsymbol{U}\boldsymbol{\Delta}\boldsymbol{U}^{\mathrm{H}}\,\hat{\boldsymbol{H}}_{\mathrm{LS}} \tag{6.87}$$

式中：$\hat{\boldsymbol{H}}_{\mathrm{LS}}=(\boldsymbol{X}^{\mathrm{H}}\boldsymbol{X})^{-1}\boldsymbol{X}^{\mathrm{H}}\boldsymbol{Y}$ 为信道矩阵 LS 的估计值；$\boldsymbol{\Delta}$ 为对角矩阵，对角线上的值可表示为

$$\delta_k=\frac{\lambda_k}{\lambda_k+\dfrac{\beta}{\mathrm{SNR}}},\quad k=0,1,\cdots,N-1 \tag{6.88}$$

为了将奇异值分解表达式进行简化，可以令 $\boldsymbol{\Delta}$ 对角线下半部分元素为 0，则得到近似估计为

$$\hat{\boldsymbol{H}}_{\mathrm{SVD}}=\boldsymbol{U}\begin{bmatrix}\boldsymbol{\Delta}_J & \boldsymbol{0}\\ \boldsymbol{0} & \boldsymbol{0}\end{bmatrix}\boldsymbol{U}^{\mathrm{H}}\,\hat{\boldsymbol{H}}_{\mathrm{LS}} \tag{6.89}$$

式中：$\boldsymbol{\Delta}_J$ 为 $\boldsymbol{\Delta}$ 的左上角 $J\times J$ 矩阵，对矩阵 $\boldsymbol{\Delta}_J$ 调整大小可以改变复杂度和性能，并使得估计时达到一种平衡。

2）SVD 迭代算法

对 $H$ 进行 SVD 分解，表达式为

$$\boldsymbol{H}=\boldsymbol{U}\boldsymbol{\Sigma}\boldsymbol{V}^{\mathrm{H}} \tag{6.90}$$

式中：$\boldsymbol{U}$ 和 $\boldsymbol{V}$ 分别为 $M\times P$ 和 $N\times P$ 的酉矩阵；$P$ 为 $\boldsymbol{H}$ 的秩且 $P\leqslant\min(M,N)$；$\boldsymbol{\Sigma}=\mathrm{diag}(\sigma_1,\sigma_2,\cdots,\sigma_P)$ 是一个包含通道矩阵奇异值的对角矩阵；$(\cdot)^{\mathrm{H}}$ 为共轭转置。我们的目标是基于训练序列直接在接收端处估计 $\boldsymbol{U}$、$\boldsymbol{V}$ 和 $\boldsymbol{\Sigma}$ 矩阵。估计过程可以使用均方误差（MSE）来评判。

信道矩阵的 SVD 分解可以写为

$$\boldsymbol{H}=\boldsymbol{U}\boldsymbol{\Sigma}\boldsymbol{V}^{\mathrm{H}}=\boldsymbol{W}_1\boldsymbol{V}^{\mathrm{H}}=\boldsymbol{U}\boldsymbol{W}_2^{\mathrm{H}} \tag{6.91}$$

其中

$$\boldsymbol{W}_1=\boldsymbol{U}\boldsymbol{\Sigma} \tag{6.92}$$

$$\boldsymbol{W}_2=\boldsymbol{V}\boldsymbol{\Sigma} \tag{6.93}$$

而 $\boldsymbol{\Sigma}=\mathrm{diag}(\sigma_1,\sigma_2,\cdots,\sigma_P)$ 矩阵的对角元素是正值。将 $u_i$ 和 $v_i$ 分别定义为 $\boldsymbol{U}$ 和 $\boldsymbol{V}$ 的第 $i$ 列，可以得到

$$w_{1i}=Hv_i=\sigma_i u_i \tag{6.94}$$

$$w_{2i}^{\mathrm{H}}=u_i^{\mathrm{H}}H=\sigma_i v_i^{\mathrm{H}} \tag{6.95}$$

式中：$w_{1i}$ 和 $w_{2i}$ 分别是 $\boldsymbol{W}_1$ 和 $\boldsymbol{W}_2$ 的第 $i$ 列。

通过式（6.94）和式（6.95），可以得到

$$S_1(k)=y(k)x(k)^{\mathrm{H}}V=Hx(k)x(k)^{\mathrm{H}}V+Z_1(k) \tag{6.96}$$

$$S_2(k)=U^{\mathrm{H}}y(k)x(k)^{\mathrm{H}}=W_2^{\mathrm{H}}x(k)x(k)^{\mathrm{H}}+Z_2(k) \tag{6.97}$$

其中，$Z_1(k)=n(k)x(k)^{\mathrm{H}}V$，$Z_2(k)=U^{\mathrm{H}}n(k)x(k)^{\mathrm{H}}$。假设训练序列是一个独立的同分布信号，则 $E[x(k)]=0$，并且可以得到 $E[Z_1(k)]=0$，$E[Z_2(k)]=0$。从式（6.96）和式（6.97）可以得出

$$W_1=E[S_1(k)] \tag{6.98}$$

$$W_2=E[S_2(k)]^{\mathrm{H}} \tag{6.99}$$

基于式（6.98）和式（6.99）这两步迭代估计 $H$ 的奇异值分解。在第一步中，从式（6.98）开始估计 $\boldsymbol{W}_1$ 矩阵的列，假设 $\boldsymbol{V}$ 估计是可用的；在第二步中，根据 $\boldsymbol{U}$ 的先前估计，从式（6.99）开始估计 $\boldsymbol{W}_2$ 矩阵的列。

（1）Step I。基于最小均方误差（MMSE）的 $\boldsymbol{W}_1$ 估计准则为

$$J_1=E[\|E_1(k)\|_{\mathrm{F}}^2]=E[\|\boldsymbol{W}_1-S_1(k)\|_{\mathrm{F}}^2] \tag{6.100}$$

式中：$\|\cdot\|_{\mathrm{F}}$ 表示 F-范数，且 $E_1(k)=[e_{11}(k),\cdots,e_{1p}(k)]$。假设 $\hat{V}^{(l-1)}$ 是第 $(l-1)$ 次迭代时 $V$ 的估计，在第 $l$ 次迭代时，$\boldsymbol{W}_1$ 的估计准则变为

$$J_1^{(l)}=\sum_{i=1}^{P}E[|e_{1i}^{(l)}(k)|^2]=\sum_{i=1}^{P}E[|w_{1i}(k)-s_{1i}^{(l-1)}(k)|^2] \tag{6.101}$$

式中：$w_{1i}$和$s_{1i}^{(l-1)}(k)$分别是$\boldsymbol{W}_1$和$\boldsymbol{S}_1^{(l-1)}(k)$的第$i$列，并且$s_{1i}^{(l-1)}(k)=y(k)x(k)^{\mathrm{H}}\hat{v}_i^{(l-1)}$。$\hat{v}_i^{(l-1)}$是第$(l-1)$次迭代时$\boldsymbol{V}$的第$i$列的估计。因此，$J_1^{(l)}$的最小化可以通过最小化$E[\,|e_{1i}^{(l)}(k)|^2\,]$来实现。此外，对于所有$i\neq j$，$J_1^{(l)}$应在$w_{1i}^{\mathrm{H}}w_{1j}=0$的约束下最小化。利用拉格朗日乘子法来满足约束条件，给出了第$l$次迭代时$w_{1i}$的估计准则：

$$\hat{w}_{1i}^{(l)}=\underset{w_{1i}}{\operatorname{argmin}}\{\xi_{1i}^{(l)}\}=\underset{w_{1i}}{\operatorname{argmin}}\{E[\,|e_{1i}^{(l)}(k)|^2\,]+\boldsymbol{\lambda}_{1i}^{(l)\mathrm{H}}\hat{W}_{1i}^{(l)\mathrm{H}}w_{1i}\},\quad i=1,\cdots,P \tag{6.102}$$

式中：$\boldsymbol{\lambda}_{1i}^{(l)}=[\lambda_{11}^{(l)},\cdots,\lambda_{1i-1}^{(l)}]^{\mathrm{T}}$是拉格朗日乘子向量；$\hat{\boldsymbol{W}}_{1i}^{(l)}=[\hat{w}_{11}^{(l)},\cdots,\hat{w}_{1i-1}^{(l)}]$是$M\times(i-1)$矩阵。因此，为了满足$\boldsymbol{W}_1$列的正交性，$\xi_{1i}^{(l)}$在式（6.103）约束条件下最小化：

$$\hat{W}_{1i}^{(l)\mathrm{H}}w_{1i}=0,\quad i=1,\cdots,P \tag{6.103}$$

通过对$w_{1i}$求$\xi_{1i}^{(l)}$并做一些运算，就可以得到

$$\hat{w}_{1i}^{(l)}=P\,\hat{v}_i^{(l-1)}-\hat{W}_{1i}^{(l)}\boldsymbol{\lambda}_{1i}^{(l)} \tag{6.104}$$

式中：$\boldsymbol{P}=E[y(k)x(k)^{\mathrm{H}}]$，通过替换式（6.93）中的$\hat{w}_{1i}^{(l)}$并应用约束，则可以得到拉格朗日乘子向量为

$$\boldsymbol{\lambda}_{1i}^{(l)}=(\hat{W}_{1i}^{(l)\mathrm{H}}\hat{W}_{1i}^{(l)})^{-1}\hat{W}_{1i}^{(l)\mathrm{H}}P\,\hat{v}_i^{(l-1)} \tag{6.105}$$

将式（6.105）中的$\boldsymbol{\lambda}_{1i}^{(l)}$代入式（6.104），在第$l$次迭代时$w_{1i}$的估计变为

$$\hat{w}_{1i}^{(l)}=(I_{\mathrm{M}}-\hat{W}_{1i}^{(l)}(\hat{W}_{1i}^{(l)\mathrm{H}}\hat{W}_{1i}^{(l)})^{-1}\hat{W}_{1i}^{(l)\mathrm{H}})P\,\hat{v}_i^{(l-1)} \tag{6.106}$$

因此，通过从式（6.106）计算$\hat{w}_{1i}^{(l)}$，可以基于第$l$次迭代的约束MMSE准则来估计$\boldsymbol{W}_1$矩阵。在第$l$次迭代时，$\boldsymbol{U}$的第$i$列的估计值$\hat{u}_i^{(l)}$可通过式（6.107）获得：

$$\hat{u}_i^{(l)}=\hat{w}_{1i}^{(l)}(\hat{w}_{1i}^{(l)\mathrm{H}}\hat{w}_{1i}^{(l)})^{-1/2},\quad i=1,\cdots,P \tag{6.107}$$

（2）StepII。类似于第I步，$\boldsymbol{V}$可以通过估计$\boldsymbol{W}_2$矩阵来得到。根据第I步的推导过程可以得出：

$$\hat{w}_{2i}^{(l)}=(I_N-\hat{W}_{2i}^{(l)}(\hat{W}_{2i}^{(l)\mathrm{H}}\hat{W}_{2i}^{(l)})^{-1}\hat{W}_{2i}^{(l)\mathrm{H}})P^{\mathrm{H}}\,\hat{u}_i^{(l)} \tag{6.108}$$

$$\hat{v}_i^{(l)}=\hat{w}_{2i}^{(l)}(\hat{w}_{2i}^{(l)\mathrm{H}}\hat{w}_{2i}^{(l)})^{-1/2},\quad i=1,\cdots,P \tag{6.109}$$

$$\hat{\sigma}_i^{(l)}=(\hat{w}_{2i}^{(l)\mathrm{H}}\hat{w}_{2i}^{(l)})^{1/2} \tag{6.110}$$

（3）迭代过程。当在第$l$次迭代满足式（6.111）时，可终止估计$u_i$和$v_i$的迭代算法。

$$\|\hat{H}_i^{(l)}-\hat{H}_i^{(l-1)}\|_{\mathrm{F}}^2\leqslant\varepsilon_i \tag{6.111}$$

式中：$\varepsilon_i$ 为一个很小的正值，$\hat{H}_i^{(l)}$ 定义为

$$\hat{H}_i^{(l)} = \hat{u}_i^{(l)}\ \hat{\boldsymbol{\sigma}}_i^{(l)}\ \hat{v}_i^{(l)\mathrm{H}} \tag{6.112}$$

以上为 SVD 详细推导算法，为了分析简便给出 SVD 迭代算法具体流程如图 6.19 所示。

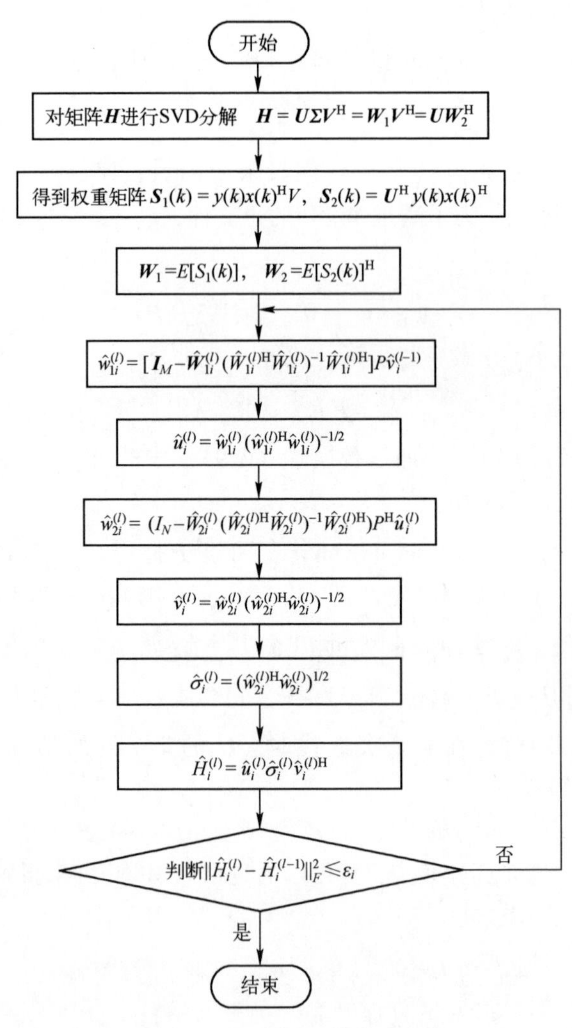


图 6.19　迭代 SVD 算法流程图

3）改进的 SVD 迭代算法

本节是在基于调制方式为开关键控调制下进行了信号传输，若在不考虑噪声情况下，光信号为单极性信号，所以其值只能为“0”或者“1”。因此，在

发射端发射出的用于信道估计的训练序列也只能为“0”或者“1”。单极性信号虽然简单，但也有缺点，当发射端训练序列中含有“0”元素与信道响应相乘时，无论信道特性如何改变，相乘的结果都肯定会有“0”元素的存在。采用这种调制方式为单极性的训练系列进行传输时，由于在进行算法估计时会存在“0”元素，因此会造成很大的能量损失，从而导致估计性能变差，估计误差也增大。

接着则需要对以上的SVD迭代算法进行优化，以提高估计性能，由于单极性光束的缺陷，当发射端训练序列含有“0”元素时，接收信号 $Y$ 只含有噪声 $n$，这会导致式（6.96）和式（6.97）中 $S_1(k)$ 和 $S_2(k)$ 的计算结果出现“0”值，最终导致对于信道矩阵 $H$ 的估计不准确，估计误差过大。因此，对SVD迭代算法进行改进，对由于单极性光束所造成的误差进行补偿，以减小估计性能的误差，使其改进方法能够更好地应用到大气激光MIMO通信系统信道估计中。

对于发射端孔径数为 $M$ 和接收端孔径数为 $N$ 的大气激光通信MIMO系统，每个子信道都是独立的，且发射训练序列平坦衰落，则接收端信号 $\boldsymbol{Y}$ 可表示为 $\boldsymbol{Y}=\boldsymbol{XH}+\boldsymbol{n}$，其中 $\boldsymbol{H}$ 为待估参数，即为信道矩阵。对式（6.96）和式（6.97）计算得出的 $S_b(k)$，$b=1,2$，进行改进，对其值进行改进之后再进行 $H$ 的估计。因发射端发射出的数据中肯定会存在“0”元素，所以用迭代SVD算法进行信道估计的过程中，其中的权重矩阵 $S_b(k)$ 会有某些位置存在“0”值，因此对 $S_b(k)$ 进行改进。

假设 $S_b(k)$ 中有 $t$ 个“0”元素，$t\leqslant MN$，用集合 $\{S_b(1),S_b(2),\cdots,S_b(t)\}$ 表示，则剩下 $(MN-t)$ 个非零元素，用集合 $\{S_b(t+1),S_b(t+2),\cdots,S_b(MN)\}$ 来表示。对这 $t$ 个非零元素进行修正，采用的方法是对其他 $(MN-t)$ 个非零元素进行计算，这时可计算出一个新值，记为 $\hat{S}_b(k)$ 可表示为

$$\hat{S}_b(k)=\sqrt{\frac{[S_b(t+1)]^2+[S_b(t+2)]^2+\cdots+[S_b(MN)]^2}{MN-t}}=\sqrt{\frac{\sum_{i=t+1}^{MN}[S_b(i)]^2}{MN-t}} \tag{6.113}$$

用修正的 $\hat{S}_b(k)$ 代替原集合中的 $t$ 个“0”元素后，原集合 $S_b(k)$ 中将不会再存在“0”元素，此时再进行信道矩阵 $\boldsymbol{H}$ 的估计。该方法是对接收端 $S_b(k)$ 进行改进，以解决发射数据因含有“0”元素所造成的能量损失，从而引起估计误差较大的问题。

4）最大似然估计算法

接收信号模型为 $\boldsymbol{Y}=\boldsymbol{XH}+\boldsymbol{n}$，其中 $\boldsymbol{X}$ 为发射端序列矩阵，是一个 $M\times N$ 阶的

已知矩阵；$\boldsymbol{H}=[h_1,h_2,\cdots,h_M]^{\mathrm{T}}$ 表示大气激光通信信道矩阵，即为待估参数；$\boldsymbol{n}$ 为零均值方差为 $\sigma_n^2$ 的噪声矩阵，服从高斯分布；$\boldsymbol{Y}=[Y_1,Y_2,\cdots,Y_M]^{\mathrm{T}}$ 为接收端向量矩阵，即为观测值。

若要对参数矢量 $h$ 进行最大似然估计，可以先到最大似然估计的似然方程：

$$\frac{\partial}{\partial h}\ln p(y\mid X,h)\mid_{h=\hat{h}_{\mathrm{ML}}}=0 \tag{6.114}$$

由式（6.115）构造一种代价函数 $p(y\mid X,h)$，可以获得最大似然估计值 $h$ 使得该代价函数取到最大值：

$$\hat{h}=\underset{h}{\operatorname{argmax}}\{p(y\mid X,h)\} \tag{6.115}$$

针对 ML 方法，可采用下面的似然函数来进行讨论：

$$f(Y\mid H)=\frac{1}{(2\pi)^{N/2}\mid\boldsymbol{C}\mid^{1/2}}\exp\left\{-\frac{1}{2}(Y-HX)^{\mathrm{H}}\boldsymbol{C}^{-1}(Y-HX)\right\} \tag{6.116}$$

式中：$\boldsymbol{C}$ 表示噪声的协相关阵；上标 H 表示厄米特共轭转置。对式（6.116）中的待估矩阵 $\boldsymbol{H}$ 求偏导并令之等于 0，得出的结果可估计出相应的$\hat{\boldsymbol{H}}$。所以对于 $\boldsymbol{H}$ 的最大似然函数估计可化简为

$$\hat{\boldsymbol{H}}_{\mathrm{ML}}=\boldsymbol{Y}\boldsymbol{X}^{\mathrm{H}}(\boldsymbol{X}\boldsymbol{X}^{\mathrm{H}})^{-1} \tag{6.117}$$

### 6.3.3 仿真结果与分析

为了评估所提出的迭代 SVD 估计算法、改进的迭代 SVD 估计算法以及最大似然估计算法的性能，这里对 MIMO 通信系统的信道矩阵 $\boldsymbol{H}$ 进行了估计仿真实验。在仿真中，对 $M=N=3,5,8$ 的信道矩阵进行了建模。每个模型中，随机生成了 500 个信道矩阵，每个信道矩阵 $\boldsymbol{H}$ 的元素都服从 Gamma-Gamma 湍流分布且相互独立。从发射机天线发送一系列独立同分布训练信号矢量 $x(k)$，光强闪烁指数 $\sigma_I^2=0.2$。调整噪声矢量 $n(k)$ 的功率，使其具有零均值，得到 SNR（Signal-Noise Ratio，SNR）计算公式为

$$\mathrm{SNR}=\frac{E[\mid\boldsymbol{H}x(k)\mid^2]}{E[\mid n(k)\mid^2]} \tag{6.118}$$

仿真结果依然采用均方误差（MSE）来衡量估计算法的优劣性，其计算表达式为

$$\mathrm{MSE}(\hat{\boldsymbol{H}})=E[(\hat{\boldsymbol{H}}-\boldsymbol{H})^2] \tag{6.119}$$

式中：$\boldsymbol{H}$ 代表真实值；$\hat{\boldsymbol{H}}$代表估计值。对未知参数进行估计时，估计参数所计

算的 MSE 越小，则表明该种估计算法的性能越好。

图 6.20 和图 6.21 所示分别为采用迭代 SVD 和改进迭代 SVD 估计算法对 MIMO 信道矩阵$\hat{\boldsymbol{H}}$估计的均方误差图，讨论了信噪比 SNR 和序列长度对估计性能的影响。其中，MIMO 信道收发天线数 $M=N=3$，发射序列长度分别取 $L=100$、200、500 三种不同训练序列长度。由图可知，随着接收端 SNR 的增大，所估计$\hat{\boldsymbol{H}}$的 MSE 减小，同时随着 $L$ 的增大，信道矩阵$\hat{\boldsymbol{H}}$的 MSE 也随之减小，说明较高的信噪比、较长的训练序列对于信道矩阵 $\boldsymbol{H}$ 的估计效果更好。当接收端 SNR = 30dB，训练序列长度 $L=500$ 时，改进 SVD 迭代算法获得$\hat{\boldsymbol{H}}$的 MSE 值为 0.0011，而迭代 SVD 算法 MSE 值为 0.0041，因此本节改进的 SVD 迭代算法对于信道矩阵 $\boldsymbol{H}$ 具有更好的估计性能。

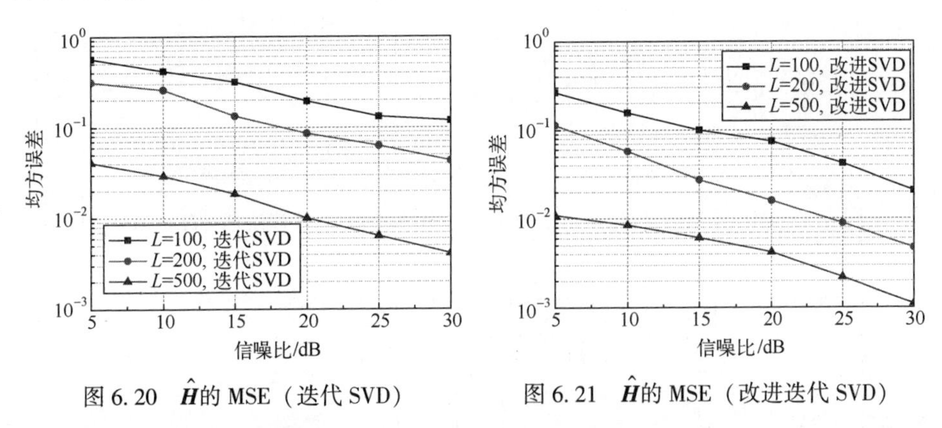


图 6.20 $\hat{\boldsymbol{H}}$的 MSE（迭代 SVD）　　图 6.21 $\hat{\boldsymbol{H}}$的 MSE（改进迭代 SVD）

图 6.22 所示为采用最大似然估计算法对信道矩阵 $\boldsymbol{H}$ 估计的均方误差图，其中 MIMO 系统收发端天线数 $M=N=3$，训练序列长度分别取 $L=100$、200、500。从图中也可以看出，训练序列长度越长，SNR 越大，ML 算法估计信道矩阵 $\boldsymbol{H}$ 的性能越好。

图 6.23 为 SVD 迭代、改进 SVD 迭代和 ML 三种估计算法估计信道矩阵 $\boldsymbol{H}$ 的 MSE 对比图。在仿真中，收发孔径数量 $M=N=3$，发送训练序列长度 $L=500$。从图中可以看出，随着 SNR 的增加，信道矩阵$\hat{\boldsymbol{H}}$的 MSE 均减小，在同等条件下，改进迭代 SVD 算法比迭代 SVD、ML 估计算法的均方误差小，因此具有更好的估计性能。

图 6.24 和图 6.25 分别为不同收发孔径数量下迭代 SVD 算法和改进迭代 SVD 算法对于信道矩阵 $\boldsymbol{H}$ 估计的 MSE 图。收发端孔径数 $M=N=3,5,8$ 三种情况下的 MIMO 信道，信噪比 SNR = 30dB。从图中可以看出，随着发射端训练序

列长度的增加，所估计$\hat{\boldsymbol{H}}$的均方误差减小，同样随着收发端孔径数量的减少，所估计$\hat{\boldsymbol{H}}$的均方误差也减小。越少的收发端孔径数量和越长的发射端训练序列，对于估计信道矩阵 $\boldsymbol{H}$ 的性能越好。当训练序列长度 $L=500$，收发端孔径数量 $M=N=3$ 时，迭代的 SVD 算法估计信道矩阵$\hat{\boldsymbol{H}}$的 MSE 为 0.0036，而改进的迭代 SVD 算法估计信道矩阵$\hat{\boldsymbol{H}}$的 MSE 为 0.001，所以相比较而言，改进的迭代 SVD 算法具有更好的估计性能。

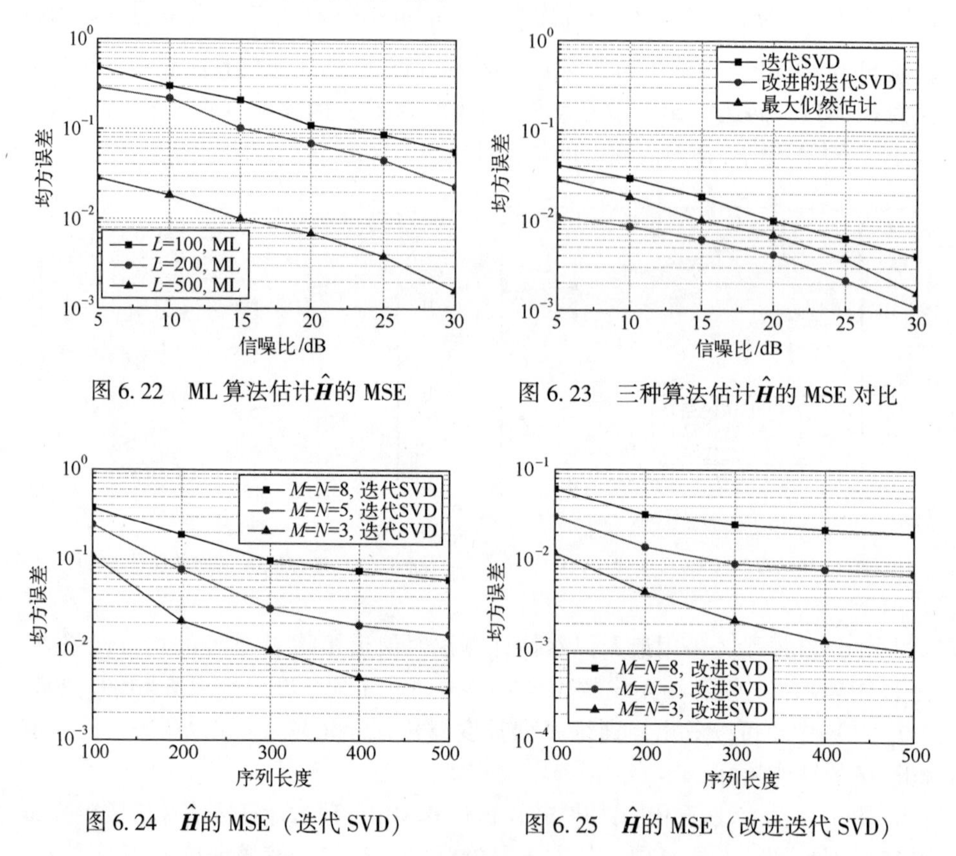


图 6.22 ML 算法估计$\hat{\boldsymbol{H}}$的 MSE

图 6.23 三种算法估计$\hat{\boldsymbol{H}}$的 MSE 对比

图 6.24 $\hat{\boldsymbol{H}}$的 MSE（迭代 SVD）

图 6.25 $\hat{\boldsymbol{H}}$的 MSE（改进迭代 SVD）

如图 6.26 所示为采用最大似然估计（ML）算法对信道 $\boldsymbol{H}$ 进行估计的均方误差图，固定 SNR=30dB，收发端的天线孔径数量分别取 $M=N=3,5,8$。从图中可以看出，随着训练序列的增加，不同收发端孔径数量情况下的 MSE 均减小。但三种情况相比较而言，当 $N=M=3$ 时，信道$\hat{\boldsymbol{H}}$的 MSE 最小，说明随着发射接收端孔径数量的减少、训练系列的增加，采用 ML 估计算法对于估计信道矩阵 $\boldsymbol{H}$ 的性能越好。

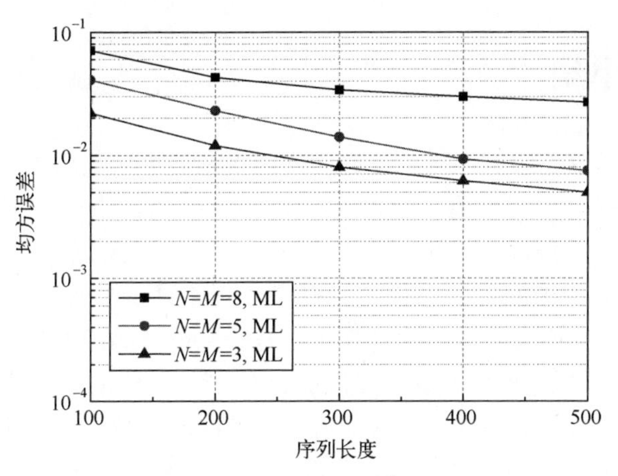


图 6.26　ML 算法估计$\hat{\boldsymbol{H}}$的 MSE

如图 6.27 所示为迭代 SVD、改进的迭代 SVD 和最大似然这三种估计算法对信道矩阵 $\boldsymbol{H}$ 进行估计的均方误差图。仿真时，收发端孔径数量 $M=N=3$，SNR=30dB。从图中可以看出，随着发射端序列长度的增加，三种估计算法所估计的信道矩阵$\hat{\boldsymbol{H}}$的 MSE 均减小。当训练序列长度较小时，改进的迭代 SVD 算法估计$\hat{\boldsymbol{H}}$时 MSE 最小，其次是最大似然估计，迭代 SVD 估计性能最差，但随着序列长度增大到 300，最大似然估计与迭代 SVD 的估计 MSE 接近，总之，本文改进的迭代 SVD 算法对于 MIMO 系统的大气信道矩阵的估计性能最好。

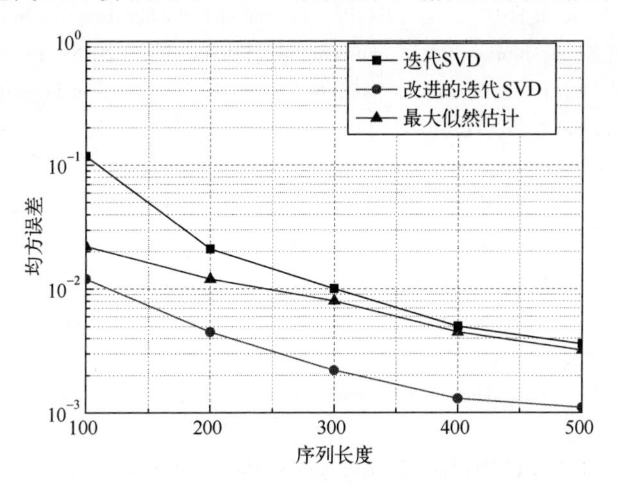


图 6.27　迭代 SVD、改进的迭代 SVD 算法与最大似然估计算法估计信道矩阵$\hat{\boldsymbol{H}}$的 MSE 对比图

## 6.4 本章小结

本章首先介绍了影响大气激光通信的因素主要为大气湍流，讨论了三种描述大气湍流的混合分布模型，包括 Gamma-Lognormal 分布、Lognormal-Rician 分布和 Gamma-Gamma 分布。对于 SISO 系统，将大气湍流模型 Gamma-Gamma 模型作为一种混合分布模型，推导了 EM 算法估计模型参数，同时讨论了牛顿迭代法和广义阶矩法估计算法。基于所估计的信道衰落参数获得估计均方误差，并采用 CRB 来衡量估计性能，对比了三种估计算法的优劣性，最后采用实验平台实际采集数据来验证所提出方法的有效性。对于 MIMO 信道矩阵的估计，推导了 SVD 迭代算法、改进的 SVD 迭代算法和最大似然估计算法这三种估计算法，用于估计 MIMO 系统的信道矩阵 $\boldsymbol{H}$，通过计算信道矩阵的均方误差来验证估计算法性能。

## 参考文献

[1] KONO Y, PANDEY A, SAHU A. BER Analysis of Lognormal and Gamma-Gamma Turbulence Channel under different modulation Techniques for FSO System [C]. 3rd International Conference on Trends in Electronics and Informatics, Tirunelveli, India, 2019: 1385-1388.

[2] TANNAZ S, GHOBADI C, NOURINIA J, et al. The Effects of Negative Exponential and K-distribution Modeled FSO Links on the Performance of Diffusion Adaptive Networks [C]. 9th International Symposium on Telecommunications, Tehran, Iran, 2018: 19-22.

[3] DOGANDZIC A, JIN J. Maximum likelihood estimation of statistical properties of composite gamma-lognormal fading channels [J]. IEEE Transactions on Signal Processing, 2004, 52 (10): 2940-2945.

[4] SENIOR M J, JAMRO M Y. Optical fiber communications: principles and practice [M]. San Antonio, Prentice Hall, New Jersey, 2009 .

[5] LEE S, WILSON K E, TROY M. Background noise mitigation in deep-space optical communications using adaptive optics [J]. The Interplanetary Network Progress Report, IPN PR, 2005, 42 (161): 1-16.

[6] 杨宝华 . 自由空间光通信 Lognormal-Rician 信道模型研究 [D]. 济南: 山东大学, 2016.

[7] CHURNSIDE J H, CLIFFORD S F. Log-normal Rician probability-density function of optical scintillations in the turbulent atmosphere [J]. Journal of the Optical Society of America A, 1987, 4 (10): 1923-1930.

[8] CHURNSIDE J H, FREHLICH R G. Experiment evaluation of log-normally modulated Rician

and IK models of optical scintillation in the atmosphere [J]. Journal of the Optical Society of America A, 1989, 6 (11): 1760–1766.

[9] AI-HABASH, M A. Mathematical model for the irradiance probability density function of a laser beam propagating through turbulent media [J]. Optical Engineering. 2001, 40 (8): 1554–1562.

[10] ANDREWS L C, PHILLIPS R L. Laser beam propagation through random media [C]. 2nd ed . Washington: SPIE Press, 2005.

[11] Andrew L C, Phillips R L, Hopen C Y. Laser beam scintillation with applications [M]. bellingham, WA: SPIE Press, 2001.

[12] Popoola W O, Ghassemlooy Z, Leitgeb E. Free – space optical communication using subcarrier modulation in gamma–gamma atmospheric turbulence [C]. 9th International Conference on Transparent Optical Networks (ICTON'07), Warsaw, Poland, 2007, 3 (7): 150–160.

[13] Al-Habash M A, Andrews L C, Phillips R L. Mathematical model for the irradiance probability density function of a laser beam propagating through turbulent media [J]. Opt. Eng. 2001, 40: 1554–1562.

[14] DOGANDZIC A, JIN J. Maximum Likelihood Estimation of Statistical Properties of Composite Gamma–Lognormal Fading Channels [J]. IEEE Transactions on Signal Processing, 2004, 52 (10): 2940–2945.

[15] ROBERTS W J J, FURUI S. Maximum Likelihood Estimation of K–Distribution Parameters via the Expectation–Maximization Algorithm [J]. IEEE Transactions on Signal Processing, 2000, 48: 3303–3306.

[16] LUANXIA Y, JULIAN C, HOLZMAN J F. Maximum Likelihood Estimation of the Lognormal–Rician FSO Channel Model [J]. IEEE Photonics Technology Letters, 2015, 27 (15): 1656–1659.

[17] KAZEMINIA M, MEHRJOO M. A New Method for Maximum Likelihood Parameter Estimation of Gamma–Gamma Distribution [J]. Journal of Lightwave Technology, 2013, 31 (9): 1347–1353.

[18] DEMPSTER A P, LAIRD N M, RUBIN D B. Maximum likelihood from incomplete data via the EM algorithm [C]. Proceedings of the Royal Statistical Society, 1977, 39 (1): 1–22.

[19] MCLACHLAN G J, KRISHNAN T. The EM Algorithm and Extensions [M]. New York: Wiley, 1997.

[20] BICKEL P J, DOKSUM K A. Mathematical Statistics: Basic Ideas andSelected Topics [M]. Upper Saddle River, NJ: Prentice–Hall, 2000.

[21] SINGIRESU S. Engineering Optimization Theory and Practice [M]. John Wiley & Sons, Inc, 1996.

[22] DOGANDZIC A, JIN J. Maximum likelihood estimation of statistical properties of composite

gamma-lognormal fading channels [J]. IEEE Transactions on Signal Processing, 2004. 52 (10): 2940-2945.

[23] 惠佳欣. 大气激光通信 SISO/MIMO 系统信道估计方法研究 [D]. 西安: 西安理工大学, 2021.

[24] Steven M K. Fundamental of Statistical Signal Processing Estimation theory [M]. Printice Hall International, Inc, 1993.

[25] KHATOON A, COWLEY W G, LETZEPIS N, et al. Estimation of channel parameters and background irradiance for free-space optical link [J]. Applied Optics, 2013, 52 (14): 3260-3268.

[26] LIM H, YOON D. Generalized Moment-Based Estimation of Gamma-Gamma Fading Channel Parameters [J]. IEEE Transactions on Vehicular Technology, 2018, 67 (1): 809-811.

[27] CHATZIDIAMANTIS N D, LIOUMPAS A S, KARAGIANNIDIS G K, et al. Adaptive Subcarrier PSK Intensity Modulation in Free Space Optical Systems [J]. IEEE Transactions on Communications, 2011, 59 (5): 1368-1377.

[28] 雷雨. 无线光自适应副载波调制系统特性研究 [D]. 西安: 西安理工大学, 2018.

[29] 严东. MIMO 系统的信道估计算法研究及仿真 [D]. 南京: 河海大学, 2004.

[30] 邱天爽, 张旭秀, 李小兵, 等. 统计信号处理 [M]. 北京: 电子工业出版社, 2004.

# 第 7 章　大气湍流影响抑制技术

## 7.1　引言

在晴朗大气中，导致 FSO 通信系统性能下降的重要因素是辐照度和相位波动。其中，信号波动是由大气湍流引起的传播路径上的随机折射率变化引起的，横向光束所遭受的相位和辐照度波动使得光学相干检测不那么吸引人，因为它对信号幅度和相位都敏感。而直接探测对信号相位的不敏感性，为地面 FSO 链路中选择这种检测方式提供了便利。在直接探测系统中，湍流效应可能导致深度辐照度衰减，持续时间可达 1~100μs[1-2]。对于以 1Gb/s 的速率运行的链路，这可能导致高达 105 个连续比特的丢失（突发错误）。为了避免这种情况并减少湍流引起的功率损失，必须抑制大气湍流的影响。为了抑制大气湍流影响、缩短衰落持续时间和减小强度，目前主要采取的措施有自适应光学、孔径平均、信道编码、滤波检测和空间分集等技术。在孔径平均中，接收器孔径需要远大于大气湍流的空间相干距离 $\rho_0$，以便接收多个不相关信号。这种情况在 FSO 中并不总是可以实现的，因为空间相干距离大约为厘米级[3]。因为大气湍流的相干时间远大于典型符号持续时间，为了使编码在 FSO 中有效，它必须具有足够的鲁棒性，以便不仅检测和纠正随机错误，还检测和纠正突发错误。

本章将讨论具有湍流影响抑制技术的 SIM-FSO 系统性能。同态滤波技术被用来滤除湍流引入的乘性噪声，空间分集分析将基于以下线性组合技术：等增益合并（EGC）、最大比合并（MRC）和选择式合并（SelC）。同态滤波和信道编码也将被引入作为一种替代的信道衰落缓解技术，它可以单独使用，也可以和空间分集相结合使用。

## 7.2　同态滤波

目前许多学科领域都会涉及乘性噪声的消除问题。乘性噪声的常用消除方法包括最优估计与滤波技术。最优估计方法有状态估计、状态平滑、信号反褶积估计和多传感器系统的最优融合估计方法；滤波技术包括自适应滤波、小波滤波、同态滤波等方法[4]，其中同态滤波技术作为非线性滤波的重要分支，在语音、图像、雷达、声呐、地震勘探以及生物医学工程等领域中，获得了广泛的应用。

### 7.2.1 同态滤波的概念

令□表示输入信号分量的矢量彼此广义相加的一种运算规则（如相加、相乘或相互卷积等运算），用◇表示输入信号矢量与标量之间的一种广义乘法运算规则（如乘法、次乘法或开方等运算），同样，用○和△分别表示输出信号矢量空间的广义矢量相加和标称的运算规则，若系统变换用 $H[\cdot]$ 表示，则广义叠加原理为

$$H[x_1(n)\Box x_2(n)]=H[x_1(n)]\bigcirc H[x_2(n)] \tag{7.1}$$

$$H[c\Diamond x(n)]=c\triangle H[x(n)] \tag{7.2}$$

式中：$x_1(n)$ 和 $x_2(n)$ 为系统的任意两个输入信号。

这样，以输入运算和输出运算规则分别为□和○的形式，且遵从广义叠加原理的系统就称为广义的线性系统或同态系统[5]。显然，线性系统仅仅是同态系统在□和○具体都是相加（+）以及◇和△都是相乘的一种特例。同态系统可以表示成图 7.1 所示的三个系统级联。第一个系统的变换特性是

$$D_{\Box}[x_1(n)\Box x_2(n)]=D_{\Box}[x_1(n)]+D_{\Box}[x_2(n)]=\hat{x}_1(n)+\hat{x}_2(n) \tag{7.3}$$

$$D_{\Box}[c\Diamond x(n)]=c\cdot D_{\Box}[x(n)]=c\,\hat{x}(n) \tag{7.4}$$

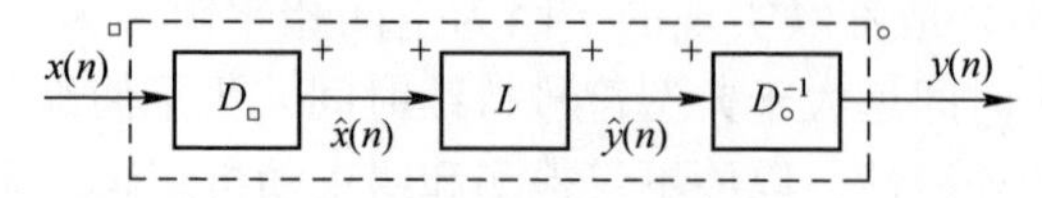


图 7.1 同态系统规范形式

$D_{\Box}$遵从广义叠加原理，它把输入矢量广义相加的运算转换为输出为一般加法（+）的运算，把输入广义标乘◇的运算转换为输出为一般乘法的运算。系统 $L$ 为一般的线性系统，满足

$$L[\hat{x}_1(n)+\hat{x}_2(n)]=L[\hat{x}_1(n)]+L[\hat{x}_2(n)]=\hat{y}_1(n)+\hat{y}_2(n) \tag{7.5}$$

$$\hat{y}(n)=L[\hat{x}(n)] \tag{7.6}$$

$$L[c\,\hat{x}(n)]=cL[\hat{x}(n)]=c\,\hat{y}(n) \tag{7.7}$$

最后，系统 $D_{\bigcirc}^{-1}$ 把相加转换为○的运算，即为 $D_{\bigcirc}$ 的逆运算。

$$D_{\bigcirc}^{-1}[\hat{y}_1(n)+\hat{y}_2(n)]=D_{\bigcirc}^{-1}[\hat{y}_1(n)]\bigcirc D_{\bigcirc}^{-1}[\hat{y}_2(n)]=y_1(n)\bigcirc y_2(n) \tag{7.8}$$

$$D_{\bigcirc}^{-1}[c\,\hat{y}(n)]=c\triangle D_{\bigcirc}^{-1}[\hat{y}(n)]=c\triangle y(n) \tag{7.9}$$

称 $D_{\square}$是运算为□的特征系统，$D_{\bigcirc}$是运算为○的特征系统。可以看出，输入和输出运算相同的一切同态系统彼此间差异仅仅在于线性部分，因此，特征系统一旦确定，仅仅需要考虑的就是线性滤波问题了。

### 7.2.2 解相乘同态系统

在信号处理中，有些信号可以表示为两个或两个以上分量信号的乘积形式，那么想要分离各分量信号或单独地改变某一分量信号，采用一个线性系统去处理可能是完全无效[5]的，但是同态系统处理却可以取得良好的效果。

考虑一种同态系统，该系统遵从输入运算□为相乘，而◇为取指数的广义叠加原理，即输入信号一般具有如下形式：

$$x(n)=[x_1(n)]^{\alpha}\cdot[x_2(n)]^{\beta} \tag{7.10}$$

适配于这种相乘信号的特征系统应具有以下特性：

$$D_{\square}\{[x_1(n)]^{\alpha}\cdot[x_2(n)]^{\beta}\}=\alpha D_{\square}[x_1(n)]+\beta D_{\square}[x_2(n)] \tag{7.11}$$

式（7.11）在形式上具有这种性质的函数是取对数。例如，若 $x_1(n)$和 $x_2(n)$为正序列，那么对于任意实际量有

$$\ln[[x_1(n)]^{\alpha}\cdot[x_2(n)]^{\beta}]=\alpha\ln[x_1(n)]+\beta\ln[x_2(n)] \tag{7.12}$$

这里所涉及的相乘同态系统，只处理正的实信号序列，因此特征系统只需满足式（7.11）。解相乘同态系统如图 7.2 所示。对于这类相乘同态系统，如果输入由式（7.10）给定，那么线性系统的输出并加至线性滤波器的信号将是

$$\hat{x}(n)=\alpha\,\hat{x}_1(n)+\beta\,\hat{x}_2(n) \tag{7.13}$$

其中

$$\hat{x}_1(n)=\ln[x_1(n)],\hat{x}_2(n)=\ln[x_2(n)] \tag{7.14}$$

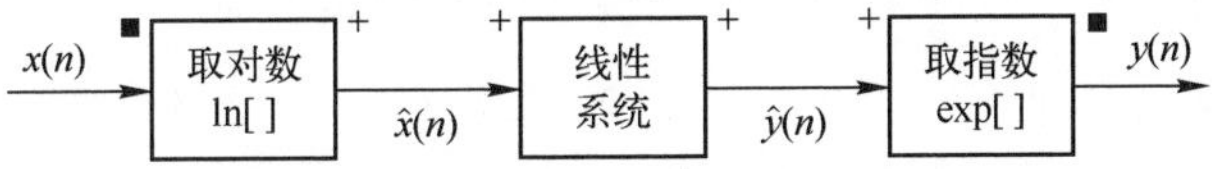

x(n) → 取对数 ln[ ] → x̂(n) → 线性系统 → ŷ(n) → 取指数 exp[ ] → y(n)

图 7.2 特征系统是变相乘为相加运算的同态滤波系统

同样，对于这类系统的线性滤波部分也应是实的，并应根据 $x_1(n)$和 $x_2(n)$的特性以及滤波要求适当选择线性系统。

副载波预调制信号均为双极性过零信号，而激光信号强度非负，因此，在对激光器调制前，必须加一直流偏置后作为激光器驱动电流，将待滤波信号映射转化为恒大于 0 的单极性信号，从而也避免了对零和负数取对数的困难，再采用线性滤波滤除干扰信号，将滤波后的信号进行取指数处理，恢复原状态调制信号[6]，最后进行电解调。

### 7.2.3 基于副载波调制的同态系统设计

**1. 大气传播信道数学模型**

对于强度调制/直接检测（Intensity Modulation/Direct Detection，IM/DD）大气无线光通信系统，其噪声来源主要包括背景光噪声和接收机噪声以及大气湍流引起的乘性噪声大气闪烁[7-8]。相对于通信速率，大气湍流引起的光信号衰落是一个缓变过程，大气信道可视为无记忆静态各态历经的时变信道。假设系统接收机采用 APD 探测器，由 APD 接收机的暗电流和热噪声引起的接收机信号计数的波动可用一个高斯随机过程来模拟[9-10]。因此，大气信道等效的数学模型框图[11]可表示为图 7.3。

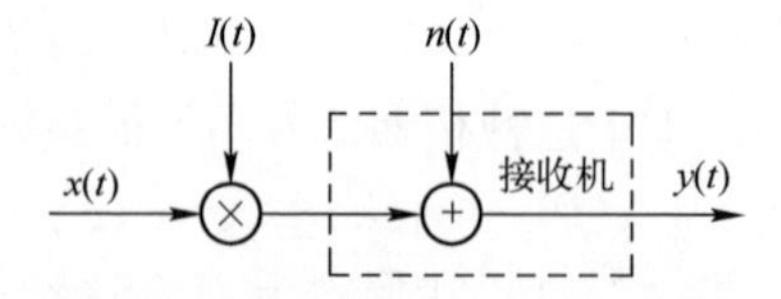


图 7.3 大气信道等效数学模型框图

图 7.3 中，$x(t)$ 表示发射信号，$y(t)$ 为接收机输出信号，$I(t)$ 和 $n(t)$ 分别为大气信道的乘性噪声和加性噪声。加性噪声独立于发送光信号，而乘性噪声大气闪烁并不独立于发送光信号，它与信号的有无及大小有关，当发送“0”比特光信号时，噪声干扰也就不存在了，而且随着对数振幅起伏均方差的增大，通信链路中传输比特的错误概率增加，通信性能进一步劣化。由图 7.3 可知，$y(t)=I(t)\cdot x(t)+n(t)$，其中乘性噪声 $I(t)$ 是信道状态信息，表征为大气湍流光强起伏强度，弱湍流情况下服从对数正态分布。

**2. 线性滤波器设计**

一个线性时不变系统（Linear and Time-invariant System，LTI）可以改变输入信号中某些频率分量的复振幅。以离散时间系统为例，假设输入信号为 $x(n)$，$h(n)$ 为系统单位冲激响应，则输出信号可表示为

$$y(n)=x(n)*h(n) \tag{7.15}$$

$$|Y(e^{j\omega})|=|H(e^{j\omega})|\cdot|X(e^{j\omega})| \tag{7.16}$$

$$\mathrm{Arg}[Y(e^{j\omega})]=\mathrm{Arg}[H(e^{j\omega})]+\mathrm{Arg}[X(e^{j\omega})] \tag{7.17}$$

由式（7.16）和式（7.17）可知，LTI 系统对输入信号傅氏变换模特性上的改变就是给 $|X(e^{j\omega})|$ 乘以 $|H(e^{j\omega})|$（系统频率响应的模），$|H(e^{j\omega})|$ 也称为系统增益。同时，LSI 系统给输入信号的相位 $\mathrm{Arg}[X(e^{j\omega})]$ 附加了一个相位 $\mathrm{Arg}[H(e^{j\omega})]$，$\mathrm{Arg}[H(e^{j\omega})]$ 称为系统相移。系统相移改变了输入信号中各分量之间的相对相位关系，即使系统增益对所有频率都是常数，也有可能在输入信号的时域特性上产生很大的变化。如果系统对输入信号的改变是有意义的，那么模和相位的变化可能都是所希望的，否则，这种变化就称为幅度和相

位失真。

一般可以采用群时延来描述相移。定义每个频率上的群时延为该频率上相位特性斜率的负值，表征相应频率信号的时域延时为

$$\tau(\omega)=-\frac{\mathrm{d}\{\mathrm{Arg}[H(\mathrm{e}^{\mathrm{j}\omega})]\}}{\mathrm{d}\omega} \tag{7.18}$$

$\tau(\omega)$取值情况如下[12]：

（1）当$\tau(\omega)$为$\omega$的函数时，系统具有非线性相位，输入信号的不同频率成分之间存在相对时延，使经过系统后的信号时域特性改变，称该现象为弥散，在数字滤波器中应尽量避免。

（2）当$\tau(\omega)$为非零常数时，系统具有线性相位，输入信号的不同频率成分之间相对时延为 0，但输出信号与输入信号在时域上存在恒定的时间延迟。

（3）当$\tau(\omega)$为 0 时，系统具有零相位，任何频率信号通过系统都不会产生时延，输入信号与输出信号在时域特性上的差别仅取决于系统幅值特性。这就是我们所研究的零相位数字滤波。

零相位数字滤波方法：将输入序列按顺序滤波（forward filter），所得结果逆转后再反向通过滤波器（reverse filter），再将所得结果逆转后输出（reverse output），最后获得精确零相位失真的输出序列[12]，滤波过程如图 7.4 所示。

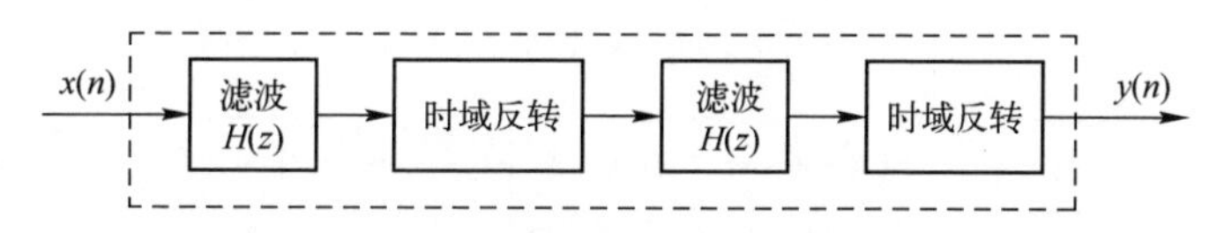


图 7.4　零相位滤波器结构图

零相位数字滤波的时域表示：

$$y_1(n)=x(n)*h(n) \tag{7.19}$$

$$y_2(n)=y_1(N-1-n) \tag{7.20}$$

$$y_3(n)=y_2(n)*h(n) \tag{7.21}$$

$$y(n)=y_3(N-1-n) \tag{7.22}$$

式（7.19）~式（7.22）中，$x(n)$表示输入序列，$h(n)$为数字滤波器冲激响应序列，$*$表示卷积运算符号，$y_1(n)$为输入序列$x(n)$经过滤波器$h(n)$后的输出序列，$y_2(n)$为$y_1(n)$的反转序列，$y_3(n)$为$y_2(n)$第二次经过滤波器$h(n)$后的输出序列，$y(n)$为第二次滤波结果的反转序列，也即零相位数字滤波输出序列。

式（7.19）~式（7.22）相应的频域描述为

$$Y_1(\mathrm{e}^{\mathrm{j}\omega})=H(\mathrm{e}^{\mathrm{j}\omega})\cdot X(\mathrm{e}^{\mathrm{j}\omega}) \tag{7.23}$$

$$Y_2(e^{j\omega}) = e^{-j\omega(N-1)} \cdot Y_1(e^{-j\omega}) \tag{7.24}$$

$$Y_3(e^{j\omega}) = Y_2(e^{j\omega}) \cdot H(e^{j\omega}) \tag{7.25}$$

$$Y(e^{j\omega}) = X(e^{j\omega}) \cdot |H(e^{j\omega})|^2 \tag{7.26}$$

由式（7.23）~式（7.26）可得

$$Y(e^{j\omega}) = X(e^{j\omega}) \cdot |H(e^{j\omega})|^2 \tag{7.27}$$

由式（7.27）可知，输入与输出之间不存在相位失真，只有幅度失真。

大气湍流产生的接收光强闪烁可以看成大气激光通信系统的乘性噪声，这是因为对大气信道乘性噪声的4FSK已调信号在消噪后采用过零检测原理进行电解调，就必须对同态滤波系统的线性滤波器相位失真要求严格，因此，解相乘同态系统中线性滤波器设计为零相位数字滤波器[13]。

**3. 基于BPSK调制的同态滤波仿真**

BPSK调制采用直接调相法，如图7.5所示；BPSK解调采用相干解调法，如图7.6所示。

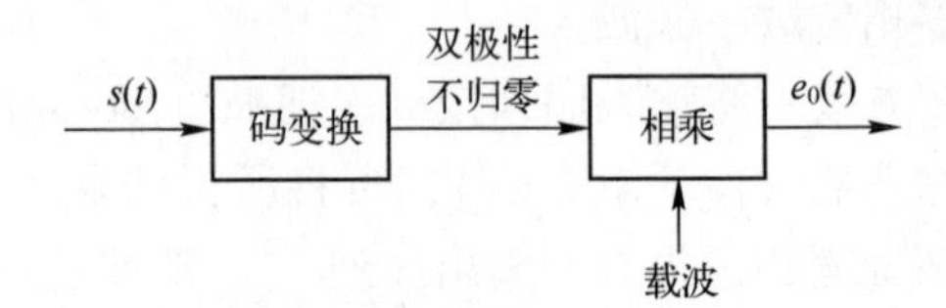


图7.5　直接调相法示意图

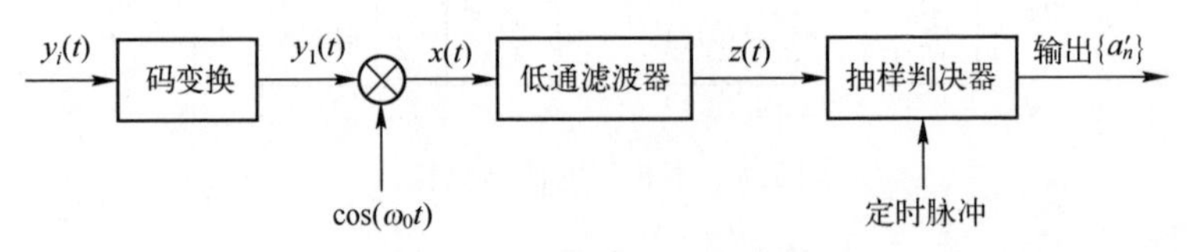


图7.6　相干解调法示意图

在BPSK调制同态滤波仿真中，载波频率取600Hz，信源是随机发生器产生的长度为100的码元，大气湍流信道对数光强起伏方差$\sigma_l^2=0.2$。采用同态滤波器对经过大气信道后的信号进行消噪处理，消噪处理前后信号仿真结果如图7.7所示。

图7.7给出了信源码字以及BPSK信号经过大气信道后同态滤波与解调的整个信号变化过程。图中，抽样判决时判决阈值取2，低通滤波器的输出信号在采样点处幅值大于2为“0”码，小于2为“1”码。抽样判决后输出码元与输入信源码元经过逐一比较，误码个数为0。当增加信息传输速率达到100bit/s，副载波频率为600Hz，码元长度为1000时，误码个数为6。通信系统还对通过同态滤波器与不通过同态滤波器的情况进行相比，系统差错性能有了明显改善，误码率明显降低，证明了同态滤波具有一定的抗大气闪烁能力。

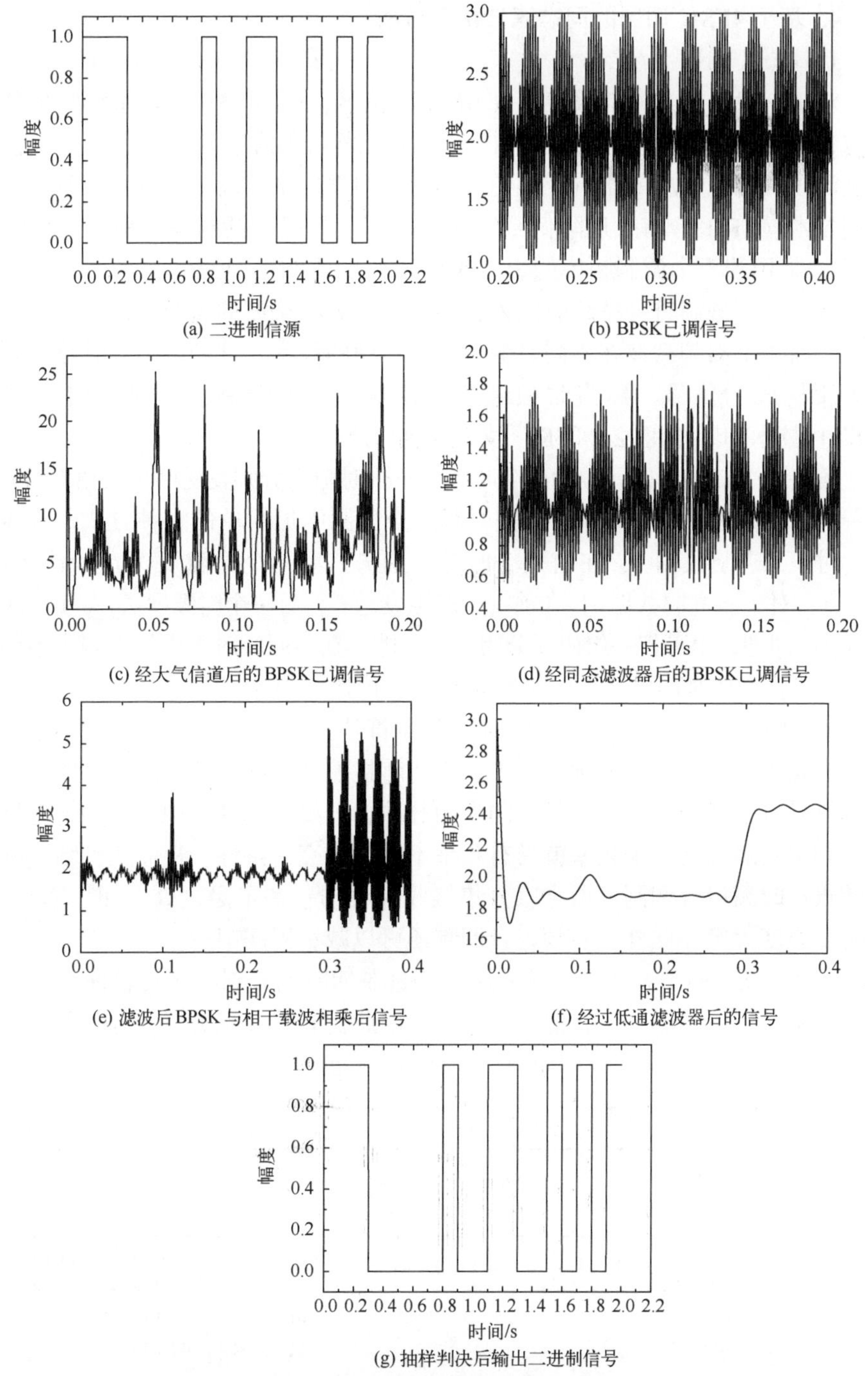


图7.7 基于BPSK调制的同态滤波前后信号波形

#### 4. 基于4FSK调制的同态滤波仿真分析

1）4FSK调制

对于一般的多进制频移键控（MFSK）信号，有$M$种频率，每种频率分别对应$M$进制数字基带信号的一种状态。在无线光通信系统中，因为大气信道中湍流以及多径效应的影响，致使传输信息的误码率较高，可以采用时频组合调制技术（TFSK）有效地降低系统误码率。时频组合调制是一种组合调制技术[14]，采用若干个调制频率的组合来传送原二进制信息码元。具体是指，在一个或一组二进制符号持续时间内，用若干个高频载波的组合来传送原二进制码元，而每个高频载波在不同时隙内具有不同的频率。这种由不同时隙与不同频率所构成的信号，称为时频组合调制信号。该调制技术是由时移键控（TSK）技术和频移键控（FSK）技术组合而成的。

若将一个二进制码元分为两个时隙，每个时隙内分别发送两个载频$f_1$和$f_2$中的一个，则称为二时二频制，这是时频组合调制中最简单的一种方式。具体就是，对于二进制数据1，在前一个时隙发送$f_1$，后一个时隙发送$f_2$，记为1—$(f_1 f_2)$；对于二进制数据0，在前一个时隙发送$f_2$，后一个时隙发送$f_1$，记为0—$(f_2 f_1)$。同理，也可把一组码元分为四个时隙，在不同的时隙内发送四个不同的频率，则称为四时四频制。四时四频制可以传送一组两个二进制符号，称为四进制四时四频，也可以传送一组三个二进制符号，称为八进制四时四频。

时频组合调制的主要优点在于，它能够抗瑞利衰落。该编码调制的一个二进制符号可以发送两个不同频率的高频脉冲，只要所选择的频率$f_1$和$f_2$有足够大的频率间隔，这两个频率就具有几乎不相关的衰落特性，从而达到频率分集的效果。时频组合调制可以克服分集接收存在的一些不足之处，如功率分散、设备复杂度大等。此外，时频组合调制还可以减小码间串扰。

对于4FSK调制系统，本章采用“四进制四时四频制”来传输两个二进制符号。由于正交码的抗干扰能力比较强，因此优先选择正交码，选择原则是尽可能使码距大一些[15]。具体如图7.8和图7.9所示。

| | | | | | | | | | |
|---|---|---|---|---|---|---|---|---|---|
| 0 | 0 | 1 | 1 | 0 | 1 | 1 | 0 | 0 | 1 |

图7.8　传输码元

| | | | | | | | | | | | | | | | | | | | |
|---|---|---|---|---|---|---|---|---|---|---|---|---|---|---|---|---|---|---|---|
| F1 | F2 | F3 | F4 | F4 | F1 | F2 | F3 | F2 | F3 | F4 | F1 | F3 | F4 | F1 | F2 | F2 | F3 | F4 | F1 |

00 —— F1 F2 F3 F4　　01 —— F2 F3 F4 F1

10 —— F3 F4 F1 F2　　11 —— F4 F1 F2 F3

图7.9　四进制四时四频制

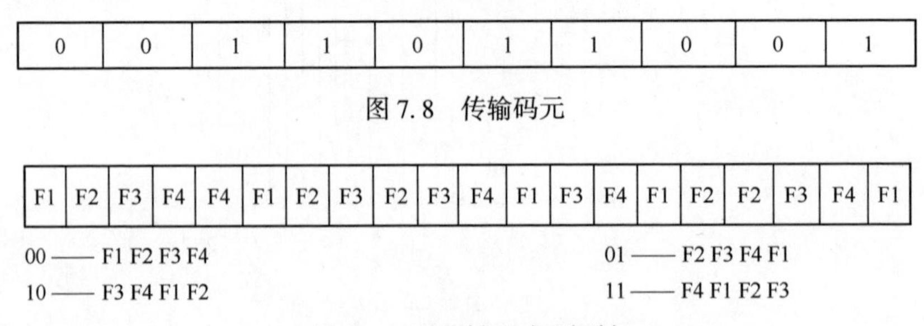

2）4FSK 解调

4FSK 解调采用过零点检测法。由于数字调频波的过零点数随不同的载频而异，当频率大时，过零点的次数多；频率小时，过零点的次数就少。故检测出过零点数就可以得到关于频率的差异，从而判断出传输的基带数字信号。

过零点检测法方框图如图 7.10 所示。它是利用信号波形在单位时间内与零电平轴交叉的次数来测定信号频率。输入的 FSK 信号经限幅放大后，成为矩形方波信号，再经过微分电路得到双向尖脉冲，然后整流得到单尖脉冲，每个尖脉冲表示信号的一个过零点，尖脉冲的重复频率就是信号频率的二倍。再用此尖脉冲去触发脉冲发生器，产生一串幅度和宽度都相同的矩形脉冲序列，矩形脉冲序列中脉冲越密集，表明此段直流分量越大，FSK 频率越高。因此经过低通滤波器输出的平均分量的变化反映了输入信号频率的变化，这样就可以把码元在幅度上区分开了，从而恢复出数字基带信号。

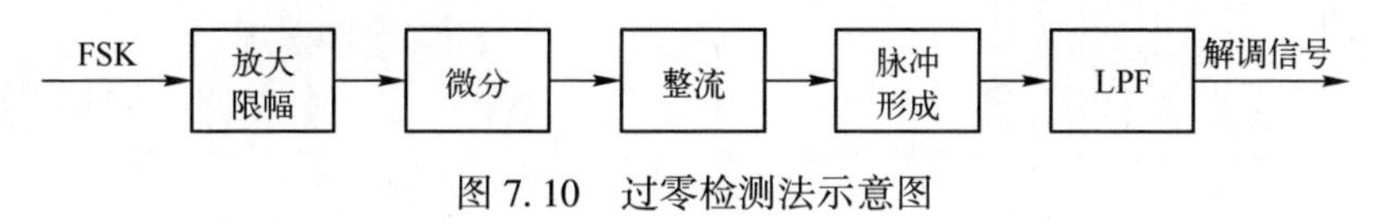


图 7.10　过零检测法示意图

3）4FSK 同态滤波消噪仿真

设信源是随机发生器产生的长度为 30 的码元，对其进行 4FSK 调制，四个载波频率分别为 $f_1=2\text{Hz}$，$f_2=4\text{Hz}$，$f_3=6\text{Hz}$，$f_4=8\text{Hz}$（示例中载波频率取值小，是为了能够从图中明显表示出滤波前后的信号变化），将已调 4FSK 信号通过大气信道，湍流信道对数光强起伏方差 $\sigma_l^2=0.2$，信噪比 SNR = 5dB，采用同态滤波进行消噪处理，最后对消噪后 4FSK 信号进行过零检测解调，与原码字进行比较，计算出的错误码字个数为 0。仿真结果如图 7.11 所示。

信源码经过 4FSK 调制后波形图如图 7.11（a）所示，信号经过大气信道传输后信号波形如图 7.11（b）所示。对经过大气模拟信道后的调制信号进行同态滤波，得到图 7.11（f）所示的滤除噪声后的调制信号，采用过零检测法对该信号进行 4FSK 解调，将图 7.11 中（a）与（f）进行对比，得到在不同的载频处信号过零点数目一致，因而经过同态滤波消噪后的调制信号解调所得码元与原信息码元一致。

为了从统计特性角度来研究不同信噪比以及不同光强起伏方差下同态滤波系统的误码性能，本文又对载波 $f_1=200\text{Hz}$，$f_2=400\text{Hz}$，$f_3=600\text{Hz}$，$f_4=800\text{Hz}$ 的信号采用 Monte Carlo 方法对系统误码性能进行了仿真，其中信源是随机产生长度为 500 的码元。仿真结果如图 7.12 所示。从图中可得出，随着 $\sigma_l^2$ 的增

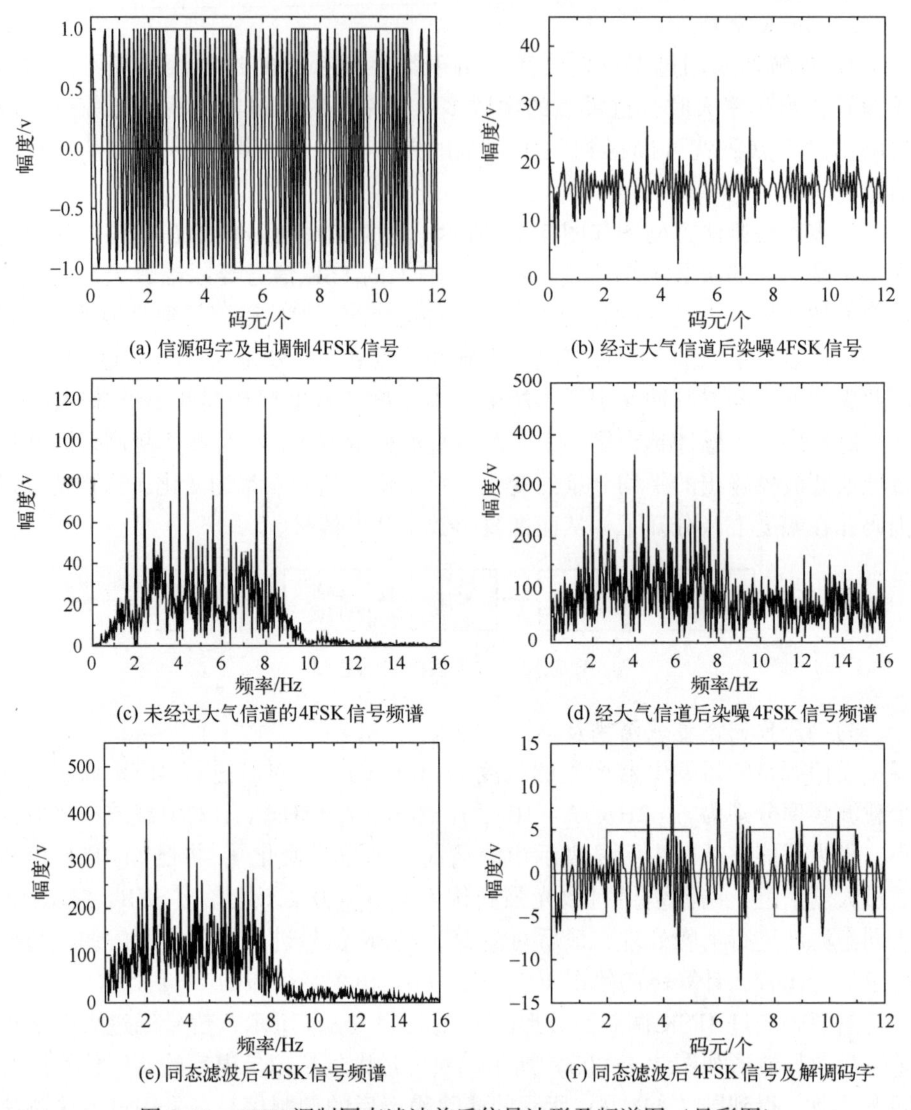


图 7.11　4FSK 调制同态滤波前后信号波形及频谱图（见彩图）

大，大气信道引入的乘性噪声加大，系统误码率有所提高。当 $\sigma_l^2=0.2$ 时，采用同态滤波消噪系统在信噪比 SNR = 10dB 时，BER = $5\times10^{-3}$；而 $\sigma_l^2=0.1$ 时，BER 达到 $7\times10^{-4}$。仿真中噪声除了采用同态滤波技术外，还采用了传统 FIR 巴特沃斯数字滤波进行解调前信号消噪处理，相同信噪比下（SNR = 10dB）解调后信号的误码率达到 $10^{-2}$（$\sigma_l^2=0.1$），明显大于同态滤波系统所得解调信号误码率，说明了传统的数字滤波仅对加性噪声的滤除具有优势，而同态滤波可以有效地消除无线激光通信大气信道中的乘性干扰。

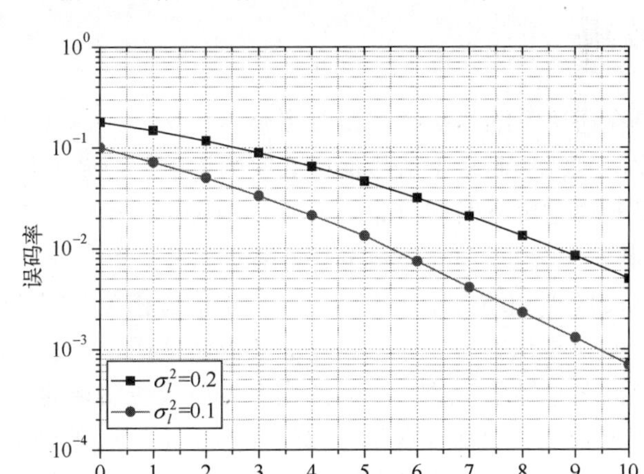


图 7.12　在不同条件下基于 4FSK 调制的同态滤波系统误码率

4）不同气象条件下 4FSK 同态滤波消噪仿真

设信源是随机发生器产生的长度为 100 的码元，对其进行 4FSK 调制，四个载波频率分别为 $f_1=2\text{Hz}$，$f_2=4\text{Hz}$，$f_3=6\text{Hz}$，$f_4=8\text{Hz}$，将已调 4FSK 信号通过大气信道，大气信道采用外场实测的不同天气气象数据。采用 Monte Carlo 方法对系统误码性能进行了仿真分析，滤波分别采用了同态滤波和传统的 FIR 数字滤波，同态滤波误码率结果见表 7.1。

表 7.1　不同天气数据下 4FSK 系统误码率

| 天气状况 | 阴天 | 雾天 | 小雨 | 中雨 | 大雨 | 晴天 | 暴雨 | 尘埃 |
|---|---|---|---|---|---|---|---|---|
| 同态滤波（BER） | $3.61\times10^{-2}$ | $3.97\times10^{-2}$ | $3.98\times10^{-2}$ | $3.94\times10^{-2}$ | $3.67\times10^{-2}$ | $3.92\times10^{-2}$ | $4.0\times10^{-2}$ | $4.03\times10^{-2}$ |

从表 7.1 可以看出，不同天气条件下进行通信时，采用同态滤波后，系统在阴天、大雨天误码率较低，晴天、中雨和小雨天误码率较高，而雾天、暴雨和尘埃天气系统误码率最大，这与实际通信系统基本一致，晴天光强闪烁很大，而雾天、暴雨和尘埃天气衰减很大，因此在这几种天气条件下通信性能会严重受阻。当采用传统的数字滤波器时，暴雨和尘埃天气系统误码率达到约 $5.73\times10^{-1}$ 和 $5.75\times10^{-1}$，阴天误码率达到约 $5.68\times10^{-1}$，可以看出与同态滤波后误码率相比，同态滤波较传统数字滤波能有效地抑制大气效应，降低系统的误码率。

# 7.3 空间分集

分集技术是在通信系统的接收端接收多个不同路径的信号，再将这些信号合并成总的接收信号，从而减小信号信道衰减的影响，改善系统接收性能。目前，常用的分集方式主要有时间分集（Time Diversity，TD）、空间分集（Space Diversity，SD）和频率分集（Frequency Diversity，FD）等。其中，时间分集是通过信道编码和交织器相结合来实现的，在大于信道相关时间的时间间隙发射同一信息，为接收机提供时域冗余，这种分集方法适用于快衰落信道。空间分集是通过利用空间分离或极化方式不同的多个发射天线实现的，各天线的间距必须大于信道相干长度，以保证各信号之间互不相关，实现接收端信号的空域冗余。频率分集是利用多个不同的载波频率（要求频差较大）传送同一信息，以实现接收端信号的频域冗余。本节主要研究空间分集技术在 BPSK-FSO 系统中的应用。

## 7.3.1 湍流信道下空间分集技术

空间分集技术能以较低的成本改善无线通信系统的性能，是一种有效的通信接收方式。不同路径信号的相关性是接收端分离信号的难点，分集技术就是研究如何将接收的不同路径信号转化为互不相干的信号，从而改善系统的性能[16]。分集技术与信道均衡相比，不需要训练序列，容易实现。在近距离高速率无线激光通信中，大气湍流会导致无线光通信信道的深度衰落，深度衰减的相关时间典型值为 1～100ms[17,18]，如果通信速率是 100Mb/s，则这段时间内丢失的数据可达到 $10^7$bit。无线光通信系统的空间分集与射频通信系统分集技术相比，更易实现。

对于副载波 BPSK 调制无线光通信系统，光电探测器输出瞬时光电流 $I(t)$ 为

$$I(t)=RA(t)[1+\xi m(t)]+n(t) \tag{7.28}$$

式中：$R$ 为光电转换常数；$\xi$ 为调制指数；$n(t)$ 为加性高斯白噪声。若副载波个数为 $M$ 个，则在第 $k$ 个符号持续时间内合成副载波信号为

$$m(t)=\sum_{j=1}^{M}P_{\mathrm{max}j}g(t-kT)d_k\cos(\omega_{\mathrm{c}j}t+\varphi_j) \tag{7.29}$$

式中：$d_k\in\{-1,1\}$；$g(t-kT)$ 为矩形脉冲成型函数，对应符号“0”和“1”；$T$ 为码元间隔。副载波角频率与相位分别为 $\{\omega_{\mathrm{c}j}\}_{j=1}^{M}$ 和 $\{\varphi_j\}_{j=1}^{M}$。$\{P_{\mathrm{max}j}\}_{j=1}^{M}$ 为副载波幅度峰值。对于连续波激光发射器，为了避免在动态范围内的削波失真，

要求$|\xi m(t)|\leqslant 1$。假设 BPSK 副载波调制信号峰值$P_{\max j}=P_{\max}$，调制指数$\xi=1$，则$P\leqslant 1/M$。在第$k$个符号间隔，光电流为

$$i_{\mathrm{r}}(t)=RA\left[1+\xi P_{\max}\sum_{j=1}^{M}g(t-kT)d_k\cos(\omega_{\mathrm{c}j}t+\varphi_j)\right]+n(t) \tag{7.30}$$

该电流信号经过带通滤波器时，上式中的慢变化分量$RA$被滤除，然后通过相干解调，低通滤波器，可得到每个支路解调后的电流信号为

$$I_{\mathrm{D}}(t)=\frac{d_k AR\xi P_{\max}g(t-kT)}{2}+n_{\mathrm{D}}(t) \tag{7.31}$$

式中：$n_{\mathrm{D}}(t)$为解调后信号所附加的高斯白噪声，$n_{\mathrm{D}}(t)\sim N(0,\sigma_{\mathrm{g}}^2/2)$。相干解调器输入电信噪比可表示为

$$\gamma(A)=\frac{A\xi RP_{\max}}{2\sigma_{\mathrm{g}}^2} \tag{7.32}$$

**1. 基于 BPSK 的接收分集误码率**

在无线激光通信系统中，湍流大气的相干长度在厘米量级[19,20]，那么发射天线（或发射望远镜）之间和接收天线（或接收望远镜）之间的距离只需要在厘米量级就可使不同传输信道之间的衰落特性相互独立。在接收端，发射激光束在接收机平面形成的光斑覆盖了所有$L$个探测器口径。光电流$\{i_i(t)\}_{i=1}^{L}$如图 7.13 所示，在进行 BPSK 相干解调前采用线性合并方法，包括最大似然比合并、等增益合并和选择性合并。

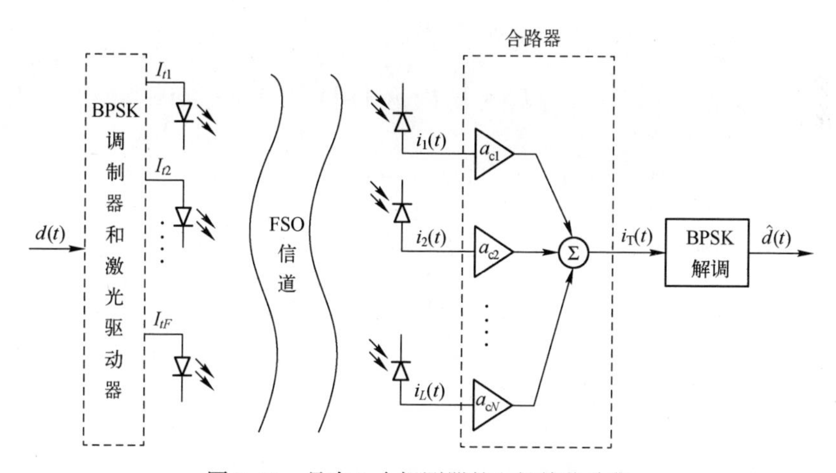


图 7.13　具有$L$个探测器的空间接收分集

光强闪烁是随着时间变化的随机过程，因此接收光强也是时变的，如果光强衰减的相关时间为$\tau_0$，其数量级一般为 ms。这就意味着，在时间间隔$t<\tau_0$

时，所接收到的信号是常量而不是时变的。当信息码元周期 $T \ll \tau_0$ 时，虽然信道是时变的，但接收到的光强 $\{I_i\}_{i=1}^{L}$ 在每个码元周期内不随时间变化。假设 $L$ 个探测器中每个探测器孔径面积为 $A_D/L$，则 $L$ 个接收天线总的接收孔径面积为 $A_D$，与无分集时的探测器接收孔径面积相等，这样即可在同等条件下比较分集与不分集的 FSO 链路性能。因此，图 7.13 中每一支路的加性高斯白噪声方差为 $\sigma_g^2/L$。每一探测器在符号时间内输出电信号为

$$i_i(t) = \frac{RA_i}{L}\left[1 + \xi P_{\max}\sum_{j=1}^{M} g(t - kT)\, d_k \cos(\omega_j t + \varphi_j)\right] + n(t), \quad i = 1,2,\cdots,L \tag{7.33}$$

每个探测器输出信号合并通过加权因子 $\{a_i\}_{i=1}^{L}$。探测器阵列之间间距一般为几个厘米，而通信距离一般为几千米。因此，信号到达探测器阵列每一探测器的时间延时可以忽略，合并后的输出信号为

$$i_T(t) = \sum_{i=1}^{L} a_i i_i(t) \tag{7.34}$$

选择不同的加权系数，就可以构成不同的合并方式。

(1) 无分集的 BPSK 副载波无线光通信误码性能。在副载波相干解调器的输入端，输入电信噪比 $\gamma(A) = \dfrac{A\xi RP_{\max}}{2\sigma_g^2}$，于是可得相干接收时的误码率为

$$P_{ec} = Q\left(\sqrt{\gamma(A)}\right) \tag{7.35}$$

基于对数正态分布的光信道下，系统误码率可由上式得到[20]：

$$P_e = \int_0^{\infty} P_{ec}\, p(A)\, dA \tag{7.36}$$

$$P_e = \int_0^{\infty} Q\left(\sqrt{\gamma(A)}\right) \frac{1}{\sqrt{2\pi}\,\sigma_l A} e^{-\frac{(\ln A + \sigma_l^2/2)^2}{2\sigma_l^2}} dA \tag{7.37}$$

对上式采用高斯-埃尔米特多项式进行数值积分，可化简为

$$\begin{aligned} P_e &\cong \frac{1}{\pi}\int_0^{\pi/2} \frac{1}{\sqrt{\pi}} \sum_{i=1}^{m} w_i \exp\left\{-\frac{K^2 \exp\left[2(\sqrt{2}\sigma_l x_i - \sigma_l^2/2)\right]}{2\sin^2\theta}\right\} d\theta \\ &\cong \frac{1}{\sqrt{\pi}} \sum_{i=1}^{m} w_i Q\left[K e^{(x_i\sqrt{2}\sigma - \sigma^2/2)}\right] \end{aligned} \tag{7.38}$$

式中：$K = \dfrac{R\xi P_{\max} E[A]}{\sqrt{2}\sigma_g}$；$\{x_i\}_{j=1}^{m}$ 和 $\{w_i\}_{j=1}^{m}$ 为 $m$ 阶高斯埃尔米特多项式的零点和节点。

(2) 接收分集的 BPSK 副载波无线光通信误码性能。考虑如图 7.13 所示

的无线激光通信发射接收空间分集结构，发射天线数目为 $F$ 个，接收天线的数目为 $L$ 个。考虑调制方式 BPSK 的无线激光通信系统，为了简化接收，假设接收天线之间的距离大于大气湍流的相干长度，以保证各接收天线所接收的信号衰落特性是相互独立的；到达接收器端面的光束宽度覆盖了 $L$ 个光电探测器，光电流信号在进行相干解调前进行线性合并。接收端接收到两个以上的分集信号后，如何利用这些信号减小信道衰落的影响，就是合并需要解决的问题。信号合并的目的在于，要使接收端的信噪比有所改善，因此对合并器的性能分析是围绕其输出信噪比进行的。

相干解调输入端信噪比可表示为[21]

$$\gamma = \frac{\left(\dfrac{\xi R P_{\max}}{2L}\right)^2 \left(\sum\limits_{i=1}^{L} a_i I_i\right)^2}{\sum\limits_{i=1}^{N} a_i^2 \sigma_l^2 / 2L} \leqslant \frac{\left(\dfrac{\xi R P_{\max}}{2L}\right)^2 \sum\limits_{i=1}^{L} a_i^2 \sum\limits_{i=1}^{L} I_i^2}{\sum\limits_{i=1}^{N} a_i^2 \sigma_l^2 / 2L} \tag{7.39}$$

（1）最大比合并。当采用最大比合并（Maximal Ratio Combining，MRC）时加权因子与接收光强成比例，$\{a_i\}_{i=1}^{L} \equiv \{I_i\}_{i=1}^{L}$，合并后 BPSK 解调器输入端电信噪比为

$$\gamma_{\mathrm{MRC}}(I) = \left(\frac{RA\xi}{\sqrt{2L}}\right)^2 \sum_{i=1}^{L} \frac{I_i^2}{\sigma_l^2} = \sum_{i=1}^{L} \gamma_i \tag{7.40}$$

式中：$\gamma_i = \left(\dfrac{RA\xi I_i}{\sqrt{2L\sigma_i^2}}\right)^2$ 为每一支路电信噪比，可得到采用 MRC 合并分集技术的系统误码率为

$$P_{\mathrm{e(MRC)}} = \int_0^{\infty} Q\left(\sqrt{\gamma_{\mathrm{MRC}}(I)}\right) p(I)\,\mathrm{d}I = \frac{1}{\pi} \int_0^{\pi/2} [s(\theta)]^L \mathrm{d}\theta \tag{7.41}$$

式中：$s(\theta) \approx \dfrac{1}{\sqrt{\pi}} \sum\limits_{j=1}^{m} w_j \exp\left\{-\dfrac{K_0^2}{2\sin^2\theta} \exp[2(x_j\sqrt{2}\sigma_l - \sigma_l^2/2]\right\}$，$K_0 = \dfrac{R\xi P_{\max} E[A]}{\sqrt{2L}\sigma_{\mathrm{g}}}$。

（2）等增益合并。等增益合并（EGC）不需要对信号加权，各支路信号进行等增益相加。等增益合并实现简单，性能接近于最大比合并。采用 EGC 合并方式，加权因子 $\{a_i\}_{i=1}^{L}$ 均为一个常数[22]，此时，解调器输入端电信噪比为

$$\gamma_{\mathrm{EGC}}(I) = \left(\frac{RA\xi}{\sqrt{2}L\sigma_g}\right)^2 \left(\sum_{i=1}^{L} I_i\right)^2 < \left(\frac{RA\xi}{\sqrt{2}L}\right)^2 \sum_{i=1}^{L} \frac{I_i^2}{\sigma_g^2} \tag{7.42}$$

因此，$\gamma_{\mathrm{EGC}}(I) < \gamma_{\mathrm{MRC}}(I)$，采用 MRC 合并分集技术的系统误码率为

$$P_{e(EGC)} = \int_0^{\infty} \frac{1}{\pi}\int_0^{\pi/2} \exp\left(-\frac{K_1^2}{2\sin^2\theta}Z^2\right) P_Z(Z)\,\mathrm{d}\theta\mathrm{d}Z$$
$$= \frac{1}{\sqrt{\pi}}\sum_{i=1}^{m} w_i Q(K_1 \mathrm{e}^{(x_i\sqrt{2}\sigma_u+\mu_u)}) \tag{7.43}$$

式中：$K_1 = \frac{R\xi P_{\max}E[A]}{\sqrt{2}\sigma_g L}$，$P_Z(Z) = \frac{1}{\sqrt{2\pi}\sigma_u}\frac{1}{Z}\exp\{-(\ln Z-\mu_u)^2/2\sigma_u^2\}$，且 $\mu_u$ 表示为 $\mu_u = \ln(L) - \frac{1}{2}\ln\left(1+\frac{\mathrm{e}^{\sigma_l^2}-1}{L}\right)$，$\sigma_u^2 = \ln\left(1+\frac{\mathrm{e}^{\sigma_l^2}-1}{L}\right)$。

（3）选择式合并。选择式合并（SelC）是对所有分集支路信号进行检测，选择其中信噪比最高的那个支路信号作为合并器输出。因此，在选择式合并器中，加权系数只有一项为1，其余均为0。比较多个支路信号信噪比，选择其中较高信噪比的支路接到接收机的共用部分。选择式合并方法简单、易实现。但是，由于丢弃了未被选择的支路信号，因此抗衰落效果差。

采用选择式合并分集技术的系统误码率为

$$P_{e(SelC)} = \frac{2^{1-L}L}{\sqrt{\pi}}\sum_{i=1}^{m} w_i\,[1+\mathrm{erf}(x_i)]^{L-1} Q[K_0 \mathrm{e}^{(x_i\sqrt{2}\sigma_l-\sigma_l^2/2)}] \tag{7.44}$$

**2. SIM-FSO 分集合并仿真**

本节采用高斯埃尔米特多项式数值积分法求解接收分集系统误码率。这里选用7阶 Gauss-Hermite 变换，高斯埃尔米特多项式的零点和节点见表7.2。选取节点越多得到的数值就越精确。

表7.2　7阶 Gauss-Hermite 公式节点与系数表

| $n$ | $w_i$ | $x_i$ |
|---|---|---|
| 2 | 0.886227 | ±0.707107 |
| 3 | 1.181636 | 0.000000 |
|  | 0.295409 | ±1.224745 |
| 4 | 0.544444 | ±0.524684 |
|  | 0.100000 | ±1.650680 |
| 5 | 0.945309 | 0.000000 |
|  | 0.393619 | ±0.958572 |
|  | 0.199532 | ±2.020183 |

续表

| n | $w_i$ | $x_i$ |
|---|---|---|
| 6 | 0.0045300 | ±2.3506050 |
| | 0.1570673 | ±1.3358491 |
| | 0.7246296 | ±0.4360774 |
| 7 | 0.8102646 | 0.000000 |
| | 0.4256073 | ±0.8162879 |
| | 0.0545156 | ±1.6735516 |
| | 0.0009718 | ±2.6519614 |

图 7.14 与图 7.15 给出了基于 BPSK 调制的无线激光 SIMO 系统在对数正态分布信道下，对数光强起伏方差 $\sigma_l^2=0.3$，接收天线分别取 $L=2$ 和 $L=4$ 情况下，系统采用 3 种分集合并方式 EGC、SelC、MRC 以及无分集时误码率随信噪比 SNR 的变化曲线比较。

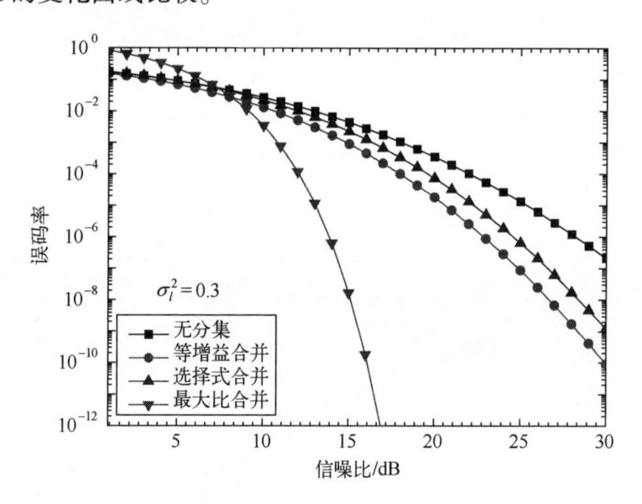


图 7.14　三种分集合并技术与无分集的误码率（$L=2$）

从图 7.14 与图 7.15 可以看出，三种分集合并技术都可以有效地改善系统误码性能，具有较强的抗衰落能力。在相同接收天线数和光强闪烁方差下，三种合并技术中，误码率性能改善最优的是最大比合并（MRC），其次是等增益合并（EGC），而选择式合并（SelC）较差，在相同信噪比下，接收分集系统误码率均小于无分集系统。

图 7.16、图 7.17 分别给出了采用 SelC 和 EGC 合并在接收天线数 $L=2$、4、

6、8 情况下，$\sigma_l^2=0.3$ 的系统误码率曲线。由两个图可以看出，这两种方式下的误码率都随着系统接收天线数 $L$ 的增大逐步减小，改善了系统误码性能，能有效地克服大气湍流引起的光强闪烁效应。当 $L$ 从 2 增加到 6 时，误码率特性较无分集时有明显改善，但随着 $L$ 的不断增大，即从 6 增加到 8 时，改善的趋势有所减弱。由两个图还可以看出，在 $L=4$，SNR = 15dB 时，系统采用 EGC 时的误码率为 $1.3\times10^{-4}$，而采用 SelC 时的误码率为 $1.8\times10^{-3}$，说明 EGC 性能优于 SelC。

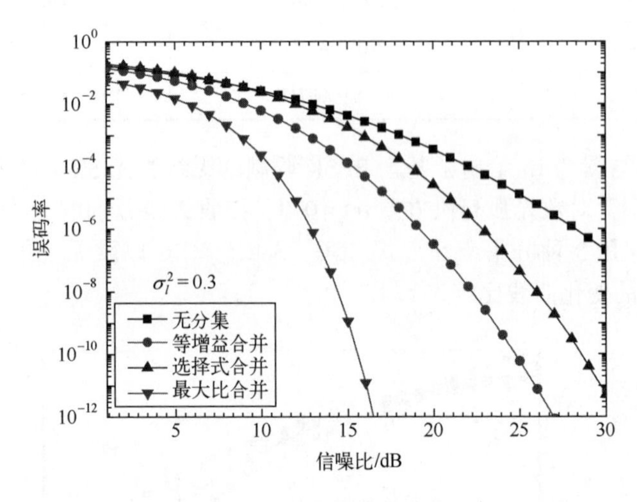


图 7.15　三种分集合并与无分集的误码率（$L=4$）

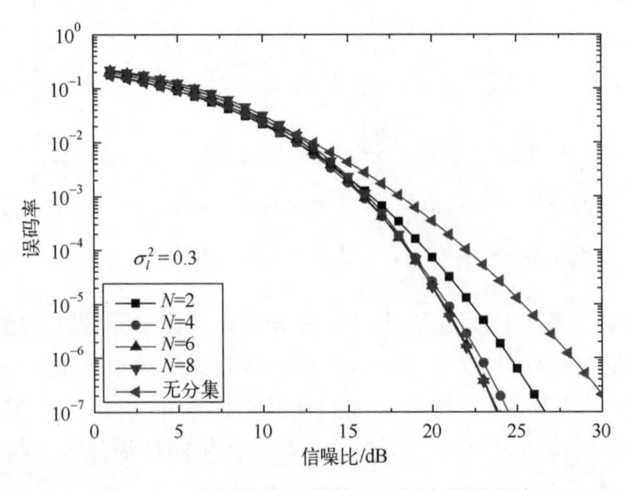


图 7.16　不同接收天线数下选择合并误码率

图 7.18 对三种接收分集技术的分集增益进行了比较，我们采用 20 阶埃尔米特多项式进行计算，对数光强方差 $\sigma_l^2=0.1$、$\sigma_l^2=0.3$。这里定义在某一定光强闪烁方差 $\sigma_l^2$ 和接收天线数 $L$ 情况下，误码率达到$10^{-6}$时的三种合并系统与无分集系统相比信噪比 $\gamma$ 的改善程度，即分集增益。

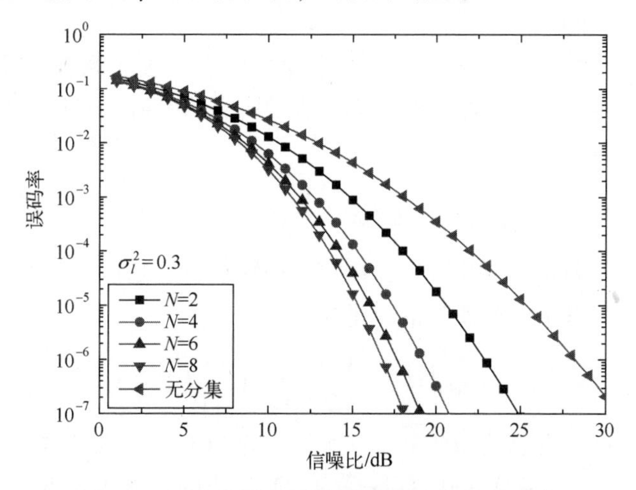


图 7.17　不同接收天线数下等增益合并误码率

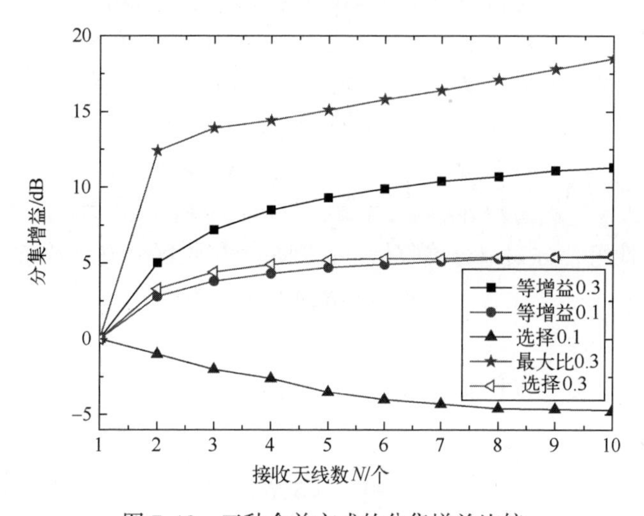


图 7.18　三种合并方式的分集增益比较

由图 7.18 可以看出，一方面，随着接收天线数目 $L$ 的增大，3 种合并技术的分集增益均增大，其中当 $\sigma_l^2=0.3$、$L$ 取值一定时，MRC 分集增益最大，其次是 EGC，而选择合并最低。且随着光强闪烁方差的增大，分集增益也增大，$\sigma_l^2=0.3$，$L=5$ 时 EGC 分集增益为 9.3，而 $\sigma_l^2=0.1$ 时却只达到 4.7。另一方面，当 $\sigma_l^2=0.1$ 取值较小，接收天线个数 $2\leqslant N\leqslant 10$ 时，SelC 分集增益为负数为-5～-1dB，这是因为弱湍流情况下，$L$ 因子引入导致接收光强的减小相对于湍流导致光强闪烁更严重，因此，在弱光强闪烁下，不建议空间分集选用选择合并方式。

**3. 发射-接收分集**

考虑单个光电探测器和 $F$ 个激光发射器。假设激光源有足够的间隔，在接收端光电探测器接收不相关的激光。假设所有的发射器有相同的能量。接收端光电流表示为

$$i_{\mathrm{r}}(t)=\sum_{i=1}^{F}\frac{R}{H}I_i[1+A\xi d_k g(t-kT)\cos(w_{\mathrm{c}}t+\varphi)]+n(t) \tag{7.45}$$

因为激光阵列相隔仅几厘米，接收光相移经历的光程差可以忽略不计。由接收光强可知，每个子载波的信噪比为

$$\gamma_{\mathrm{MISO}}(\vec{I})=\left(\frac{R\xi A}{\sqrt{2}F\sigma}\right)^2\left(\sum_{i=1}^{F}I_i\right)^2 \tag{7.46}$$

该表达式与具有总共 $MN$ 个光电探测器的 EGC 组合器的式（7.42）相同。因此，通过将式（7.42）中内容替换为 $MN$ 来获得无条件 BER。

如果考虑多个激光和多个光电探测器系统。总发射功率等于以相同比特率使用单个光源时的发射功率。此外，光电探测器的组合孔径面积与无空间分集的情况相同。假设 $F$ 和 $L$ 光电探测器激光间隔足够多，激光辐射接收之间互不相关。在 EGC 合并方式下接收端信噪比为

$$\gamma(\vec{I})=\left(\frac{R\xi A}{\sqrt{2}FL\sigma}\right)^2\left(\sum_{i=1}^{L}\sum_{j=1}^{F}I_{ij}\right)^2=\left(\frac{R\xi A}{\sqrt{2}FL\sigma}\right)^2\left(\sum_{i=1}^{FL}I_i\right)^2 \tag{7.47}$$

MRC 线性组合方案组合接收信号，则每个接收器分支上的条件 SNR 将为

$$\gamma_i(I_i)=\left(\frac{R\xi A}{\sqrt{2L\sigma^2}F}\sum_{j=1}^{F}I_{ij}\right)^2 \tag{7.48}$$

考虑对数正态分布和独立的随机变量作为另一个对数正态分布[23]，因此绝对误码率为

$$P_{\mathrm{e}}=\frac{1}{\pi}\int_0^{\pi/2}[S(\theta)]^L\mathrm{d}\theta \tag{7.49}$$

式中：$S(\theta)\approx\frac{1}{\sqrt{\pi}}\sum_{j=1}^{M}w_j\exp\left\{-\frac{K_2^2}{2\sin^2\theta}\exp[2(x_j\sqrt{2}\sigma_u+u_u)]\right\}$，$K_2=\frac{R\xi I_0 A}{\sqrt{2L}\sigma F}$。

在大气信道条件下，假设 $\sigma_l^2=0.3$，系统采用副载波 BPSK 调制，图 7.19 为不同分集系统与误码率之间的关系，接收端采用等增益合并（EGC）技术。

由图 7.19 可见，随着发射接收天线数的增加，MIMO 系统的误码率减小，性能变好。当误码率 BER = $10^{-6}$时，4×4 系统比 3×3 系统要求的接收端信噪比低 5dB，比 2×2 系统要求的接收端信噪比低 12dB，但四个探测器分开且保证接收信号不相关比两个探测器要困难。由 2×4 系统和 2×3 系统性能可看出，当发射天线数一定，在小信噪比时可体现出接收端天线数增大的优势，但随着信噪比的增加，不同接收端天线数误码率特性也相近。

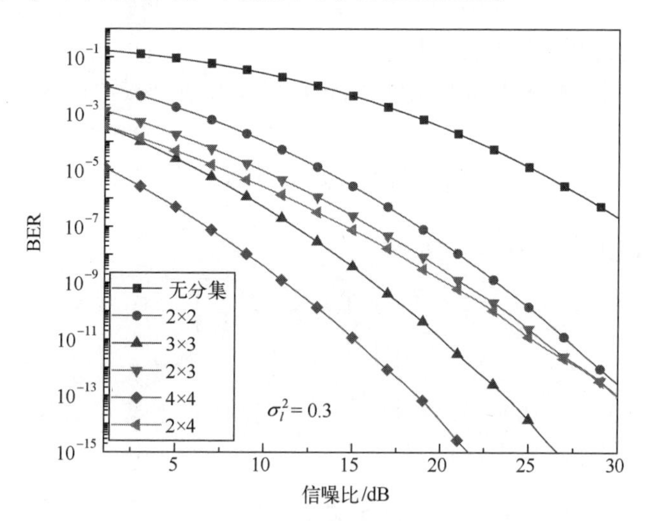


图 7.19　不同分集系统与误码率之间的关系

## 7.3.2　复合信道下的空间分集技术

本节采用 MeijerG 函数分析和讨论具有指向误差的湍流信道下副载波调制系统空间分集误码率特性。

假设信道采用副载波调制，信道噪声为加性高斯白噪声（Additive White Gaussian Noise，AWGN），则第 $l$ 个接收端信号模型为[24]（接收是 N-L，发射是 H-F）

$$y_l' = x\gamma \sum_{f=1}^{F} I_{fl} + v_l, \quad l = 1,2,\cdots,L \tag{7.50}$$

式中：$x$ 为发射光强；$y_l'$ 为第 $L$ 个接收端接收信号；$\gamma$ 为探测器响应度；$v_l$ 为均值为零的加性高斯白噪声，其方差为 $\sigma_v^2 = N_0/2$。假设离轴闪烁在视轴位移点附近缓慢变化，可以使用闪烁指数的恒定值来表征大气湍流，因此大气湍流和指向误差相互独立[25]。$I$ 为信道衰落系数，所提系统模型包括两部分：表征大气湍流衰落的随机变量 $I_a$ 和表征几何扩展和指向误差（抖动）的随机变量

$I_p$，且 $I=I_aI_p$。

对于非自适应 MIMO 系统，有 $F\times L$ 个子信道，其中 $f_{I_{fl}}(I_{fl})$ 为第 $f$ 个发射机和第 $l$ 个接收机的构成子信道的概率密度函数，则大气湍流和指向误差下子信道的光强衰落 $I_{fl}$ 的联合概率密度函数可表示为

$$f_{I_{fl}}(I_{fl})=\frac{g^2A}{2}I_{fl}^{-1}\sum_{k=1}^{\beta}a_k\left(\frac{\alpha\beta}{\gamma\beta+\Omega'}\right)^{-\frac{\alpha+k}{2}}G_{1,3}^{3,0}\left(\frac{\alpha\beta}{\gamma\beta+\Omega'}\cdot\frac{I_{fl}}{A_0}\middle|\begin{matrix}g^2+1\\g^2,\alpha,k\end{matrix}\right)\quad(7.51)$$

**1. 等增益合并平均误比特性能**

对于采用副载波 MPSK 调制的 MIMO-FSO 系统，接收端为等增益合并的平均误比特率为[26]

$$\mathrm{BER}(M)=\int_0^{\infty}\mathrm{BER}(M,I)f_{I_{fl}}(I_{fl})\mathrm{d}I_{fl}\quad(7.52)$$

其中 MPSK 调制时，系统误比特率为

$$\mathrm{BER}(M,I)=\frac{2}{\log_2 M}Q\left[\frac{\sqrt{2\vec{r}}\sin\left(\frac{\pi}{M}\right)}{FL}\sum_{f=1}^{F}\sum_{l=1}^{L}I_{fl}\right]\quad(7.53)$$

将副载波 MPSK 调制误比特率式（7.53）代入平均误比特率式（7.52），则系统的平均误比特率表达式为[26]

$$\mathrm{BER}(M)=\int_0^{\infty}\frac{2}{\log_2 M}Q\left[\frac{\sqrt{2\vec{r}}\sin\left(\frac{\pi}{M}\right)}{FL}\sum_{f=1}^{F}\sum_{l=1}^{L}I_{fl}\right]f_{I_{fl}}(I_{fl})\mathrm{d}I_{fl}\quad(7.54)$$

式中：M 为调制阶数；$Q(\cdot)$ 为高斯函数，其近似表达式为

$$Q(x)=\frac{1}{12}\exp\left(\frac{-x^2}{2}\right)+\frac{1}{4}\exp\left(\frac{-2x^2}{3}\right)\quad(7.55)$$

将 $Q(\cdot)$ 函数的近似表达式（7.55）代入式（7.54），则对于非自适应系统，其表达式可推导为

$$\begin{aligned}\mathrm{BER}(M)=&\frac{1}{6\log_2 M}\prod_{f=1}^{F}\prod_{l=1}^{L}\int_0^{\infty}f_{I_{fl}}(I_{fl})\exp\left[-I_{fl}^2\frac{\sin^2\left(\frac{\pi}{M}\right)}{(FL)^2}\vec{r}\right]\mathrm{d}I_{fl}\\&+\frac{1}{2\log_2 M}\prod_{f=1}^{F}\prod_{l=1}^{L}\int_0^{\infty}f_{I_{fl}}(I_{fl})\exp\left[-\frac{4}{3}I_{fl}^2\frac{\vec{r}\sin^2\left(\frac{\pi}{M}\right)}{(FL)^2}\right]\mathrm{d}I_{fl}\end{aligned}\quad(7.56)$$

将式 $\exp(-x)=G_{0,1}^{1,0}\left(x\middle|\begin{matrix}-\\0\end{matrix}\right)$ 和联合概率密度函数式（7.51）代入式（7.56），采用 Meijer G 函数，则系统平均误比特率可推导为

$$\mathrm{BER}(M)=\frac{g^2A}{6\log_2 M}\prod_{f=1}^{F}\prod_{l=1}^{L}\sum_{k=1}^{\beta}a_k\left(\frac{\alpha\beta}{\gamma\beta+\Omega'}\right)^{-\frac{\alpha+k}{2}}\int_0^{\infty}I_{fl}^{-1}G_{1,3}^{3,0}\left(\frac{\alpha\beta}{\gamma\beta+\Omega'}\cdot\frac{I_{fl}}{A_0}\middle|\begin{matrix}g^2+1\\g^2,\alpha,k\end{matrix}\right)$$
$$G_{0,1}^{1,0}\left[\frac{\vec{r}\sin^2\left(\frac{\pi}{M}\right)I_{fl}^2}{(FL)^2}\middle|\begin{matrix}-\\0\end{matrix}\right]\mathrm{d}I_{fl}$$
$$+\frac{g^2A}{2\log_2 M}\prod_{f=1}^{F}\prod_{l=1}^{L}\sum_{k=1}^{\beta}a_k\left(\frac{\alpha\beta}{\gamma\beta+\Omega'}\right)^{-\frac{\alpha+k}{2}}\int_0^{\infty}I_{fl}^{-1}G_{1,3}^{3,0}\left(\frac{\alpha\beta}{\gamma\beta+\Omega'}\cdot\frac{I_{fl}}{A_0}\middle|\begin{matrix}g^2+1\\g^2,\alpha,k\end{matrix}\right)$$
$$G_{0,1}^{1,0}\left[\frac{4\vec{r}\sin^2\left(\frac{\pi}{M}\right)I_{fl}^2}{3(FL)^2}\middle|\begin{matrix}-\\0\end{matrix}\right]\mathrm{d}I_{fl} \tag{7.57}$$

采用 Meijer G 函数性质（07.34.21.0013.01）[27]化简式（7.57），则等增益合并下系统的平均误比特率可推导为

$$\mathrm{BER}(M)=\frac{g^2A}{12\log_2 M}\prod_{f=1}^{F}\prod_{l=1}^{L}\sum_{k=1}^{\beta}a_k\left(\frac{\alpha\beta}{\gamma\beta+\Omega'}\right)^{-\frac{\alpha+k}{2}}\frac{2^{\alpha+k-2}}{2\pi}$$
$$G_{6,3}^{1,6}\left(\frac{16A_0^2\vec{r}\sin^2\left(\frac{\pi}{M}\right)}{FL\left(\frac{\alpha\beta}{\gamma\beta+\Omega'}\right)^2}\middle|\begin{matrix}\frac{1-g^2}{2},\frac{2-g^2}{2},\frac{1-\alpha}{2},\frac{2-\alpha}{2},\frac{1-k}{2},\frac{2-k}{2}\\0,-\frac{g^2}{2},\frac{1-g^2}{2}\end{matrix}\right)$$
$$+\frac{g^2A}{4\log_2 M}\prod_{f=1}^{F}\prod_{l=1}^{L}\sum_{k=1}^{\beta}a_k\left(\frac{\alpha\beta}{\gamma\beta+\Omega'}\right)^{-\frac{\alpha+k}{2}}\frac{2^{\alpha+k-2}}{2\pi}$$
$$G_{6,3}^{1,6}\left(\frac{64A_0^2\vec{r}\sin^2\left(\frac{\pi}{M}\right)}{3FL\left(\frac{\alpha\beta}{\gamma\beta+\Omega'}\right)^2}\middle|\begin{matrix}\frac{1-g^2}{2},\frac{2-g^2}{2},\frac{1-\alpha}{2},\frac{2-\alpha}{2},\frac{1-k}{2},\frac{2-k}{2}\\0,-\frac{g^2}{2},\frac{1-g^2}{2}\end{matrix}\right) \tag{7.58}$$

当 $F=1$ 时，非自适应 MIMO-FSO 系统的平均误比特率式（7.58）为 SIMO 等增益合并下的系统平均误比特率。

**2. 最大比合并平均误比特性能**

对于 MIMO-FSO 系统，使用 MPSK 调制，接收端为最大比合并时系统误比特率为

$$\mathrm{BER}(M,I)=\frac{2}{\log_2 M}Q\left[\frac{\sin\left(\frac{\pi}{M}\right)}{\sqrt{FL}}\sqrt{2\vec{r}\sum_{f=1}^{F}\sum_{l=1}^{L}I_{fl}^2}\right] \tag{7.59}$$

式中：$\vec{r}$表示接收端的平均电信噪比。

将式（7.59）代入平均误比特率式（7.51），则最大比合并下平均误比特率如下：

$$\mathrm{BER}(M)=\int_0^{\infty}\frac{2}{\log_2 M}Q\left[\frac{\sin\left(\frac{\pi}{M}\right)}{\sqrt{FL}}\sqrt{2\vec{r}\sum_{f=1}^{F}\sum_{l=1}^{L}I_{fl}^2}\right]f_{I_{fl}}(I_{fl})\,\mathrm{d}I_{fl} \tag{7.60}$$

将 $Q$ 函数的近似表达式代入最大比合并下平均误比特率式（7.60）中，则系统平均误比特率表达式推导为

$$\begin{aligned}\mathrm{BER}(M)=&\frac{1}{6\log_2 M}\prod_{f=1}^{F}\prod_{l=1}^{L}\int_0^{\infty}f_{I_{fl}}(I_{fl})\exp\left[-I_{fl}^2\frac{\sin^2\left(\frac{\pi}{M}\right)}{FL}\vec{r}\right]\mathrm{d}I_{fl}\\&+\frac{1}{2\log_2 M}\prod_{f=1}^{F}\prod_{l=1}^{L}\int_0^{\infty}f_{I_{fl}}(I_{fl})\exp\left[-\frac{1}{3}I_{fl}^2\frac{\vec{r}\sin^2\left(\frac{\pi}{M}\right)}{FL}\right]\mathrm{d}I_{fl}\end{aligned} \tag{7.61}$$

将 $\exp(-x)=G_{0,1}^{1,0}\left(x\left|\begin{matrix}-\\0\end{matrix}\right.\right)$ 和联合概率密度函数式（7.51）代入式（7.61），则系统平均误比特率表达式推导为

$$\begin{aligned}\mathrm{BER}(M)=&\frac{g^2A}{6\log_2 M}\prod_{f=1}^{F}\prod_{l=1}^{L}\sum_{k=1}^{\beta}a_k\left(\frac{\alpha\beta}{\gamma\beta+\Omega'}\right)^{-\frac{\alpha+k}{2}}\\&\int_0^{\infty}I_{fl}^{-1}G_{1,3}^{3,0}\left(\frac{\alpha\beta}{\gamma\beta+\Omega'}\cdot\frac{I_{fl}}{A_0}\left|\begin{matrix}g^2+1\\g^2,\alpha,k\end{matrix}\right.\right)G_{0,1}^{1,0}\left[\frac{\vec{r}\sin^2\left(\frac{\pi}{M}\right)I_{fl}^2}{FL}\left|\begin{matrix}-\\0\end{matrix}\right.\right]\mathrm{d}I_{fl}\\&+\frac{g^2A}{2\log_2 M}\prod_{f=1}^{F}\prod_{l=1}^{L}\sum_{k=1}^{\beta}a_k\left(\frac{\alpha\beta}{\gamma\beta+\Omega'}\right)^{-\frac{\alpha+k}{2}}\\&\int_0^{\infty}I_{fl}^{-1}G_{1,3}^{3,0}\left(\frac{\alpha\beta}{\gamma\beta+\Omega'}\cdot\frac{I_{fl}}{A_0}\left|\begin{matrix}g^2+1\\g^2,\alpha,k\end{matrix}\right.\right)G_{0,1}^{1,0}\left[\frac{4\vec{r}\sin^2\left(\frac{\pi}{M}\right)I_{fl}^2}{3FL}\left|\begin{matrix}-\\0\end{matrix}\right.\right]\mathrm{d}I_{fl}\end{aligned} \tag{7.62}$$

对式（7.62）采用 Meijer G 函数（07.34.21.0013.01）对积分进行化简，则最大比合并下系统平均误比特率可推导为

$$\mathrm{BER}(M)=\frac{g^2A}{12\log_2 M}\prod_{f=1}^{F}\prod_{l=1}^{L}\sum_{k=1}^{\beta}a_k\left(\frac{\alpha\beta}{\gamma\beta+\Omega'}\right)^{-\frac{\alpha+k}{2}}\frac{2^{\alpha+k-2}}{2\pi}$$
$$G_{6,3}^{1,6}\left(\frac{16A_0^2\ \vec{r}\sin^2\left(\frac{\pi}{M}\right)}{FL\left(\frac{\alpha\beta}{\gamma\beta+\Omega'}\right)^2}\left|\begin{matrix}\frac{1-g^2}{2},\frac{2-g^2}{2},\frac{1-\alpha}{2},\frac{2-\alpha}{2},\frac{1-k}{2},\frac{2-k}{2}\\ 0,-\frac{g^2}{2},\frac{1-g^2}{2}\end{matrix}\right.\right)$$
$$+\frac{g^2A}{4\log_2 M}\prod_{f=1}^{F}\prod_{l=1}^{L}\sum_{k=1}^{\beta}a_k\left(\frac{\alpha\beta}{\gamma\beta+\Omega'}\right)^{-\frac{\alpha+k}{2}}\frac{2^{\alpha+k-2}}{2\pi}$$
$$G_{6,3}^{1,6}\left(\frac{64A_0^2\ \vec{r}\sin^2\left(\frac{\pi}{M}\right)}{3FL\left(\frac{\alpha\beta}{\gamma\beta+\Omega'}\right)^2}\left|\begin{matrix}\frac{1-g^2}{2},\frac{2-g^2}{2},\frac{1-\alpha}{2},\frac{2-\alpha}{2},\frac{1-k}{2},\frac{2-k}{2}\\ 0,-\frac{g^2}{2},\frac{1-g^2}{2}\end{matrix}\right.\right) \tag{7.63}$$

当 $F=1$ 时，非自适应 MIMO－FSO 系统的平均误比特率式（7.63）为 SIMO 最大比合并下的系统平均误比特率。

**3. 选择合并平均误比特性能**

当接收端合并方式为选择合并时，MPSK 调制系统的误比特率为

$$\mathrm{BER}(M,I)=\frac{2}{\log_2 M}Q\left(\sin\frac{\pi}{M}\sqrt{\frac{2\bar{r}}{L}}I_{\mathrm{SC}}\right) \tag{7.64}$$

将式（7.64）代入平均误比特率表达式（7.52），则 MPSK 调制下平均误比特率表达式为

$$\mathrm{BER}(M)=\int_0^{\infty}f_{I_{\mathrm{SC}}}(I_{\mathrm{SC}})\frac{2}{\log_2 M}Q\left(\sin\frac{\pi}{M}\sqrt{\frac{2\bar{r}}{L}}I_{\mathrm{SC}}\right)\mathrm{d}I_{\mathrm{SC}} \tag{7.65}$$

式中：$f_{I_{\mathrm{SC}}}(I_{\mathrm{SC}})$为选择合并的概率密度函数，其表达式为[28]

$$f_{I_{\mathrm{SC}}}(I_{\mathrm{SC}})=\frac{\mathrm{d}}{\mathrm{d}I_{\mathrm{SC}}}F_{I_{\mathrm{SC}}}(I_{\mathrm{SC}})=\frac{\mathrm{d}}{\mathrm{d}I_{\mathrm{SC}}}\prod_{j=1}^{L}F_{I_j}(I_{\mathrm{SC}})=\sum_{i=1}^{L}\prod_{j=1,j\neq i}^{L}f_{I_i}(I_{\mathrm{SC}})F_{I_j}(I_{\mathrm{SC}}) \tag{7.66}$$

式中：$F_{I_l}(I_j)$ 为分布函数；$F_{I_l}(I_j)=\int_0^{I_j}f_{I_l}(I_l)\mathrm{d}I_l$。将联合概率密度函数式（7.51）代入分布函数表达式，采用 Meijer G 函数，则分布函数可推导为

$$F_{I_l}(I_j)=\frac{g^2A}{2}\sum_{k=1}^{\beta}a_k\left(\frac{\alpha\beta}{\gamma\beta+\Omega'}\right)^{-\frac{\alpha+k}{2}}G_{2,4}^{3,1}\left(\frac{\alpha\beta}{\gamma\beta+\Omega'}\times\frac{I_j}{A_0}\left|\begin{matrix}1,g^2+1\\ g^2,\alpha,k,0\end{matrix}\right.\right) \tag{7.67}$$

将式（7.66）代入式（7.65），则选择合并的平均误比特率表达式变为

$$\mathrm{BER}(M)=\int_0^{\infty}\prod_{j=1}^{L}f_{I_i}(I_{\mathrm{SC}})F_{I_j}(I_{\mathrm{SC}})\ \frac{2}{\log_2 M}Q\left(\sin\frac{\pi}{M}\sqrt{\frac{2\bar{r}}{L}}I_{\mathrm{SC}}\right)\mathrm{d}I_{\mathrm{SC}} \quad (7.68)$$

假设$L$个接收机处辐照度独立同分布，则选择合并的概率密度函数式（7.66）为[28]

$$f_{I_{\mathrm{SC}}}(I_{\mathrm{SC}})=Lf_{I_l}(I_{\mathrm{SC}})F_{I_l}(I_{\mathrm{SC}})^{L-1} \quad (7.69)$$

通过$Q(\cdot)$函数和$\mathrm{erfc}(\cdot)$函数关系式$Q(x)=\frac{1}{2}\mathrm{erfc}\left(\frac{x}{\sqrt{2}}\right)$，可将$Q(\cdot)$函数化为误差互补函数$\mathrm{erfc}(\cdot)$，则选择合并下系统平均误比特率式（7.65）推导为

$$\mathrm{BER}(M)=\int_0^{\infty}\prod_{j=1}^{L}f_{I_i}(I_{\mathrm{SC}})F_{I_j}(I_{\mathrm{SC}})\ \frac{1}{\log_2 M}\mathrm{erfc}\left(\sin\frac{\pi}{M}\sqrt{\frac{\bar{r}}{L}}I_{\mathrm{SC}}\right)\mathrm{d}I_{\mathrm{SC}} \quad (7.70)$$

将选择合并概率密度函数式（7.69）代入系统平均误比特率表达式（7.70），则选择合并下系统平均误比特率可推导为

$$\mathrm{BER}(M)=\frac{L}{\log_2 M}\int_0^{\infty}f_{I_l}(I_{\mathrm{SC}})F_{I_l}(I_{\mathrm{SC}})^{L-1}\mathrm{erfc}\left(\sin\frac{\pi}{M}\sqrt{\frac{\bar{r}}{L}}I_{\mathrm{SC}}\right)\mathrm{d}I_{\mathrm{SC}} \quad (7.71)$$

**4. 接收合并性能仿真**

本章主要在Malaga湍流信道和指向误差的联合影响下，给出副载波BPSK调制系统采用不同分集合并技术的差错性能分析。分析了光束束腰、抖动标准差、光强起伏方差$\sigma_I^2$以及发射接收孔径数对系统平均误比特率性能的影响。对Malaga湍流信道选取不同参数可以模拟对数正态分布、Gamma-Gamma分布以及K分布，研究了三种合并方式下，其大气湍流、指向误差以及不同发射/接收孔径数对非自适应系统平均误比特率的影响。在本文对三种合并方式的仿真中，假设每一支路的噪声与信号不相关，噪声均值为0，且各支路信号的衰落互不相关，彼此独立。

1）等增益合并

图7.20为考虑指向误差和大气湍流情况下，设接收机半径$a=0.1\mathrm{m}$，Malaga湍流信道取Gamma-Gamma分布（$\alpha=5,\beta=2,\sigma_I^2=0.8$），在不同发射接收孔径时光束束腰半径对等增益合并系统平均误比特率的影响。图7.20中抖动标准差$\sigma_S=0.15\mathrm{m}$，光束束腰半径和接收机半径比值分别取$w_z/a=10,15,20$。由图7.20可知，当接收机半径固定且发射/接收孔径数相同时，对于非自适应MIMO-FSO系统，其平均误比特率随着$w_z/a$的比值增大而增大。当抖动偏差一定时，束腰半径对系统平均误比特率的影响更大，因此减小束腰半径相比增大发射（接收）孔径更易于降低系统平均误比特率。

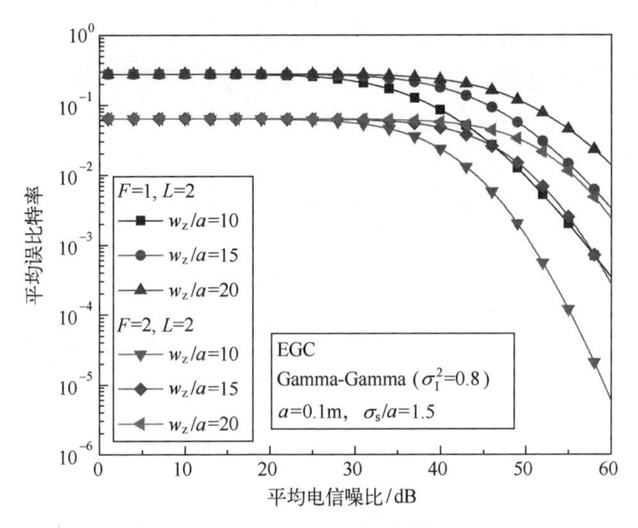


图 7.20　束腰半径对系统平均误比特率的影响（EGC）（见彩图）

图 7.21 是考虑指向误差和大气湍流情况下，对于非自适应 MIMO-FSO 通信系统，不同发射/接收孔径时抖动标准差对系统平均误比特率的影响。其中，Malaga 湍流信道取 Gamma-Gamma 分布（$\alpha=5,\beta=2,\sigma_l^2=0.8$）。抖动标准差与接收机半径的比值分别取为 $\sigma_s/a=1.5,2,3$。由图 7.21 可知，随着抖动标准差 $\sigma_s/a$ 的增大，采用等增益合并的系统平均误比特率增大。与减小抖动偏差相比，增加发射（接收）孔径更易于降低平均误比特率。对比图 7.20 和图 7.21 发现，抖动偏差相比于光束束腰半径，对系统平均误比特率的影响更大。

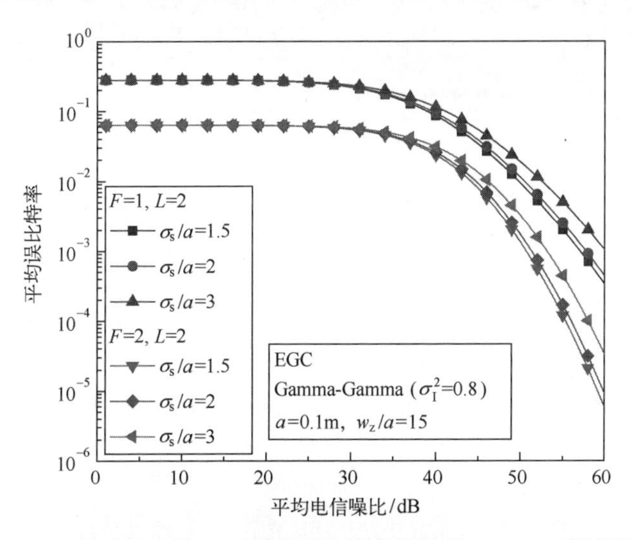


图 7.21　抖动标准差 $\sigma_s$ 对平均误比特率的影响（EGC）（见彩图）

图 7.22 为 Malaga 湍流信道取 Gamma-Gamma 分布（$\alpha=5,\beta=2,\sigma_I^2=0.8$）时发射/接收孔径数对采用 EGC 的 MIMO 系统误码率的影响。由图 7.22 可知，若发射孔径数一定，在小信噪比时，系统受到大气湍流和指向误差的影响很大，误码率值比较大且基本不变；而当 SNR>30dB 时，系统平均误比特率随着平均电信噪比的增大而降低，且发射孔径数增加，误码率减小。

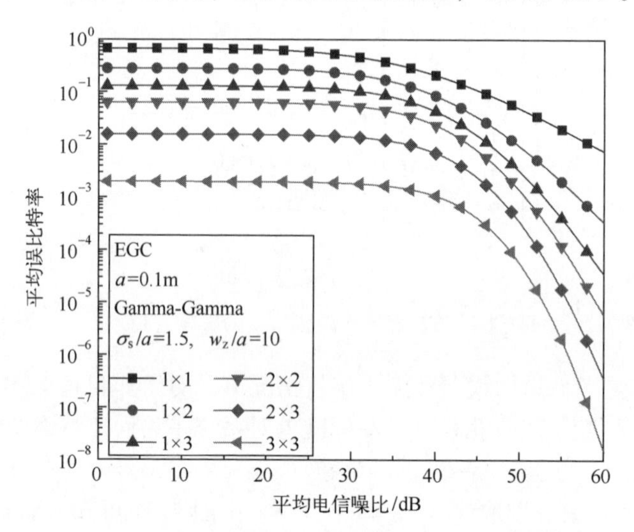


图 7.22 发射/接收孔径数对系统平均误比特率影响

图 7.23 是接收端合并方式为等增益合并时，Malaga 湍流信道取不同湍流分布对 MIMO 系统平均误比特率的影响。其中 $w_z/a=10$，$\sigma_s/a=1.5$，发射/接

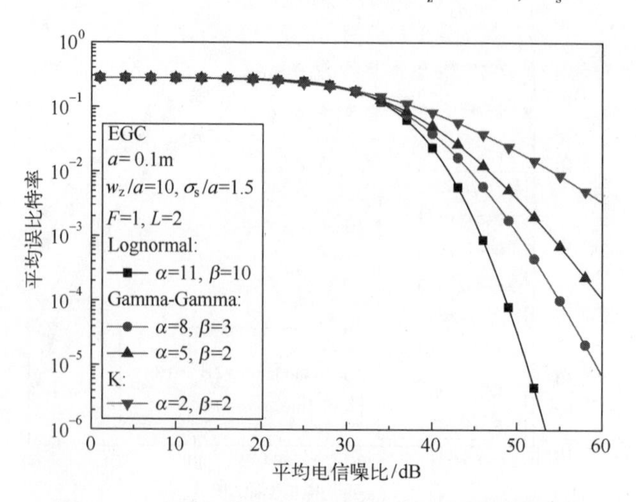


图 7.23 光强起伏方差对系统平均误比特率的影响

收孔径数为 $F=1,L=2$，Malaga 湍流信道采用 Lognormal 分布（$\sigma_I^2=0.2$）、Gamma-Gamma 分布（$\sigma_I^2=0.8$）和 K 分布（$\sigma_I^2=2$）。由图 7.23 可知，在小信噪比时，湍流强度改变时平均误比特率基本不变，说明系统受到大气湍流和指向误差的影响很大。当 SNR>20dB 时，系统平均误比特率随着湍流强度的改变而变化，随着信噪比的增加，湍流强度越弱，平均误比特率减小越快。

2）最大比合并

图 7.24 是非自适应 MIMO-FSO 系统，考虑指向误差和大气湍流的情况，接收端采用最大比合并方式下光束束腰半径对系统平均误比特率的影响，其中光束束腰半径和接收机半径比值分别取 $w_z/a=10,15,20$。由图 7.24 可知，当接收机半径固定时，系统平均误比特率随着 $w_z/a$ 的增大而增大。与束腰半径相比，发射/接收孔径对系统平均误比特率的影响更大。与图 7.20 对比，最大比合并在 SNR≤20dB 时受到湍流和指向误差的影响较小，而等增益合并在平均电信噪比约小于 25dB 时受到湍流和指向误差的影响较小。在发射孔径 $F=1$，$L=2$，$w_z/a=10$，$\sigma_s/a=1.5$，SNR=60dB 时，等增益平均误比特率为 $2.37\times10^{-3}$，最大比合并的平均误比特率为 $7.36\times10^{-5}$，与等增益合并相比，最大比合并下系统性能更优。

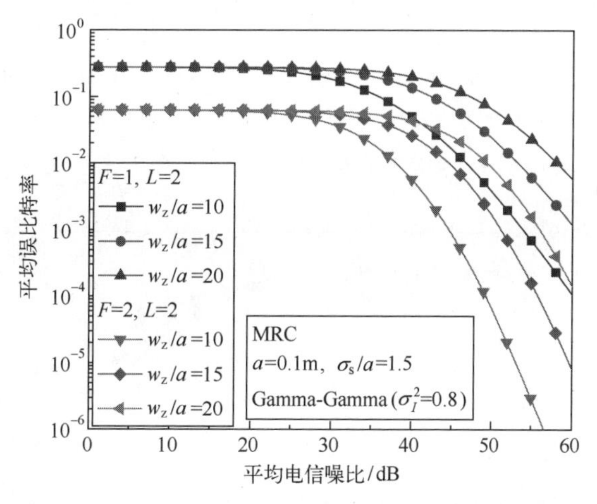


图 7.24　$w_z/a$ 值对系统平均误比特率的影响（MRC）

图 7.25 是考虑指向误差和大气湍流的情况，Malaga 湍流信道取 Gamma-Gamma 分布（$\alpha=5,\beta=2,\sigma_I^2=0.8$）时，对于非自适应 MIMO 系统，接收端合并策略采用最大比合并方式时抖动偏差对系统平均误比特率的影响。由图 7.25 可知，当湍流强度和束腰半径与接收机半径比值一定时，随着抖动标

准差与接收机半径比值 $\sigma_s/a$ 的增大，等增益合并下系统平均误比特率增大。可知，随着抖动标准差增大，非自适应系统性能劣化。且与抖动偏差相比较，发射（接收）孔径对平均误比特率的影响更大，增大发射/接收孔径数可以改善抖动偏差对平均误比特率的影响，即平均误比特率的性能更优。

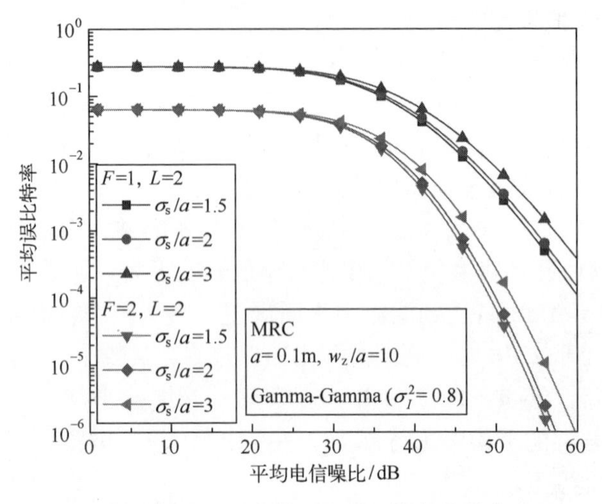


图 7.25　抖动标准差对系统平均误比特率的影响（MRC）

图 7.26 是当接收端合并策略为最大比合并时，Malaga 湍流信道取不同湍流分布对非自适应 MIMO-FSO 系统平均误比特率的影响。由图 7.26 可得，当平均电信噪比为 40dB，$\sigma_1^2=0.2$ 的平均误比特率为 $2.3\times10^{-2}$；$\sigma_1^2=0.5$ 的平均

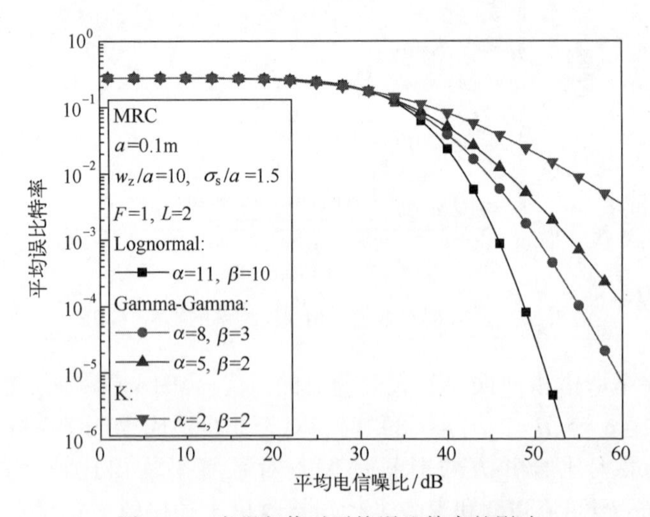


图 7.26　光强起伏对平均误比特率的影响

误比特率为5.1×10$^{-2}$；$\sigma_I^2=2$ 的平均误比特率 8.1×10$^{-2}$。可知，当发射/接收孔径数以及指向误差一定时，在不同的湍流强度下，当信噪比较小时，信噪比增加，系统误比特率基本不变，说明此时非自适应系统受到大气湍流的影响不大。但当 35dB<SNR 时，系统受到大气湍流的影响增大，误比特率随着光强起伏的增大而增大。

图 7.27 为发射/接收孔径数对采用 MRC 时 MIMO 系统的平均误比特率的影响，其中 $w_z/a=10$，$\sigma_s/a=1.5$。由图 7.27 可知，小信噪比时误比特率随信噪比的增加基本不变，当 SNR>25dB 时，随着发射/接收孔径数目的增加，误比特率随信噪比的增大下降趋势越快。可知，对于非自适应 MIMO-FSO 系统，增大发射/接收孔径的数目可以有效地对抗衰落，使得系统平均误比特率性能更优。

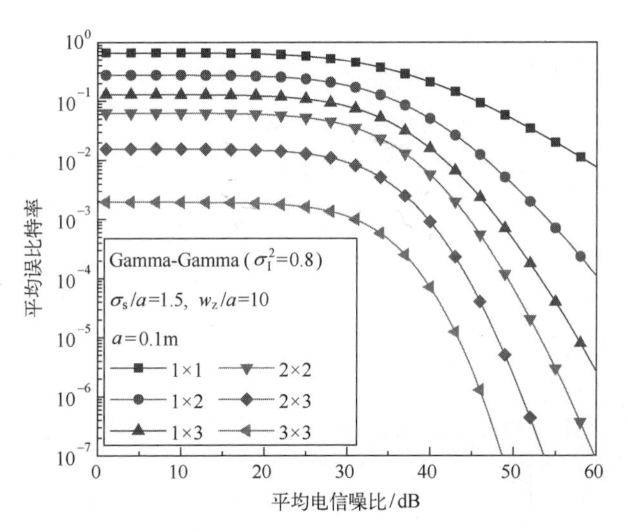


图 7.27　发射/接收孔径数对系统平均误比特率的影响

3）三种合并方式对比

图 7.28 是 Malaga 湍流信道和指向误差的影响下，副载波调制 SIMO 系统分别采用 EGC、MRC 和 SC 三种合并方式对平均误比特率的影响。由图 7.28 可知，在相同的湍流强度下，MRC 合并方式系统性能最好。对于三种合并方式，在 SNR<35dB 时，系统平均误比特率受大气湍流的影响都较小，因此平均误比特率没有明显变化。随着信噪比的增加，最大比合并系统平均误比特率受大气湍流的影响较大，湍流强度越小，误比特率减小速度越快。而与无分集相比，选择合并在 SNR<25dB 时，系统性能并没有得到改善，因此选择合并对系统性能的改善较差。当 Malaga 信道取 Gamma-Gamma 分布（$\alpha=5,\beta=2,\sigma_I^2$

=0.8)，达到固定平均误比特率 $10^{-2}$时，与等增益合并相比，最大比合并的信噪比约改善 3dB。

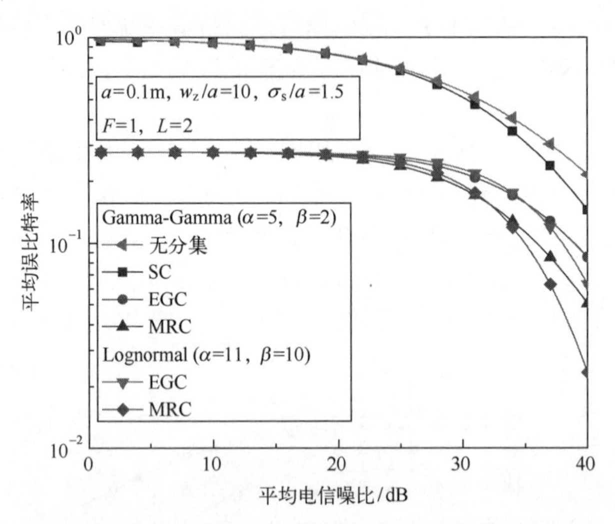


图 7.28　三种合并方式系统平均误比特率（见彩图）

图 7.29 是 Malaga 湍流信道和指向误差的影响下，非自适应 SIMO 系统中 EGC、MRC 和 SC 三种合并方式下的分集增益。其中，$w_z/a=10$，$\sigma_s/a=1.5$，$F=1$。分集增益即达到固定平均误比特率为 $10^{-4}$时，三种合并方式与无分集方式相比较信噪比的改善程度。由图 7.29 可知，当接收孔径数大于 6 时，选择组合随着接收天线数的增加，分集增益不再增大而趋于平稳。但随着接收孔径数的增加，最大比合并的分集增益最大，在接收孔径数为 4 时，与等增益合并

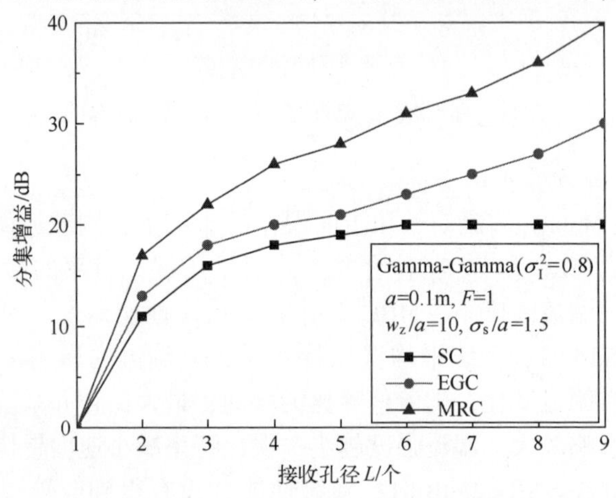


图 7.29　三种合并方式下的分集增益

相比具有约 6dB 的分集增益，因此最大比合并方式可以更好地改善通信系统的性能。

## 7.4　信道编码

无线光通信系统由于大气信道的不稳定因素造成传输误码率增大。在大气信道中存在各种链路损耗，包括自由空间损耗、大气衰减、光强闪烁和背景辐射等。室外大气激光通信必须需要很好的功率预算，以保证无错误传输，而大气激光通信系统是功率受限系统，因此，差错控制编码技术的引入使得信息传输的误码率减小。目前，针对 IM/DD 系统主要研究的信道编码技术有 RS 码。卷积码、Turbo 码以及低密度奇偶校验（Low-Density Parity-Check，LDPC）码等。本节主要研究了 Turbo 码和 LDPC 码的性能，并将其应用于 SIM-FSO 系统中，从所需要接收的光功率和表征湍流强度的对数光强起伏方差两个方面对比分析了数字副载波调制链路信道编码前后的系统性能，并对其中的相关问题如编码增益、误码率进行了详细研究。基于信道编码的副载波无线光通信系统如图 7.30 所示。

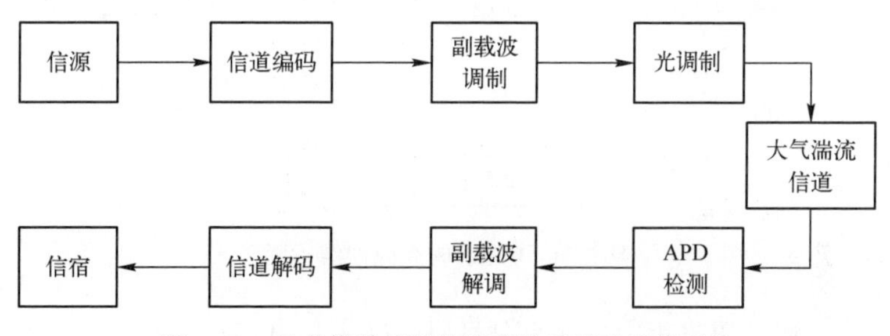


图 7.30　具有信道编码的副载波无线光通信系统

### 7.4.1　Turbo 码

Turbo 码是近几年发展起来的具有优异纠错性能的编码技术，由 C. Berru 等在 ICC'93（1993 IEEE International Conference on Communications）会议上提出来的具有接近 Shannon 理论极限的一种码。在以往的通信系统研究中，仿真结果表明[29]，在信噪比 $E_b/N_0 \geqslant 0.7$ 并采用 BPSK 调制时，码率为 1/2 的 Turbo 码（其中迭代次数取 18 次，随机交织器大小为 65536 时）在加性高斯信道（AWGN）上的误比特率 $BER \leqslant 10^{-5}$，达到了与 Shannon 限（1/2 码率，$E_b/N_0 = 0dB$）仅相差 0.7dB 的优异性能。

Turbo 码通过交织器和解交织器的使用，有效地实现了随机性编译码的思想，而且通过短码的有效结合实现了长码，从而获得了接近 Shannon 理论极限的译码性能[30]。Turbo 码性能上限能够很好地度量信噪比大于 2.03dB 门限值时的 Turbo 码的性能。因此，可以采用 Turbo 码一致界来分析无线光通信系统的误比特率上限。Turbo 码的提出标志着长期将信道截止速率作为实际容量限的历史的结束，标志着信道编码理论技术的研究步入了一个崭新的阶段，同时，更新了编码理论研究中的一些概念和方法，推广了基于概率的软判决译码方法。

**1. Turbo 码的编码原理**

C. Berru 等最初提出的 Turbo 码采用的就是并行级联卷积码（Parallel Concatenated Convolutional Code，PCCC）结构，本节中的 Turbo 码都是指 PCCC。Turbo 码编码器主要由分量编码器、交织器、删余矩阵和复接器组成。其中，分量编码器一般选择递归系统卷积（Recursive Systematic Convolutional，RSC）码，通过交织器并行级联而成，编码后的校验位再经过删余矩阵，产生不同码率的码字。图 7.31 给出了由两个分量编码器组成的 Turbo 码的编码结构图[30]。

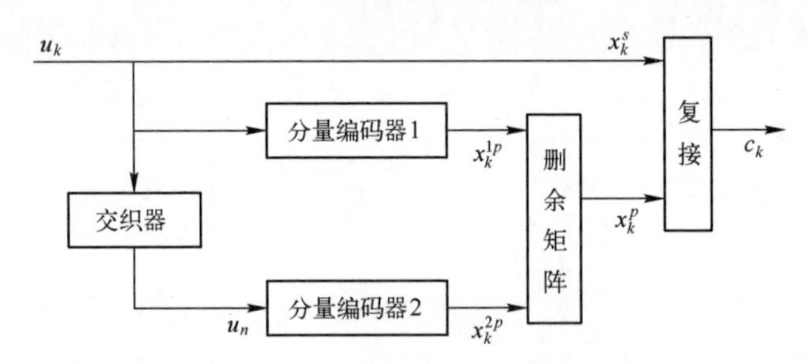


图 7.31　Turbo 码编码器结构图

在 Turbo 码编码过程中，两个分量码的输入信息序列是相同的，长度为 $N$ 的信息序列 $\{u_k\}$。$\{u_k\}$ 在送入第一个分量编码器进行编码的同时作为系统输出 $\{x_k^s\}$ 直接送至复接器，同时 $\{u_k\}$ 经过交织器 $I$ 后的交织序列 $\{u_n\}$ 送入第二个分量编码器。其中，$n=I(k), 0 \leqslant n, k \leqslant N-1$。$I(\cdot)$ 为交织映射函数，$N$ 为交织长度，即信息序列长度。两个分量编码器的输入序列仅仅是码元的输入顺序不同。两个分量编码器输出的校验序列分别为 $\{x_k^{1p}\}$ 和 $\{x_k^{2p}\}$，为了提高码率和系统频谱效率，可以将两个校验序列经过删余矩阵删余后得到 $\{x_k^p\}$，再与系统输出 $\{x_k^s\}$ 一起经过复接器复接构成码字序列 $\{c_k\}$。这里删余矩阵的作用是提高编码码率，其元素取自集合 {0，1}。矩阵中，每一行分别与两个分量编码器相对应，其中“0”表示相应位置上的校验比特被删除，而“1”则表示保留相应位置的校验比特。

在约束长度相同条件下，非系统卷积（Non-Systematic Convolutional，NSC）码的误比特性能在高信噪比时比非递归卷积（Non-Recursive Convolutional，NRC）码要好，而在低信噪比时情况却恰好相反。递归系统卷积码综合了 NSC 码和系统码的特性，因而在 Turbo 码中分量码的最佳选择是递归系统卷积码，为了便于分析，一般两个分量码采用相同的生成矩阵，当然分量码生成矩阵也可以不同。

图 7.32（a）给出了约束长度为 2、码率为 1/2 的 RSC 码（D 表示寄存器），其生成矩阵为

$$G(D)=\left[1,\frac{1}{1+D}\right] \tag{7.72}$$

图 7.32（b）给出了约束长度为 3、码率为 1/2 的 RSC 码，其生成矩阵为

$$G(D)=\left[1,\frac{1+D+D^2}{1+D^2}\right] \tag{7.73}$$

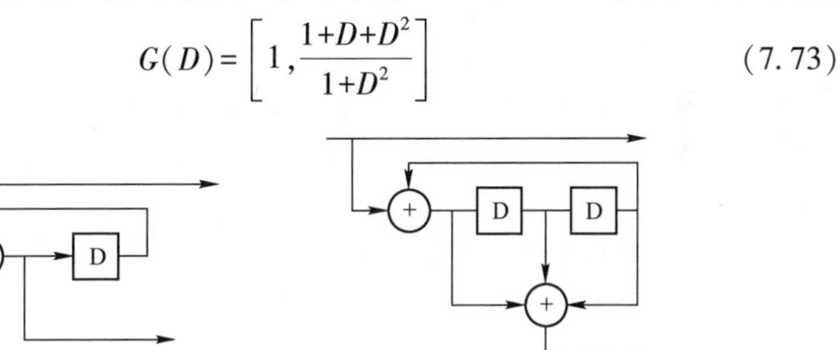


(a) 约束长度为2、码率为1/2的RSC码　　(b) 约束长度为3、码率为1/2的RSC码

图 7.32　RSC 码编码示意图

编码器中交织器的作用是将信息序列 $\{u_k\}$ 中的比特位置进行重置。当信息序列经过第一个分量编码器编码后输出的码字重量较低时，交织器可使交织后的信息序列经过第二个分量编码器编码后以很大的概率输出高重码字，从而提高码字的汉明重量；好的交织器还可以有效地降低校验序列之间的相关性。通过交织，编码序列在长为 $2N$ 或 $3N$（未经过删余）比特的范围内具有无记忆性，从而由简单短码得到了近似随机长码。因此，交织器的设计是 Turbo 码设计中的一个重要组成部分，交织器设计的好坏很大程度上影响着 Turbo 码的性能。

**2. Turbo 码的性能限**

Turbo 码的编码对象是固定长度的信息序列，即在编码过程中首先将输入信息数据分成与交织长度相同的数据序列，然后对每个数据序列再进行编码。如果交织器大小固定，Turbo 码的分量编码器在编码结束时利用结尾码元使得格图归零，则 Turbo 码可以等效为一个分组码，因此就可以利用分析分组码理

论和分析界技术来分析 Turbo 码性能了，也就是可以利用码的重量分布特性来计算码字误比特率性能限[30]。

令 $T^{(k)}(L,I,D)$ 为重量枚举函数对第 $k$ 个分量码选择编码器，则码字的重量枚举函数（Weight Enumerating Function，WEF）为[30]

$$T^{(k)}=\sum_{l=0}^{\infty}\sum_{i=0}^{\infty}\sum_{d=0}^{\infty}t^{(k)}(l,i,d)L^{l}I^{i}D^{d} \tag{7.74}$$

式中：$t^{(k)}(l,i,d)$ 表示是第 $k$ 个分量码长度为 $l$，输入汉明重量为 $i$，输出汉明重量为 $d$ 的码字个数，一般设定 $l=N$，即信息序列长度与交织器长度相等。重量枚举函数描述的是码字的重量分布，仅仅与输出码字相关。为了进一步考察输入信息对输出码字重量的影响，定义输入输出重量枚举函数（Input-Oput Weight Enumerating Function，IOWEF）为

$$T_{N,C}^{(k)}(i,D)=\sum_{d=0}^{N}t^{(k)}(N,i,d)I^{i}D^{d} \tag{7.75}$$

对于码率为 1/3 的 Turbo 码，由于在编码中使用了交织器，因此加大了分析难度。文献［31］中提出了均匀交织器的概念，所谓“均匀交织器”，是指将给定的长度为 $N$、重量为 $i$ 的输入序列映射为所有 $C_N^i$ 种不同的映射序列，而且所有映射关系是等概率的，也就是说，输入序列映射为任意一种映射序列的概率均为 $1/C_N^i$。若均匀交织器的长度为 $N$，输入序列的重量为 $i$，从而可得到不同的映射结果的概率为

$$\frac{1}{C_N^i}=\frac{i!\ (N-i!)}{N!}=1/\binom{N}{i} \tag{7.76}$$

均匀交织器使两个分量编码器输出校验序列的重量分布相互独立，这样就可以根据分量码的重量分布计算 Turbo 码的重量分布[31]了。

在均匀交织条件下，码率为 1/3 的 Turbo 码的条件重量枚举函数（Conditional Weight Enumeration Function，CWEF）为[32]

$$T_{N,C}^{\mathrm{PCCC}}(i,D)=\frac{T_{N,C}^{(1)}(i,D)\,T_{N,C}^{(2)}(i,D)}{\binom{N}{i}} \tag{7.77}$$

式中：$\binom{N}{i}=\frac{N!}{i!(N-i)!}$，由于 Turbo 码的条件重量枚举函数 CWEF 考虑的是在均匀交织条件下的平均值，因此也称为 Turbo 码的平均条件重量枚举函数。

利用式（7.75）和式（7.77），可以得到 Turbo 码的条件重量枚举函数为

$$T_{N,C}^{\mathrm{PCCC}}(i,D)=\frac{1}{\binom{N}{i}}\sum_{d1}^{\infty}\sum_{d2}^{\infty}t^{(1)}(N,i,d)\cdot t^{(2)}(N,i,d)D^{d1}D^{d2} \tag{7.78}$$

令 $C(i,d_1,d_2)=\frac{1}{\binom{N}{i}}\cdot t^{(1)}(N,i,d)\cdot t^{(2)}(N,i,d)$，则

$$T_{N,c}^{\text{PCCC}}(i,D)=\sum_{d_1}^{\infty}\sum_{d_2}^{\infty}C(i,d_1,d_2)D^{d_1}D^{d_2}=\sum_{d=0}^{2N}B(i,d)D^d \tag{7.79}$$

式中：$B(i,d)$是输入信息序列重量为 $i$、输出冗余重量为 $d$ 的码字个数，可以通过转移函数限的方法来获得[33]。

不失一般性，假设传输全零码字，则线性分组码$(N,K)$的码字错误概率公式为

$$P_{\text{word}}=\sum_{d=1}^{N}A(d)P(d) \tag{7.80}$$

式中：$A(d)$为汉明重量为 $d$ 的错误码字个数；$P(d)$为码字发生错误的概率。结合式（7.80），码率为 1/3 的 Turbo 码比特错误概率上限可以表示为[33]

$$P_{\text{e}}\leqslant\sum_{i=d}^{N}\sum_{d=0}^{2N}\frac{i}{N}B(i,d)P(d) \tag{7.81}$$

**3. 转移函数限**

对于一个给定的 PCCC 编码结构，定义转移函数为

$$T(L,I,D)=\sum_{l\geqslant 0}\sum_{i\geqslant 0}\sum_{d\geqslant 0}L^lI^iD^dt(l,i,d) \tag{7.82}$$

式中：$t(l,i,d)$为路径长度为$l$，输入汉明重量为$i$，输出汉明重量为$d$的码字个数。

一种典型的 Turbo 编码结构如图 7.33 所示，约束长度为 3（存储长度为 2），总码率为 1/3。对应每个输入信息比特 $u$，编码器输出为一个系统比特 $x_0$ 和 2 个校验比特 $x_1$ 和 $x_2$。

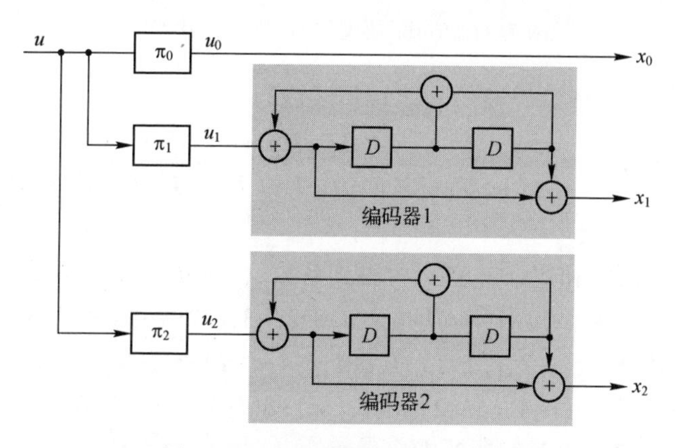


图 7.33　Turbo 码编码器（7,5）

由该编码器结构可知，生成多项式为 $g_a(D)=1+D+D^2$，$g_b(D)=1+D^2$，生成矩阵可以表示为

$$G(D)=\left[1,\frac{1+D^2}{1+D+D^2}\right] \tag{7.83}$$

该 Turbo 码编码器相对应的状态图如图 7.34 所示。状态图中，每一条转移路径上的标记斜线前是输入码元，斜线后是相应的输出码元。每一条转移路径都可以用一个单项式 $L^l I^i D^d$ 表示，其中 $l$ 一般取 1，$i$ 和 $d$ 一般取 0 或 1，取决于输入位和输出位是 1 还是 0。从状态转移图中可以得到，相应的状态转移矩阵 $A(L,I,D)$ 为[34]

$$A(L,I,D)=\begin{pmatrix} L & LID & 0 & 0 \\ 0 & 0 & LI & LD \\ LID & L & 0 & 0 \\ 0 & 0 & LD & LI \end{pmatrix} \tag{7.84}$$

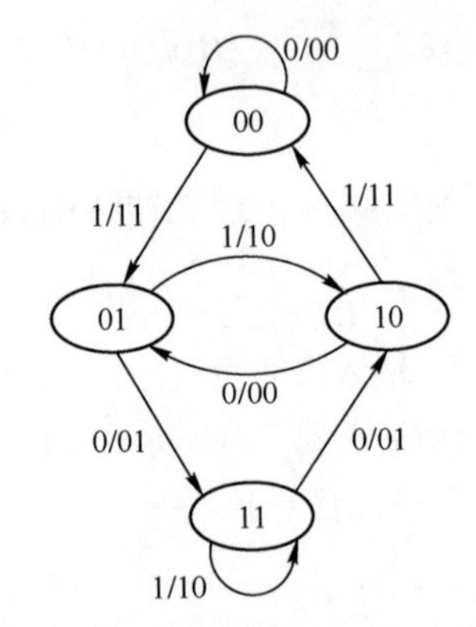


图 7.34　Turbo 码编码器（7,5）状态图

因此，可得到该编码器的状态转移函数为

$$T_{7/5}(L,I,D)\approx\frac{1-LD-L^2D+L^3(D^2-I^2)}{1-L(1+D)+L^3(D+D^2-I^2-I^2D^3)-L^4(D^2-I^2-I^2D^4+I^4D^2)} \tag{7.85}$$

由式（7.82）和式（7.85）可得到系数 $t(l,i,d)$ 的表达式为

$$\begin{aligned}t(l,i,d)=&t(l-1,i,d-1)+t(l-1,i,d)+t(l-3,i-2,d-3)+t(l-3,i-2,d)-\\&t(l-3,i,d-2)-t(l-3,i,d-1)+t(l-4,i-4,d-2)-t(l-4,i-2,d-4)-\\&t(l-4,i-2,d)+t(l-4,i,d-2)+\delta(l,i,d)-\delta(l-1,i,d-1)-\delta(l-2,i,d-1)+\\&\delta(l-3,i,d-2)-\delta(l-3,i-2,d)\end{aligned} \tag{7.86}$$

式中：$l \geqslant 0, i \geqslant 0, d \geqslant 0, l \geqslant 0$，当 $l=i=d=0$ 时，$\delta(l,i,d)=1$，否则 $\delta(l,i,d)=0$，若 $l$、$i$、$d$ 三个参数中有任何一个是负值，则 $t(l,i,d)=0$。

**4. 副载波调制下 Turbo 码无线光通信性能仿真分析**

在弱湍流条件下，基于 BPSK 副载波调制的系统误码率为

$$P_{\mathrm{e}}=\frac{\exp(-\sigma_l^2/2)}{\sqrt{2\pi}\sigma_l}\int_0^{\infty}\frac{1}{x^2}\exp\left(-\frac{\ln^2 x}{2\sigma_l^2}\right)Q\left(\frac{x}{\sigma_{\mathrm{g}}}\right)\mathrm{d}x \tag{7.87}$$

由前面可知，$\mathrm{SNR}=\dfrac{(P_{\max}/2)^2\,(R)^2\xi^2}{2\sigma_{\mathrm{g}}^2}$，因此上式可化为误码率与信噪比 SNR 的关系为

$$P_{\mathrm{e}}=\frac{\exp(-\sigma_l^2/2)}{\sqrt{2\pi}\sigma_l}\int_0^{\infty}\frac{1}{x^2}\exp\left(-\frac{\ln^2 x}{2\sigma_l^2}\right)Q\left(\frac{\sqrt{2\mathrm{SNR}}\,x}{(P_{\max}/2)R\xi}\right)\mathrm{d}x \tag{7.88}$$

因为在对 Turbo 码性能限进行分析时，ML 译码器选择了权重为 $d=i+d_1+d_2$ 的码字代替了全零码字，对于 Turbo 编码的受光强闪烁影响，数字副载波 BPSK 系统条件概率 $P(d)$ 为[33]

$$P(d)=\frac{\exp(-\sigma_l^2/2)}{\sqrt{2\pi}\sigma_l}\int_0^{\infty}\frac{1}{x^2}\exp\left(-\frac{\ln^2 x}{2\sigma_l^2}\right)Q\left(\frac{\sqrt{2d\mathrm{SNR}}\,x}{(P_{\max}/2)R\xi}\right)\mathrm{d}x \tag{7.89}$$

将上式代入式（7.81）可得到 Turbo 码的数字副载波 BPSK 调制系统差错率。同理可得到 Turbo 码的 QPSK、8PSK 以及其他多进制副载波调制系统的误比特率。

图 7.35 给出了采用 Turbo 码性能限方法进行的弱湍流信道数字副载波调制 BPSK 和 QPSK 两种调制方式下的系统差错率仿真。仿真中，分量编码器采用 PCCC 编码器，生成矩阵为 $g(7,5)$，码率为 1/3，交织器采用均匀交织器，交织长度 $N=100$。其中，图 7.35（a）和图 7.35（b）光强起伏方差分别为 $\sigma_l^2=0.01$ 和 $\sigma_l^2=0.15$。

从图 7.35 中可以看出，在光强闪烁存在时，误比特率相同的条件下，采用 Turbo 编码的 BPSK 和 QPSK 均可获得比未编码系统好的差错性能，即使在低信噪比仍然能保持较好的通信性能。当 $\sigma_l^2=0.01$ 时，采用未编码 BPSK 调制系统要达到 $\mathrm{BER}=10^{-4}$，信噪比约为 9dB，而采用 Turbo 编码的 BPSK 系统只需要信噪比约 2dB。在交织长度和码率相同的条件下，采用 Turbo 编码的 BPSK 和 QPSK 系统与未编码系统相比都具有约 7dB 的编码增益。

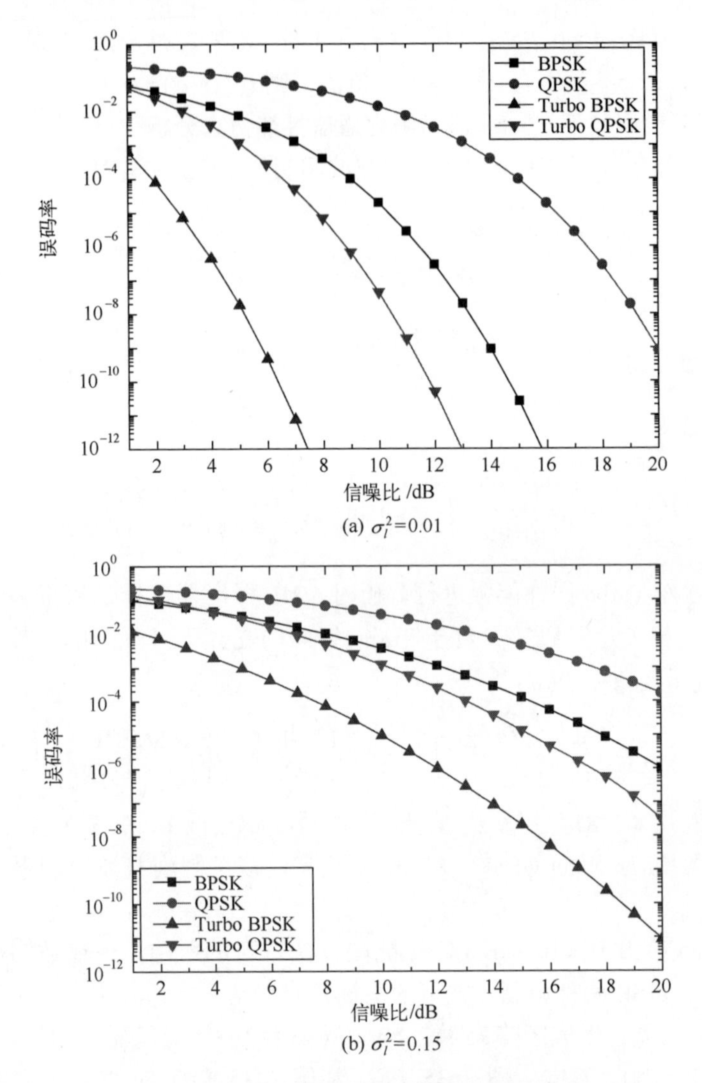


(a) $\sigma_l^2=0.01$

(b) $\sigma_l^2=0.15$

图 7.35 Turbo 码数字副载波系统误码性能仿真

当光强闪烁较强烈即 $\sigma_l^2=0.15$，且通信误码率 BER = $10^{-6}$时，采用 Turbo 编码的 BPSK 需要信噪比约为 12dB，而采用 Turbo 编码的 QPSK 需要信噪比约为 17dB，BPSK-Turbo 比 QPSK-Turbo 具有约 5dB 的编码增益。由此可以得出，采用 Turbo 编码和 BPSK 调制相结合的方式，在功率受限的无线光通信系统中，不仅可以节省所需要接收的光功率，还可以使系统达到较低的误比特率，提高系统通信的可靠性。

### 7.4.2　低密度奇偶校验码

低密度奇偶校验（LDPC）码最早是由麻省理工学院的 R. G. Gallager 于 1962 年构造的[35]，Gallager 提出了正则 LDPC 码的构造方法、编译码算法、最小汉明距离分析以及译码算法的性能分析。1993 年，D MacKay 等发现 LDPC 码具有逼近 Shannon 限的优异性能，且具有可并行译码、译码复杂度低以及译码错误的可检测性等优点，致使 LDPC 码成为信道编码理论新的研究热点。目前国际上对 LDPC 码的理论研究已取得重要进展，而且已经进入工程应用和超大规模集成电路实现阶段[36]。

**1. LDPC 码的描述**

LDPC 码是一种分组码，是根据稀疏奇偶校验矩阵 $\boldsymbol{H}$ 的零空间而定义的。所谓校验矩阵 $\boldsymbol{H}$ 的稀疏性，是指矩阵中包含“0”元素的个数远大于“1”元素的个数，因此低密度是指矩阵 $\boldsymbol{H}$ 中包含“1”的密度很低。假设码字的长度为 $n$，信息位为 $k$，则校验位为 $m=n-k$，校验矩阵 $\boldsymbol{H}$ 就是一个 $m\times n$ 的二进制矩阵。校验矩阵 $\boldsymbol{H}$ 的每一列代表码元符号参与的校验约束，而校验矩阵的每一行代表一个校验约束，其中所有非零元素对应的码元变量构成一个校验集，用一个校验方程表示。

Gallager 博士最早给出了“规则 LDPC 码”的定义，二元$(n,j,k)$LDPC 码的校验矩阵 $\boldsymbol{H}$ 满足以下 4 个条件[37]：

（1）每一列包含 $j$ 个 1，列重量为 $j$；

（2）每一行包含 $k$ 个 1，行重量为 $k$；

（3）任何两列之间同为 1 的行数不超过 1，即矩阵 $\boldsymbol{H}$ 和 Tanner 图中不存在四线循环；

（4）$j$ 和 $k$ 均远小于码字长度 $n$ 和矩阵行数 $m$，且当 $n\to\infty$ 时，$k/n=j/m\to 0$。

根据这四个条件，Gallager 给出了一个$(20,3,4)$规则 LDPC 码的校验矩阵实例，如图 7.36 所示。当 $\boldsymbol{H}$ 的行重和列重保持不变或尽可能保持均匀时，称这样的 LDPC 码为规则 LDPC 码，反之如果列、行重变化差异较大，称为非规则的 LDPC 码。

LDPC 码校验矩阵 $\boldsymbol{H}$ 除了用传统的矩阵直接表示之外，还可以用对应的 Tanner 双向图来描述校验矩阵 $\boldsymbol{H}$。描述如下：将信息节点（又称为变量节点）$x_1,x_2,\cdots,x_n$ 排成一行，对应于校验矩阵各列。将 $m$ 个校验节点 $z_1,z_2,\cdots,z_m$ 排成一行，对应于校验矩阵各行，每个节点对应码字的一个校验集。如果校验矩阵的第 $i$ 行第 $j$ 列对应元素不为 0，则称节点 $x_j$ 与节点 $z_i$ 关联，并将这两节点

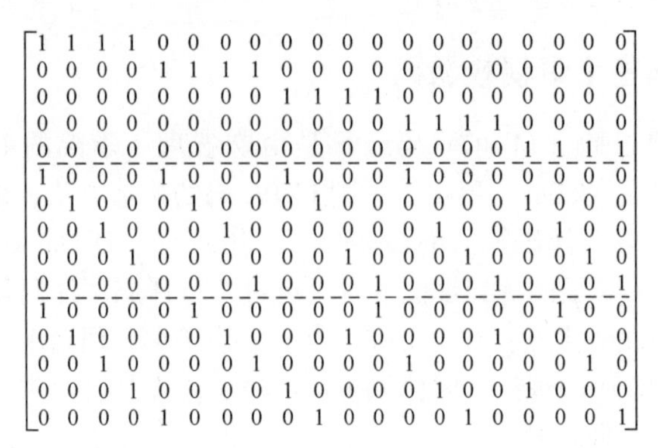

$$
\begin{bmatrix}
1&1&1&1&0&0&0&0&0&0&0&0&0&0&0&0&0&0&0&0\\
0&0&0&0&1&1&1&1&0&0&0&0&0&0&0&0&0&0&0&0\\
0&0&0&0&0&0&0&0&1&1&1&1&0&0&0&0&0&0&0&0\\
0&0&0&0&0&0&0&0&0&0&0&0&1&1&1&1&0&0&0&0\\
0&0&0&0&0&0&0&0&0&0&0&0&0&0&0&0&1&1&1&1\\
\hline
1&0&0&0&1&0&0&0&1&0&0&0&1&0&0&0&0&0&0&0\\
0&1&0&0&0&1&0&0&0&1&0&0&0&0&0&0&1&0&0&0\\
0&0&1&0&0&0&1&0&0&0&0&0&0&1&0&0&0&1&0&0\\
0&0&0&1&0&0&0&0&0&0&1&0&0&0&1&0&0&0&1&0\\
0&0&0&0&0&0&0&1&0&0&0&1&0&0&0&1&0&0&0&1\\
\hline
1&0&0&0&0&1&0&0&0&0&0&1&0&0&0&0&0&1&0&0\\
0&1&0&0&0&0&1&0&0&0&1&0&0&0&0&1&0&0&0&0\\
0&0&1&0&0&0&0&1&0&0&0&0&1&0&0&0&0&0&1&0\\
0&0&0&1&0&0&0&0&1&0&0&0&0&1&0&0&1&0&0&0\\
0&0&0&0&1&0&0&0&0&1&0&0&0&0&1&0&0&0&0&1
\end{bmatrix}
$$

图 7.36　低密度校验矩阵 $n=20, j=3, k=4$[37]

连接起来，这条边两端的节点被称为相邻节点。对于每个节点，与之相连的边数称为该节点的度。图 7.36 中矩阵的 Tanner 图如图 7.37 所示。

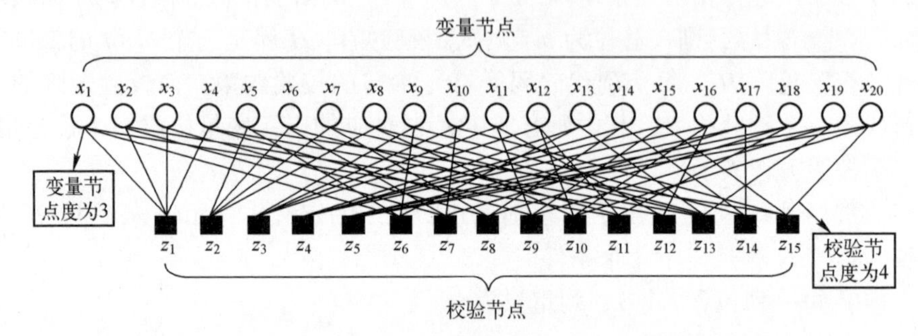


图 7.37　(20,3,4) LDPC 码的 Tanner 图表示[36]

一般情况下，校验矩阵 $\boldsymbol{H}$ 是随机构造的，因此是非系统形式的。编码时，对校验矩阵 $\boldsymbol{H}$ 采用高斯消元法化为

$$\boldsymbol{H}=[\boldsymbol{I}\quad \boldsymbol{P}] \tag{7.90}$$

式中：$\boldsymbol{I}$ 是单位矩阵；$\boldsymbol{P}$ 是 $m\times(n-m)$ 阶矩阵。

由式 (7.90) 得到生成矩阵为

$$\boldsymbol{G}=[-P^{\mathrm{T}}\quad I] \tag{7.91}$$

设信息序列 $\boldsymbol{u}=(u_0, u_1, \cdots, u_{k-1})$，则码字 $\boldsymbol{C}$ 为

$$\boldsymbol{C}=\boldsymbol{u}\cdot\boldsymbol{G} \tag{7.92}$$

因此，LDPC 码编码算法由稀疏校验矩阵、生成矩阵和码字的生成三部分构成。

LDPC 传统编码算法和一般的线性分组码类似，需要先求出生成矩阵，再根据生成矩阵进行编码，编码过程运算复杂度高，难以具有实用性。这里采用 *LU* 分解编码算法，不需要求出生成矩阵，直接利用校验矩阵进行编码，从而获得较低的编码复杂度[38]。

将校验矩阵 $\boldsymbol{H}_{m\times n}$ 写成如下形式：

$$\boldsymbol{H}_{m\times n}=[\boldsymbol{H}_1 \quad \boldsymbol{H}_2] \tag{7.93}$$

式中：$\boldsymbol{H}_1$ 为 $m\times k$ 阶；$\boldsymbol{H}_2$ 为 $m\times n$ 阶。

设编码后的码字行向量为 $\boldsymbol{c}$，长度为 $n$，可写为：$\boldsymbol{c}=[\boldsymbol{s} \quad \boldsymbol{p}]$，其中 $\boldsymbol{s}$ 为信息码行向量，长度为 $k$，$\boldsymbol{p}$ 为校验码行向量，长度为 $m$。根据校验等式有 $\boldsymbol{H}\cdot \boldsymbol{c}^{\mathrm{T}}=0$，即

$$[\boldsymbol{H}_1 \quad \boldsymbol{H}_2]\cdot\begin{bmatrix}\boldsymbol{s}^{\mathrm{T}}\\ \boldsymbol{p}^{\mathrm{T}}\end{bmatrix}=0 \tag{7.94}$$

展开该矩阵方程，并考虑到运算是在 $GF(2)$ 中进行的，得到

$$\boldsymbol{H}_2\boldsymbol{p}^{\mathrm{T}}=\boldsymbol{H}_1\boldsymbol{s}^{\mathrm{T}} \tag{7.95}$$

由式（7.95）可直接由校验矩阵进行编码。

**2. LDPC 码校验矩阵的构造**

LDPC 码按照校验矩阵构造方法可以分为随机构造和代数构造的码。Gallager 和 Mackay 等都用随机方法构造 LDPC 码，采用随机法构造的 LDPC 码码字参数选择灵活，但在中短长度、高码率 LDPC 码的随机构造过程中，不易避免 Tanner 图中的四线循环，而且它没有一定的码结构，其编码复杂度与码长的平方成正比。代数法所构造的 LDPC 码具有循环或准循环结构，编码简单，码对应的 Tanner 图无四线循环，该方法构造的 LDPC 码当采用置信传播（Belief Propagation，BP）译码算法时，在加性高斯信道下具有良好的系统编/译码性能。

稀疏校验矩阵 $\boldsymbol{H}$ 产生的方法一般为[39]

（1）产生$(N-K)\times N$ 维的全零矩阵 $\boldsymbol{H}$，对不同的节点随机翻转元素以达到度分布。

（2）产生$(N-K)\times N$ 维的全零矩阵，随机翻转元素，使列重量保持为 $d_{\mathrm{v}}$。

（3）按照（2）的方法，尽量保持行重量均匀为 $d_{\mathrm{c}}$。

（4）产生列重量为 $d_{\mathrm{v}}$，行重量均匀为 $d_{\mathrm{c}}$ 的矩阵，且两列之间同为 1 的行数不超过 1，即 $\boldsymbol{H}$ 矩阵和 Tanner 双向图中无四线循环。

（5）按照（4）的方法产生 $\boldsymbol{H}$，消去其他的短环。

（6）按照一定编码结构生成 $\boldsymbol{H}$。

**3. LDPC 码的置信传播迭代译码算法**

建立在 Tanner 双向图上的 LDPC 码，其置信传播译码的每次迭代分两步：①校验节点的处理。②变量节点的处理。译码过程的每一步，都是沿着 Tanner 图中的边在变量节点与校验节点间相互传递信息的。在每次迭代过程中，所有校验节点从其相邻的变量节点处接收消息，处理完毕，再传回到相邻的变量节点；变量节点收集所有可以利用的消息最终进行判决。在 LDPC 码的译码过程中，所有校验（或变量）节点的处理可以同时进行，因此利用并行结构可构造高速 LDPC 码的译码器。

BP 译码可以分为概率域 BP 译码和对数域 BP 译码。概率域 BP 译码的消息用概率形式表示，适用于非二进制 LDPC 码的译码。而二进制的 LDPC 码，消息可以采用对数似然比形式表示，相应的译码称为对数域 BP 译码（the Log Likehood Ratio-Belief Propagation，LLR-BP）。

1）概率域 BP 译码

引理 4.1[40] 假设 $y_i = x_i + n_i$，其中 $n_i$ 满足 $(0, \sigma^2)$ 分布的高斯随机变量，且 $P_r(x_i=1)=P_r(x_i=0)=0.5$，则 $P_r(x_i=x|y_i)=1/(1+\mathrm{e}^{-2xy_i/\sigma^2})\ (\forall x\in\{-1,1\})$。

证明：由全概率公式和 Bayes 公式可得

$$
\begin{aligned}
P_r(x_i=x|y_i) &= \frac{P_r(y_i|x_i=x)\cdot P_r(x_i=x)}{P_r(y_i|x_i=1)\cdot P_r(x_i=1)+P_r(y_i|x_i=0)P_r(x_i=0)} \\
&= \frac{\dfrac{1}{2}\mathrm{e}^{-(y_i-x)^2/2\sigma^2}}{\dfrac{1}{2}\mathrm{e}^{-(y_i-1)^2/2\sigma^2}+\dfrac{1}{2}\mathrm{e}^{-(y_i+1)^2/2\sigma^2}} = \frac{\mathrm{e}^{xy_i/\sigma^2}}{\mathrm{e}^{y_i/\sigma^2}+\mathrm{e}^{-y_i/\sigma^2}} \\
&= \frac{1}{\mathrm{e}^{(1-x)y_i/\sigma^2}+\mathrm{e}^{-(1+x)y_i/\sigma^2}} = \frac{1}{1+\mathrm{e}^{-2y_ix/\sigma^2}}
\end{aligned}
\tag{7.96}
$$

证明完毕。

用 $R(j)$ 表示与校验节点 $z_j$ 相邻的变量节点的集合，$R(j)/i$ 表示从集合 $R(j)$ 中去除第 $i$ 个变量节点的节点集合，用 $C(i)$ 表示与变量节点 $x_i$ 相邻校验节点的集合，用 $C(i)\backslash j$ 表示从集合 $C(i)$ 中去除第 $j$ 个校验节点的集合。

定义 $q_{ij}(b)$ 是从变量节点 $x_i$ 传递给校验节点 $z_j$ 的软信息，表示为在给定 $y_i$ 而且除了第 $j$ 个校验节点外的所有与它相邻的校验节点提供外信息的条件下，$q_{ij}(b)$ 表示 $x_i=b$ 成立的概率（$b$ 取 0 或 1）。同样定义 $r_{ji}(b)$ 是从校验节点 $z_j$ 传递给变量节点 $x_i$ 的外信息，表示为参加第 $j$ 个校验方程的其他比特满足概率 $q_{i'j}(i\neq i')$ 的条件下，$x_i=b$ 成立的概率。

概率域 BP 译码中，节点之间传输的符号集取值属于实数集 $R$，译码性能最好同时也最复杂，译码算法信息传播示意图如图 7.38 所示[41]。

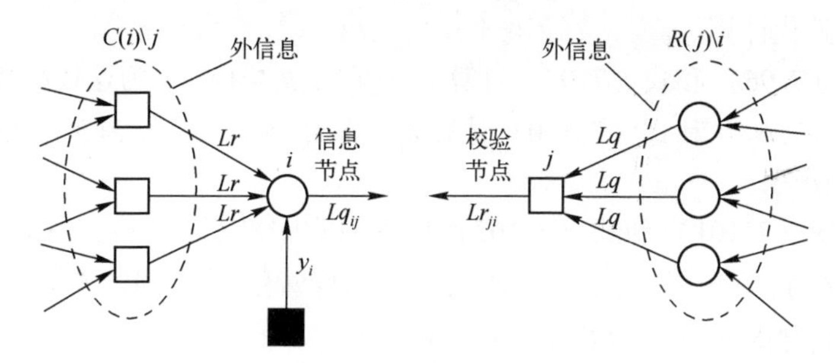


图 7.38　BP 译码算法消息传播

$$r_{ji}(0)=\frac{1}{2}+\frac{1}{2}\prod_{i'\in R(j)\setminus i}(1-2q_{i'j}(1)) \tag{7.97}$$

$$r_{ji}(1)=\frac{1}{2}-\frac{1}{2}\prod_{i'\in R(j)\setminus i}(1-2q_{i'j}(1)) \tag{7.98}$$

设码字长度为 $n$ 的 $(n,j,k)$ LDPC 码的校验矩阵为 $\boldsymbol{H}$，接收到的实数向量集合记为 $\{y\}$，将要传送的信息比特 $X$ 满足包含 $x_{\mathrm{d}}$ 的所有校验方程这一事件记为 $S$，于是比特 $x_{\mathrm{d}}=1$（或 $x_{\mathrm{d}}=0$）关于 $\{y\}$ 和 $S$ 的条件概率可表示为 $P_{\mathrm{r}}(x_{\mathrm{d}}=1|\{y\},S)$（或 $P_{\mathrm{r}}(x_{\mathrm{d}}=0|\{y\},S)$），则

$$\frac{P_{\mathrm{r}}(x_i=0|\{y\},S)}{P_{\mathrm{r}}(x_i=1|\{y\},S)}=\frac{1-P_{\mathrm{d}}}{P_{\mathrm{d}}}\frac{\prod_{j\in C(i)}r_{ji}(0)}{\prod_{j\in C(i)}r_{ji}(1)} \tag{7.99}$$

式中：$P_{\mathrm{d}}$ 表示通过信道特征得到的码字中 $x_{\mathrm{d}}=1$ 的概率。

$$q_{ij}(0)=K_{ij}(1-P_i)\prod_{j'\in C(i)\setminus j}r_{j'i}(0) \tag{7.100}$$

$$q_{ij}(1)=K_{ij}P_i\prod_{j'\in C(i)\setminus j}r_{j'i}(1) \tag{7.101}$$

式中：$K_{ij}$ 是为保证 $q_{ij}(0)+q_{ij}(1)=1$ 的归一化系数。每次 $q_{ij}$ 和 $r_{ji}$ 之间迭代后计算为

$$Q_i(0)=K_i(1-P_i)\prod_{j\in C(i)}r_{ji}(0) \tag{7.102}$$

$$Q_i(1)=K_iP_i\prod_{j\in C(i)}r_{ji}(1) \tag{7.103}$$

式中：$K_i$ 是归一化系数，同样是为了保证 $Q_i(0)+Q_i(1)=1$。

概率域的 BP 算法的译码步骤如下。

（1）初始化。

对于 $H_{ij}\neq 0$，$q_{ij}(0)=P_{\mathrm{r}}(x_i=1|y_i)=P_{\mathrm{r}}^0$，$q_{ij}(1)=1-q_{ij}(0)=P_{\mathrm{r}}^1$，迭代次数

$k=1$。

（2）迭代计算。

由式（7.96）和式（7.97）计算 $r_{ji}^{k}$（$\forall i,j:h_{ji}=1$），$k$ 为迭代次数。

由式（7.99）和式（7.100）计算 $q_{ij}^{k}$（$\forall i,j:h_{ji}=1$），$k$ 为迭代次数。

（3）译码。

利用式（7.101）和式（7.102）计算 $Q_i(0)$ 和 $Q_i(1)$ 值，然后进行硬判决，当 $Q_i(1)\geqslant 0.5$ 时，$x_i=1$，否则 $x_i=0$；对译码结果序列 $\hat{x}^k$ 左乘以校验矩阵 $\boldsymbol{H}$ 后，获得伴随向量 $\boldsymbol{s}^k=(s_1^k,s_2^k,\cdots,s_M^k)$。

（4）当 $s^k=0$ 时，输出译码结果，否则跳转至（2），或迭代次数到最大值时停止。

迭代计算还可以采用前向/后向算法进行简化。

令 $\delta q_{ij}=q_{ij}(0)-q_{ij}(1)$，则

$$\delta r_{ji}=r_{ji}(0)-r_{ji}(1)=\prod_{i'\in R(j)\setminus i}\delta q_{i'j} \tag{7.104}$$

由 $r_{ji}(0)+r_{ji}(1)=1$，有 $r_{ji}(0)=\dfrac{1}{2}(1+\delta r_{ji})$ 和 $r_{ji}(1)=\dfrac{1}{2}(1-\delta r_{ji})$。则

$$q_{ij}(0)=\alpha_{ij}P_r^0\prod_{j'\in C(i)\setminus j}r_{j'i}(0)\text{；}q_{ij}(1)=\alpha_{ij}P_r^1\prod_{j'\in C(i)\setminus j}r_{j'i}(1) \tag{7.105}$$

其中，$\alpha_{ij}$ 是为了保证 $q_{ij}(0)+q_{ij}(1)=1$ 的归一化系数。

每次 $q_{ij}$ 和 $r_{ji}$ 迭代后计算为

$$Q_i(0)=\alpha_i(1-P_i)\prod_{j\in C(i)}r_{ji}(0)\text{；}Q_i(1)=\alpha_iP_i\prod_{j\in C(i)}r_{ji}(1) \tag{7.106}$$

在概率域 BP 译码算法中，节点之间传递的是概率形式的信息，在计算中需要大量的乘法、除法和对数运算，运算量大，不宜于硬件实现。如果概率消息用对数似然比（Log-Likelihood Ratio，LLR）表示，则得到 LLR-BP 算法，节点间传递的信息量是以对数似然比表示的，将大量乘、除及对数运算变为加法运算，从而缩短了运算时间，加快了译码速度。

2）对数域 BP 译码

定义对数似然比为

$$L(r_{ji})=\ln\left[\frac{r_{ji}(0)}{r_{ji}(1)}\right],\quad L(q_{ij})=\ln\left[\frac{q_{ij}(0)}{q_{ij}(1)}\right] \tag{7.107}$$

$$L(P_i)=\ln\left[\frac{P_r(x_i=1\mid y_i)}{P_r(x_i=-1\mid y_i)}\right]=\frac{2y_i}{\sigma^2},\quad L(Q_i)=\ln\left[\frac{Q_i(0)}{Q_i(1)}\right] \tag{7.108}$$

因为 $\tanh(x)=\dfrac{\mathrm{e}^{2x}-1}{\mathrm{e}^{2x}+1}$，若 $x=\dfrac{1}{2}\ln\left(\dfrac{p_0}{p_1}\right)$，$p_0+p_1=1$，则有

$$\tanh\left[\frac{1}{2}\ln\left(\frac{p_0}{p_1}\right)\right]=p_0-p_1=1-2p_1 \tag{7.109}$$

根据式（7.107）、式（7.108）和式（7.109），得到

$$\tanh\left[\frac{1}{2}L(r_{ji})\right]=\prod_{i'\in R(j)\backslash i}[q_{i'j}(0)-q_{i'j}(1)]=\prod_{i'\in R(j)\backslash i}\tanh\left[\frac{1}{2}L(q_{i'j})\right] \tag{7.110}$$

所以

$$L(r_{ji})=2\tanh^{-1}\left\{\prod_{i'\in R(j)\backslash i}\tanh\left[\frac{1}{2}L(q_{i'j})\right]\right\} \tag{7.111}$$

式（7.111）中仍然有大量乘法运算，再定义为

$$\begin{aligned} &L(q_{i'j})=\alpha_{i'j}\beta_{i'j}\\ &\alpha_{i'j}=\mathrm{sign}[L(q_{i'j})]\\ &\beta_{i'j}=|L(q_{i'j})| \end{aligned} \tag{7.112}$$

其中 $\mathrm{sign}(x)=\begin{cases}1, & x>0\\ -1, & x<0\end{cases}$，当 $x=0$ 时，$\mathrm{sign}(x)$ 以 1/2 的概率等于 1 或−1。

因此，式（7.111）可化为

$$\begin{aligned} L(r_{ji})&=2\left(\prod_{i'\in R(j)\backslash i}\alpha_{i'j}\right)\times\tanh^{-1}\left\{\ln^{-1}\left[\sum_{i'\in R(j)\backslash i}\ln\left[\tanh\left(\frac{1}{2}\beta_{i'j}\right)\right]\right]\right\}\\ &=\left(\prod_{i'\in R(j)\backslash i}\alpha_{i'j}\right)\times f\left(\sum_{i'\in R(j)\backslash i}f(\beta_{i'j})\right) \end{aligned} \tag{7.113}$$

这样只需要进行异或和加法运算来完成式（7.113）。对应的式（7.100）和式（7.101）相除后，两边取自然对数就可得到对数似然信息为

$$L(q_{ij})=L(P_i)+\sum_{j'\in C(i)\backslash j}L(r_{j'i}) \tag{7.114}$$

对应由式（7.102）和式（7.103）可得

$$L(Q_i)=L(P_i)+\sum_{j\in C(i)}L(r_{ji}) \tag{7.115}$$

可以看出，式（7.111）主要进行乘积运算，而式（7.114）主要进行相加运算，因此，BP 译码算法也称为和积算法。LLR−BP 算法的具体步骤为

（1）初始化。$L(q_{ij}^0)=L(P_i)$，迭代次数 $k$ 取 1。

（2）迭代计算。由式（7.113）计算校验节点传递给变量节点的信息 $L(r_{ji}^k)$。由式(7.114)计算变量节点传递给校验节点的信息 $L(q_{ji}^k)$。

（3）译码。利用式（7.115）计算 $L(Q_i)$，然后进行硬判决，当 $L(Q_i)>0$ 时，对应 $x_i=0$，否则 $x_i=1$；对译码结果序列 $\hat{x}^k$ 左乘以校验矩阵 $\boldsymbol{H}$，从而获得伴随向量 $s^k=(s_1^k,s_2^k,\cdots,s_M^k)$。

(4) 当 $S^k=0$ 时，输出译码结果，否则跳转到（2），或迭代次数到最大值时停止迭代。

**4. 副载波调制下 LDPC 码无线光通信性能仿真**

图 7.39 给出了未编码的副载波 BPSK 及 QPSK 调制无线光通信系统在不同湍流强度（$\sigma_l=0.1$、$\sigma_l=0.2$、$\sigma_l=0.3$）信道下的误码率仿真曲线。图 7.40 和图 7.41 分别给出了基于 LDPC 码的副载波 BPSK 调制及 QPSK 调制无线光通信系统误码率性能曲线，两种调制方式下 LDPC 编译码仿真均采用 LU 编码和 LLR-BP 译码算法，信息码长为 256，码率为 0.5，最大迭代次数为 10 次。

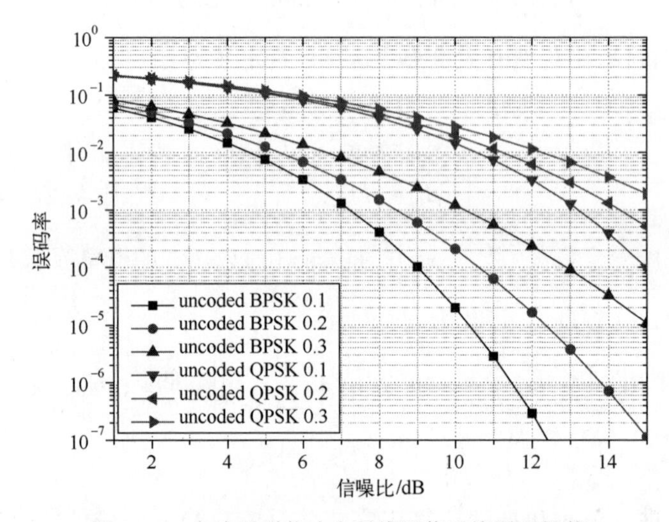


图 7.39　未编码副载波光无线通信系统误码性能

从图 7.40 和图 7.41 可以看出，当大气光强闪烁指数 $\sigma_l=0.1$ 时，未编码副载波 BPSK 光无线通信系统误码率要达到 $10^{-4}$，信噪比 $E_b/N_0=9\text{dB}$，而采用 LDPC 码的 BPSK 调制系统在相同误码率下信噪比 $E_b/N_0$ 约为 3.5dB，可以获得与未编码相比约 5.5dB 的编码增益。当 $\sigma_l=0.2$ 时，在相同误码率下 BPSK 编码后系统比未编码系统具有约 4.2dB 的编码增益。

从图 7.40 和图 7.41 可以看出，在 $\sigma_l=0.1$ 且 $\text{BER}=10^{-3}$时，QPSK 系统编码后可获得比编码前约 6.5dB 的编码增益。从仿真中还发现，对于两种调制系统，当 $\sigma_l=0.2$，$\text{BER}=5\times10^{-3}$时，编码后的 BPSK 系统信噪比约为 1.7dB，QPSK 系统信噪比约为 8dB，BPSK-LDPC 比 QPSK-LDPC 系统具有约 6.3dB 的编码增益，编码后 BPSK 系统性能明显优于 QPSK 系统。此外，由图还可以看出，随着 $\sigma_l$ 取值的增大，在相同信噪比条件下未编码与编码后副载波调制系统的差错性能都有所劣化。

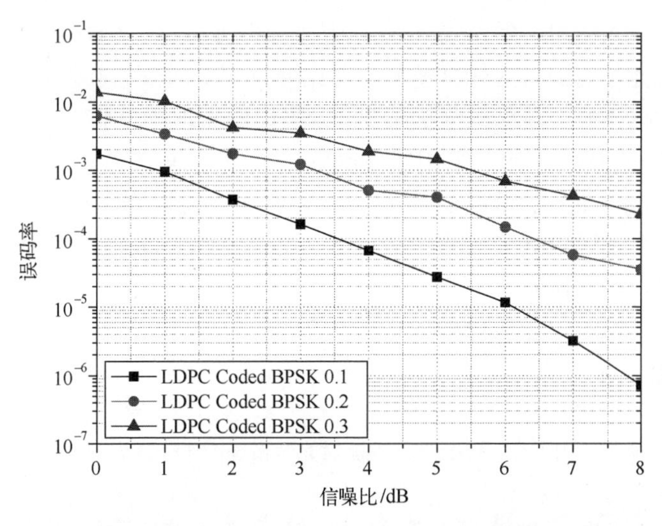


图 7.40　LDPC 码副载波 BPSK 光无线通信系统误码性能

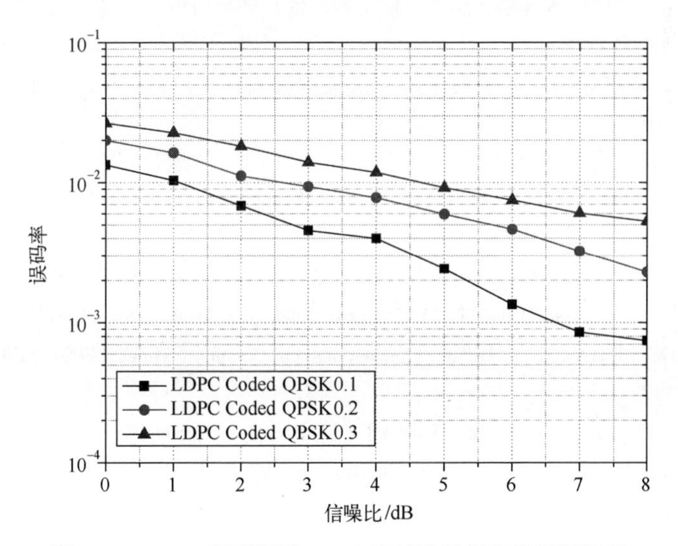


图 7.41　LDPC 码副载波 QPSK 光无线通信系统误码性能

## 7.5　本章小结

大气湍流导致的光强闪烁噪声实际上是一种大气湍流引起的低频乘性噪声，而传统的带通滤波技术不能很好地去除闪烁噪声。本章将同态滤波技术引入 SIM-FSO 系统中以抑制大气湍流所引起的乘性噪声。研究了空间接收分集的三种接收合并技术：等增益、最大比和选择性合并，给出了 BPSK-FSO 系统三种接收合并的误码率计算模型，对比分析了不同分集接收合并系统误码率特性以及分集增益。在详细分析了 Turbo 码编码原理的基础上，通过分组码理论分析了 Turbo 码性能限，采用转移函数法推导了基于 BPSK 和 QPSK 副载波调制方式的无线光通信链路弱湍大气闪烁情况下的误码率公式。详细阐述了 LDPC 的 LU 编码和 BP 译码算法。比较分析了 LDPC 编码前后 BPSK 及 QPSK 副载波调制系统的误码率。

## 参考文献


[1] 张晓芳，俞信，阎吉祥，等．人气湍流对光学系统图像分辨力的影响［J］．光学技术，2005，31（2）：263-265.

[2] 樊昌信，张甫翊，徐炳祥，等．通信原理［M］．北京：国防工业出版社，2001.

[3] 陈纯毅，杨华民，等．激光脉冲云层传输时间扩展与信道均衡［J］．兵工学报，vol29，No11，2008，1325-1329.

[4] 赵爱美．带乘性噪声系统的多尺度最优滤波融合算法研究［J］．中国海洋大学．2007. 9-10.

[5] 吴兆熊．数字信号处理（下）［M］．北京：国防工业出版社，1995.

[6] 张存桢．过零信号同态处理方法及短波抗衰落接收同态处理方法，专利申请号：89107809. 6，上海．

[7] 李玉权，朱勇，王江平．光通信原理与技术［M］．北京：科学出版社，2006.

[8] OHTSUKI T，YAMAGUCHI H，MATSUO R，etal. Equalization for infrared wireless systems using OOK CDMA ［J］. IEICE Transactions on Communications，2002，E85－B（10）：2292-2299.

[9] SUN X，DAVIDSON F M，BOUTSIKARIS L. Receiver characteristics of laser altimeters with avalanche hotodiodes［J］. IEEE Transactions on Aerospace & Electronic Systems，1992，28（1）：68-275.

[10] GAGLIARDI R M，KARP S. Optical telecommunications［M］. Beijing：Publishing House of Electronics Industry，1998.

[11] ZHU X M，KAHN J M. Free-space optical communication through atmospheric turbulence channels［J］. IEEE Transactions on Communications，2002，50（8）：1293-1300.

[12] 纪跃波，秦树人，汤宝平．零相位数字滤波器［J］．重庆大学学报，2000，23（6）：4-7.

[13] 陈丹，柯熙政，屈菲．基于四进制频移键控调制的无线光通信同态滤波技术研究［J］．中国激光，2011，38（2）：0205001-1-0205001-5.

[14] 陈鼎，王桂珍．基于 DSP 的 4FTSK 调制与解调系统的研究［J］．苏州科技学院学报，

2009, 22 (1): 68-71.

[15] 柯熙政, 陈丹, 屈菲. RoFSO 系统中 4FSK 仿真及其误比特率性能分析 [J]. 激光技术, 2010, 34 (4): 466-469.

[16] 张贤达, 保铮. 通信信号处理 [M]. 北京: 国防工业出版社, 2000.

[17] CHAN V W S. Free-space optical communications [J]. IEEE Journal of Lightwave Technology, 2006, 24 (12): 4750-4762.

[18] LEE E J , CHAN V W S. Optical communications over the clear turbulent atmospheric channel using diversity [J]. IEEE Journal on Selected Areas in Communications, 2004, 22 (9): 1896-1906.

[19] ZHU X M, JOSEPH M, KAHN J M. Free-space optical communication through atmospheric turbulence channels [C]. IEEE Transactions on Communications, 2002, 50 (8): 1293-1295.

[20] POPOOLA W O, GHASSEMLOOY Z, ALLEN J I H, et al. Free-space optical communication employing subcarrier modulation and spatial diversity in atmospheric turbulence channel [J]. IET Optoelectronic, 2008, 2 (1): 16-23.

[21] GRADSHTEYN I S, RYZHIK I M. Table of integrals, series, and products [J]. Mathematics of Computation, 2007, 20 (96): 1157-1160.

[22] SIMON M K. Digital Communication over Fading Channels [M]. New York John Wiley & Sons, 2005.

[23] MITCHELL R L. Performance of the log-normal distribution [J]. Journal of the Optical Society of America, 1968, 58 (9): 1267-1272.

[24] 许振华. 大气光通信自适应调制的研究 [D]. 武汉: 华中科技大学, 2019.

[25] YANG F, CHENG J, TSIFTSIS T A. Free-space optical communication with nonzero boresight pointing errors [J]. IEEE Transactions on Communications, 2014, 62 (2): 713-725.

[26] CHATZIDIAMANTIS N D, KARAGIANNIDIS G K, MICHALOPOULOS D S. On the distribution of the sum of gamma-gamma variates and application in MIMO optical wireless systems [C]. IEEE Global Telecommunications Conference, IEEE Press, 2009: 1-6.

[27] The Wolfarm Functions Site, 2008. [Online] Available: http: //functions. wolfarm. com.

[28] TSIFTSIS T A, SANDALIDIS H G, KARAGIANNIDIS G K, et al. Optical wireless links with spatial diversity over strong atmospheric turbulence channels [J]. IEEE transactions on wireless communications, 2009, 8 (2): 951-957.

[29] BERROU C, GLAVIEUX A, THITIMAJSHIMA P. Near Shannon limit error correcting coding and Decoding: turbo codes [C]. IEEE ICC, 93, 1993, 2: 1064-1074.

[30] 刘东华. Turbo 码的原理与应用技术 [M]. 北京: 电子工业出版社, 2004.

[31] BENEDETTO S, MONTORSI G . Unveiling Turbo codes: Some results on parallel concatenated coding schemes [J]. IEEE Trans. inf. theory, 1996, 42: 409-428.

[32] DIVSALAR D, DOLINAR S, POLLARA F, et al. Transfer function bounds on the performance of turbo eodes [J]. Telecommunication and Data Acquisition, 1995, 42: 44-54.
[33] 陈丹，柯熙政．基于 Turbo 码的无线光通信副载波误码性能分析 [J]. 光学学报 2010, 30 (10): 2859-2863.
[34] Gallager R. G. Low - Density Parity - Check Codes [M]. Cambridge, MA: MIT Press, 1963.
[35] 肖扬．Turbo 与 LDPC 编解码及其应用 [M]. 北京：人民邮电出版社，2010.
[36] 柯熙政，殷致云．无线激光通信系统中的编码理论 [M]. 北京：科学出版社，2008.
[37] 陈丹，柯熙政．基于 LDPC 码的无线光通信副载波误码性能分析 [J]. 激光技术，2011, 35 (3): 388-402.
[38] MARIJAN K. Semi-Parallel Architectures For Real-Time LDPC Coding [D]. Houston: Rice University, 2004.
[39] 袁东风，张海霞. 宽带移动通信中的先进信道编码技术 [M]. 北京：北京邮电大学出版社，2006.
[40] 贾科军．大气激光通信系统中 LDPC 码的设计与实现 [D]. 西安：西安理工大学，2007.

# 第8章　大气湍流信道均衡

## 8.1　引言

大气信道是一种有记忆的时变信道。当激光束传输路径经过云、雾、雨、烟等散射介质时，导致激光脉冲信号的衰减以及空间和时间上的脉冲展宽[1]，在接收机中就表现为信号的码间干扰（Inter-Symbol Interference，ISI）。这种时间弥散信道效应，使通信误码率增加，严重影响了大气光通信的稳定性和可靠性。信道均衡技术是降低ISI的一种有效方法，有利于实现高速数字通信。

自Sato等[3]提出盲均衡概念以来，国内外学者在无线电领域对此做了大量研究工作。传统自适应均衡器具有收敛速度快的优点，但是需要通过训练使均衡器跟踪信道的变化。盲均衡也是一种自适应滤波算法，盲均衡技术不需要输入端发送已知的训练序列，只需根据系统的输出观察值完成自适应均衡的过程。盲均衡算法可以分为以下三类：①Bussgang类算法，通过最小化一个非凸的代价函数来实现均衡；②高阶统计量算法，利用信号的高阶累积量进行信道均衡；③非线性均衡器算法，如判决反馈均衡器、最大后验概率法或神经网络等。本章将自适应Bussgang盲均衡技术引入SIM-FSO系统中，探讨了使用信道均衡技术抑制大气效应导致的码间串扰。

## 8.2　自适应盲均衡器

### 8.2.1　自适应LMS均衡算法

在所有自适应均衡算法中，最小均方（Least Mean Square，LMS）算法是最基本、最简单的算法，该算法是基于最小均方误差（Minimum Mean Square Error，MMSE）准则的，是滤波器的输出信号与期望输出之间的均方误差最小，属于最陡下降类型的算法[4]。

依据最陡下降的算法思想，$(k+1)$时刻的权向量可以通过式（8.1）的递归关系来计算：

$$\boldsymbol{f}(k+1)=\boldsymbol{f}(k)+\mu(k)[-\nabla_f J] \tag{8.1}$$

式中：$J=E[e^2(k)]$表示代价函数，均方误差性能函数 $J$ 的梯度值表示为$\nabla_f J=\nabla_f(E[e^2(k)])$；误差信号 $e(k)$ 表示期望输出 $d(k)$ 与实际输出 $y(k)$ 之间的误差，表达式如下：

$$e(k)=d(k)-y(k)=d(k)-\boldsymbol{f}^{\mathrm{H}}(k)\boldsymbol{x}(k) \tag{8.2}$$

根据式（8.1）可以得到

$$\boldsymbol{f}(k+1)=\boldsymbol{f}(k)+2\mu[\boldsymbol{R}_{xd}-\boldsymbol{R}_{xx}\boldsymbol{f}(k)] \tag{8.3}$$

实际情况下，想要得到梯度向量的精确测量值是不可能办到的，原因是需要 $\boldsymbol{R}_{xd}$和 $\boldsymbol{R}_{xx}$的先验知识。一种较为简便的方法是使用其瞬时值$\hat{\boldsymbol{R}}_{xd}$和$\hat{\boldsymbol{R}}_{xx}$，即

$$\hat{\boldsymbol{R}}_{xx}=\boldsymbol{x}(k)\boldsymbol{x}^{\mathrm{H}}(k) \tag{8.4}$$

$$\hat{\boldsymbol{R}}_{xd}=\boldsymbol{x}(k)d^*(k) \tag{8.5}$$

于是权向量更新公式为

$$\hat{\boldsymbol{f}}(k+1)=\hat{\boldsymbol{f}}(k)+\mu[d^*(k)-\boldsymbol{x}^{\mathrm{H}}(k)\hat{\boldsymbol{f}}(k)]\boldsymbol{x}(k)=\hat{\boldsymbol{f}}(k)+2\mu e^*(k)\boldsymbol{x}(k) \tag{8.6}$$

式中：常量 $\mu$ 控制随机向量 $\boldsymbol{f}(k)$ 的收敛特性，被称为步长因子。LMS 算法收敛的条件为 $0<\mu<1/\lambda_{\max}$，$\lambda_{\max}$是输入信号自相关矩阵的最大特征值。为了方便起见，将$\hat{\boldsymbol{f}}(k)$也写为$\boldsymbol{f}(k)$。这时式（8.6）变为

$$\boldsymbol{f}(k+1)=\boldsymbol{f}(k)+\mu[d^*(k)-\boldsymbol{x}^{\mathrm{H}}(k)\boldsymbol{f}(k)]\boldsymbol{x}(k)=\boldsymbol{f}(k)+2\mu e^*(k)\boldsymbol{x}(k) \tag{8.7}$$

上式中，误差信号 $e^*(k)$为

$$e^*(k)=d^*(k)-\boldsymbol{x}^{\mathrm{H}}(k)\boldsymbol{f}(k)=d^*(k)-y(k) \tag{8.8}$$

式（8.7）的标量形式为

$$f_i(k+1)=f_i(k)+2\mu e^*(k)x_i(k),\quad i=1,2,\cdots,M \tag{8.9}$$

式（8.9）就是 LMS 算法中权向量的迭代公式。

### 8.2.2 盲均衡的定义

盲均衡不借助于训练序列，只利用接收信号本身的先验信息（如信号的统计特性，信号的调制方式及幅度、相位变化范围等），通过选择合适的代价函数和误差控制函数，调节均衡器权系数，使均衡器的输出逼近发送信号[5]。

盲均衡系统模型如图 8.1 所示。

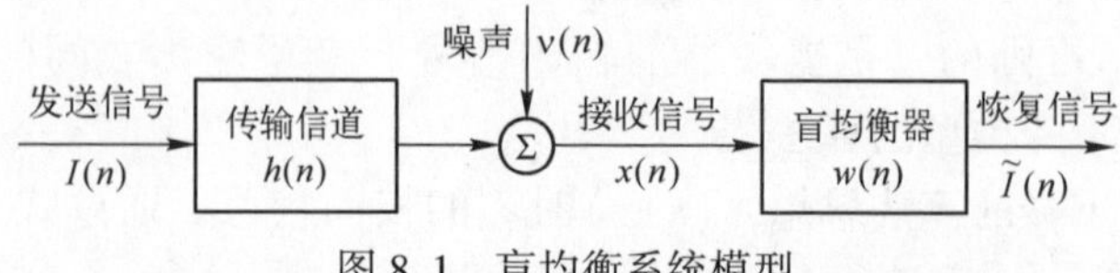


图 8.1　盲均衡系统模型

**1. Bussgang 盲均衡算法**

Bussgang 类算法是用滤波器输出的 $y(n)$ 零记忆非线性函数 $g[y(n)]$ 作为参考信号的估计。

如果一个随机过程 $y(n)$ 满足下式

$$E\{y(n)y(n-k)\}=E\{y(n)g[y(n-k)]\} \tag{8.10}$$

则称 $y(n)$ 为 Bussgang 过程，对于盲均衡处理，滤波器输出 $y(n)$ 近似满足式（8.10）。采用 LMS 算法的 Bussgang 盲均衡器如图 8.2 所示[5]。

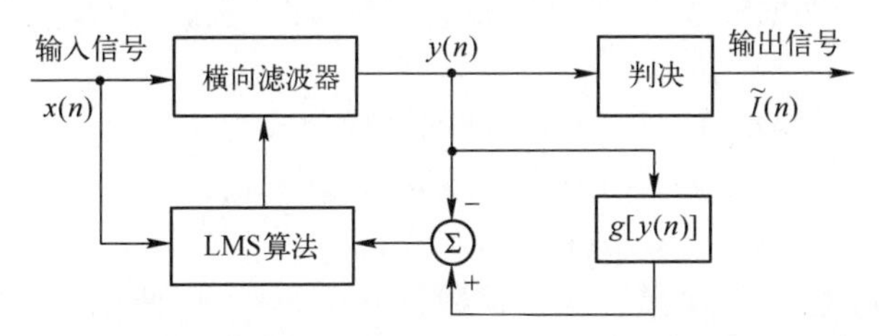


图 8.2　采用 LMS 算法的 Bussgang 盲均衡器

**2. 恒模算法**

Bussgang 类盲均衡算法有三个很著名的特例：决策指向算法、Sato 算法和 Godard 算法。Godard 最早提出了恒模算法（CMA），是 Bussgang 类盲均衡算法中最常用的一种。恒模算法具有计算复杂度低、易于实时实现及收敛性能好等优点，适用于所有具有恒定包络（简称恒模）和一部分非恒包络（如 QAM）的发射信号的均衡。

恒模算法定义的代价函数为

$$J_{\mathrm{CMA}}(w)=E\{\,|\,|y(n)|^{p}-1\,|^{q}\} \tag{8.11}$$

式中：指数 $p$、$q$ 是正整数，实际中取 1 或 2，并相应的记为 $\mathrm{CMA}_{p-q}$。

采用 LMS 的恒模算法的迭代公式为

$$w(n+1)=w(n)+\mu x(n)e(n) \tag{8.12}$$

其中，

$$\mathrm{CMA}_{1-1}:\quad e(n)=\frac{y(n)}{\|y(n)\|}\mathrm{sgn}(\|y(n)\|-1) \tag{8.13}$$

$$\mathrm{CMA}_{2-1}:\quad e(n)=2y(n)\,\mathrm{sgn}(\|y(n)\|^{2}-1) \tag{8.14}$$

$$\mathrm{CMA}_{1-2}:\quad e(n)=2\,\frac{y(n)}{\|y(n)\|}(\|y(n)\|-1) \tag{8.15}$$

$$\mathrm{CMA}_{2-2}:\quad e(n)=4y(n)(\|y(n)\|^{2}-1) \tag{8.16}$$

上述四式中，$\mathrm{CMA}_{1-2}$ 和 $\mathrm{CMA}_{2-2}$ 最为常用[6-7]。

在 Bussgang 类盲均衡算法中，步长对均衡算法的收敛具有重要的作用，如果步长取大，则每次抽头系数调整幅度就大，算法收敛和跟踪速度快。可是当均衡器权系数逼近最优值时，权系数会在最优值附近较大的范围内来回抖动而无法进一步收敛，导致均方误差的稳态值较大。反之，步长小则每次调整权系数的幅度就小，算法收敛速度和跟踪速度慢，但是当均衡器权系数接近最优值时，权系数将在最优值附近较小的范围内抖动，因而均方误差的稳态值较小。

在恒模算法中，迭代步长因子往往取固定常数，算法收敛速度、跟踪速度与均方误差的稳态值之间存在矛盾。可以采取变步长的方法，解决该矛盾，在均衡算法收敛初期增加步长，加快收敛速度，而在接近收敛时，减小步长，提高收敛精度。

一种变步长 CMA 算法权向量系数的迭代公式为

$$w(n+1)=w(n)-\mu(n)x(n)e(n) \tag{8.17}$$

$$\mu(n+1)=\mu(n)+\beta[\mathrm{MSE}(n+1)-\mathrm{MSE}(n)] \tag{8.18}$$

式中：$\mathrm{MSE}(n)$是均方误差；$\beta$为常数，其选取必须使$\mu(n)$小于步长上界$\mu_{\max}$，$\mu_{\max}$的确定与 LMS 算法中$\mu_{\max}$的确定相同[8]。

**3. 双模式盲均衡算法**

基于 LMS 算法的双模式盲均衡器如图 8.3 所示。

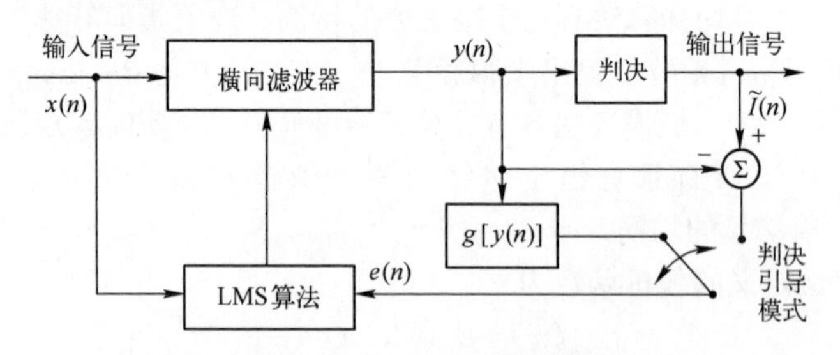


图 8.3　基于 LMS 算法的双模式盲均衡器

图 8.3 中，$x(n)$为发送信号$I(n)$经信道传输后的盲均衡器输入信号；$y(n)$为均衡器内部横向滤波器的输出信号，$y(n)$经过判决得出盲均衡器的输出信号$\tilde{I}(n)$（发送信号$I(n)$的估计值），$g[y(n)]$是一个无记忆非线性函数；$e(n)$为误差信号[9-11]。基于 LMS 算法的盲均衡器迭代过程如下：

$$y(n)=\boldsymbol{w}^{\mathrm{T}}(n)\boldsymbol{x}(n) \tag{8.19}$$

$$e(n)=R-|y(n)| \tag{8.20}$$

$$\boldsymbol{w}(n+1)=\boldsymbol{w}(n)+\mu\boldsymbol{x}(n)e(n) \tag{8.21}$$

式中：$\boldsymbol{w}(n)$为滤波器权向量系数；$\mu$为步长因子；$R$为一个常数，且

$$R=\frac{E[|x(n)|^4]}{E[|x(n)|^2]} \tag{8.22}$$

当盲均衡器输出信号眼图睁开时，盲均衡器切换到判决引导均衡器的工作

阶段，此时的误差信号为

$$e(n)=\tilde{I}(n)-y(n) \tag{8.23}$$

式中：$\tilde{I}(n)$为参考信号。

如图 8.3 所示，在均衡器初始阶段，误差信号 $e(n)$ 由 $g[y(n)]$ 产生，并通过式（8.19）~式（8.21）来更新滤波权向量系数 $\boldsymbol{w}(n)$；当盲均衡器输出信号眼图睁开后，滤波器进入判决引导均衡器的工作阶段，通过式（8.19）、式（8.21）、式（8.23）再更新权向量系数，并对滤波器输出 $y(n)$ 进行判决检测。

## 8.2.3 SIM-FSO 均衡仿真

### 1. 自适应 LMS 均衡

采用 LMS 自适应均衡算法，仿真实验对比了经过大气湍流信道前后的副载波 MPSK 调制信号星座图。发送端以 QPSK、8PSK、16PSK 副载波调制作为输入信号，大气湍流信道采用 Gamma-Gamma 模型，其中，信号数据长度取 3000，步长因子 $\mu$ 取 0.098，加性信噪比取 15dB，Gamma-Gamma 信道模型中的光强起伏方差分别取 $\sigma_l^2=0.1$ 和 $\sigma_l^2=0.3$。图 8.4 是 QPSK、8PSK、16PSK 在无噪声条件下的信号星座图。

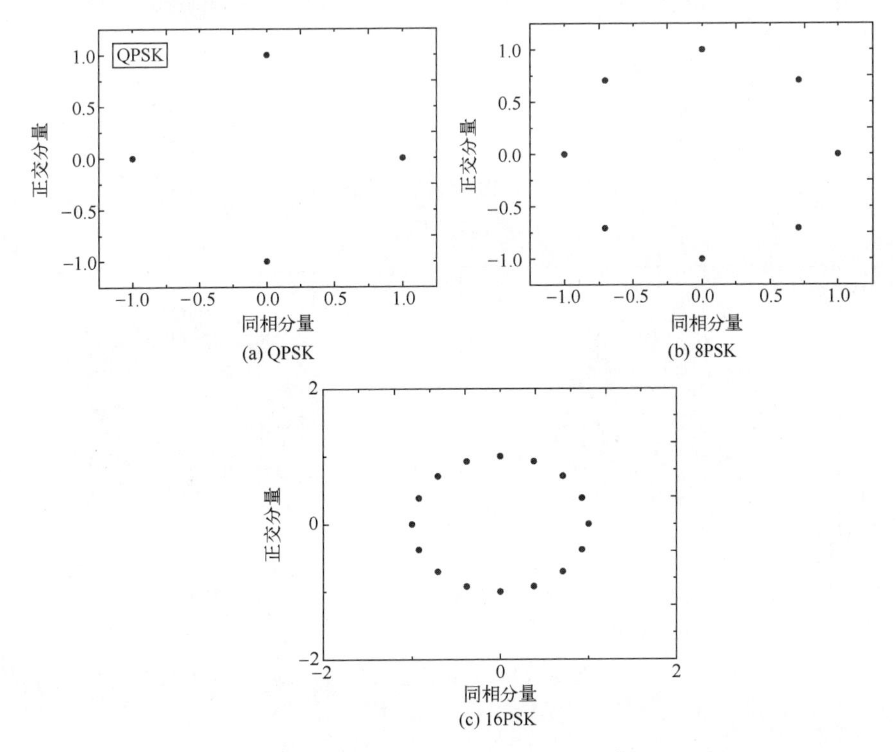


图 8.4　无噪声条件下的副载波 MPSK 调制信号星座图

图 8.5～图 8.10 表示在光强起伏方差 $\sigma_l^2=0.1$ 和 $\sigma_l^2=0.3$ 时，LMS 均衡前后 QPSK、8PSK、16PSK 信号的星座图比较。由均衡前的星座图就能看出，随着湍流强度的增大，星座图往中心聚的程度越强，就越不容易将相位点分辨开，根本无法识别信号类型。比较均衡后的星座图可以明显看出，通过信道均衡后，星座图都有不同程度的改善，其中当 $\sigma_l^2=0.1$ 时，QPSK 和 8PSK 均衡后星座图基本能分辨出相位信息。但 16PSK 信号星座图仅张开呈环状，相位信息无法分辨。湍流增大后，QPSK 信号勉强能识别，但 8PSK 和 16PSK 信号已无法区分。这说明，LMS 均衡算法对大气湍流信道下高阶副载波调制信号（$M$>8）的均衡能力有限。

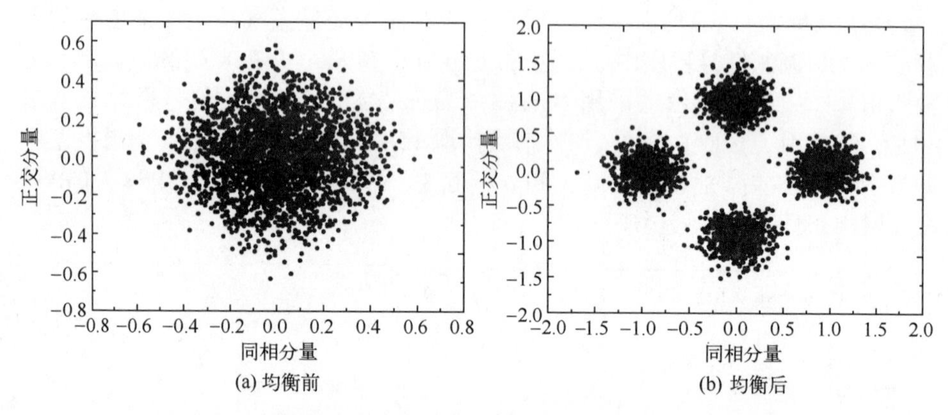

(a) 均衡前　(b) 均衡后

图 8.5　LMS 均衡前后 QPSK 调制信号的星座图（$\sigma_l^2=0.1$）

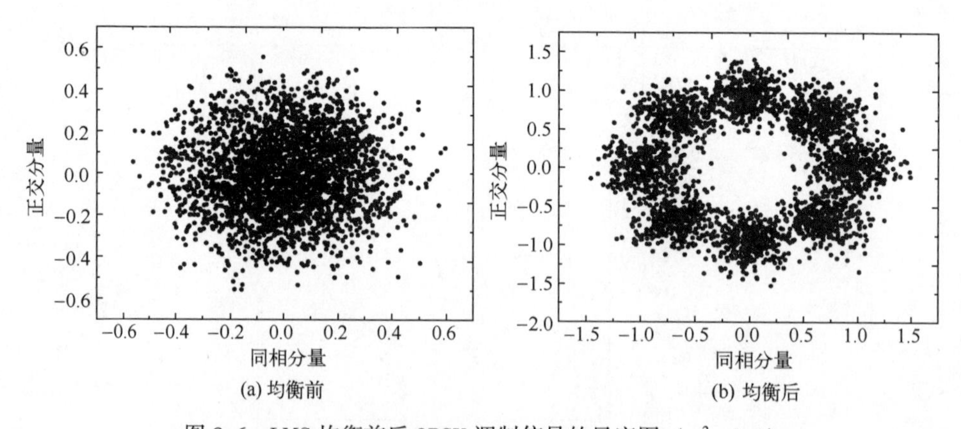

(a) 均衡前　(b) 均衡后

图 8.6　LMS 均衡前后 8PSK 调制信号的星座图（$\sigma_l^2=0.1$）

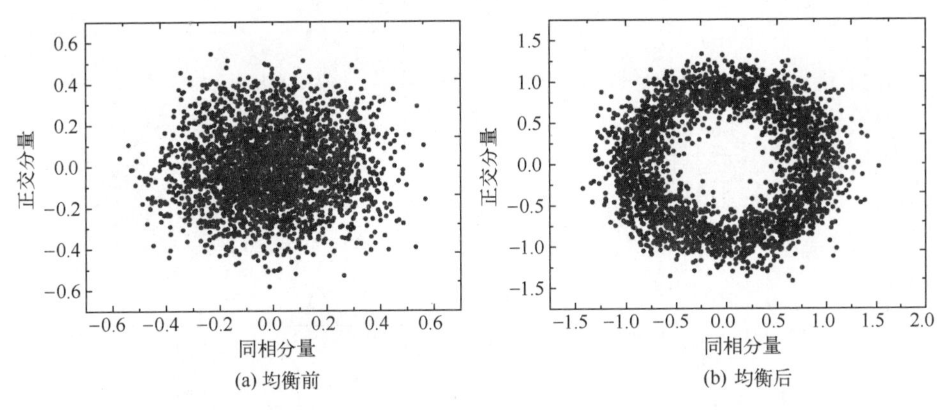


(a) 均衡前　　(b) 均衡后

图 8.7　LMS 均衡前后 16PSK 调制信号的星座图（$\sigma_l^2=0.1$）

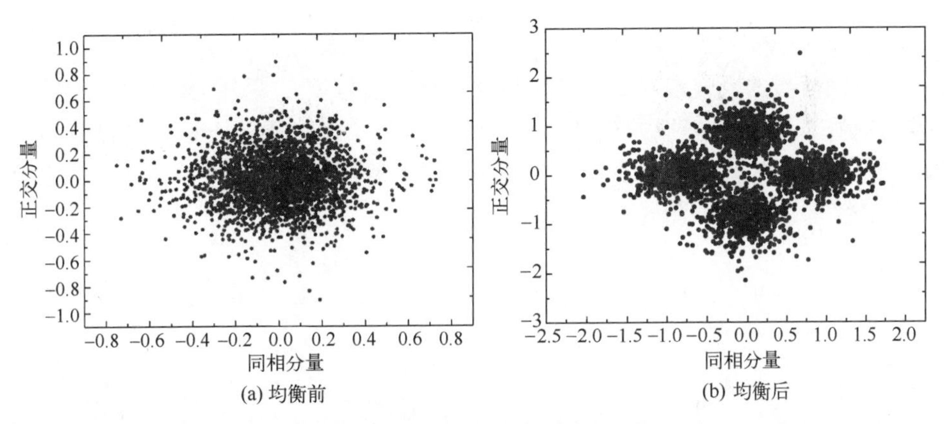


(a) 均衡前　　(b) 均衡后

图 8.8　LMS 均衡前后 QPSK 调制信号的星座图（$\sigma_l^2=0.3$）

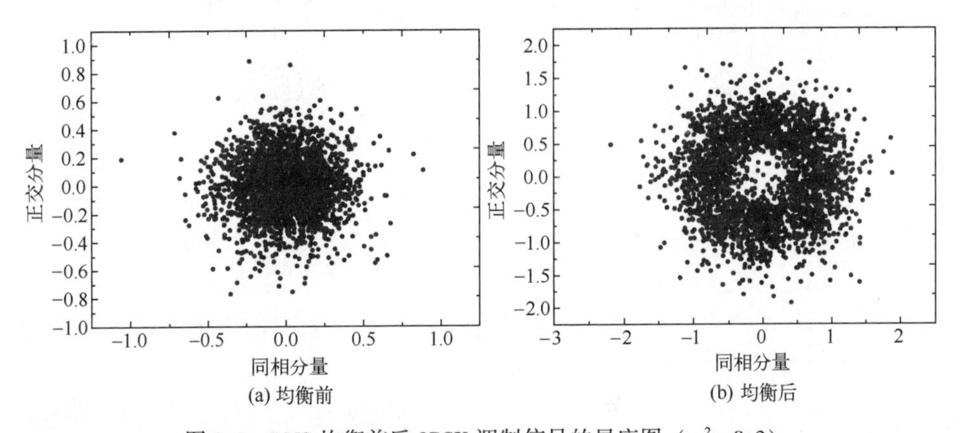


(a) 均衡前　　(b) 均衡后

图 8.9　LMS 均衡前后 8PSK 调制信号的星座图（$\sigma_l^2=0.3$）

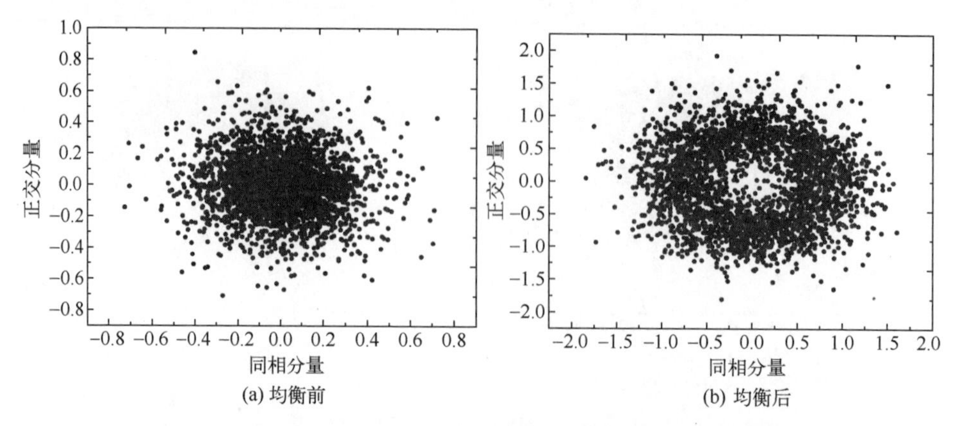


图 8.10　LMS 均衡前后 16PSK 调制信号的星座图（$\sigma_l^2=0.3$）

**2. 盲均衡**

采用模拟的大气激光信道进行仿真。发送信号 $I(n)$ 采用 QPSK 调制方式，发送信号 $I(n)$ 经过模拟大气光信道，其中乘性噪声主要表征为大气湍流导致的光强闪烁，加性噪声为高斯白噪声 $v$，得到滤波器输入信号 $x(n)$。自适应盲均衡实验的框图如图 8.11 所示[12]。

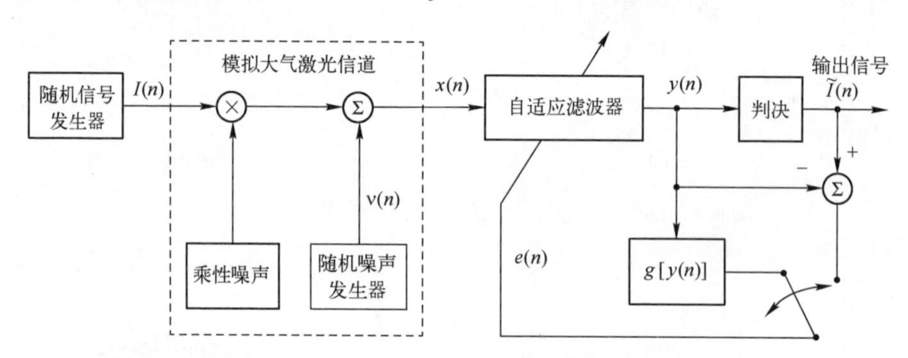


图 8.11　自适应盲均衡实验框图

这里对双模式盲均衡算法和变步长 CMA 算法性能在湍流信道下对 QPSK 信号均衡效果进行了仿真对比，仿真中滤波器阶数取 11，信噪比为 10dB，数据长度为 500。光强起伏方差 $\sigma_l^2=0.01$，双模式盲均衡算法步长 $\mu=0.01$。分别进行了 500 次仿真，然后进行集合平均，得到均方误差 MSE 曲线，以及均衡前后的 QPSK 信号星座图，如图 8.11 所示。

从图 8.12 两种算法的 MSE 曲线进行比较可以得到，改进 CMA 算法收敛性明显好于双模式盲均衡算法，收敛速度快且稳态误差也较小。均衡后，QPSK 信号星座图聚敛性优于均衡前星座图，表明所研究的盲均衡器均能够有

效抑制大气噪声。

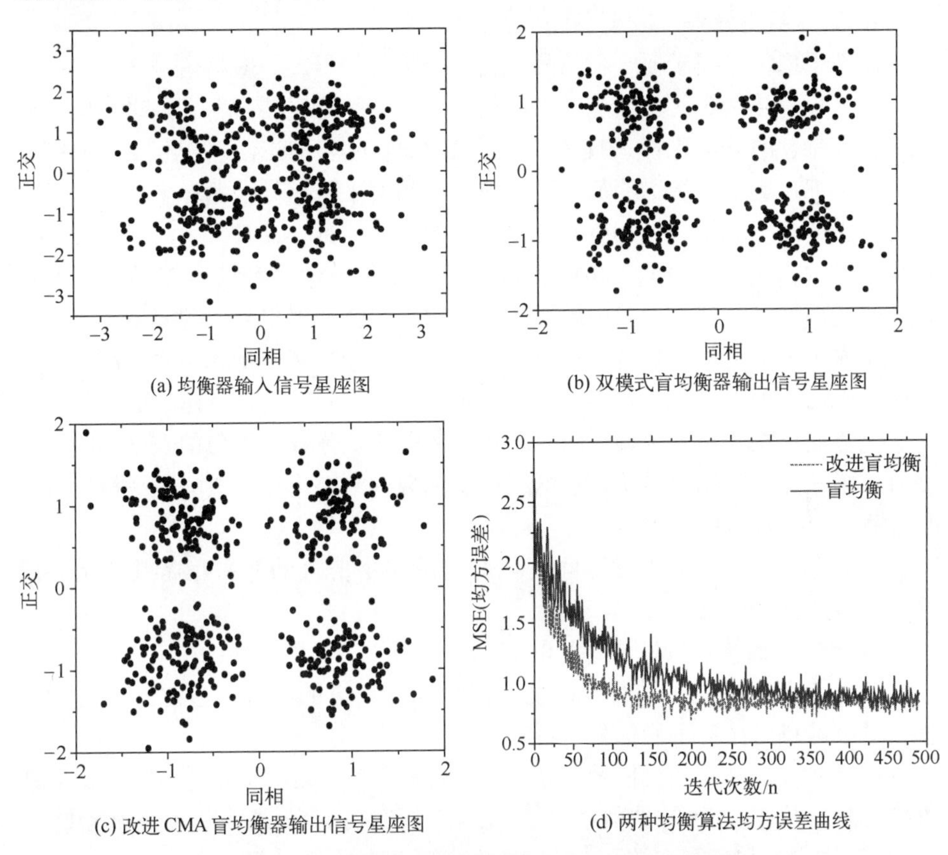


(a) 均衡器输入信号星座图　(b) 双模式盲均衡器输出信号星座图

(c) 改进 CMA 盲均衡器输出信号星座图　(d) 两种均衡算法均方误差曲线

图 8.12　两种均衡算法下星座图和均方误差曲线

### 8.2.4　基于子空间盲均衡算法

目前，性能良好、应用广泛的一类盲均衡算法是基于二阶循环平稳统计量的盲均衡算法，正是由于二阶循环统计量（Second-Order Statistics，SOS）不仅含有信号的幅度信息，而且含有信号的相位特征。因此，这种盲均衡算法仅利用系统的输出信号就能进行系统均衡[13]，二阶统计量盲均衡算法中的子空间算法由于其均衡效果好、对噪声不敏感、计算量相对比较小等优点而受到广泛关注。子空间算法是 SOS 算法中的具有代表性的算法，也是 SIMO（Single-Input Multiple-Output）系统的子空间算法，是信道盲均衡中十分典型的算法。它充分利用了信号子空间和噪声子空间的正交性[14]，只需要用很短的观测数据就可以辨识和均衡信道。下面介绍循环平稳信号的概念，盲均衡基本原理以及子空间盲均衡算法。

**1. 循环平稳信号**

循环平稳信号属于非平稳信号中的一个重要子类。一般将信号分为平稳信号和非平稳信号两类。然而在非平稳信号中有一类特殊信号，它是时变信号并且其统计特性的非平稳性表现为周期或多周期（各周期不能通约）的平稳变化，这里把这类信号统称为循环平稳信号或周期平稳信号。循环平稳信号虽为一种特殊的非平稳信号，却有着非常广阔的应用前景。在日常生活的各个方面都离不开它，尤其在通信、声呐、雷达等众多领域中多种信号都具循环平稳性。研究循环平稳信号的目的就在于，利用上述特征提出具体的模型，将期望信号从噪声和干扰中较好地分离出来，最大程度地抑制干扰和消除噪声。由于循环平稳信号理论是介于非平稳信号与平稳信号之间的一种特殊的信号处理方法：一方面反映了信号统计量随时间变化的规律，弥补了平稳信号处理的不足之处；另一方面利用信号统计量的周期变化规律，简化了一般的非平稳信号处理过程，并且具有以下特点[15]：

(1) 信号的统计特性随时间变化并且反映出信号的非平稳特性，是一般平稳信号的推广；

(2) 信号的统计特性随时间的变化呈现出一定的周期性；

(3) 循环平稳的信号特性表现在信号和它对应的频移信号之间具有相关性，这一特点为循环平稳信号所特有。

循环平稳信号是随机信号，并且它的特征参数随着时间的不同表现出周期性的变化。依据这种信号的统计参数的不同，可以分为一阶循环平稳信号（均值）、二阶循环平稳信号（相关函数）以及高阶循环平稳信号（高阶累积量）。其中二阶循环平稳信号的情况应用得较多，因此若无特别指明，循环平稳信号指的就是二阶循环平稳信号。

**2. 盲均衡的基本原理**

盲均衡技术是数字通信系统中的一项重要技术，它是一种即使不借助训练序列，仅仅利用接收信号本身的先验信息就可均衡信道的特性，这种先验信息包括信号的统计特征，信号的调制方式以及信号的幅度、相位的变化范围等。即使在信道畸变十分严重的情况下，均衡器的输出信号尽可能与发送信号的误差最小[16]。1994 年，Tong Xu 和 Kailath 研究发现对信道输出过采样后信号具有循环平稳性，有丰富的信道信息，说明二阶统计量可以完成信道的辨识，运算量明显减小。由于实际信道传输过程中必然受到噪声的影响，因此引用盲均衡算法来削弱或者消除噪声对信道的影响[17]。

图 8.13 为盲均衡工作原理框图[18]。盲均衡的工作原理与传统的自适应均

衡的工作机制相似。主要将均衡器的工作分为两个部分：第一个部分是不需要任何训练序列而直接将接收到的信号根据其特征构造适当的盲均衡算法，当算法收敛的时候，接收机此时所存在的码间干扰达到最小。第二个部分称为判决引导模式，这与传统自适应均衡一样，主要利用判决信号作为期望信号从而得到误差信号，然后利用判决引导算法来自适应地调整均衡器系数，来完成均衡算法。

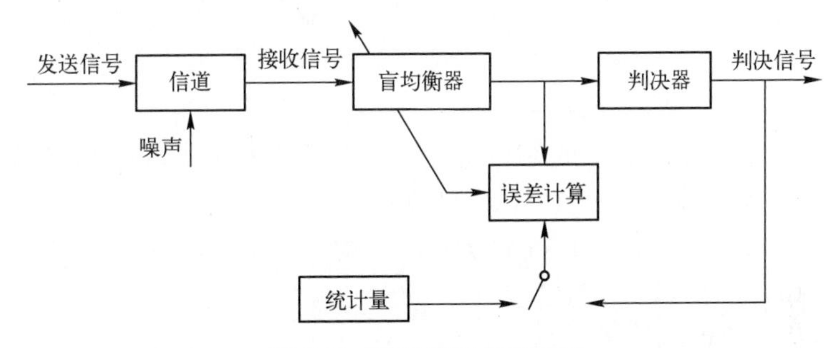


图 8.13　盲均衡工作原理图

### 3. 基于子空间盲均衡的系统模型

图 8.14 给出了子空间盲均衡系统模型框图：发送端发送信号 $s(n)$ 经过大气湍流信道 $h(n)$ 后，加上加性噪声 $v(n)$，接收端接收到的信号 $x(n)$ 经过子空间盲均衡后，恢复出信号 $\hat{s}(n)$。均衡的目的就是使恢复信号 $\hat{s}(n)$ 和发送信号 $s(n)$ 之间的误差最小。经过湍流信道的信号实际上已经是加上了一个乘性噪声。因此本系统的噪声是包含加性噪声和乘性噪声的。

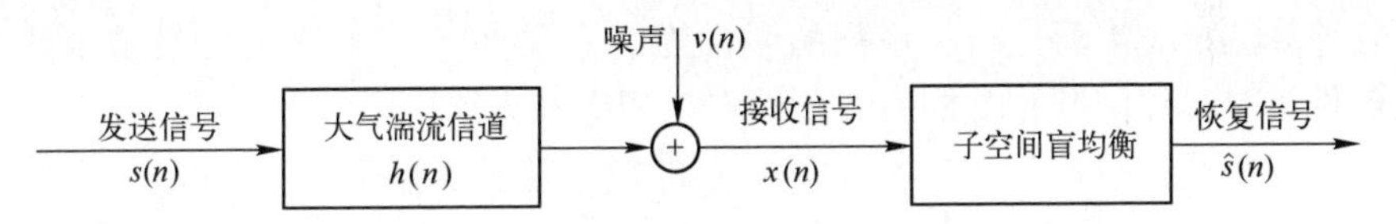


图 8.14　基于子空间盲均衡的大气信道系统模型框图

### 4. 算法的具体过程

一个连续时间通信系统可表示为

$$x(t) = \sum_{k=-\infty}^{\infty} s(k) h_{\mathrm{n}}(t - kT) + v(t) \tag{8.24}$$

若将接收信号以 $t=n\left(\dfrac{T}{L}\right)$ 采样，就可以得到

$$x(t)_{t=n(T/L)} = \sum_{k=-\infty}^{\infty} s(k) h_{\mathrm{u}}(nT/L - kT) + v(nT/L) \tag{8.25}$$

将上式等效为离散时间系统可记为

$$x(n) = \sum_{k=-\infty}^{\infty} s(k) h_{\mathrm{u}}(n - kP) + v(n) \tag{8.26}$$

若用矢量表示可记为

$$\boldsymbol{X}(n) = \sum_{k=-\infty}^{\infty} s(k) \boldsymbol{H}(n - k) + \boldsymbol{V}(n) \tag{8.27}$$

其中

$$\boldsymbol{X}(n) = [x_0(n), \cdots, x_{L-1}(n)]^{\mathrm{T}} \tag{8.28}$$

$$\boldsymbol{H}(n) = [h_0(n), \cdots, h_{L-1}(n)]^{\mathrm{T}} \tag{8.29}$$

$$\boldsymbol{V}(n) = [v_0(n), \cdots, v_{L-1}(n)]^{\mathrm{T}} \tag{8.30}$$

若 $h_{\mathrm{u}}(t)$ 是阶数为 $MT_{\mathrm{s}}$ 的 FIR 滤波器，则子信道 $\{h_i(n)\}_{i=0}^{L-1}$ 的阶数是 $M$，对于 $N$ 个矢量观察量，式（8.24）可以写成

$$X_N(n) = \boldsymbol{H}\boldsymbol{S}_N(n) + \boldsymbol{V}_N(n) \tag{8.31}$$

其中

$$X_N(n) = [\boldsymbol{X}^{\mathrm{T}}(n), \boldsymbol{X}^{\mathrm{T}}(n-1), \cdots, \boldsymbol{X}^{\mathrm{T}}(n-N+1)]^{\mathrm{T}} \tag{8.32}$$

$$\boldsymbol{S}_N(n) = [s(n), s(n-1), \cdots, s(n-N-M+1)]^{\mathrm{T}} \tag{8.33}$$

$$\boldsymbol{V}_N(n) = [\boldsymbol{V}^{\mathrm{T}}(n), \boldsymbol{V}^{\mathrm{T}}(n-1), \cdots, \boldsymbol{V}^{\mathrm{T}}(n-N+1)]^{\mathrm{T}} \tag{8.34}$$

$$\boldsymbol{H} = \begin{bmatrix} \boldsymbol{h}(0) & \boldsymbol{h}(1) & \cdots & \boldsymbol{h}(M) & \cdots & \boldsymbol{0} \\ \boldsymbol{0} & \boldsymbol{h}(0) & \cdots & \ddots & \ddots & \vdots \\ \vdots & \vdots & \ddots & \vdots & \vdots & \vdots \\ \vdots & \vdots & \ddots & \vdots & \vdots & \vdots \\ \boldsymbol{0} & \boldsymbol{0} & \cdots & \cdots & \boldsymbol{h}(M-1) & \boldsymbol{h}(M) \end{bmatrix} \tag{8.35}$$

该算法推导需要进行一系列的假设为前提条件[19]，下面给出最基本的假设条件，与具体问题相关的假设条件将在相应部分给出：

（1）系统的输入 $s(n)$ 是独立同分布的循环随机变量序列，且有

$$E(s(n)) = 0,\ E(s(n)s(n)^{\mathrm{H}}) = \sigma_{\mathrm{s}}^2,\ E(s(n)^2) = 0,\ E(|s(n)|^4) < \infty$$

（2）系统的观测噪声 $v(n)$ 是互相独立并与输入相独立的高斯白噪声，并且有

$$E(v(n)) = 0,\ E(v(n)v(n)^{\mathrm{H}}) = \sigma^2,\ E(v(n)^2) = 0$$

（3）子空间算法主要利用输出信号 $\boldsymbol{X}_N$ 的 $LN \times LN$ 维相关矩阵 $\boldsymbol{R}_N \overset{\mathrm{def}}{=} E(\boldsymbol{X}_N\boldsymbol{X}_N^{\mathrm{H}})$，考虑到假设条件（2），$\boldsymbol{X}_N$ 的相关矩阵可表示为

$$\boldsymbol{R}_N = \boldsymbol{H}_N\boldsymbol{R}_s\boldsymbol{H}_N^{\mathrm{H}} + \sigma^2\boldsymbol{I}_{LN} \tag{8.36}$$

式中：系统输入向量 $s(n)$ 的 $(N+M)\times(N+M)$ 维相关矩阵表示为 $\boldsymbol{R}_s \overset{\mathrm{def}}{=} E(\boldsymbol{S}\boldsymbol{S}^{\mathrm{H}})$，并且由假设（1）可知 $\boldsymbol{R}_s$ 是满秩矩阵。$\sigma^2\boldsymbol{I}_{LN}$ 表示观测噪声的 $LN \times LN$ 维相关矩

阵，其中 $\sigma^2$ 是观测噪声的方差。

$\boldsymbol{H}_N$ 在盲均衡过程中起到非常关键的作用，原因是只有当传输矩阵 $\boldsymbol{H}_N$ 的列满秩时才能进行盲均衡。因此，$\boldsymbol{H}_N$ 的列满秩也将成为子空间算法的假设条件之一，并且在实际过程中这一条件是能够满足的。

定理 1：传输矩阵 $\boldsymbol{H}_N$ 是列满秩，$\text{rank}(\boldsymbol{H}_N)=M+N$，若 $\boldsymbol{H}_N$ 满足条件：

（1）多项式 $h_i(z)\overset{\text{def}}{=}\sum_{k=0}^{M}h_i(k)z^{-k}$，$i=0,\cdots,L-1$，且没有公共零点；

（2）$N\geqslant M$，其中 $M$ 表示 $h_i(z)$ 次数的最大值；

（3）至少满足有一个 $h_i(z)$ 的次数为 $M$。

由前面可知，$\boldsymbol{R}_s$ 是满秩的，而从上面的定理又能得到 $\boldsymbol{H}_N$ 是一个列满秩矩阵，所以矩阵 $\boldsymbol{R}_N$ 中前一项的秩为 $\text{rank}(\boldsymbol{H}_N\boldsymbol{R}_s\boldsymbol{H}_N^{\text{H}})=M+N$。若令 $\lambda_i$ 表示 $\boldsymbol{R}_N$ 的特征值，由之前的论述可得

$$\begin{aligned}&\lambda_i>\sigma^2,\ i=0,\cdots,M+N-1\\&\lambda_i=\sigma^2,\ i=M+N,\cdots,LN-1\end{aligned}\tag{8.37}$$

这里用特征值 $\lambda_0,\cdots,\lambda_{M+N-1}$ 相对的特征向量 $u_i$ 组成向量 $\boldsymbol{U}_s=(u_0,\cdots,u_{M+N-1})$，将剩余的特征值 $\lambda_{M+N},\cdots,\lambda_{LN-1}$ 相对的特征向量 $u_i$ 组成向量 $\boldsymbol{U}_{\text{V}}=(u_{M+N},\cdots,u_{LN-1})$，因此相关矩阵 $\boldsymbol{R}_N$ 可以表示成下式：

$$\boldsymbol{R}_N=\boldsymbol{U}_s\text{diag}(\lambda_0,\cdots,\lambda_{M+N-1})\boldsymbol{U}_s^{\text{H}}+\sigma^2\boldsymbol{U}_{\text{V}}\boldsymbol{U}_{\text{V}}^{\text{H}}\tag{8.38}$$

这里称 $\boldsymbol{U}_s$ 的列展开空间为信号子空间，$\boldsymbol{U}_{\text{V}}$ 的列展开空间为噪声子空间。由特征向量相互正交这一性质可知，得到的信号子空间与噪声子空间互为正交补空间。再由式（8.36）中可以得到，传输矩阵 $\boldsymbol{H}_N$ 的列展开空间一样可以表示成信号子空间，因此 $\boldsymbol{H}_N$ 与 $\boldsymbol{U}_{\text{V}}$ 的列向量之间同样有相互正交的性质，可以表示为

$$\boldsymbol{U}_{\text{V}}^{\text{H}}\boldsymbol{H}_N=0\tag{8.39}$$

式（8.39）是之后进行盲均衡的重要基础，子空间盲均衡算法就是在该式的基础上进行的。由于该表达式是一个线性方程，使得算法的运算复杂度大大降低。下面将推导子空间辨识算法，也就是信道辨识算法。在这之前首先介绍一个重要定理。

定理 2：假设满足 $N>M$ 和 $\text{rank}(\boldsymbol{H}_{N-1})=M+N-1$ 的条件。若令传输矩阵 $\boldsymbol{H}_N^{\text{T}}$ 的维数为 $LN\times(M+N)$ 且与 $\boldsymbol{H}_N$ 的结构相同，$\boldsymbol{h}^{\text{T}}$ 表示其相应的传输向量。那么以下两个命题就是等价命题：

（1）矩阵 $\boldsymbol{H}_N^{\text{T}}$ 是非零矩阵，并且 $\text{range}(\boldsymbol{H}_N^{\text{T}})\subset\text{range}(\boldsymbol{H}_N)$。

（2）矩阵 $\boldsymbol{H}_N$ 和 $\boldsymbol{H}_N^{\text{T}}$ 成比例，即 $\boldsymbol{H}_N=\alpha\boldsymbol{H}_N^{\text{T}}$，其中常数因子 $\alpha\neq0$。

定理 2 表明在相差一个不为零的常数因子的条件下，由噪声子空间所确定

的传输矩阵 $\boldsymbol{H}_N$ 或者与其相对应的传输向量 $\boldsymbol{h}$ 是唯一的。由此可知，该定理也称为辨识定理。

令 $\boldsymbol{G}_i$，$0 \leqslant i \leqslant LN-M-N-1$，表示 $\boldsymbol{U}_V$ 的列向量，则将式（8.39）中给出的正交关系等价地写成：

$$\boldsymbol{G}_i^{\mathrm{H}} \boldsymbol{H}_N = 0, \quad 0 \leqslant i \leqslant LN-M-N-1 \tag{8.40}$$

根据 MMSE 的估计准则，二次型代价函数定义为

$$q(\boldsymbol{h}) \overset{\text{def}}{=} \sum_{i=0}^{LN-M-N-1} \|\boldsymbol{G}_i^{\mathrm{H}} \boldsymbol{H}_N\|^2 \tag{8.41}$$

从上式可以看出，能使这个二次型代价函数达到最小的只有传输矩阵 $\boldsymbol{H}_N$。

由于传输矩阵 $\boldsymbol{H}_N$ 是 block-Toeplitz 矩阵，因此利用 block-Toeplitz 矩阵的结构特点，只要能估算出向量 $\boldsymbol{h}$，就能根据补充系数而得到 $\boldsymbol{H}_N$ 的估算值。之后将详细介绍如何利用 block-Toeplitz 这一特殊的矩阵结构，把代价函数 $q(\boldsymbol{h})$ 转化为只包含 $\boldsymbol{h}$ 的形式，这样通过直接的计算过程就可以得到传输矩阵 $\boldsymbol{h}$ 的估计了。

定理 3：令 $\boldsymbol{x}_i = (\boldsymbol{x}_i^{(0)}, \cdots, \boldsymbol{x}_i^{(L-1)})^{\mathrm{T}}$，$0 \leqslant i \leqslant N-1$，表示 $N$ 个维数是 $L \times 1$ 的随机向量，组成一个 $LN \times 1$ 维向量 $\boldsymbol{X} = (\boldsymbol{x}_0^{\mathrm{T}}, \cdots, \boldsymbol{x}_{N-1}^{\mathrm{T}})^{\mathrm{T}}$。矩阵 $\boldsymbol{X}_{M+1}$ 表示一个 $L(M+1) \times (M+N)$ 维的 block-Toeplitz 矩阵：

$$\boldsymbol{X}_{M+1} = \begin{bmatrix} \boldsymbol{x}_0 & \cdots & \boldsymbol{x}_{N-1} & \boldsymbol{0} & \cdots & \cdots & \boldsymbol{0} \\ \boldsymbol{0} & \boldsymbol{x}_0 & \cdots & \boldsymbol{x}_{N-1} & \boldsymbol{0} & \cdots & \boldsymbol{0} \\ \vdots & \ddots & \ddots & \ddots & \ddots & \ddots & \vdots \\ \boldsymbol{0} & \cdots & \cdots & \boldsymbol{0} & \boldsymbol{x}_0 & \cdots & \boldsymbol{x}_{N-1} \end{bmatrix} \tag{8.42}$$

由此可得下式：

$$\boldsymbol{X}^{\mathrm{T}} \boldsymbol{H}_N = \boldsymbol{h}^{\mathrm{T}} \boldsymbol{X}_{M+1} \tag{8.43}$$

利用定理 3 给出的关系，式（8.41）中的范数 $\|\boldsymbol{G}_i^{\mathrm{H}} \boldsymbol{H}_N\|^2$ 可表示为

$$\|\boldsymbol{G}_i^{\mathrm{H}} \boldsymbol{H}_N\|^2 = \boldsymbol{G}_i^{\mathrm{H}} \boldsymbol{H}_N \boldsymbol{H}_N^{\mathrm{H}} \boldsymbol{G}_i = \boldsymbol{h}^{\mathrm{H}} \boldsymbol{g}_i \boldsymbol{g}_i^{\mathrm{H}} \boldsymbol{h} \tag{8.44}$$

式中：$\boldsymbol{g}_i$ 是由 $\boldsymbol{G}_i$ 的元素构成的 $L(M+1) \times (M+N)$ 维矩阵，构造方法定理 3 已给出。因此代价函数可以表示为

$$q(\boldsymbol{h}) = \boldsymbol{h}^{\mathrm{H}} \boldsymbol{Q} \boldsymbol{h} \tag{8.45}$$

$$\boldsymbol{Q} \overset{\text{def}}{=} \sum_{i=0}^{LN-M-N-1} \boldsymbol{g}_i \boldsymbol{g}_i^{\mathrm{H}} \tag{8.46}$$

对于式（8.48）为了避免出现无意义的零向量解，一般需要加约束条件，该算法中加的约束条件为恒模约束，表示为 $\|\boldsymbol{h}\| = 1$。由于在实际中仅能得到观测输出相关矩阵 $\boldsymbol{R}_N$ 的采样估计，即为

$$\hat{\boldsymbol{R}}_N = \frac{1}{T-N+1}\sum_{l=N}^{T} X_N(l)X_N^{\mathrm{H}}(l) \tag{8.47}$$

因此对$\hat{\boldsymbol{R}}_N$ 进行特征值分解就可以得到噪声子空间的估计向量$\hat{\boldsymbol{G}}_i$，然后利用向量$\hat{\boldsymbol{G}}_i$ 即可构造出$\hat{\boldsymbol{g}}_i$。实际的代价函数由于考虑到约束条件则可以表示为

$$\begin{gathered} \boldsymbol{f} \rightarrow \boldsymbol{f}^{\mathrm{H}}\boldsymbol{Q}\boldsymbol{f} \\ \boldsymbol{Q} = \sum_{i=0}^{LN-M-N-1} \hat{\boldsymbol{g}}_i\,\hat{\boldsymbol{g}}_i^{\mathrm{H}} \\ \|f\| = 1 \end{gathered} \tag{8.48}$$

通过计算得到，恒模约束条件下的解就是代价函数 $\boldsymbol{Q}$ 的最小特征值所对应的特征向量。下面给出了算法的具体步骤：

（1）利用式（8.47）可以得到相关矩阵的估计$\hat{\boldsymbol{R}}_N$；

（2）对$\hat{\boldsymbol{R}}_N$ 进行特征值分解从而得到噪声子空间的估计向量$\hat{\boldsymbol{G}}_i$；

根据定理 3 给出的矩阵构造方法构造出$\hat{\boldsymbol{g}}_i$，并由式（8.46）计算出相应的矩阵 $\boldsymbol{Q}$；对 $\boldsymbol{Q}$ 进行特征值分解，利用其最小特征值所对应的向量就构成了传输向量矩阵估计$\hat{\boldsymbol{h}}$。

上面已经通过盲辨识算法得到传输向量$\hat{\boldsymbol{h}}$，因此就得到了传输矩阵 $\boldsymbol{H}_N$ 的估计。这时候只要利用式（8.31）的逆过程就可以实现系统的均衡，为了节省运算时间，下面推导利用辨识程序的中间结果直接得到 $\boldsymbol{H}_N$ 的方法。

系统的均衡器可以表示为 $\boldsymbol{\varepsilon}=\boldsymbol{H}_N^{+}$，由 Moore 逆的性质可得

$$\boldsymbol{\varepsilon}=\boldsymbol{H}_N^{+}=(\boldsymbol{H}_N^{\mathrm{H}}\boldsymbol{H}_N)^{-1}\boldsymbol{H}_N^{\mathrm{H}} \tag{8.49}$$

由式（3.24）中$\hat{\boldsymbol{R}}_N$ 的特征值分解可以得到 $\boldsymbol{H}_N$ 的奇异值分解式：

$$\boldsymbol{H}_N=\boldsymbol{U}_s\mathrm{diag}[(\lambda_0-\sigma^2)^{1/2},\cdots,(\lambda_{M+N-1}-\sigma^2)^{1/2}]\boldsymbol{W}^{\mathrm{H}} \tag{8.50}$$

上式中的 $\boldsymbol{U}_s$ 和 $\lambda_i$ 与式（8.38）中的对应元素是相同的，将这一分解式代入式（8.40）中可以得到

$$\boldsymbol{\varepsilon}=\boldsymbol{W}\mathrm{diag}[(\lambda_0-\sigma^2)^{-1/2},\cdots,(\lambda_{M+N-1}-\sigma^2)^{-1/2}]\boldsymbol{U}_s^{\mathrm{H}} \tag{8.51}$$

联合式（8.50），式（8.51）可以得到

$$\boldsymbol{\varepsilon}=\boldsymbol{H}_N^{\mathrm{H}}\boldsymbol{U}_s\mathrm{diag}[(\lambda_0-\sigma^2)^{-1},\cdots,(\lambda_{M+N-1}-\sigma^2)^{-1}]\boldsymbol{U}_s^{\mathrm{H}} \tag{8.52}$$

由于上式中的每个元素都可以在辨识过程中得到，因此这种盲均衡器将会节省很多的运算时间。

**5. Gamma-Gamma 信道下的子空间盲均衡**

本节采用子空间盲均衡算法仿真对比了经过大气湍流信道前后的副载波

MPSK 调制信号星座图，并给出了子空间均衡算法中信道估计仿真图以及均衡后的误码率曲线。发送端以 QPSK、8PSK、16PSK 副载波调制作为输入信号，其中，信号数据长度取 3000，加性信噪比取 15dB，子信道个数 $L=4$，信道长度 $M=4$，平滑因子 $N=5$，同时，Gamma-Gamma 信道模型中的对数光强起伏方差分别取 $\sigma_l^2=0.1$ 和 $\sigma_l^2=0.3$。

图 8.12~图 8.14 分别给出了当光强起伏方差 $\sigma_l^2=0.1$ 时，QPSK、8PSK、16PSK 信号经过 Gamma-Gamma 大气信道后进行子空间盲均衡前后的星座图对比。由图可以看出，均衡前在大气湍流的影响下副载波调制信号的星座图中采样点很密集，成块状，无法分辨出调制类型相位信息。采用子空间算法进行盲均衡后，QPSK 和 8PSK 星座图相位聚敛性明显，而 16PSK 均衡前成块的星座点均衡后张开成环状，16 个相位信息虽不是清晰可辨，但基本可识别，星座图也得到了相应的改善，这表明采用子空间盲均衡算法对大气湍流引起的光强起伏影响有一定的抑制作用，尤其是对低阶的 QPSK 和 8PSK 信号。

图 8.15~图 8.17 中 QPSK、8PSK、16PSK 信号均衡后的星座图，与图 8.5~图 8.7 中相应信号对应均衡后的星座图相比，明显看出利用子空间算法的星座图聚敛性明显，相位清晰；尤其是对于 16PSK 信号，图 8.6 中均衡后相位无法分辨，但图 8.14 中的相位明显可辨。说明子空间盲均衡算法比 LMS 均衡算法对抑制大气湍流效应更有效，尤其是对于高阶（$M\geqslant16$）副载波调制信号效果更明显。由图 8.14 还可看出，在光强起伏方差 $\sigma_l^2=0.1$ 时，子空间盲均衡算法与文献【20】中使用的 Bussgang 类盲均衡算法相比，星座图的聚敛性更明显，说明子空间盲均衡算法相比 Bussgang 类盲均衡算法对抑制大气湍流的影响更有效。

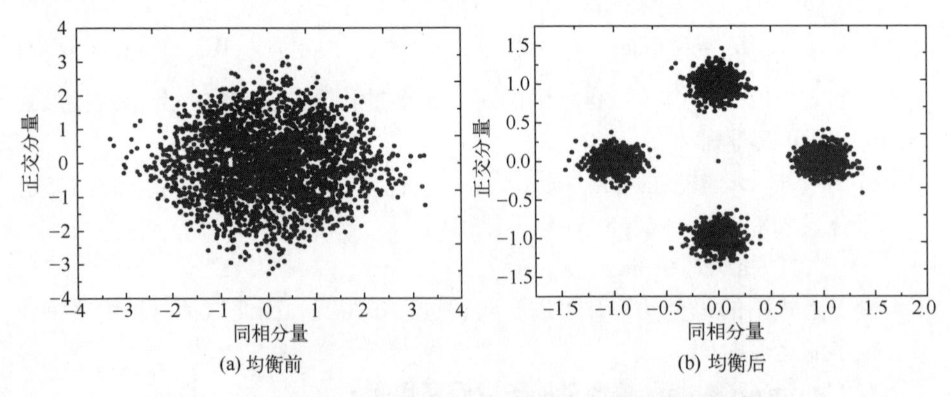


图 8.15　子空间算法均衡前后 QPSK 调制信号的星座图（$\sigma_l^2=0.1$）

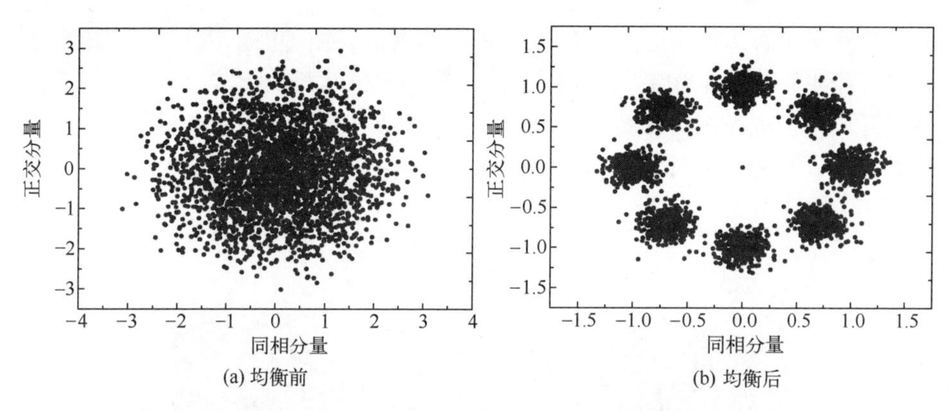

(a) 均衡前　　(b) 均衡后

图 8.16　子空间算法均衡前后 8PSK 调制信号的星座图（$\sigma_l^2=0.1$）

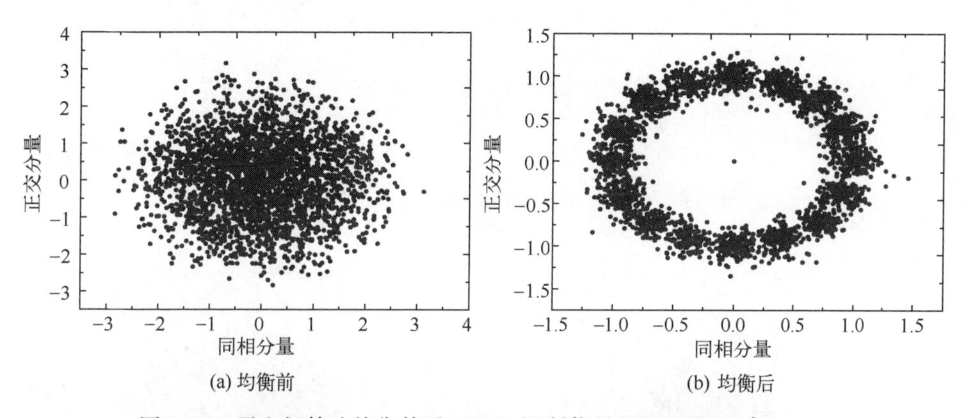

(a) 均衡前　　(b) 均衡后

图 8.17　子空间算法均衡前后 16PSK 调制信号的星座图（$\sigma_l^2=0.1$）

图 8.18~图 8.20 是在光强起伏方差 $\sigma_l^2=0.3$ 时，子空间盲均衡前后星座图的比较。与 $\sigma_l^2=0.1$ 时的星座图相比，由于湍流强度增强，均衡前，星座图

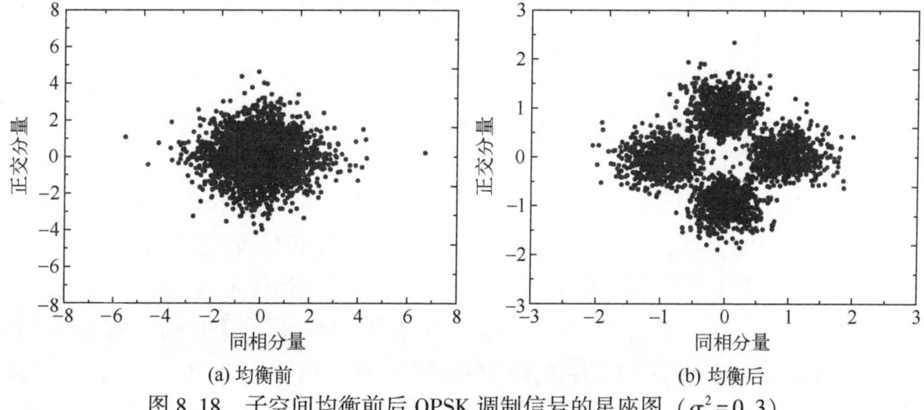

(a) 均衡前　　(b) 均衡后

图 8.18　子空间均衡前后 QPSK 调制信号的星座图（$\sigma_l^2=0.3$）

的点就能明显看出往中心聚级的更紧密；均衡后，由 QPSK 信号星座图看出，相位已经明显分开；8PSK 与 16PSK 信号星座图虽然相位无法分辨，但星座图也张开成环，也在一定程度上说明子空间算法滤除了部分湍流影响。因此，表明子空间盲均衡算法对大气湍流效应还是有一定的抑制效果。

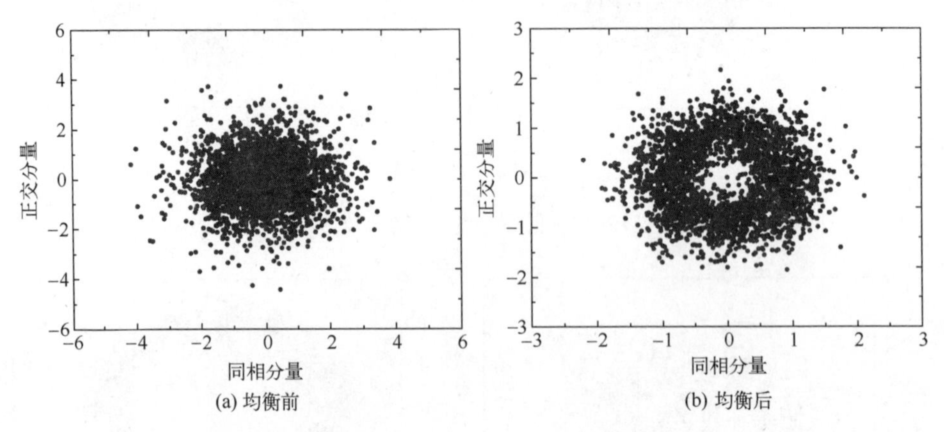

(a) 均衡前　(b) 均衡后

图 8.19　子空间均衡前后 8PSK 调制信号的星座图（$\sigma_l^2=0.3$）

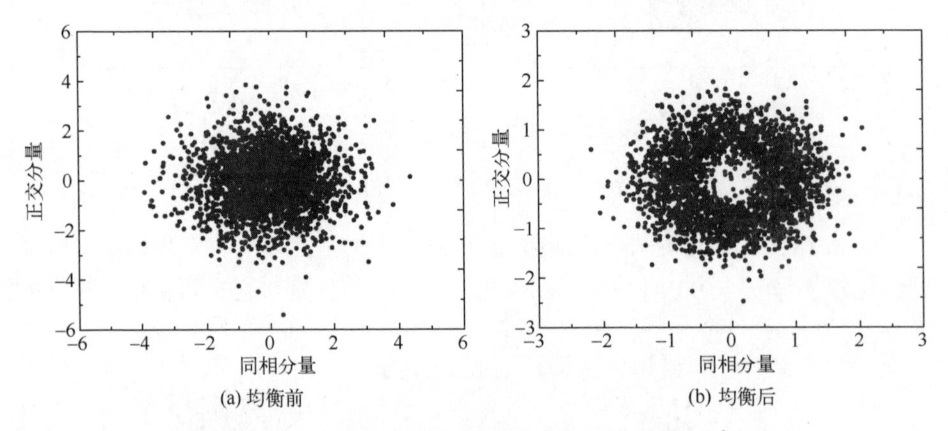

(a) 均衡前　(b) 均衡后

图 8.20　子空间均衡前后 16PSK 调制信号的星座图（$\sigma_l^2=0.3$）

图 8.21 给出了利用子空间盲均衡后，不同信号数据长度下的均方误差与信噪比之间的曲线图。由图中可以明显看出，随着信噪比的增大，均方误差不断降低，当信噪比取到 20dB 时，均方误差都能稳定保持在 0.1 之下。但是当信号数据长度取不同值时，均方误差随信噪比下降的幅度有所不同。由图中可以看出，当数据长度取到 3000 以上时，信噪比取 12dB 时，均方误差就能保持在 0.1 之下。而当信噪比取 20dB 时，均方误差就能稳定在 0.02

以下。并且 MSE-SNR 曲线基本能重合，这说明在仿真实验中，数据长度取到 3000 以上时，数据长度对误码率的影响基本稳定。不需要取更大的值，以免增加子空间的运算复杂度。因此，本节的仿真实验将信号数据长度都取到 3000。

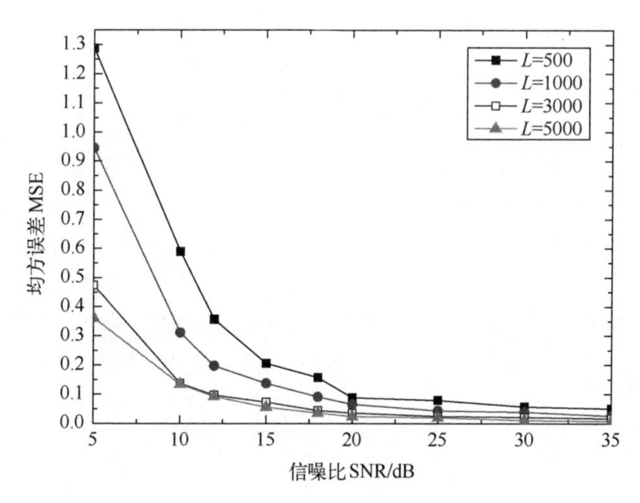


图 8.21　不同信号数据长度下的 MSE-SNR 曲线

**6. 利用子空间算法进行信道估计**

由于在子空间盲均衡算法中，需要对信道进行估计。因此图 8.22 和图 8.23 分别给出了当 $\sigma_l^2=0.1$ 和 $\sigma_l^2=0.5$ 时，子空间盲均衡算法中估计的信道响应和模拟大气湍流信道响应的比较。由于子空间均衡效果与算法中的信道估计关系密切，因此信道估计的准确性会直接影响最后的均衡效果。通过对图 8.22 和图 8.23 对比可以看出，由于光强起伏方差 $\sigma_l^2$ 的大小决定了大气湍流强度的大小，$\sigma_l^2$ 取值越小，信道估计越准确，随着 $\sigma_l^2$ 的增大，湍流强度随之增大，因此信道估计出现偏差。当 $\sigma_l^2=0.1$ 时，明显可以看出，估计信道与实际信道基本重合，说明子空间能很好地辨识出信道系数。当 $\sigma_l^2=0.5$ 时，湍流强度已经很大的情况下，估计信道与实际信道相比产生偏差，此时的均衡效果就会减弱。因此可以得出结论，在湍流强度越小的情况下，子空间算法中的信道估计越逼近实际信道。体现在星座图上就是相位更明显，均衡效果更好。

**7. 误码率分析**

由于副载波调制信号经过大气信道后，信号中存在乘性噪声和加性噪声，并且湍流引起的乘性噪声影响更大，因此子空间盲均衡前信号误码率随接收端设备造成的加性噪声信噪比的变化不是很明显，所以这里只画出了信号在子空

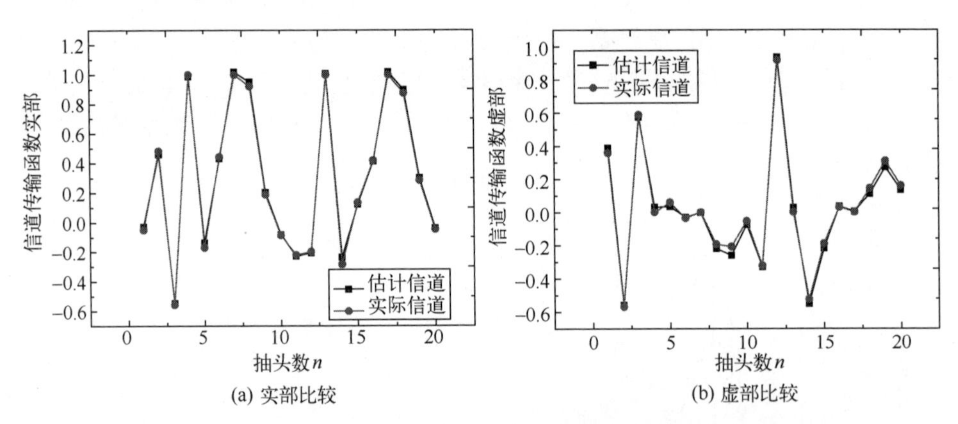

(a) 实部比较
(b) 虚部比较

图 8.22 $\sigma_l^2=0.1$ 时估计信道与实际信道的比较（见彩图）

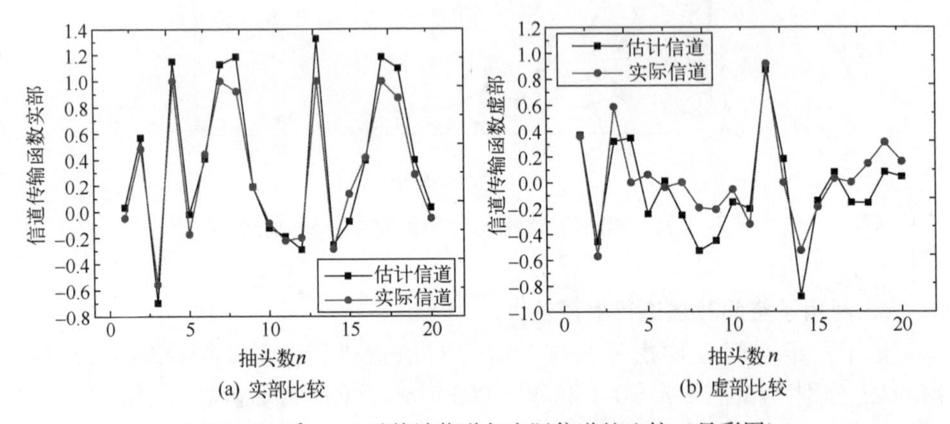

(a) 实部比较
(b) 虚部比较

图 8.23 $\sigma_l^2=0.5$ 时估计信道与实际信道的比较（见彩图）

间盲均衡后的误码率曲线。图 8.24 表示三种副载波调制信号 QPSK、8PSK、16PSK 在光强起伏方差 $\sigma_l^2=0.1$ 时，经过子空间盲均衡后的系统误码率曲线。由图中曲线可以看出，对于 MPSK 信号误码率随着信噪比的增加都有所下降，并且调制阶数越小，曲线下降的速度越快。由误码率数据也能看出，调制阶数越小，子空间盲均衡的效果越明显。

图 8.25 显示了 8PSK 信号经过大气湍流 Gamma-Gamma 信道，在不同光强起伏方差下采用子空间盲均衡后的系统误码率曲线。由图 8.25 可以看出，在系统相同信噪比下，$\sigma_l^2$ 越大，误码率越大；随着信噪比的增大，均衡后误码率有明显降低的趋势，且 $\sigma_l^2$ 越小，下降的速度越快。当信噪比为 20dB，$\sigma_l^2=0.2$ 时，均衡前系统误码率约 $4.7\times10^{-1}$，均衡后降到 $3.79\times10^{-2}$，当 $\sigma_l^2=0.01$ 时，误码率已从均衡前的 $4.68\times10^{-1}$ 下降到均衡后的 $5.33\times10^{-4}$。由此可

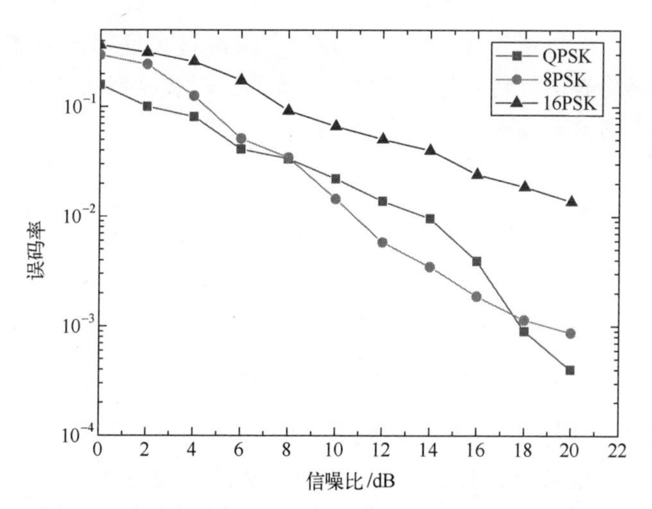


图 8.24　$\sigma_l^2=0.1$ 时，信道均衡后 MPSK 信号的误码率曲线

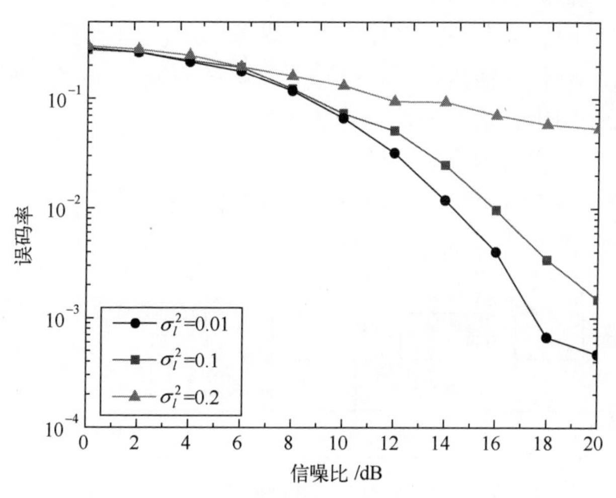


图 8.25　不同 $\sigma_l^2$ 取值下信道均衡后误码率曲线图

知，子空间盲均衡算法能有效地抑制光强起伏对副载波信号传输的影响，降低系统的误码率。

## 8.2.5　ANN 均衡

### 1. ANN 均衡模型

无线光通信的传输系统如图 8.26 所示，图中“→”表示电信号，“--->”表示光信号。在整个无线光通信传输系统中，信息为电平信号，通过调制将信息加载到光载波上，通过光发射天线发射，再经过大气信道被光接收天线接收。光检测器将光信号转变为电信号后，均衡器对接收到的电信号进行衰落信道补偿，最后由电解调模块恢复出原先的信息。

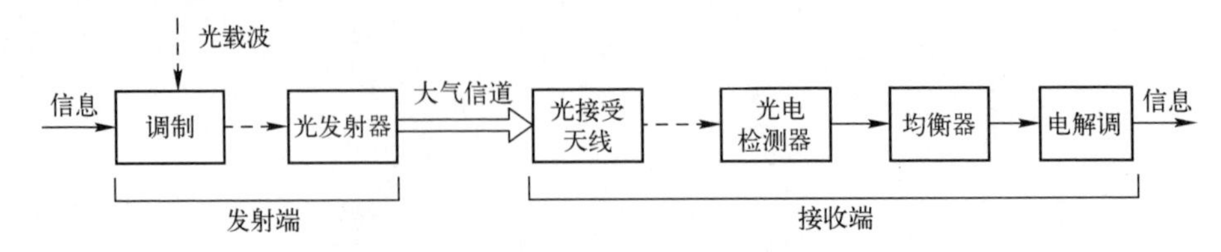


图 8.26　无线光通信传输系统框图

图 8.26 是含均衡器结构的系统模型。其作用在于，根据信道的时变特性，实时并且自动调整自身的加权系数，补偿信道的非理想特性，达到均衡效果，即最大程度地削弱或完全消除大气信道及各种噪声等因素对信号的干扰，尽可能实现信号的理想输出，恢复原始的发送信号。

在数字通信中，均衡器可将序列分成两种信号，即数字“0”和“1”。因此可将均衡技术看作对输入信号进行边界判决的问题，即分类问题。但在实际的光通信系统应用中，信道特性往往为非线性，其边界判决也无法完全线性。而神经网络技术由于其拟合非线性系统的效果非常出色，可应用于信道均衡。故无线光通信均衡技术可以采用 BP 神经算法来进行判决分类。基于 ANN 算法的线性均衡如图 8.27 所示。

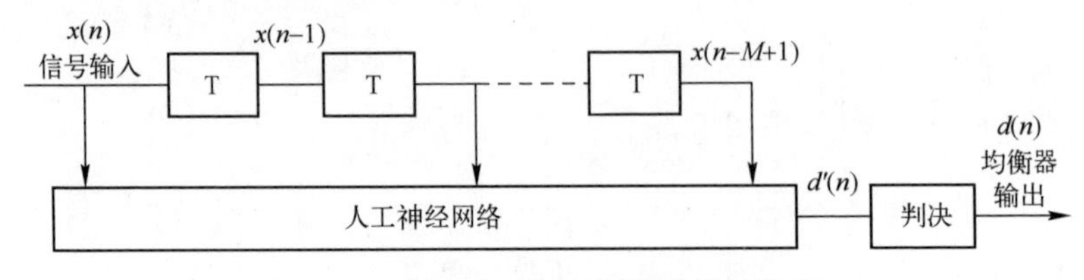


图 8.27　基于人工神经网络的线性均衡

图 8.27 中 $x(n)$ 为均衡器某时刻的输入信号，T 为延迟单元，$x(n)$，$x(n-1)$，…，$x(n-M+1)$ 表示每经过一次延迟单元所得的信号，$d'(n)$ 为经过神经网络线性均衡所得的信号，$d(n)$ 为判决后的输出信号。

基于神经网络的判决反馈均衡相比于线性均衡的优势在于，输出端引入反馈机制，使得神经网络均衡的部分信号反馈至输入端，并不断迭代更新，实时调整系数，其结构如图 8.28 所示。

图 8.28 中，$d(n-1)$，…，$d(n-N)$ 表示反馈机制中每经过一次延迟单元所得的信号。神经网络在发送端发送传输信号前，需预先发送训练序列，均衡器

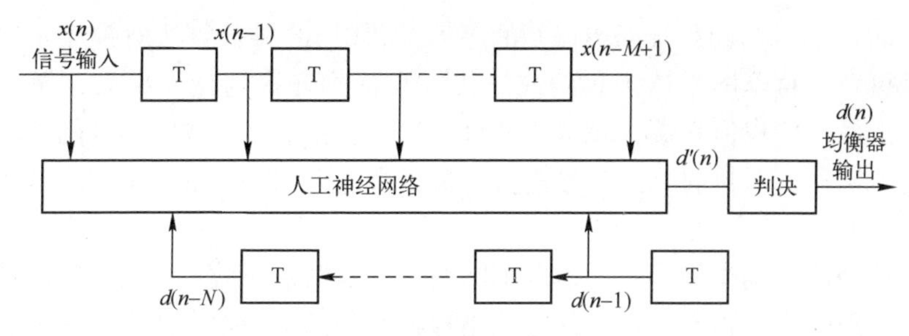


图 8.28　基于人工神经网络的判决反馈均衡

可据此对参数进行设定。待训练结束后，可获得神经网络中的权重系数值，并通过网络均衡输入信号序列。在信号传输过程中，信道随机变化，接收端的均衡器可根据自适应算法不断调整自身参数。若某一信号被判定，则经过反馈滤波器的输出为优化后的信号，可消除当前的信号估计值中包含的过去时刻造成的码间串扰的值。再通过均衡器反馈机制，预测输出结果，从而使前向机制消除其余的码间串扰带来的影响。以 ANN 算法的横向均衡器为例，该均衡算法的流程图如图 8.29 所示。

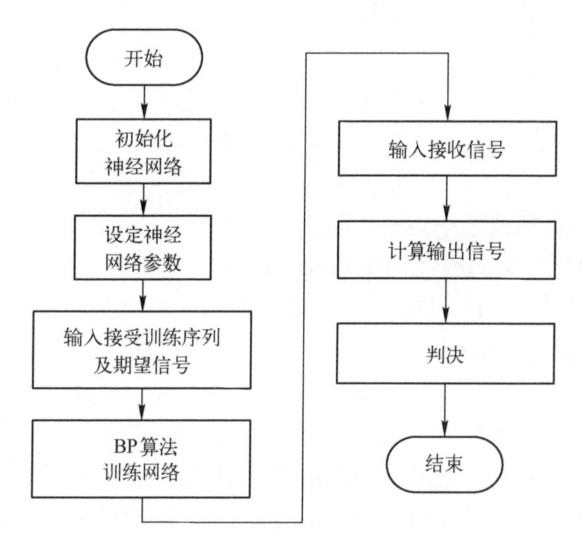


图 8.29　基于人工神经网络的线性均衡流程图

由图 8.29 可知，基于人工神经网络的线性均衡系统首先应初始化神经网络，包括各神经元各节点间的权值或阈值等参数。待初始化完成后，对神经网络的参数进行设定，包括目标误差、最大迭代次数、最小训练梯度和学习速率等。然后，给出接受训练的序列（将生成的随机序列通过模拟的大气湍流信道作为训练序列）和系统期望得到的序列。利用BP神经算法对神经元权值不断迭代更新，直至网络达到收敛或迭代次数达到允许的最大次数，便终止迭代，得出最佳的权值系数，获得所需目标误差。将最终形成的神经网络作为接收端的均衡器，对接收到的信号进行均衡，再进行判决，最终得到发送的信号序列。

在神经网络均衡中，需考虑两个问题：一是网络层数，二是每层的神经元数目。一般来说，神经网络中的隐藏层神经元数目可根据多次实验确定，输入层及输出层的神经元数目可根据实际输入信号和所需输出自行设定。中间隐藏层数目的一味增多会增大系统模型复杂度及训练时间，无法令神经元获得理想的均衡效果。一般情况下，两个以上的中间隐藏层对系统性能改善不大，反而增大了系统复杂度。

**2. 自适应均衡的仿真验证测试与分析**

1）判决反馈与线性均衡器性能比较

在相同调制下，选用线性与判决反馈均衡两种均衡算法，对比训练序列逼近目标序列的难易程度。以OOK调制信号为例，令其经过相同信道及噪声，再分别对其进行自适应线性均衡和判决反馈均衡。最终与原码元比较，可计算得出误码率并绘出曲线。

仿真采用三层前馈神经网络进行自适应信道均衡。该网络输入层为4，隐含层为2，输出层为1。仿真实验分别对4种调制方式，共$10^6$个样本进行训练。最后待训练结束，对测试样本进行测试，再进行解调，将最终结果与初始信号相比，得出实际误码率。

基于BP神经算法的线性均衡器和判决反馈均衡器，设定BP神经网络的目标误差均取$10^{-5}$，步长为10000，性能函数最小梯度为$10^{-5}$。图8.30给出了LE和DFE最小均方差曲线。

图8.30中红线表示所需误差值为$10^{-5}$，黑线表示训练步长与均方误差的关系。对比图（a）和图（b）显然可知，判决反馈方式算法训练的步长明显远远小于线性均衡算法，前者逼近目标值的速度将近为后者的10倍。判决反馈均衡器的输入输出为非线性关系，它相较于线性均衡而言，可以对信号进行检测和判决，并将错误码元反向传播，进行再判决。反馈部分很大程度上减小了先前被检测符号引起的符号间干扰。因此，这说明，在网络训练过程中选取判决反馈均衡可以节省大量程序运行时间，在短时间内达到训练效果。

2）均衡对误码率的影响

基于OOK和MPSK两类数字信号调制，分别进行线性以及判决反馈两种均衡技术的仿真，对比不同调制、不同均衡器情况下的误码率。基于大气湍流

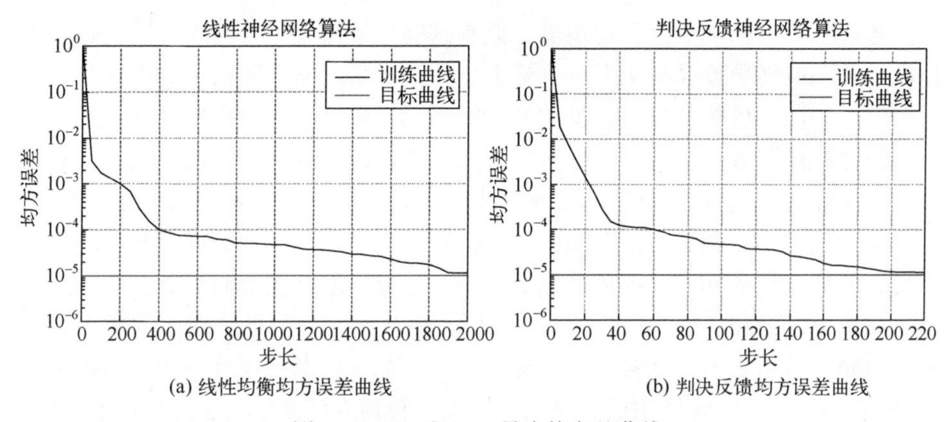


(a) 线性均衡均方误差曲线　　(b) 判决反馈均方误差曲线

图 8.30　LE 和 DFE 最小均方差曲线

Malaga 分布信道模型，取 $\alpha=8,\beta=3,\sigma_I^2=0.5$，训练步长为 1000，训练目标方差为 $10^{-5}$，性能函数最小梯度为 $10^{-5}$ 以及测试样本数目为 $10^6$。按信噪比从 0 到 35dB 分别绘制出线性均衡和判决反馈均衡的误码率。

OOK 调制是数字基带传输中常见的调制方式，与幅度有关，故受到噪声的影响极大。因此选取基于 OOK 的调制信号对自适应均衡的均衡效果进行评估有效性和可靠性。在不同信噪比情况下，均衡器对误码率的影响不同，其对应的曲线如图 8.31 所示。

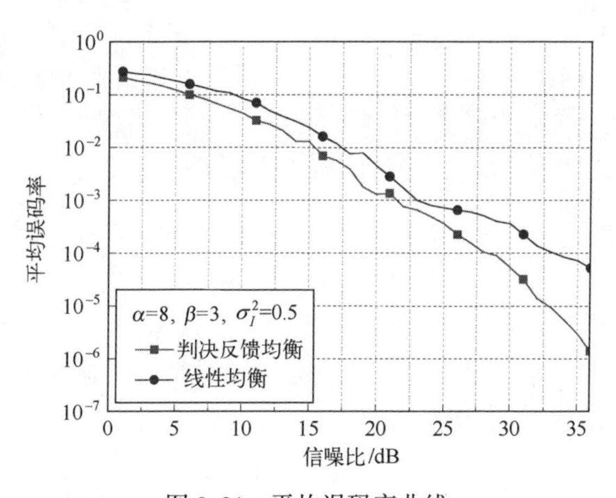


图 8.31　平均误码率曲线

由图 8.31 可知，随着信噪比取值的增大，即信道性能逐步变优越时，线性均衡和判决反馈二者的训练速度相当，消除 ISI 的能力基本一致。

基于 OOK 调制的网络训练过程，判决反馈能更快、更精确地逼近目标误差，耗费时间也远小于线性均衡器。但测试样本数量大时，判决反馈会有发生判决错误，最终导致误码率上升。综上可知，在实际信道传输过程中，要综合考虑信道特性，传输信号的信噪比及传输码元个数。若信道特性良好，则优先选择线性均衡算法。若信道特性恶劣，则必须选择判决反馈均衡算法。

为了评估采用 ANN 均衡器后系统误码率性能，采用 MATLAB 软件内部的工具箱实现 MPSK 调制。由于 MPSK 的调制由星座图表示，而神经网络的训练不具有复数运算的功能。因此调制好的信号可分别取其实部和虚部，并存入数组 a 和数组 b 中，合并为一个数组 c，作为输入数组。待训练网络完成后，按合并原则取数组 c 的实部和虚部，再次进行解调。信道及训练模型的参数设置与 OOK 调制的网络训练相似，分别采用线性和判决反馈均衡器进行仿真实验，绘制出不同调制下的误码率曲线，如图 8.32 所示。

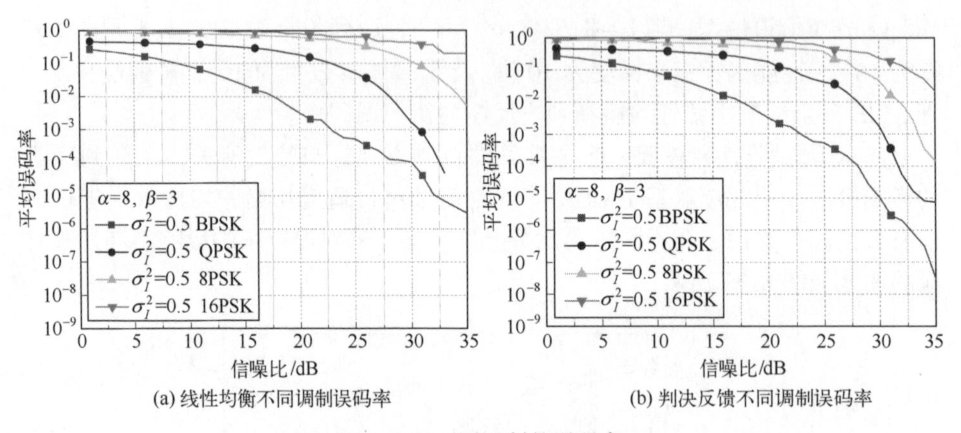


图 8.32　不同调制的误码率

根据图 8.32，对比图（a）和图（b）两种均衡方式，在同种调制方式下，判决反馈均衡效果均优于线性均衡。在 MPSK 调制中，BPSK 的误码率均最小，16PSK 在四种调制中平均误码率最大且随着信噪比变化而改变的幅度不大。这说明对于 MPSK 调制而言，无论是线性均衡，还是判决反馈均衡，阶数越低，逼近目标值的速度越快，误码率越小，均衡效果越好。

3）仿真结论分析

为了减弱外界因素对信号的干扰，尽可能完整地恢复出初始信号，在传输过程中加入均衡器，根据接收端接收到的信号，将序列分为“0”和“1”两种数字信号。因此可将均衡技术看作对输入信号进行边界判决的问题，即分类问题。故无线光通信均衡技术可以采用 BP 神经算法来进行判决分类。结合 MATLAB 的 BP 神经算法能够自适应地更新抽头系数，进而完成自适应均衡。

这与信道均衡准则中的最小均方准则一致，本节中 BP 神经算法将最小均方误差作为训练网络的性能指标。

这里基于不同调制格式分析了两种自适应均衡算法，一是线性均衡，二是判决反馈均衡，分析了两者各自的优缺点。当湍流信道特性良好并且数据量大时，采用线性均衡作为自适应均衡算法能够缩短程序运行时间并降低系统误码率。当湍流强度大时，采用判决反馈均衡能够降低系统误码率。经过仿真结果可知，在中等湍流下，采用 16PSK 调制，系统误码率值变化幅度极小，即线性均衡和判决反馈均衡均无法达到所需要求，仍需在均衡基础上进一步进行信道编码来降低系统误码率。

## 8.3　本章小结

本章针对大气激光通信中的信号衰减和码间干扰问题，探讨了自适应盲均衡技术，将其与副载波 QPSK 调制方式相结合应用于无线光通信系统中。分别对双模式盲均衡算法和变步长 CMA 算法进行了仿真分析。介绍了循环平稳信号的概念、盲均衡基本原理以及子空间盲均衡算法，并对经过模拟湍流信道传输的信号以及经过实际天气传输的信号进行了子空间均衡处理仿真实验。最后还探讨了基于 ANN 算法的线性均衡（LE）和判决反馈均衡（DFE）两种均衡算法，完成了基于 OOK 和 MPSK 调制采用 ANN 信道均衡算法系统性能仿真实验，对比了评估两种 ANN 均衡器算法对系统性能的改善作用。

## 参考文献


[1] PRATIG, GAGLIARDI R M. Decoding with stretched pulses in laser PPM communications [J]. IEEE Trans on Commu, 1983, 31 (9): 1037-1045.

[2] 马东堂，魏急波，庄钊文. 大气激光通信中的多光束传输性能分析和信道建模 [J]. 光学学报，2004，24（8）：1020-1024.

[3] Sato Y. A method of self-recovering equalization for multilevel amplitude-modulation systems [J]. IEEE Transactions on Communications, June 1975, 23: 679-682.

[4] 俞洋，杨俊松，田亚菲. 一种新的变步长 LMS 算法及其仿真 [J]. 甘肃科学学报，2005，17（2）：34-37.

[5] Simon Haykin. 自适应滤波器原理 [M]. 郑宝玉，等译，北京：电子工业出版社，2003.

[6] 郭艳. 恒模算法及其在盲波束形成中的应用 [D]. 西安：西安电子科技大学，2002.

[7] 冯熳，廖桂生. 恒模算法进展与展望 [J]. 信号处理，2003，19（5）：441-447.

[8] 朱小刚，杨荣震，诸鸿文，等. 盲恒模均衡算法的比较分析和改进［J］. 通信技术，2002，6：16-18.
[9] 潘立军，刘泽民. 改进的 CMA+DD-LMS 盲均衡算法［J］. 现代有线传输，2004，4：58-60.
[10] 潘立军，刘泽民. 一种双模式盲均衡算法［J］. 北京邮电大学学报，2005，28（3）：49-58.
[11] 王峰，赵俊渭，李桂娟，等. 一种常数模与判决导引相结合的盲均衡算法研究［J］. 通信学报，2002，23（6）：105-109.
[12] 周学文. 大气激光通信中的时域均衡研究［D］. 西安：西安理工大学，2006.
[13] 李静. 基于二阶统计量盲均衡算法的研究［D］. 太原：太原理工大学，2007.
[14] 代松银，袁嗣杰，董书攀. 信道均衡和阶数估计的联合子空间算法［A］. 中国电子学会信号处理分会、中国仪器仪表学会信号处理分会. 第十四届全国信号处理学术年会（CCSP-2009）论文集［C］. 中国电子学会信号处理分会、中国仪器仪表学会信号处理分会，2009，04：146-148.
[15] TONG L, Xu G, Kallath T. A new approach to blind identifcation and equalization on multipath channels［C］. The Twenty-Fifth Asilomar Conference on Signals, Systems & Computers, 1991：856-860
[16] 代松银，袁嗣杰，董书攀. 基于子空间分解的信道阶数估计算法［J］. 电子学报，2010，38（6）：1245-1248.
[17] 张立毅，郭建华，赵菊敏，等. 基于循环平稳二阶统计量的 SUB-CMOE 盲均衡算法［J］. 计算机工程与设计，2008，29（24）：6218-6220.
[18] 李静，王华奎，赵菊敏. 基于二阶循环统计量的直接 MMSE 盲均衡算法. 太原理工大学学报，2007，38（1）：38-41.
[19] 马春华. 基于子空间的盲辨识和盲均衡算法［D］. 西安：西安电子科技大学，2005.
[20] 陈丹，柯熙政，李建勋. 湍流信道下无线光副载波盲均衡算法研究［J］. 光子学报，2013，42（09）：1025-1030.

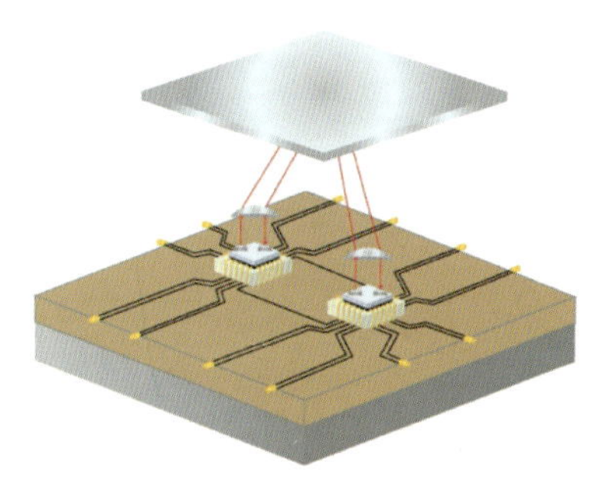

(a) 芯片间连接

(b) 室内无线接入的可见光通信

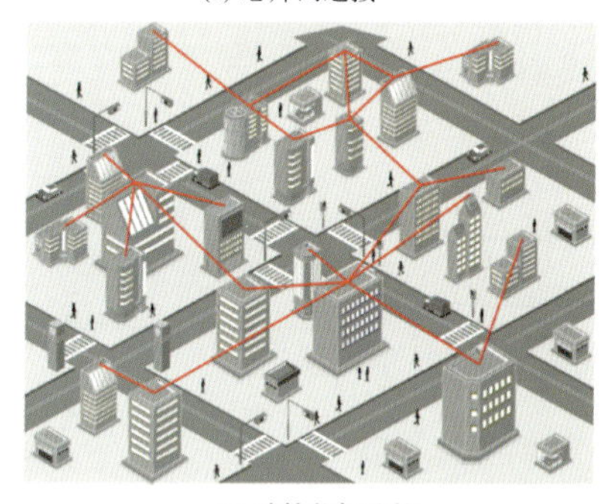

(c) 建筑物间连接

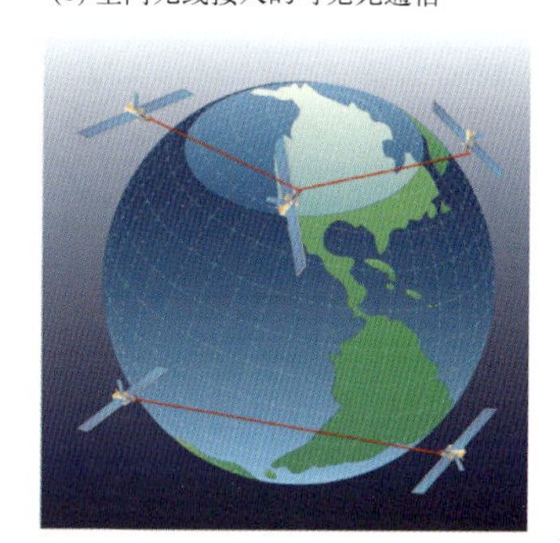

(d) 卫星间链路

图 1.1　依据传输范围分类的一些 OWC 应用

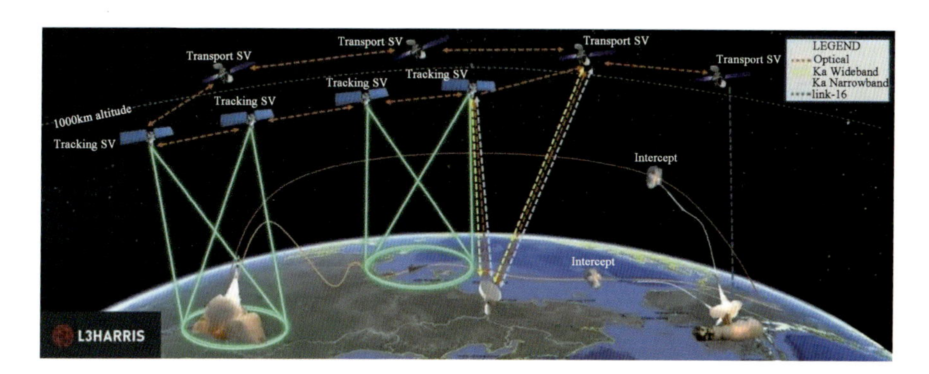


图 1.5　卫星激光通信示意图

眼睛受伤的风险

Low* Medium High Severe

0 100 200 300 400 500 600 700 800 900 1000 1100 1200 1300 1400 1500

功率mW

(1 W) (1.5 W)

Class 2 0~1mW

Class 3R 1~5mW

Class 3B 5~500mW

Class 4 500mW+

图 1.13　国际电子技术委员会（IEC）激光器等级划分示意图

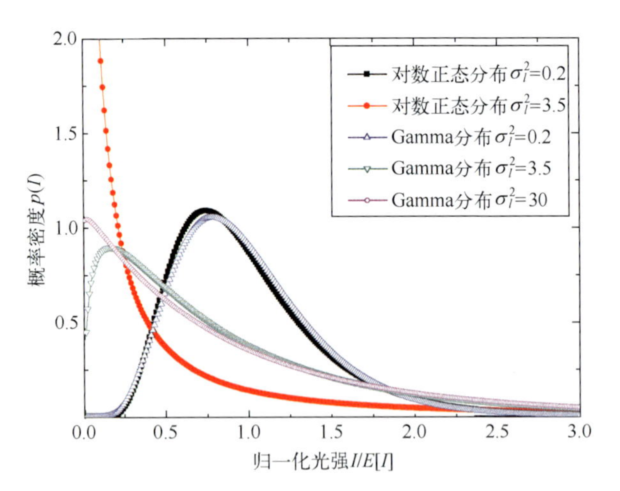


图 3.5　光强分布概率密度函数曲线

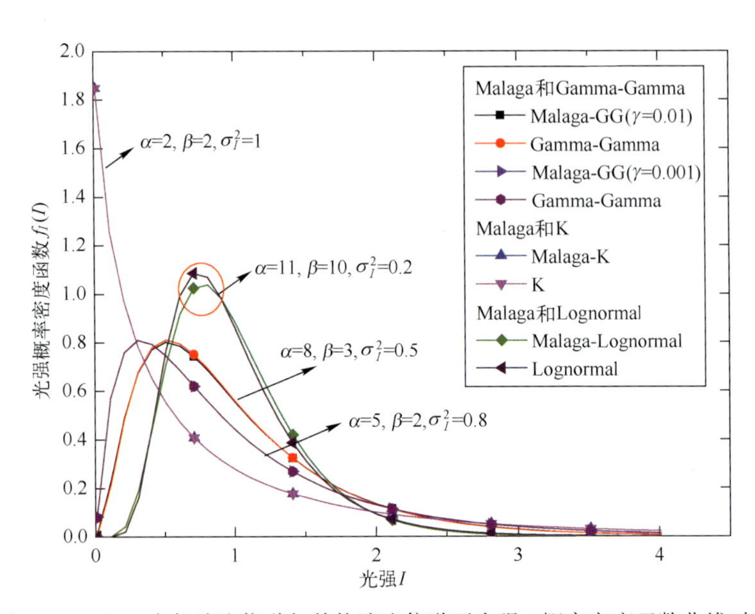


图 3.9　Malaga 大气湍流信道与其他湍流信道下光强 $I$ 概率密度函数曲线对比

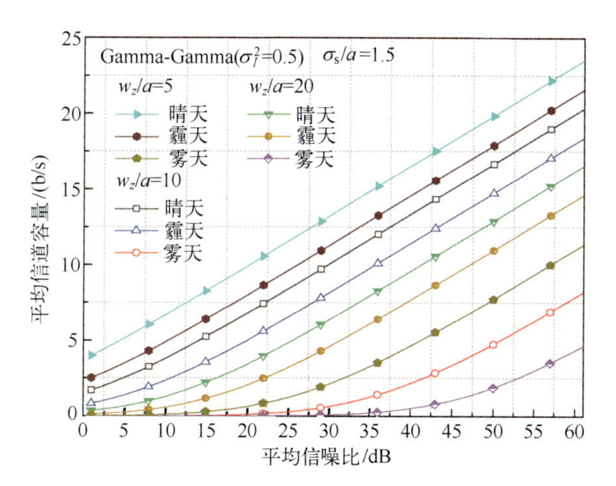


图 3.17　不同天气和$w_z/a$时 Gamma-Gamma 分布下的平均信道容量

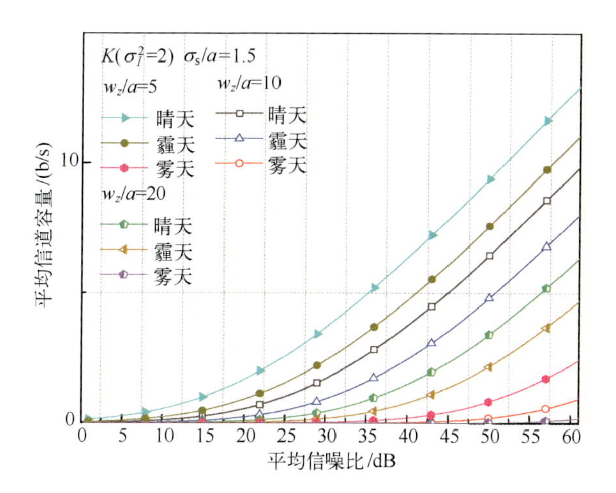


图 3.18　不同天气和$w_z/a$时 K 分布下的平均信道容量

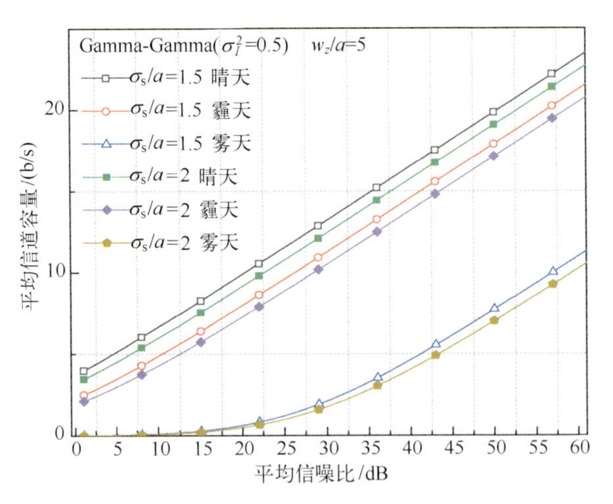


图 3.20 Gamma-Gamma 分布下天气条件和 $\sigma_s/a$ 对平均信道容量的影响

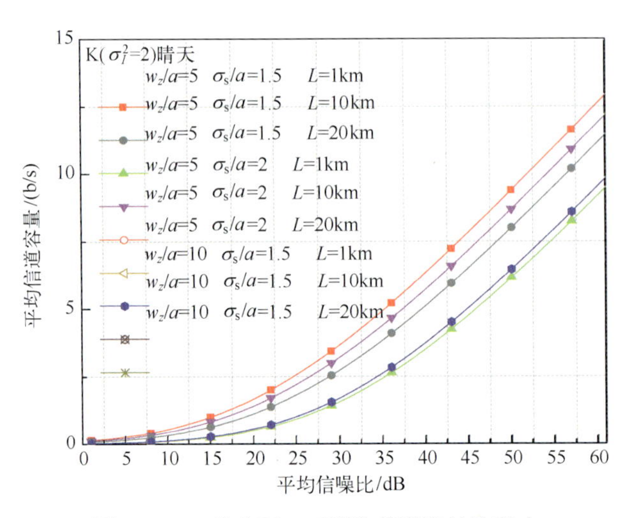


图 3.21 K 分布下 $L$ 对平均信道容量的影响

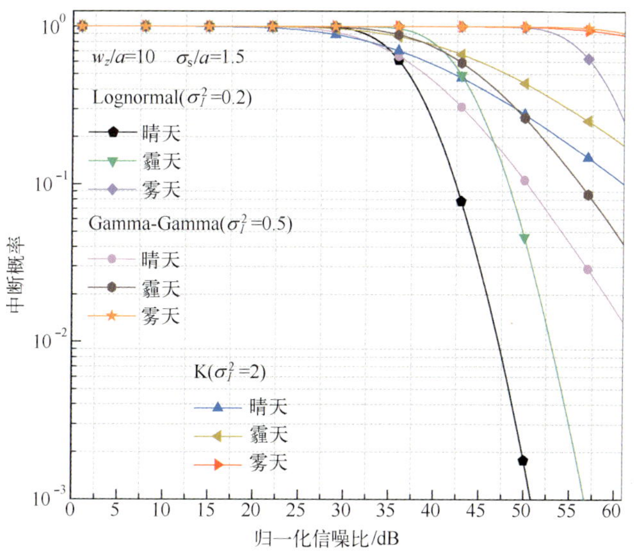


图 3.22 $w_z/a$ 和 $\sigma_s/a$ 一定时不同湍流分布信道的中断概率

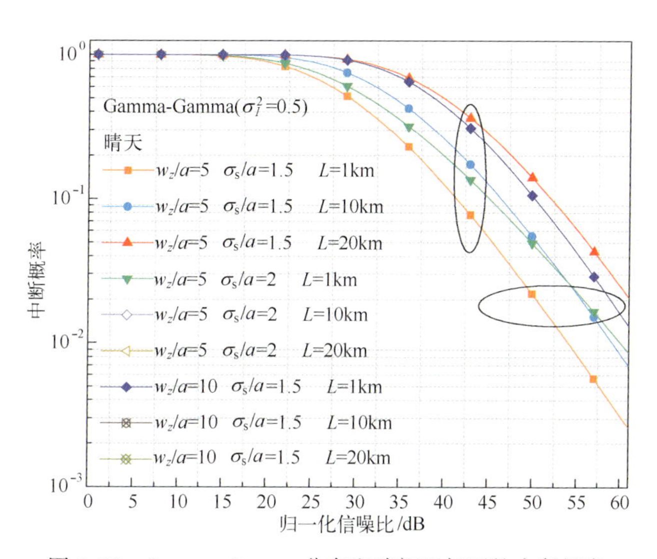


图 3.23 Gamma-Gamma 分布和晴朗天气下的中断概率

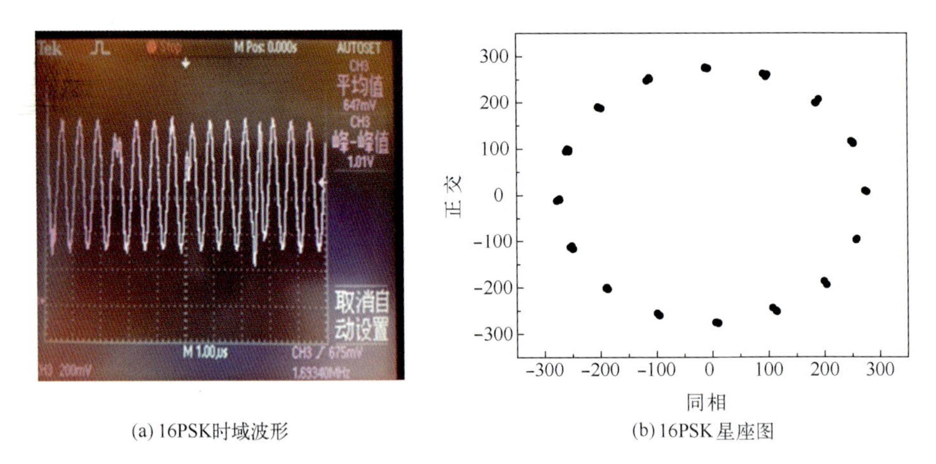


(a) 16PSK时域波形　　(b) 16PSK 星座图

图 4.17　室内短距离采集的 16PSK 波形和星座图

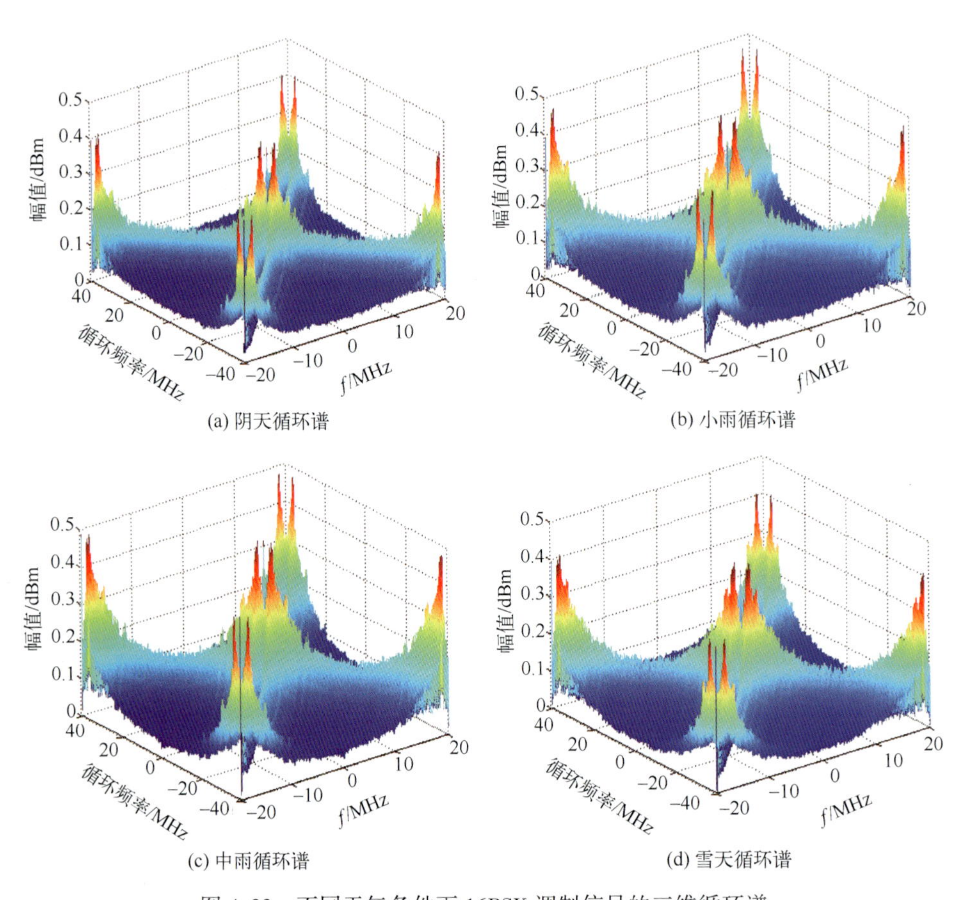


(a) 阴天循环谱　　(b) 小雨循环谱

(c) 中雨循环谱　　(d) 雪天循环谱

图 4.23　不同天气条件下 16PSK 调制信号的三维循环谱

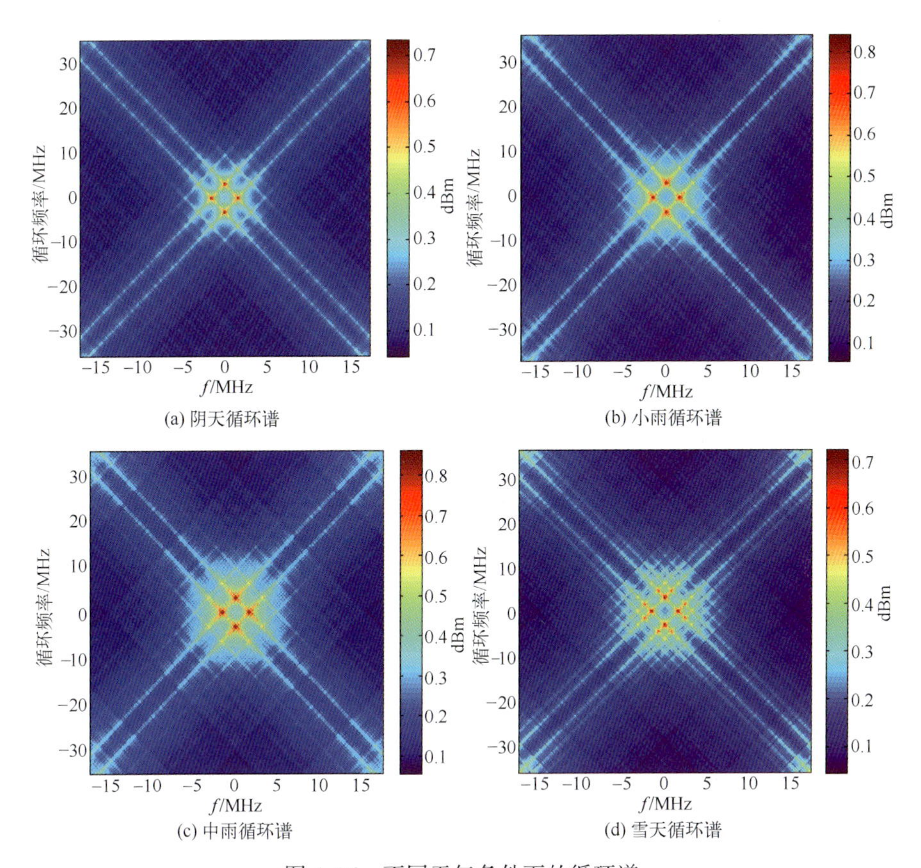


图 4.26　不同天气条件下的循环谱

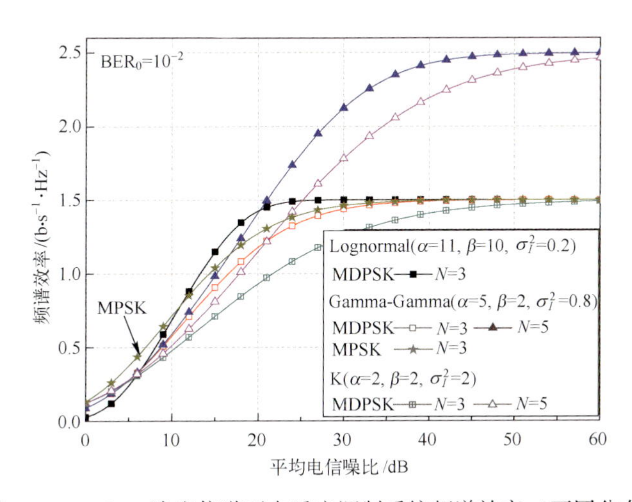


图 4.34　Malaga 湍流信道下自适应调制系统频谱效率（不同分布）

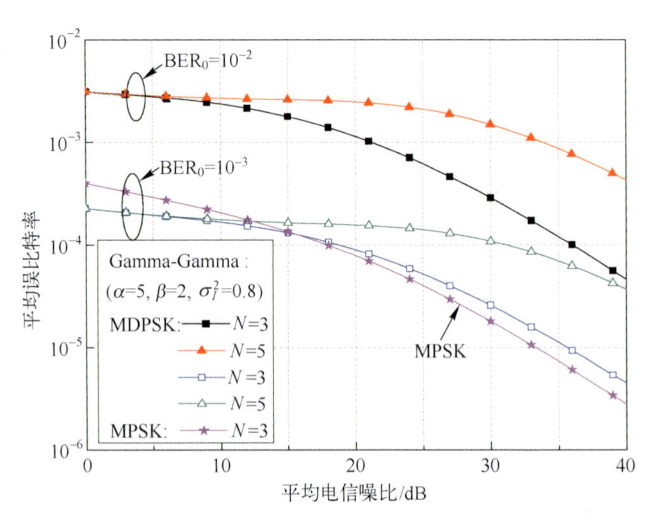


图 4.35 Malaga 湍流信道下自适应副载波调制平均误比特率（双 Gamma 分布）

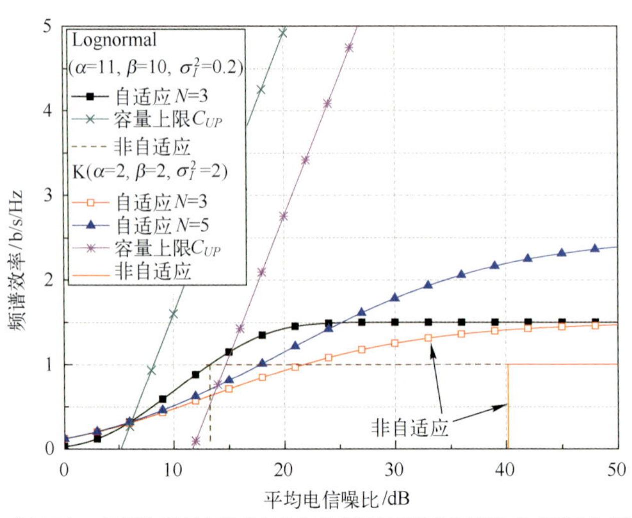


(a) Malaga 湍流信道下自适应与非自适应调制系统的频谱效率（不同分布）

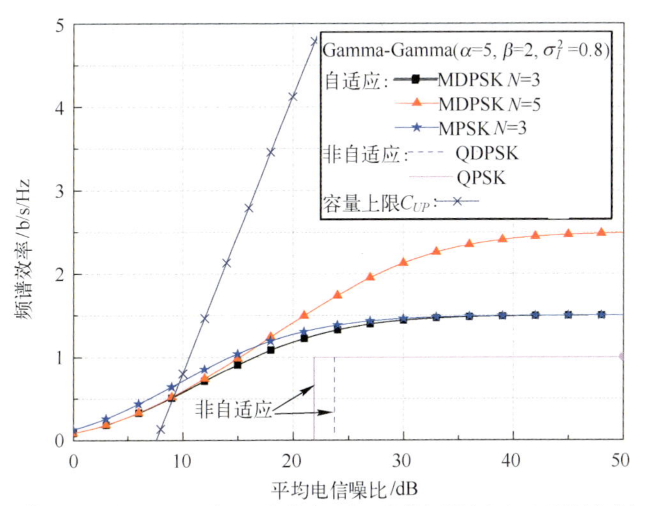


(b) Malaga湍流信道下自适应与非自适应系统的频谱效率(不同调制方式)

图 4.38 Malaga 湍流信道下自适应与非自适应调制系统的频谱效率

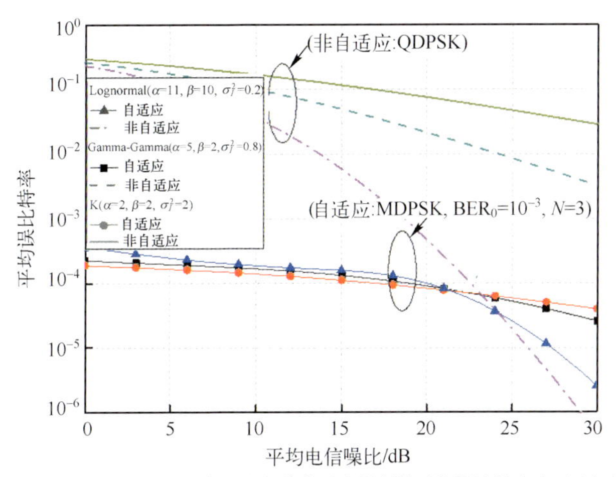


(a) Malaga湍流信道下自适应与非自适应调制的平均误比特率(不同分布)

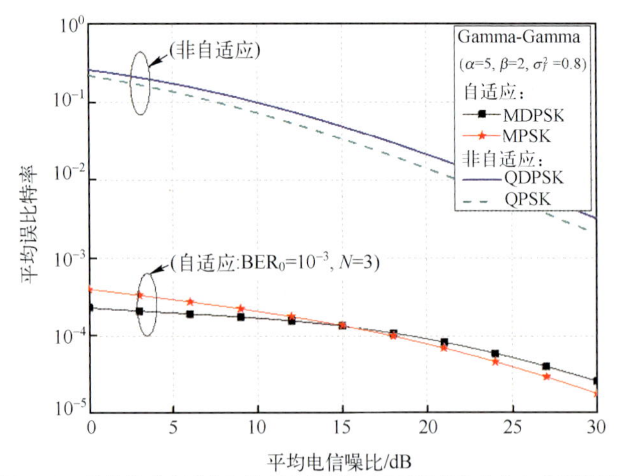


(b) Malaga湍流信道自适应与非自适应调制系统平均误比特率(不同调制方式)

图 4.39　Malaga 湍流信道下自适应与非自适应调制系统的平均误比特率

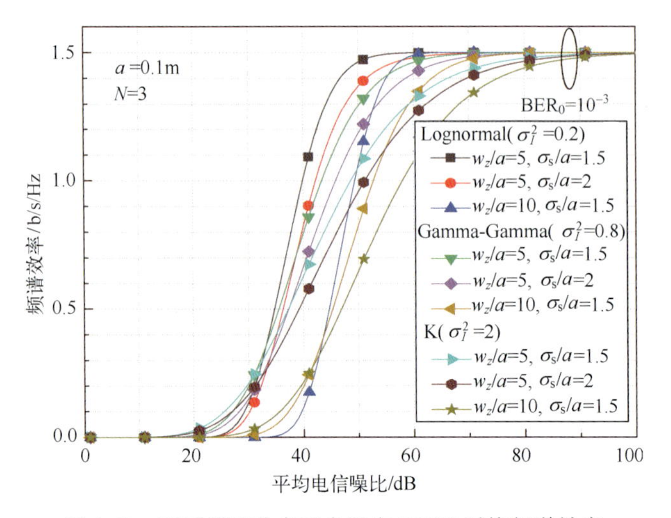


图 4.41　不同湍流分布下自适应 MPSK 系统频谱效率

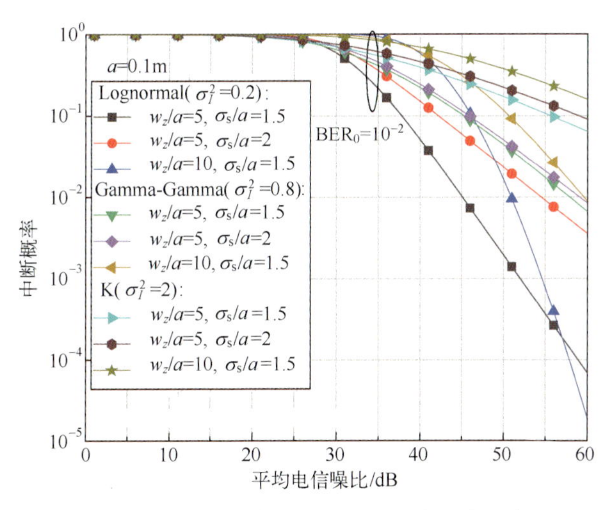


图 4.44　Malaga 湍流和未对准影响下自适应 MPSK 调制的中断概率

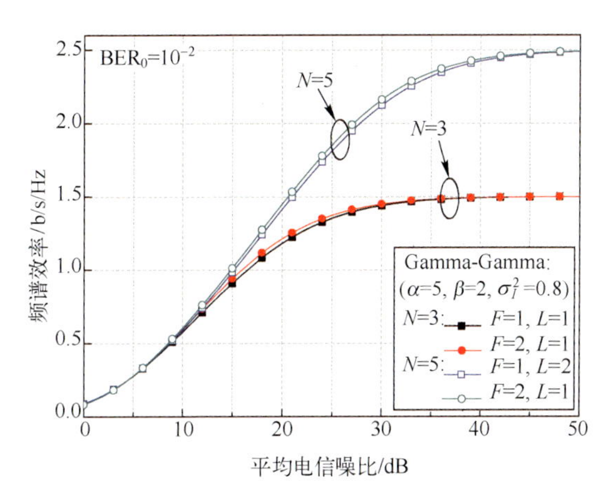


图 4.49　Malaga 信道下 MIMO 自适应 MDPSK 调制频谱效率（不同调制阶数）

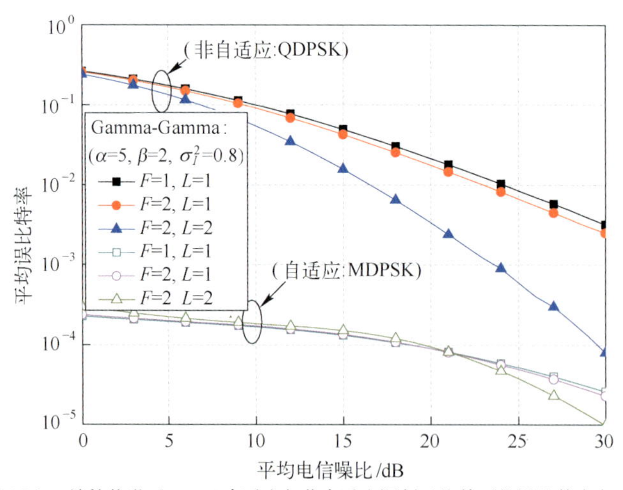

(a) Malaga湍流信道下MIMO自适应与非自适应调制系统的平均误比特率(MDPSK)

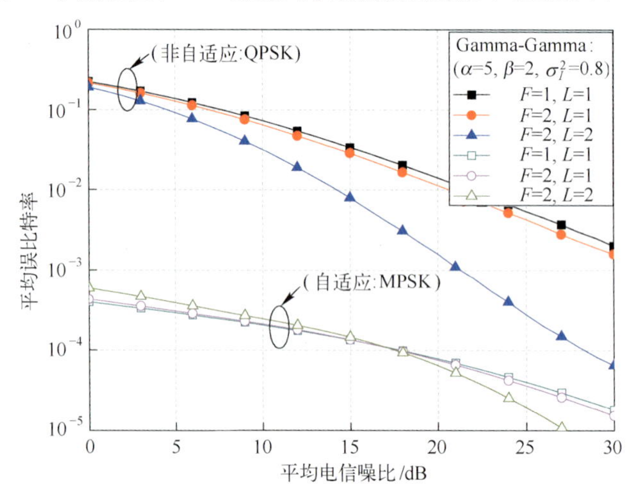

(b) Malaga湍流信道下MIMO自适应与非自适应调制系统的平均误比特率(MPSK)

图 4.57 Malaga 湍流信道下 MIMO 自适应与非自适应调制系统的平均误比特率（MPSK）

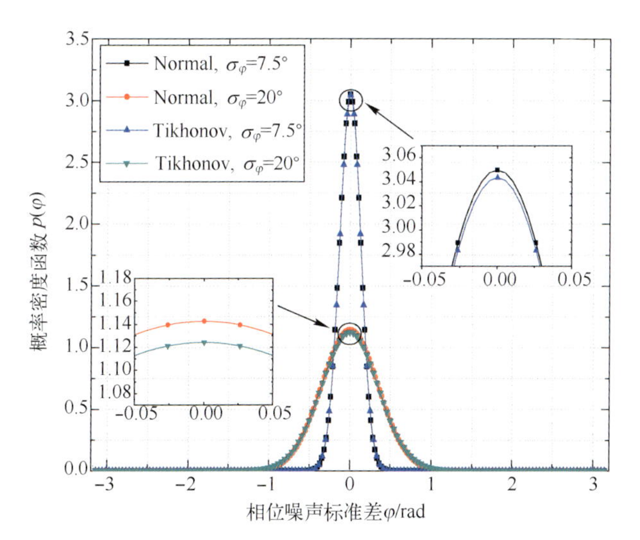


图 5.3　Tikhonov 分布相位噪声概率密度函数曲线

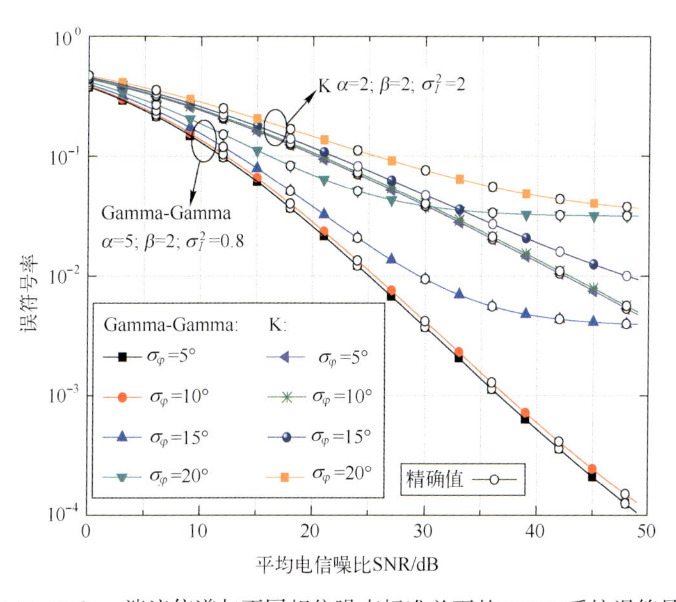


图 5.9　Malaga 湍流信道与不同相位噪声标准差下的 QPSK 系统误符号率

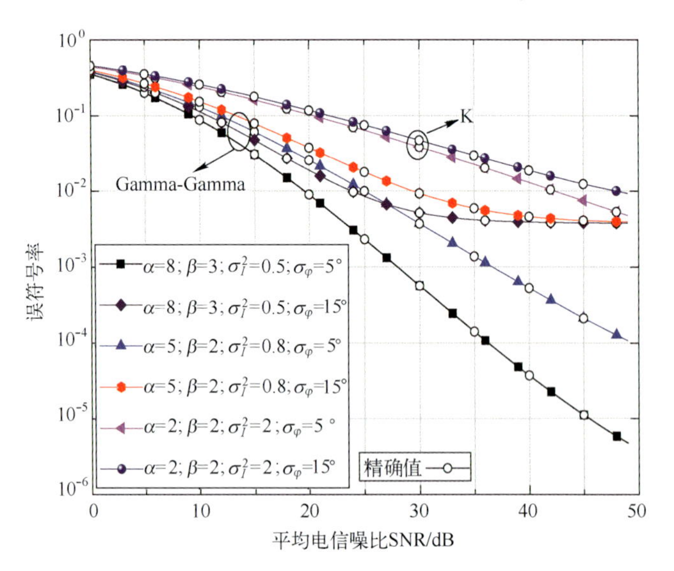


图 5.10 不同湍流强度下系统的误符号率曲线

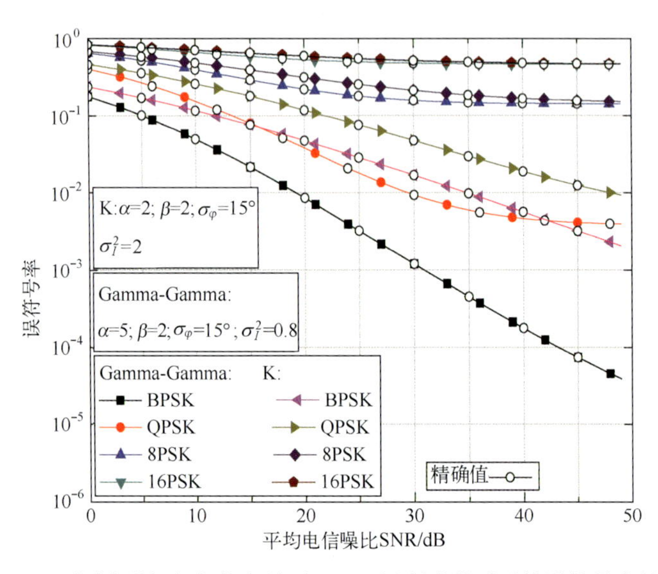


图 5.11 不同光强振幅起伏方差下 MPSK 调制阶数对系统误符号率的影响

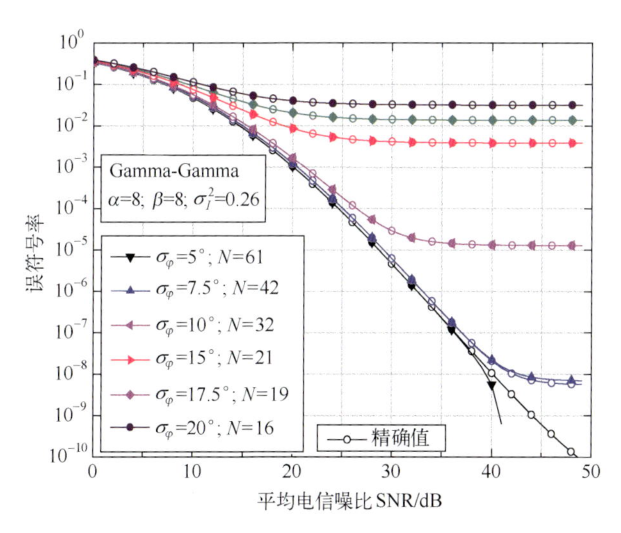


图 5.14　不同相位噪声偏差下的无线光副载波 QPSK 系统误符号率

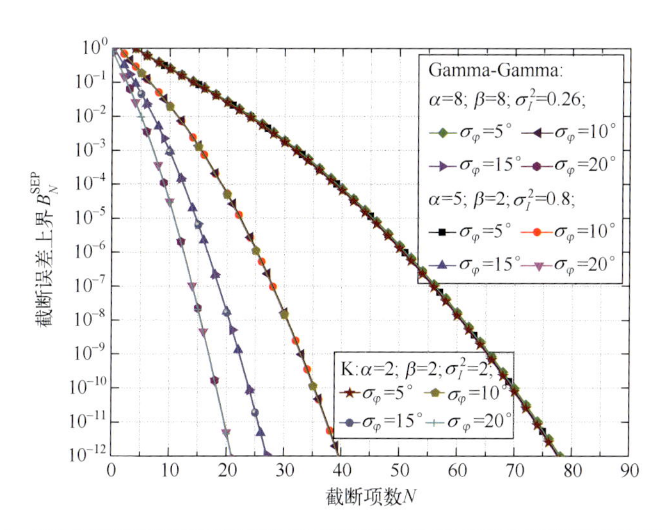


图 5.15　不同湍流强度下不同相位噪声标准偏差下 QPSK 误符号率的截断误差

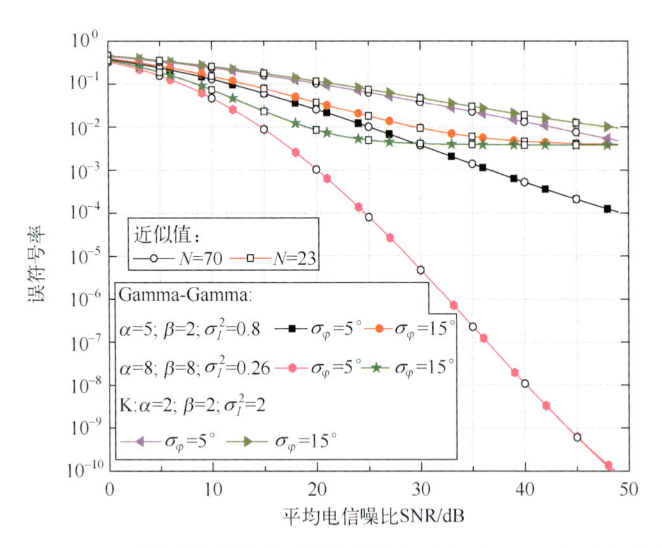


图 5.16　Malaga 不同湍流强度下受相位误差影响的 QPSK 系统误符号率

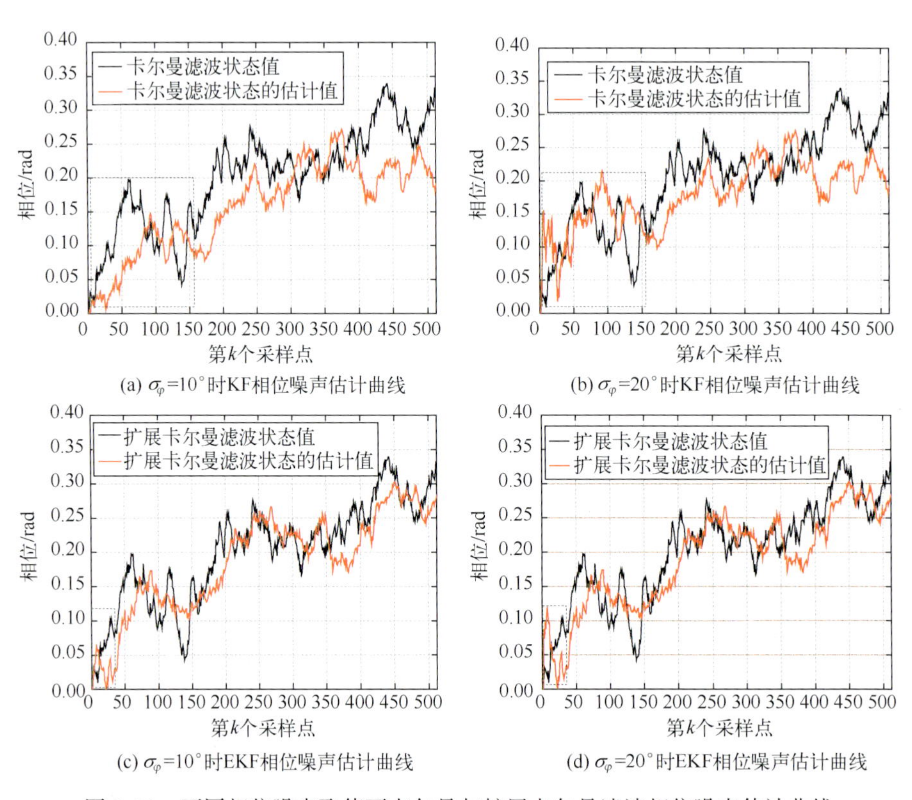


图 5.19　不同相位噪声取值下卡尔曼与扩展卡尔曼滤波相位噪声估计曲线

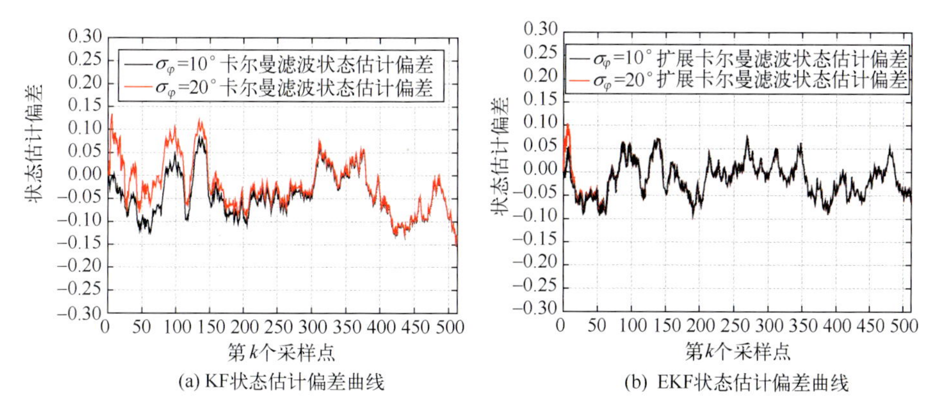


(a) KF状态估计偏差曲线 (b) EKF状态估计偏差曲线

图 5.20 不同相位噪声取值下卡尔曼与扩展卡尔曼滤波状态估计偏差曲线

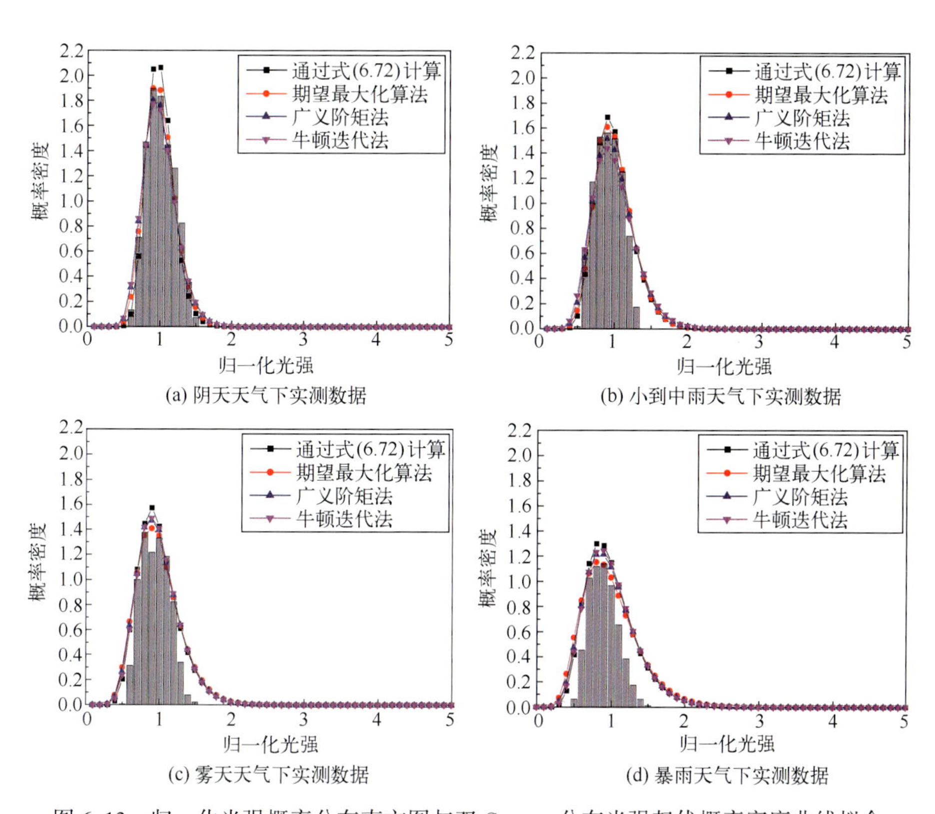


(a) 阴天天气下实测数据 (b) 小到中雨天气下实测数据

(c) 雾天天气下实测数据 (d) 暴雨天气下实测数据

图 6.13 归一化光强概率分布直方图与双 Gamma 分布光强起伏概率密度曲线拟合

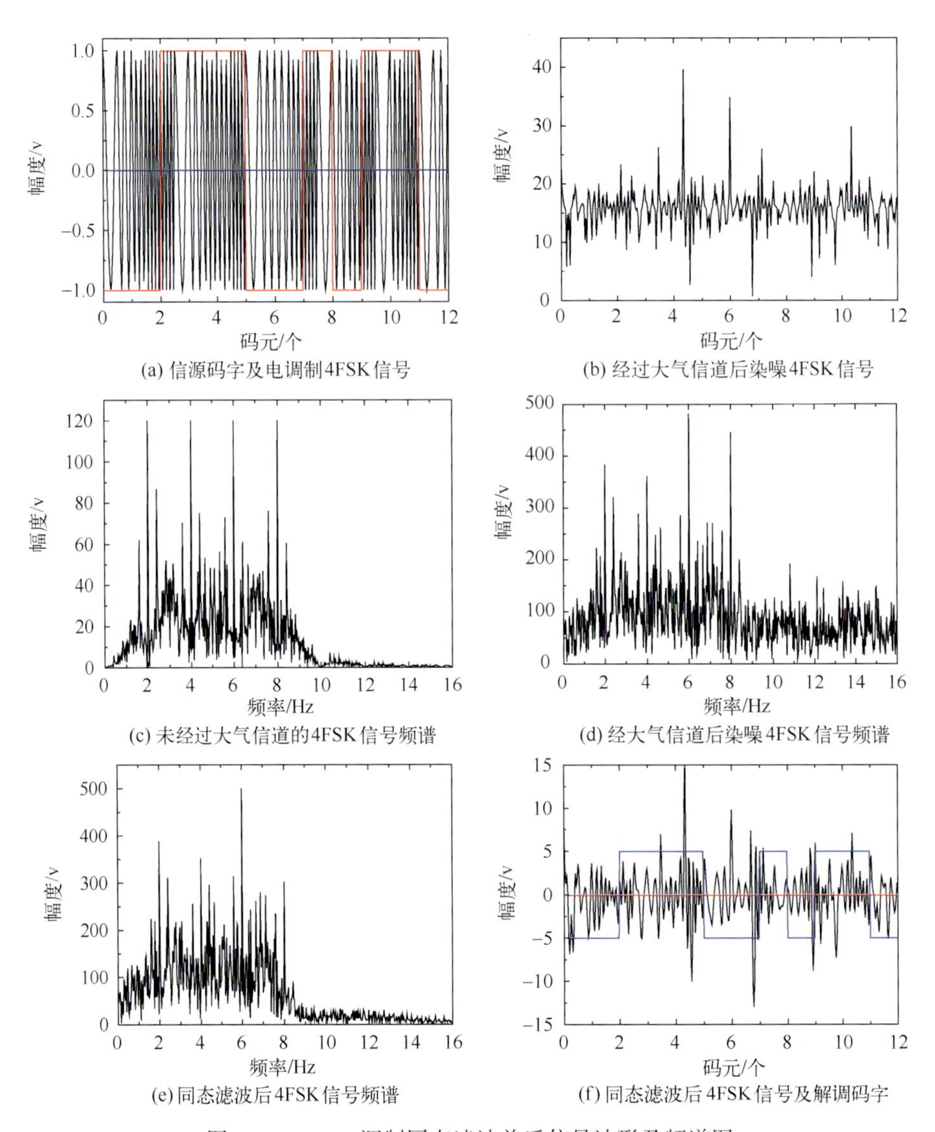

(a) 信源码字及电调制4FSK信号
(b) 经过大气信道后染噪4FSK信号
(c) 未经过大气信道的4FSK信号频谱
(d) 经大气信道后染噪4FSK信号频谱
(e) 同态滤波后4FSK信号频谱
(f) 同态滤波后4FSK信号及解调码字

图 7.11　4FSK 调制同态滤波前后信号波形及频谱图

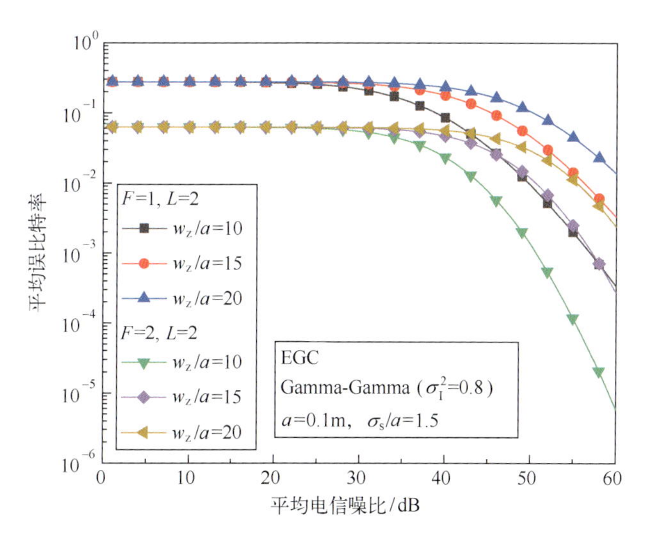


图 7.20　束腰半径对系统平均误比特率的影响（EGC）

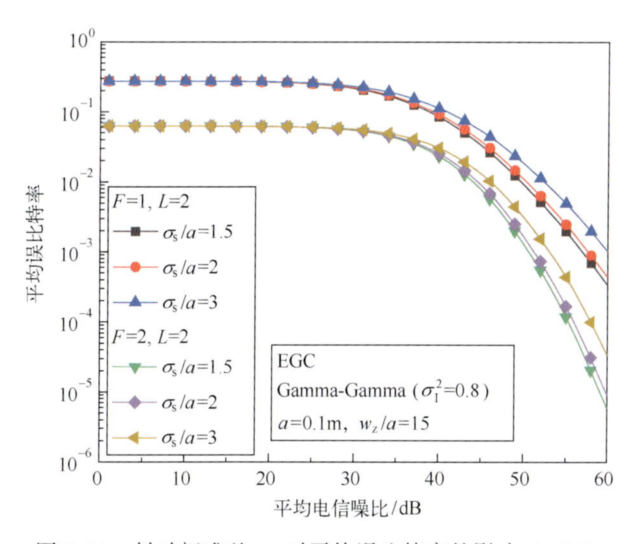


图 7.21　抖动标准差 $\sigma_s$ 对平均误比特率的影响（EGC）

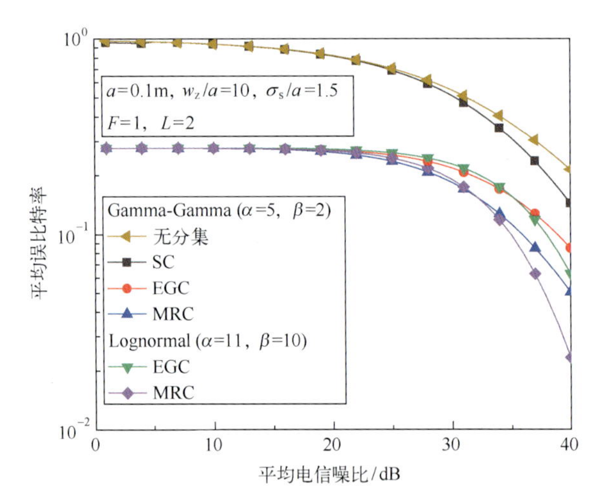


图 7.28　三种合并方式系统平均误比特率

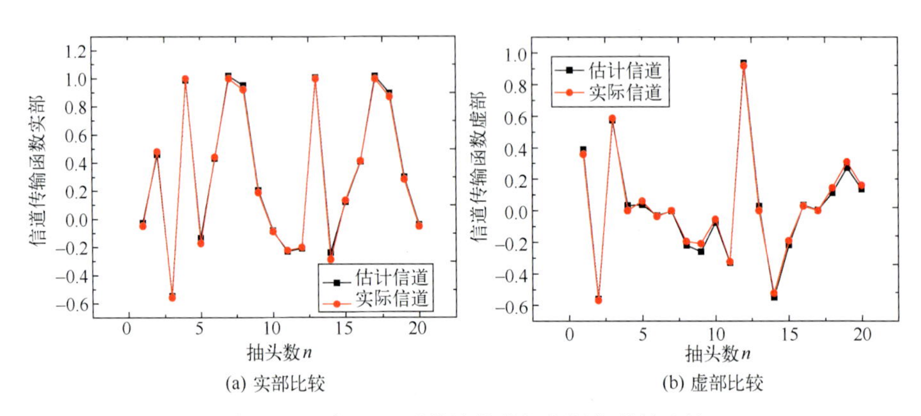


图 8.22　$\sigma_l^2=0.1$ 时估计信道与实际信道的比较

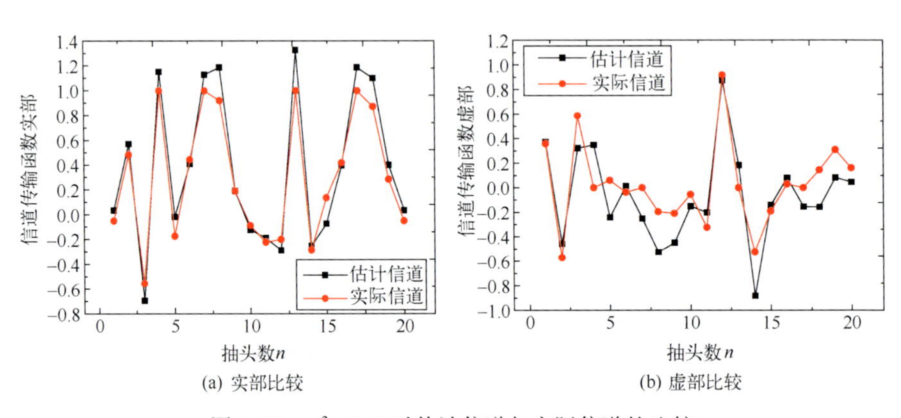


图 8.23　$\sigma_l^2=0.5$ 时估计信道与实际信道的比较